QUELLEN UND FORSCHUNGEN

ZUR

SPRACH- UND CULTURGESCHICHTE

DER

GERMANISCHEN VÖLKER.

HERAUSGEGEBEN

VON

BERNHARD TEN BRINK, WILHELM SCHERER,
ELIAS STEINMEYER.

XIII.
DIE NOMINALSUFFIXE A UND Â IN DEN GERMANISCHEN SPRACHEN.

STRASSBURG.
KARL J. TRÜBNER.

LONDON.
TRÜBNER & COMP.
1876.

DIE NOMINALSUFFIXE

A UND Â

IN DEN

GERMANISCHEN SPRACHEN.

VON

HEINRICH ZIMMER.

EINE VON DER PHILOSOPHISCHEN FACULTÄT DER UNIVERSITÄT STRASSBURG
GEKRÖNTE PREISSCHRIFT.

STRASSBURG.
KARL J. TRÜBNER.

LONDON.
TRÜBNER & COMP.
1876.

HERRN SUPERINTENDENTEN

FRIEDRICH BACK

IN CASTELLAUN

ZU SEINEM FÜNFZIGJÄHRIGEN AMTSJUBILÄUM

IN DANKBARKEIT GEWIDMET.

VORWORT.

Die vorliegende Preisschrift ist am 1. Mai 1875 gekrönt worden. Der Verfasser hat sie in den zwei vorhergehenden Semestern ausgearbeitet, und es war ursprünglich keineswegs seine Absicht, dieselbe gleich zu veröffentlichen; vielmehr wollte er sie, verbessert und vervollständigt, einer germanischen Stammbildungslehre einfügen, deren weitere Bearbeitung er hoffentlich bald in Angriff nehmen wird.

Den Rath zur Veröffentlichung habe ich gegeben und trage die Verantwortung dafür. Die Gründe, welche mich bestimmten, waren im Wesentlichen folgende.

Ich wollte einige sichere und wichtige Resultate vorliegender Untersuchung der allgemeinen wissenschaftlichen Benutzung so bald als möglich zugänglich machen, damit eine empfindliche Lücke endlich ausgefüllt werde, welche der zweite Band von Jacob Grimms deutscher Grammatik offen gelassen hat. Der Verfasser wird dann in dem späteren grösseren Werke seinen jetzigen Stoff nicht mehr vollständig abzuhandeln, nur seine frühere Darstellung neu zu prüfen und eventuell zu berichtigen haben.

Ferner halte ich es für wünschenswerth, dass einem jungen eifrig thätigen Gelehrten möglichst früh die Wohlthat öffentlicher Kritik zu Theil werde. Blieb die Arbeit vorläufig Manuscript, so hätte wohl nur ich sie genauer gelesen, und auch mir würde in der Handschrift vieles entgangen sein, was im Druck sofort auffallen musste.

Eine germanische Stammbildungslehre ist ein so schweres und weit aussehendes Unternehmen, dass man wünschen muss, derjenige, der sich daran wagt, möge nicht allzu rasch ans Ziel streben. Es ist nützlich, dass eine Probe vorausgehe: für ihn ein Haltepunct auf seiner Bahn; für das Publicum eine Gelegenheit ihm zu rathen, ihn zu warnen, ihn zu ermuntern für den weiteren Weg.

‚Lehre thut viel, aber Aufmunterung thut alles — schreibt Goethe an Oeser — Aufmunterung nach dem Tadel ist Sonne nach dem Regen, fruchtbares Gedeihen.' Es ist mein lebhafter Wunsch, dass dem vorliegenden Versuche das Glück zu Theil werden möge, nach diesem Grundsatze aufgenommen und behandelt zu werden.

Strassburg, 30. October 1875.

W. SCHERER.

WICHTIGERE ABKÜRZUNGEN.

Bopp Gloss. Glossarium comparativum linguae sanscriticae a Fr. Bopp. Editio III. Berlin 1867.

Bopp Vergl. Gr. Vergleichende Grammatik von Franz Bopp. 2. Ausgabe. Berlin 1857—61.

Brem. W. Versuch eines bremisch-niedersächsischen Wörterbuchs Band I—VI. Bremen 1767—1869.

Cl. An Icelandic-english dictionary by Richard Cleasby. Oxford 1869.

Curt. Grundz.[2] Grundzüge der griechischen Etymologie von Georg Curtius. 2. Auflage. Leipzig 1866.

Eg. Lexicon poeticum antiquae linguae septentrionalis conscripsit Sv. Egilsson. Hafniae 1860.

Ettm. Lexicon Anglosaxonicum edid. Ludov. Ettmuellerus. Quedlinb. et Lipsiae 1851.

Fick. Vergleichendes Wörterbuch der indogermanischen Sprachen von Aug. Fick. 3. Aufl. Göttingen 1874.

Grein. Sprachschatz der angelsächsischen Dichter bearbeitet von C. W. M. Grein. Cassel und Göttingen 1861. 1864.

Graff. Althochdeutscher Sprachschatz von E. G. Graff. Berlin 1834—1842.

Gr. Deutsche Grammatik von Jacob Grimm.

H. Hêliand mit ausführlichem Glossar herausgegeben von Moritz Heyne. 2. Aufl. Paderborn 1873.

Haupt Z. Zeitschrift für deutsches Alterthum, herausgegeben von M. Haupt.

Justi. Handbuch der Zendsprache von Ferd. Justi. Leipzig 1864.

Kuhn Z. Zeitschrift für vergleichende Sprachforschung, herausgegeben von Ad. Kuhn. Berlin 1852 ff.

Kl. altn. Denkm. Kleinere altniederdeutsche Denkmäler von Moritz Heyne. Paderborn 1867.

Gesch. d. d. Spr. Geschichte der deutschen Sprache von Jacob Grimm. 3. Aufl. Leipzig 1868.

Lexer. Mittelhochdeutsches Handwörterbuch von M. Lexer. Leipzig 1867—74.

Mhd. W. Mittelhochdeutsches Wörterbuch von W. Müller und Fr. Zarncke. Leipzig 1854 ff.

Mnd. W. Mittelniederdeutsches Wörterbuch von Schiller und Lübben. Bremen 1874 ff.

Pott². Etymologische Forschungen auf dem Gebiete der indogermanischen Sprachen von A. Fr. Pott. Lemgo 1859 ff.

P. W. Sanskrit-Wörterbuch herausgegeben von der kaiserl. Academie der Wissenschaften, bearbeitet von Böhtlingk und Roth. Petersburg 1855 ff.

Reinaert. Reinaert, Willems Gedicht van den vos Reinaerde, herausgegeben von Ernst Martin. Paderborn 1874.

R. Altfriesisches Wörterbuch von Dr K. von Richthofen. Göttingen 1840.

Schleicher Comp. Compendium der vergleichenden Grammatik der indogermanischen Sprachen von August Schleicher. III. Aufl. Weimar 1871.

Joh. Schmidt Voc. Zur Geschichte des indogerm. Vocalismus von Joh. Schmidt. I. Abtheilung. Weimar 1871.

Z. Gesch. d. d. Spr. Zur Geschichte der deutschen Sprache von Wilhelm Scherer. Berlin 1868.

Die Abkürzungen wie got., altn., ags., altfr., alts., ahd., mhd., nhd., mnl., mnd., engl., dän., schwed., sowie st. v., sw. v. und ähnl. sind hinlänglich klar. Germ., ostgerm., westgerm. sind in dem Anzeig. f. d. Alterth. I, 7 vorgeschlagenen Sinne zu verstehen. Es bezeichnet also germ. vor einem bestimmten Wort, dass dasselbe, falls keine Einschränkung sich angegeben findet, im Got., Altn.; Ags., Altfr., Alts., Ahd. vorkommt; ostgerm. in derselben Verwendung bezeichnet ein im Got. und Altn. belegtes Wort; westgerm. dasselbe fürs Ags., Altfr., Alts., Ahd.; die in den kleinen altniederd. Denkmälern Heynes vorkommenden Wörter sind Kürze halber zum Altsächs. gezogen worden, obwohl ich mir wohl bewusst bin, dass dies streng genommen nicht von allen gelten kann.

INHALT.

EINLEITUNG.

Die Behandlung der Suffixe a und â bei Grimm, Theodor Jacobi, Weinhold. — Ist es wissenschaftlich gestattet von einem Suffix a zu sprechen? Benfeys Participialtheorie. Leo Meyer. — Arische Stammbildung und Stammbildungstheorien; Scherer.

,Die Declination geschieht in allen deutschen Sprachen wesentlich durch dem Worte hinten angefügte Endungen. Das Wort kann sowohl in seiner nackten Wurzel, als in einer abgeleiteten, d. h. schon durch eine Bildungsendung vermehrten Gestalt decliniren. Im letzten Fall muss man die Flexionsendung (den Casus) von der voranstehenden Bildungsendung trennen, deren sogar mehrere verbunden eintreten können. Im got. Worte dags ist dag die reine Wurzel, s der Casus.' So J. Grimm Gramm. I[2], 596. Er trennt also dag-is, dag-a, dag-ôs etc., während er ibid. 601 erkennt, dass in sunus das u (richtiger wäre -nu) Bildungsmittel, Suffix ist. Demgemäss wird Gr. I[2], 830 auch nur von den Ableitungsvocalen -u-, -i- gesprochen; und obwohl er daselbst mikils richtig mit einem *μέγαλος, μεγάλη, kalds mit litauisch szaldas vergleicht, gelangt er nicht zur Erkenntniss eines Suffixes a; diese Wörter bleiben ihm Wurzelnomina.*) Auf demselben Standpuncte steht er auch noch im zweiten Capitel seiner Wortbildungslehre, das ,von der Ableitung' handelt. Gr. II, 89 ff. Dag-s und nam-ô sind aus den Verbis dagan, niman gebildet, ,aber ohne

---

*) Dass fiski-s, daga- zu trennen sei und der Nomin. dags aus dagas mit Unterdrückung des a entstand, hat zuerst nachgewiesen Bopp in den Jahrbüchern für wissenschaftl. Kritik, Mai 1827 S. 51 ff., vergl. Vocalismus oder sprachvergl. Kritiken S. 87 ff., S. 239.

Ableitungsbuchstaben, folglich unabgeleitet' ibid. 90; in der Ausschliessung des kurzen a von der Ableitung, welches sonst dem i und u gleichsteht, findet er etwas Befremdliches und sucht sich diese Erscheinung auf ganz eigenthümliche Weise zu deuten (ibid. S. 92 u. besonders S. 387).

Darf es uns etwa Wunder nehmen, dass dem Schöpfer und Begründer der historischen und vergleichenden Gramm. des deutschen Sprachstamms ein Suffix a entging, das sich, Dank des ihm unbekannten germanischen Auslautgesetzes, nirgends zeigte? Im Gegentheil, wir müssten staunen, wenn er beim ersten Wurfe von seinem damaligen Standpuncte aus ein solches gefunden hätte, da doch die stolze classische Philologie bei Vorarbeiten, die nach Jahrhunderten zählen, in ihren bedeutendsten esoterischen Grammatiken es bis zum heutigen Tage kaum dazu gebracht hat, wenigstens ein Suffix o zu statuiren.

Doch hat sich Grimm der Erkenntniss eines ursprünglichen germanischen Suffixes a nicht verschlossen. In seiner Geschichte der deutschen Sprache (S. 912), in der er sich allenthalben der Resultate vergleichender Sprachwissenschaft bemächtigt, stellt er auch Themata auf a neben die auf u und i, ,da es durch die Theorie geboten und Bopps glänzende Forschungen vielfachen Beweis davon geführt haben.'

Aber schon ein Jahr vor dem Erscheinen des Grimmschen Buches fand die durch die Sprachvergleichung erlangte Erkenntniss für die deutsche Grammatik ihren praktischen Ausdruck. Th. Jacobi in Breslau, dem das Geschick zu Theil geworden, zwanzig Jahre nach seinem Tode beachteter und bekannter zu sein als im Leben, hatte 1847 ein Heftchen ,Untersuchungen über die Bildung der Nomina in den germanischen Sprachen' erscheinen lassen (Breslau bei F. Hirt). Hierin wird eine Reihe von Suffixen behandelt, die das gemeinsam haben, dass sie auf a ausgehen und Masculina bilden, voran das Suffix a selbst. Die Fortsetzung ist durch den Tod des Verfassers unterblieben. Die Arbeit hat ihre unverkennbaren Mängel. Jacobi lässt sich von seiner Theorie des Ablauts beeinflussen; er ist wenigstens theilweise in der noch heute weit verbreiteten Ansicht befangen, der Ablaut der Nominalbildung sei von dem im Verbum hervortretenden abhängig; er scheidet endlich nicht zwischen Primär- und Secundärsuffixen. Trotzdem hat die Arbeit das grosse Verdienst zum ersten Male einige wichtige grammatische Fragen in Anregung gebracht zu haben; sie hat den Weg gezeigt für weitere Forschungen; sie hat Gesichtspuncte aufgedeckt, an welche viele Forscher auf den Gebieten verwandter Sprachen bei ihren Untersuchungen noch heute nicht denken.

Im Jahre 1859 erschien Schleichers ‚Deutsche Sprache'. Der Zweck des Werkes brachte es mit sich, dass Schleicher nicht ausführlich auf die Stammbildung im Germanischen einging; aber die Fragen, um die es sich dabei handelt, setzte er doch so kurz und bündig auseinander, dass jeder, der das Buch gelesen hatte, über Wurzel, Stamm-, Wortbildung, über primäre und secundäre Suffixe und ähnliche Fragen vollständig im Klaren sein musste.

Man sollte nun glauben, dass es keinen Forscher deutscher Sprache mehr geben könne, der sich die von esoterischer und exoterischer Seite gebotene Belehrung nicht zu Nutze gemacht und bei seinen Arbeiten auf ihr weitergebaut hätte. Aber dem ist nicht so. Sechzehn Jahre nach Jacobis Untersuchungen erschien die ‚Alemannische Grammatik von Karl Weinhold', der sich mit Stolz den Schüler, Freund und Nachfolger Jacobis nennt (Zachers Zeitschr. f. d. Phil. V, 85). Doch hat er weder von diesem seinem Lehrer noch aus Schleichers Buche gelernt, dass es ein Suffix a gibt. Ja nicht einmal die Forderung scheint er zu erfüllen, welche Schleicher an jeden Gebildeten stellt, sich klar zu sein über die Begriffe Wurzel, Stamm und Wort: wie könnte er sonst, um aus der Fülle der Beispiele, die jede Seite des betreffenden Abschnittes liefert, nur eines herauszugreifen, auf der einen Seite seines Werkes bou- und hil- in bou-ma, hil-ma Stamm und auf einer andern sunu- ebenfalls Stamm nennen. Weinhold scheidet als vollständiger Nachtreter Grimms zwischen Wortbildung durch Steigerung des Wurzelvocals und Reduplication (‚Ablaut ist das wesentliche Mittel zur Wortbildung' S. 204) und solcher durch consonantische Suffixe. Wenn er erstere eigentliche, letztere uneigentliche nennt und diese Eintheilung mit den Worten begründet: ‚Den Ursprung der Suffixe sucht Bopp in Pronominalstämmen; die Ableitung durch diese Suffixe ist also im Grunde Zusammensetzung und darum nennen wir sie uneigentliche Ableitung' (S. 206), so müssen wir uns wirklich fragen, ob die häufig ganz verständnisslosen Citate von Bopp etwas Weiteres seien, als aufgesteckte Blendlichter. Sind denn a, i, u, die jene eigentliche Ableitung bilden, keine Suffixe, und gibt es nicht auch, wie Bopp sattsam hervorhebt (Vergl. Gramm. §. 912. 922. 923) drei Pronominalstämme a, i, u? ist mit jener uneigentlichen Ableitung nicht auch Ablaut verbunden? Wahrhaftig, nur allzu gerecht war Grimms Klage, dass das von ihm Geleistete und der grössten Erweiterung Fähige nicht weiter geführt werde.

Eine bedeutend ältere Arbeit W. Wackernagels ‚Ueber Conjugation und Wortbildung durch Ablaut im Deutschen, Griechischen und Lateinischen' im Archiv für Philol. und Pädagogik von Seebode und Jahn I, 1 (Leipzig 1831) konnte ich nicht einsehen. Nach dem, was in K. A. Hahns mhd. Grammat. II, 12 ff.; ahd. Grammat. S. 7 mitgetheilt wird, wonach durch Laut und Ablaut die Begriffe Bestimmung, Wirklichkeit, Erfolg versinnlicht werden sollen, scheint er der Sprache allgemeine Kategorien willkürlich unterzuschieben. Wenn er demnach piuko, was dem Menschen sich krümmen hilft, pouc das Krumme, poko das durch Krümmung entstandene erklärt, qinô das Weib, als die zum Gebären bestimmte, qêns als die geboren habende, wozu die Sprache nicht die geringste Handhabe bietet, so steht er sichtlich unter dem Druck jener Anschauung, die wir auch bei Jacobi noch theilweise fanden. Doch mag dieser Aufsatz Wackernagels, wie alle seine Arbeiten, manche schöne Beobachtung enthalten, die mir hätte nützlich sein können.

Dass Vilmars deutsche Wortbildungslehre auch unter Greins Händen, zu dessen Lieblingsneigungen es nach seinem eignen Geständniss gehört, sich mit Sprachvergleichung zu beschäftigen, nichts als ein dürftiger Auszug aus Gramm. II. geblieben, will ich nur anführen.

Wäre es dem Altmeister deutscher Sprachwissenschaft vergönnt gewesen, den zweiten Band seiner Grammatik neu herauszugeben, so würde er gewiss ohne langes Besinnen den ersten Aufschuss desselben ebenso mit Stumpf und Stiel niedergemäht haben, wie den des ersten Bandes (vergl. Vorrede zu Gr. I²). Es war ihm aber anderer Arbeiten wegen nicht beschieden. So kommt es, dass das unsterbliche Grundwerk unserer Wissenschaft, welches allein unter allen ähnlichen dem des Inders Pâṇini sich an die Seite stellen kann, die beiden gebräuchlichsten Suffixe des arischen Sprachstammes nicht behandelt.

In der auf den folgenden Blättern gelieferten Untersuchung über die Suffixe a und â in den germanischen Sprachen dasjenige nach Massgabe des jetzigen Standes der Wissenschaft zu leisten, was Jacobi einst so schön begonnen, war mein Ziel. Möge sie zugleich als ein des grossen Werkes von Grimm, dessen letzte handschriftliche Vermehrungen in unseren Tagen ans Licht treten, nicht unwürdiger Weiterbau erscheinen.

Es unterliegt keinem Zweifel mehr, dass sämmtliche arische*) Sprachen einer Ursprache entstammen, die schon geraume Zeit hindurch vor ihrer Spaltung auf derselben Entwicklungsstufe stand, welche die uns erhaltenen arischen Sprachen zeigen. Jedes Wort dieser Entwicklungsstufe war schon eine Verbindung von Bedeutungselement und Beziehungselement.

Aber auch darin stimmen fast alle neuern Forscher wie Benfey, Bopp, Curtius, M. Müller, Pott, Scherer, Schleicher, Steinthal überein, dass wir für unsern Sprachstamm eine ältere Periode voraussetzen müssen, in welcher Bedeutungselemente als Urwörter der Sprache fungirten, und dass mit der Schöpfung dieser constituirenden Elemente — Sprachwurzeln genannt — die Sprachbildung begann. Deutlich scheiden sich die Wur-

*) Ich bediene mich des Ausdrucks arisch statt indogermanisch oder indoeuropäisch, ohne jedoch damit sagen zu wollen, er sei richtiger als jene; kürzer und bequemer ist er jedenfalls.

zeln in zwei Classen, Verbalwurzeln oder Wurzeln im engern Sinne und Pronominalwurzeln: passender und die diesen Ausdrücken leicht anklebenden Missverständnisse vermeidend drücken wir uns wohl aus, wenn wir mit M. Müller (lect. I, 239) prädicative und demonstrative Wurzeln sagen. Ob nun aber jene Zweitheilung ursprünglich bestand, darüber herrscht unter den genannten Forschern Verschiedenheit der Ansichten. Während Bopp bei seiner Analyse des Baues unseres Sprachstammes die beiden Classen blos als etwas Gegebenes betrachtet, Pott und Steinthal scharf ihre ursprüngliche Verschiedenheit behaupten (vergl. Pott[2] I, 51, II, 1, 320; Steinthal Character. S. 284), andere Forscher wie Curtius mit ihrer Ansicht mehr zurückhalten, J. Grimm und Schleicher ursprüngliche Identität, aber Hervorgehen der zweiten Classe aus der ersten, also Subordination statuiren, versucht Scherer Wechselwirkung und Berührung dieser scheinbar so streng geschiedenen Wurzelclassen in ihrer Entstehungsperiode nachzuweisen (Z. G. D. S. S. 323 ff.). Seine nur angedeutete Ansicht ist also im letzten Grunde die, dass beide Wortclassen einander coordinirt seien, aber nicht wie Bopp und Pott den Ausdruck nehmen, streng geschieden, sondern etwa wie wir Nomen und Verbum coordinirt nennen. Wie nun letztere beiden Kategorien, Nomen und Verbum, die allmälich für das Sprachgefühl so streng sich schieden, dass es z. B. für die Philologie des Lichtes von aussen bedurfte, um ihr gegenseitiges Verhältniss aufzuhellen, für den Sprachforscher deutlich ihre Subordination unter eine höhere Einheit erkennen lassen und wie es eine Stufe des arischen Sprachlebens gab, in der weder von einem morphologischen noch functionellen Unterschiede zwischen Nomen und Verbum die Rede sein konnte; so wären auch die für viele Forscher durch eine scheinbar unüberbrückbare Kluft streng geschiedenen Prädicativ- und Demonstrativwurzeln einander coordinirt, sie subordiniren sich einer höheren Grundanschauung und weisen auf eine noch fernere Zeit der Sprachbildung, in der ihre Kategorien noch nicht existirten. Es ist also auch hier die Methode wechselseitiger Erhellung, durch welche Scherer auf einen der dunkelsten Puncte arischer Sprachbildung Licht zu werfen sucht. Welche von den erwähnten Hypothesen — denn das sind sie doch alle — am meisten Wahrscheinlichkeit hat, und durch welche sich die grösste Anzahl von Thatsachen ungezwungen erklären lässt — was man in den Naturwissenschaften den Beweis zu nennen pflegt —, das scheint mir kaum einem Zweifel unterworfen. Doch: non nostrum est tantas componere lites! zumal da diese Frage für den in dieser Einleitung zu discutirenden Streitpunct im Wesentlichen nichts verschlägt. Darin stimmen alle genannten Forscher überein, dass die Zweiheit in früher Zeit arischen Sprachlebens bestand, dass auf der manigfaltigen Verbindung dieser prädicativen und demonstrativen Elemente der gesammte Bau unseres Sprachstammes beruht, und dass die beiden Kategorien der Verba und Nomina aus der indifferenten Wurzel hervorgegangen sind. Diese drei Sätze kann man als fast allgemein anerkanntes, feststehendes Resultat neuerer Sprachforschung auf arischem Gebiete bezeichnen. Nur einer der hervorragendsten Forscher führt seinen ganzen Scharfsinn und sein umfassendes Wissen gegen sie in das Feld: Theodor Benfey in einem Aufsatz in Kuhns Zeitschrift IX, 81 ff.: ‚Sind Wurzeln oder Verba die Grundlage der indogermanischen Sprachen?‘ Sollte die dort entwickelte Ansicht als richtig bestehen, so würde die folgende Untersuchung ein unnützes und, weil sie mit dem wahren Gange der Sprachentwicklung im Widerspruch stände, ein fruchtloses Unternehmen sein. Benfeys Frage und deren Beantwortung kann uns daher nicht gleichgültig sein und erfordert nähere Beleuchtung.

Benfey geht von der Bemerkung aus, dass die Kategorie der Adverbia in den arischen Sprachen keine ursprüngliche aus den constituirenden Elementen der Sprache hervorgegangene ist, sondern sich fast ausnahmelos aus der der Nomina vor den Augen des Sprachforschers entwickelt. Er zieht hieraus den allgemeinen Schluss, dass in noch frühern Perioden des Sprachlebens auch andere Kategorien unbekannt gewesen sein mögen, spitzt ihn aber sofort zu der Behauptung zu, eine solche Kategorie sei die der Nomina substantiva. Er zeigt, wie die Substantiva sich nach und nach aus den Adjectiven herauslösten: das eine Eigenschaft ausdrückende Adjectiv wurde für einen bestimmten Gegenstand fixirt, an welchem jene bestimmte Eigenschaft characteristisch schien. Die Adjectiva stehen nun wesentlich mit den Participien auf derselben Stufe, nur dass ihnen das temporale Element fehlt, welches ihnen gleichwohl nach Analogie von sichtbar substantivirten Participien wie serpens auch einst inne gewohnt haben muss. Das Particip ist nun nach Benfey eine dem Verbum finitum subordinirte Kategorie: es besteht, wie unwiderleglich dargethan wird, eine auffallende Uebereinstimmung des Accentes zwischen ihm und der temporell entsprechenden dritten Person Pluralis. Hieraus schliesst Benfey, ‚dass die Participia, mit Ausnahme der Partic. Perf. Pass. auf skrt ta, na und deren Reflexe, sowie der Part. Fut. Pass., nichts weiter sind als in Nomina übergegangene — metamorphosirte — dritte Pers. Pluralis.‘

Er fährt hierauf fort: ‚Nun ist aber schon theilweis erwiesen und vollständig erweisbar, dass die alten Themen auf ant sich zu at schwächten, zu an und a weiter abstumpften, at in as, an in ar umlauteten, ferner a zu i verwandelten und so it, in, is wurden, durch Hinzutritt des pronominalen Themas a aber anta, ata, ana, ara, asa, isha erzeugten und noch vielen andern Entwicklungen und Umwandlungen unterworfen waren.‘

Dies zugegeben und noch eine ziemliche Dosis Wurzelverstümmlung dazu — grabh in *βρεφ, δελφ, δραχ, βραχ, λαφ, λαβ, ορφ, γερ* (S. 118) — so ist der Satz erwiesen, ‚dass der unendlich grösste Theil des indogermanischen Sprachschatzes — und zwar fast sämmtliche Begriffswörter — aus den Verben hervorgegangen ist, oder bestimmter, dass die Adverbia, die Substantiva, die grösste Anzahl der Participia und nachweislich auch der grösste Theil der Adjectiva nicht auf eine coordinirte Weise aus einem Lautcomplex, den man Wurzel nennen könnte, hervorgetreten ist, sondern auf eine subordinirte Weise aus Verben (S. 95. Vergl. 100 unten, 119 oben).

Um die Unursprünglichkeit der abstracten Wurzelnomina wie yudh, dvish zu erweisen, wird ein weiterer Abfall jenes aus ant verstümmelten a statuirt; für Wurzelnomina Agentis wie veda-vid, sarva-çak, sarva-ji-t wird ein Suffix tan mit seinen Metamorphosen tar, ta, tin, ti, t, 0 angenommen (patnî aus patan-yâ, patar, δεσπότα, pati, compot), das also bei den consonantisch auslautenden Nominibus ganz schwand.

Nun wendet sich Benfey der Frage zu, ob nicht eine Nöthigung vorliegt, für die noch nicht betrachteten Formwörter — Pronomina, Präpositionen, Conjunctionen und Pronominaladverbia — den Ausdruck Wurzeln festzuhalten. Für einige der Präpositionen und Conjunctionen weist er Ursprung aus dem Nomen nach, in andern bildet den Haupttheil ein Pronominalthema; in einigen ist zwar der Haupttheil nicht zu ermitteln, allein was thuts? sie werden mit der Bemerkung aus der Welt geschafft, dass es niemand einfallen wird, für sie eine von Nomen und Adjectiv verschiedene Kategorie zu suchen. Indem er nun die Pronomina betrachtet, findet er, dass ihre Zahl so geringfügig ist im Verhältniss zu den primären Verben, dass sie uns eigentlich gar nicht zu kümmern brauchten. Bedenkt man nun noch, dass es der Logik widerspricht, dass es sollte Pronomina, d. h. Repräsentanten der Nomina gegeben haben, als es noch keine Nomina gab, so wird ‚die Entstehung der Pronomina auf jeden Fall schon in eine Zeit hinabgedrückt, wo die Sprache irgendwie Nomina, ja sogar die — erst vermittelst Participia und Adjectiva wenigstens zum vollen Bewusstsein gekommenen — Substantiva bezeichnete‘. Aber Benfey fühlt doch, dass mit diesen beiden Bemerkungen nicht alle Pronomina todt zu machen sind: es gab daher eine dunkle Periode in der Entwicklung des arischen Sprachstammes, wo zwar der gegebenen Darstellung gemäss die Sprache einzig Verbalthemen zum Ausdruck ihrer Vorstellungen benutzte, aber es trat doch in dieser dunklen Periode das Bedürfniss ein, auch das zu bezeichnen, was später der Kategorie der Nomina anheimfällt: ‚mit einem Wort: einige und zwar der unentbehrlichsten der Pronomina, die Demonstrativa, scheinen mir schon in dieser alten Periode durch blosse Herabschwächung ihrer Bedeutung aus Verben hervorgegangen zu sein.‘ So mag nach ihm das demonstrative ta aus dem allgemeinen Verbalthema tâ (ta-nômi) strecken in der Bedeutung den Finger ausstrecken, auf etwas deuten entstanden sein.

‚Dem Vorhergehenden gemäss betrachten wir also den ganzen indogermanischen Sprachschatz, mit Ausnahme der Interjectionen und ihrer Derivata — als hervorgegangen aus Verben' schliesst Benfey.

Ich habe so objectiv als möglich den Gang der Untersuchung des scharfsinnigen Forschers darzustellen gesucht. Es ist aber nicht schwer zu bemerken, dass dieselbe einige bedenkliche Wendungen nimmt. Der vielgebrauchte Begriff der Metamorphose hat sich an Benfey gerächt. Die Hauptkategorie selbst, um welche sich die Theorie dreht, macht in der Stille eine Metamorphose durch.

Im Anfange der Untersuchung bemüht sich Benfey Substantiva auf Adjectivstämme, diese auf Participia zurückzuführen und diese Participia mit der dritten Person Plur. Indicativi im Parasmaipada zu identificiren. Was kann und muss Verbum in diesem Theil der Untersuchung heissen? die Antwort gibt uns Benfey selbst sonnenklar auf S. 94—96. Verbum heisst hier nur Verbalform, speciell die dritte Person Plur. Präs. Act.

Aber von dieser Bedeutung etwas abweichend findet sich der Ausdruck schon auf S. 92: ‚Von dem Particip aber wird nicht leicht jemanden einfallen zu behaupten, dass es eine mit dem Verbum coordinirte, aus einem beiden gleichmässig zu Grunde liegendem Lautcomplexe gleichzeitig hervorgetretene Kategorie sei.' Hier bedeutet der Ausdruck Verbum finitum, keine bestimmte Person. Dass es, beiläufig, doch Leute gibt, denen solches zu behaupten noch mehr als einfällt, darüber Pott[1] II, 710; [2]II, 199. 935. Einen Zusammenhang zwischen Particip und der mehrfach erwähnten Verbalform sucht auch Scherer Z. G. d. d. Spr. 342 ff. zu erweisen, jedoch auf eine Benfey grade entgegengesetzte Weise: dritte Person Plural. und Particip sind mit derselben locativischen Partikel gebildet.

Seite 97 dann hat der Begriff Verbum seine Metamorphose schon durchgemacht: ‚das skrt zeigt zu *νεκυ, νεκ* in seinem

Reflex naç als Verbum'; ‚ghrâ-ṇa von dem erhaltenen Verb ghrâ riechen', während S. 96 der Ausdruck noch von der dritten Pers. Plur. gebraucht wird. Ganz schlagend tritt die veränderte Bedeutung, die das Wort im Laufe der Untersuchung angenommen hat, uns entgegen auf S. 103: ‚Es gibt einerseits mehrere Nomina, welche mit Verbis übereinstimmen und kein derivatives Element enthalten: z. B. skrt ud Wasser von Verbum ud benetzen ... und anderseits existirt im skrt eine Regel, dass jedes Verbum, ohne weitere Veränderung, das hintere Glied einer Composition im Sinne eines Nomen Agentis bilden kann, z. B. sarvaçak alles könnend vom Verbum çak' etc. Wenn nun nach S. 108 von dem Verbum pâ herrschen mit einem Suffix ti im Sinne eines Nomen Agentis pati der Herrschende gebildet wird und Benfey S. 125 zugibt, dass in jener dunklen Periode seine Verben bei eintretendem Bedürfniss zur Darstellung von Gegenständen konnten brauchbar gemacht werden, d. h. doch wohl nominal verwandt, und jene unentbehrlichsten Pronomina durch Abschwächung aus ihnen hervorgingen, was sind diese Verben auf S. 97. 103 ff., die auch zur Darstellung von Gegenständen verwendet werden, anders als die auf S. 84 verworfenen Wurzeln?

Neben dem Ausdruck Verben kommt auch Verbalthema, Verbalstamm vor; beide Wörter bedeuten aber immer, was Verb im zweiten Theil der Untersuchung, also was wir gewöhnlich Verbalwurzel zu nennen pflegen. Waren nun jene Verbalthemen, um bei diesem Ausdruck zu bleiben, verbal und nominal verwendbar; waren jene demonstrativen Pronominalstämme vorhanden, über deren Ursprung Benfey die Ansicht Grimms und Schleichers theilt; haben sie sich mit den Verbalwurzeln zu Verbalformen — den Verben im ersten Theil der Untersuchung Benfeys — verbunden: was stand im Wege, dass sie nicht auch zu Nominalformen mit ihnen verwuchsen?

Benfey sieht von dieser nahe liegenden Möglichkeit ganz ab. Er reisst die dritte Person Plur. von den übrigen Verbalformen los und weist nur einen lautlichen, aber keinen begrifflichen Zusammenhang mit dem Participium nach. Er bringt für die Subordinirung des Particips unter die genannte Verbalform nicht einmal eine Analogie, geschweige denn einen Beweis auf. Und vor allem, wie denkt er sich die dritte Plur. selbst entstanden? Er hebt nur ihre Analogie zur dritten Person Singul. und das für ihn dunkle n hervor. Aber wenn er nach vielem Wenden und Drehen doch endlich jene unentbehrlichsten ‚Pronomina durch blosse Herabschwächung ihrer Bedeutung' aus Verben, d. h. Verbalwurzeln hervorgehen lässt, so geschieht dies vielleicht, um nur überhaupt seine dritte Person Plur. bilden zu können. Und wenn er die Pronomina auf einige wenige, etwa ta, ma und an, herunter zu drücken sucht, so könnten daraus gerade die Personalendungen entstanden gedacht werden.

Auf diese Art ergäbe sich etwa die folgende Entwicklung des Wortschatzes: der älteste Bestandtheil der Sprachen sind Wurzeln in unserm Sinne; einige davon sinken zu Pronomina herab, diese Pronom. verbinden sich mit den übrigen zu Verbalformen; eine unter diesen Verbalformen, die dritte Pluralis wird, man weiss nicht weshalb, mit fabelhafter Fruchtbarkeit gesegnet, und durch die wunderbaren Metamorphosen des ‚Allerweltsuffixes ant', wie es Corssen Musspr. u. Voc. I², 585 nennt, entstehen Participia, Adjectiva und Substantiva. Hiermit wären wir doch wieder auf jene Wurzeln zurückgeführt, welche Benfey im Anfange seines Aufsatzes aus der Welt schaffen will. Aber das Privilegium der dritten Plur. wird dadurch nur um so unbegreiflicher.

Höchst eigenthümlich ist auch die Art, wie Benfey die unbequemen Präpositionen beseitigt. Nachdem die nachweislich aus Casus der Nomina entstandenen, z. B. circum vorweg genommen sind, wird ein anderer Theil unter Pronominalthemen a, i, u zu subordiniren gesucht und dahin verwiesen. Dies könnte man sich gefallen lassen unter der Voraussetzung, dass jene später zur Sprache kämen. Wenn aber ihrer gar nicht oder mit blossen Behauptungen gedacht wird, was dann? haben wir nicht eine offenbare petitio principii vor uns? Der Rest, der sich nicht fügt — und es bleibt ein solcher trotz aller Gewaltthätigkeit —, bekommt die Thüre gewiesen, da es sich nicht der Mühe lohnt, ihm einen besondern Platz anzuweisen. Noch manche Widersprüche im Einzelnen liessen sich aufzeigen, auf die ich hier nicht weiter eingehen will.*)

Diese ganze Benfeysche Theorie der Wortbildung, die K. Z. XII, 288 passend mit dem Namen Participialtheorie belegt wird, hat bis jetzt unter den Forschern auf arischem Sprachgebiet keinen Anwalt gefunden, wohl aber schroffe Zurückweisung, und zwar von entgegengesetzten Seiten: Pott² II, 199. 897. 936; Corssen Ausspr. u. Voc. I², 416; Kuhn Z. XII, 285 ff.; Curtius Grundz.² 73, Chronol.² S. 21 Anmerk.; etwas schüchtern scheint seinen Beifall zu geben Schweizer-Siedler bei Kuhn Z. XII, 224; auch Leo Meyer versagt ihr seine Zustimmung, denn er bemerkt Vergl. Gramm. der griech. u. lat. Sprache II, 78 ausdrücklich: ‚Wir dürfen durchaus nicht sagen, dass die Nomina auf schon ausgebildete Verbalformen zurückweisen, aus Verben hervorstammen. Sie kommen vielmehr mit ihnen auf denselben Grund zurück.‘ Nach ihm stammt *δόσις* (datis) unmittelbar von derselben Wurzel ‚da‘ wie *δί-δω-μι*: beide Wörter sind also coordinirt; auch ihm scheint es (l. c. S. 80) nicht ganz unwahrscheinlich, dass die Wurzeln durch die auf Vorliegendes und Momentanes hinweisenden Pronomina gleichsam gebunden oder fest gehalten wurden und so sich bestimmte Wörter zuerst gestalteten. Dennoch macht er jenes Allerweltsuffix ant, das Particip Präsentis Activi, zum Ausgangspunct der Nominalbildung; acceptirt jene von Benfey einfach als Behauptung hingestellte Verstümmlungstheorie; lässt aus diesem ant, das vielleicht ursprünglich gar anta lautete,**) und dessen Bedeutung für ihn eingestandnermassen ganz in Dunkel gehüllt ist, die Nomina auf anta, ata, at, as, ar, art, an, ân, a, i, u und ohne Suffixe hervorgehn; weist (l. c. S. 179) auf *μέγας* (*μεγανς*) mahant, mag-nus, um die Nomina auf ana, âna, na ans Particip anzuschliessen; macht (S. 194) auf den Uebergang von anya in *ἄλλος* aufmerksam, vermuthet engsten Zusammenhang

*) S. Anmerk. 1 im Anhang.

**) S. Anmerk. 2 im Anhang.

des Suffixes in grac-ilis und crac-ent, um ala, âla, la ebenfalls auf ant zurückzuführen; fügt mit einem Hinweis auf sella und ἕδρα und das freilich ganz unerwiesene dyâvan = ἦμαρ die Suffixe ara, âra, ra hinzu. Welche Beweise bringt nun L. Meyer für diese Lautübergänge vor? keine; die klarliegendsten Thatsachen werden öfters verdreht, so die germ. schwache Adjectivdeclination, deren Unursprünglichkeit wohl ausser allem Zweifel steht; dieselben Formen werden an verschiedenen Stellen zu verschiedenen Zwecken benutzt; da wird ein spöttischer Blick statt eines Beweises auf andere geworfen, ‚da es keiner weitern Auseinandersetzung (passend gewählt statt ‚Beweises‘) bedarf, dass wirklich tiefer in die Entwicklungsgeschichte unserer Sprachen eindringende Untersuchungen mit zerrissen betrachteten und gleichsam in einzelne Schachteln gethanenen Suffixen ganz und gar nichts gewinnen können‘; da darf man an einer andern Stelle, wenn trotz aller Gewaltthätigkeit und Verdrehung der Thatsachen die Verstümmlung zu unplausibel erscheint, es nicht zu streng nehmen: ‚es soll ja nur auf einen vielleicht möglichen Zusammenhang, auf eine Wahrscheinlichkeit hingewiesen werden.‘ Das genügt wohl für tiefer eindringende Untersuchungen! Wenn aber einer jener *διαιρετικοί* nach der Wirklichkeit fragt?

Um die Richtigkeit der von Benfey statuirten Lautübergänge zu erhärten, hätte Leo Meyer uns mit Möglichkeiten, Aehnlichkeiten, nicht unwahrscheinlich, Allgemeinheiten über tiefern Zusammenhang und dergleichen verschonen sollen und dafür schlagende Thatsachen als Beweise ins Feld führen. Was würde man dazu sagen, wenn jemand zwei Dinge gleich setzte, die weder in Form noch Bedeutung zusammenfallen und die a priori auf verschiedene Weise entstehen konnten? Nehmen wir Suffix a, ara, anta. Die Bedeutung dieser drei und aller ähnlichen Lautcomplexe ist Leo Meyer eingestandenermassen unklar; die Möglichkeit einer unabhängigen Entstehung wird er wohl nicht leugnen; die Form ist verschieden; aber gerade weil jene Lautcomplexe so wenig aufgehellt sind — sie haben also doch, was ich eben übersah, einen Punct gemeinsam! — nimmt Meyer sie aus ihren einzelnen

Schachteln und wirft sie, um mich eines Pottschen Wortes zu bedienen, in den grossen Maischbottich jener trüben, vielleicht antediluvianischen Periode zusammen, wo Lautzerstörungen nach barem Zufall eintraten.

In seiner ‚Got. Sprache‘ durfte Meyer nach dem ganzen Plane des Werkes eine Anordnung wie die in der Vergleich. Grammatik der latein. u. griech. Sprache nicht befolgen. Gleichwohl kann er nicht umhin, §. 230 die Substantiva auf an zu beschuldigen, sie hingen mit der Participialbildung auf das engste zusammen: ‚ja wir dürfen die letztern (auf an) als aus den vollern Formen auf ant ursprünglich nur durch Verstümmlung entstanden denken.‘ Dass die Bildungen auf Suffix a verdächtigt werden, sie seien noch aus einer weiteren Verstümmlung hervorgegangen, wird uns nicht Wunder nehmen.

Als Anhänger der wie es scheint mehr und mehr aus der Mode kommenden Logik lebe ich mit Pott des altväterischen Glaubens: aus unrichtigen Prämissen lässt sich kein richtiger Schluss ziehen. Gegen L. Meyer halte ich vor allem daran fest, dass wir die Gesetze der Entwicklung suchen müssen, welche die persönliche Willkür des Forschers ausschliessen, dass wir das Gesetz der Verstümmlung erst erforschen, ehe wir uns mit der Annahme unerwiesener Lautentstellungen allzuweit vorwagen. Vergl. Kuhn in seiner Zeitschr. XII, 147; Corssen krit. Beitr. S. VI ff., krit. Nachtr. S. 6 ff.

So peinlich es für einen Anfänger ist, einem der anerkannten Meister der Wissenschaft widersprechen zu müssen: ich durfte mich der Pflicht einer Auseinandersetzung mit Benfey nicht entziehen. Denn ich musste mir den von seiner Theorie bedrohten Boden sichern, auf welchem ich in meiner Weise die Wahrheit suchte.

Es gab also, meiner Ansicht nach, eine Stufe der Entwicklung im arischen Sprachstamme, wo ein Unterschied zwischen Nomen und Verbum nicht existirte, d. h. die verbale oder nominale Verwendung einer Prädicativwurzel wurde äusserlich an ihr nicht bezeichnet; durch ihre Verwendung in der Rede als Wortform wurde ihnen der sondernde Stempel der Bedeutung aufgedrückt, welche der formell indifferenten Wurzel abgehen musste. Allmälich aber mag sich ein Unterschied beider Kategorien im Sprachbewusstsein gebildet haben, was die zahlreichen, uns in mehreren arischen Sprachen begegnenden Wurzelnomina zeigen, bei denen die Wurzel alleinstehend und mit Wortbildungssuffixen versehen im Sinne eines Nomen Actionis, als zweites Glied von Compositis auf dieselbe Weise als Nomen Agentis gebraucht wird (Schleicher Comp.[2] §. 215; Bopp Vergl. Gr.[3] III, §. 907—910): nur berechtigt uns nichts für jene Periode eine solche Sonderung der Nomina Agentis und Actionis vorauszusetzen. Diese Wurzelnomina sind nun die Grundlage für eine ganze Reihe weiter gebildeter Nomina. In dem Wie aber gehen die Ansichten auseinander. Nach der im Wesentlichen übereinstimmenden Ansicht von Bopp, Curtius, Kuhn, Schleicher, Steinthal sind in den weiterbildenden Suffixen a, i, u, an, as, ta, ma jene ihnen gleichen Demonstrativstämme zu suchen: die Wurzel hatte an sich nominale Function, nur wurde durch diese hinweisenden Elemente dieselbe mehr hervorgekehrt. Je nach der eigenthümlichen Bedeutung dieser einzelnen Demonstrativwurzeln entstanden feinere Unterschiede, die in späteren Perioden theilweise zusammenflossen, theilweise aber auch zu bestimmten Kategorien sich weiterbildeten. —

In ein ganz anderes Stadium ist diese Frage getreten durch Scherers Schrift ‚Zur Geschichte der deutschen Sprache'. Im ausgesprochensten Gegensatz zu Curtius, der einerseits Casusbildung überhaupt in die späteste Zeit gemeinsamen arischen Sprachlebens zu drängen sucht — ‚Casusbildung als solche ist eine der Entstehung selbst der jüngsten Verbalschicht, folglich der Ausprägung des gesammten Verbalbaues nachfolgende Erscheinung', Chronologie S. 64*) —, anderseits Präpositionen als noch jüngere Bildung, als erstarrte Casus betrachtet (Chronol. S. 75; Grundzüge[4] S. 37 ff.**), lässt Scherer Casusbildung für die ältesten Epochen arischen Sprach-

*) Dagegen Pott[2] III, 43; Scherer Z. G. d. d. Spr. 343 ff.
**) Dagegen Pott[2] I, 49; II, 320; III, 35.

lebens zu und stellt sich daher mit den Raumpartikeln principiell auf Potts Seite, d. h. er setzt sie ebenfalls für jene Epoche an und sucht gleich jenem die Casusbildung als aus Verbindung von Sachwurzel mit ‚Wortverhaltwort‘, ‚Wortpartikel‘ zu erklären (S. 328 ff.): ‚aus Wort- oder Raumpartikeln entstehen Pronomina und Zahlwörter, und sie werden ausserdem als Casussuffixe verwendet. — Wortstämme entstehen zum Theil durch Anfügung von Pronomina: sollen nur die Abkömmlinge von Raumpartikeln zur Stammbildung verwendet, die Raumpartikeln selbst aber davon ausgeschlossen gewesen sein?‘ (S. 330). Die Berechtigung einer verneinenden Beantwortung muss a priori unbedingt zugegeben werden. S. 331 ff. wird nun der Versuch gemacht, ursprüngliche Casussuffixe als stammbildend zu erweisen. Hierzu gehören auch die Suffixe a und â.

Suffix a tritt im Skrt in zweifacher Verwendung auf: betont, der Wurzelvocal bleibt rein, bildet es Nomina Agentis; unbetont, mit Betonung und demzufolge Guṇirung des Wurzelvocals, Nomina Actionis. So lautet die Regel gewöhnlich. — Nomina Agentis sind nun nach Scherer ibid. S. 332 Locative alter Wurzelnomina, neben denen das Participium Präs. der Wurzel as fehlt. Die Nomina Actionis werden entweder so aufgefasst, dass der zum Adverb heruntergesunkene Locativ als Abstractstamm in Gebrauch kam, oder als infinitivisch verwendete Locative des Ziels altarischer Nomina Actionis. Schwerwiegend und für mich sehr bestimmend war jener räthselhafte Nomin. asâu (m., f.), den Scherer auf gleiche Weise erklärt (Z. G. d. d. Spr. 322 ff.). Hier hätten wir gleichsam ein auf seiner Wanderung aus einem Locativ zu einem Wortthema in flagranti ertapptes Beispiel. Es lässt sich jedoch, wie mich dünkt, eine weniger künstliche Erklärung geben.

Hinlänglich bekannt ist, dass die formativen Elemente unseres Sprachstammes es lieben, sich mit einander zu einem Stamme zu verbinden, gleichsam als fühle ein einzelnes sich nicht stark genug. Vergl. als besonders auffallend das Litauische (Schleicher Lit. Gramm. §. 92) und die roman. Sprachen. So besitzen neben sa, ta, ya mehrere arische Sprachen die Pronominalstämme sya und tya, offenbar aus sa-ya und ta-ya mit Ausfall des Indifferenzvocals a hervorgegangen; ja dieser componirte Stamm rief noch einmal den Stamm ta zu Hülfe, und es entstand tyat (aus ta-ya-ta). Es sind im Germ. die zu blossem Artikel herabgesunkenen Stämme sa, ta zu schwach, um ein kräftiges Demonstrativ auszudrücken, man componirt zu dem Behufe beide, oder verwendet die aus zwei Stämmen entstandenen tya, sya. Bekannt ist ferner die im Veda so häufig verwendete Partikel u, in der Bopp Vergl. Gr. III, §. 923 einen Pronominalstamm erblickt. Sie schliesst sich besonders gern an Demonstrativstämme an, um sie hervorzuheben (P. W. I, 860): ayam-u, idam-u, tâsâm-u, tam-u etc. Im Nomin. asâu erkenne ich nun eine Composition der drei Pronominalthemen a-sa-u; das Altbaktr. in seinem hâu (altpers. hauv) begnügte sich mit einer Composition der beiden letzten Elemente, das Griechische fügte hieran noch zur Verstärkung den Stamm ta: οὗτος aus sa-u-ta. Vergl. Benfey Wurzell. I, 281 ff., Sonne Kuhn Z. XII, 269 ff. Wenn man die dem Arischen in so hohem Grade eigenthümliche Art, mehrere Pronominalstämme zu krystallisiren, in Betracht zieht, so erscheint die von asâu gegebene Erklärung wahrscheinlicher, als in ihm einen erstarrten Locativ von asu zu erblicken. Es kommt aber noch hinzu: wie erklären wir den Stamm asu selbst aus der Wurzel as? Sollen wir in u mit Scherer ibid. 339 eine Präposition erblicken mit noch dunkler Bedeutung, also in asu auch einen — mag man ihn nennen wie man will — erstarrten Casus? Mit der Zurückweisung dieser Erklärung fällt nun freilich die von Suffix a keineswegs; es ist ihr nur eine scheinbar kräftige Stütze entzogen. Aber es erheben sich andere Bedenken.

Wir sind weiter genöthigt durch Scherers Erklärung, die arische Wurzel nur als Nomen Actionis verwendet anzusehen, während doch der viel spätere Gebrauch mancher Wurzelnomina dies widerlegt. Nomina Actionis und Nomina Agentis werden fernerhin getrennt, d. h. es muss eine wesentlich andere Entstehung für beide angenommen werden und gleiche Verirrung, was besonders für die Nom. Actionis sehr unwahrscheinlich ist.

Wäre die Entstehung beider Kategorien so verschieden, so müssten sie viel schärfer gesondert sein. Aber die Unterscheidung zwischen Nomen Agentis und Nomen Actionis im Skrt ist lange nicht so fest geregelt, wie Scherer annimmt und es nach Bopp Kritische Gramm. der Skrtspr. §. 575, 1—4 den Anschein hat. Es fehlt nicht an zahlreichen Beispielen, dass dasselbe Wort das Suffix betonend, ohne oder auch oft mit Guṇirung des Wurzelvocals, Nomen Agentis und Actionis zugleich ist, dass ein anderes die Wurzel betonend beide Kategorien vereinigt, dass sogar ein Oxytonon blos Nomen Actionis und umgekehrt ein die Wurzel betonendes Wort Nomen Agentis ist. Fall eins und zwei könnte man nun so erklären, dass zwei ihrem Ursprunge nach verschiedene Wörter nicht getrennt wurden durch den eintretenden, differenzirenden Accent, oder etwa dass die Form des mächtigeren, gebräuchlicheren von beiden später die Oberhand gewann. Fall drei und vier möchten schon mehr Schwierigkeiten machen; unmöglich aber wird diese Annahme durch folgenden Umstand: die Adjectiva auf Suffix a, die ohne Ausnahme in der Bedeutung eines Particips Präsentis oder Präteriti je nach den zu Grunde liegenden Wurzeln das Subject entweder als die in der Wurzel ausgedrückte Thätigkeit verrichtend, oder den Zustand, der durch sie angegeben wird, an sich tragend bezeichnen, sollten demnach eigentlich alle wie skrt subhá gebildet sein, d. h. Betonung des Suffixes und reine Wurzel zeigen, was auch Scherer (ibid. S. 332) annimmt, da er alle Nomina Agentis als solche substantivirte Adjectiva betrachtet. Aber diese Bildung ist die seltenere Erscheinung und gewöhnlich nur bei solchen Adjectiven, die am Ende von Compositis vorkommen; doch auch da nicht ohne zahlreiche Ausnahmen. Viel häufiger ist: erstens Betonung der Wurzel und Steigerung des Wurzelvocals, z. B. lóla sich bewegend, unbeständig, Begehren empfindend; zweitens Betonung des Suffixes und gleichwohl Steigerung des Wurzelvocals, z. B. rebhá knisternd, knarrend, plätschernd, lauttönend, m. Rufer;

oder yodhá kämpfend, Kämpfer, Krieger. Dasselbe zeigt sich im Griechischen. Wie erklären wir diese Erscheinung? Offenbar fand zur Zeit, als die Themen auf a entstanden, eine strenge Scheidung jener beiden Kategorien der Nomina Agentis und Nomina Actionis noch nicht statt, sondern dasselbe Thema wurde wie die alten Wurzelnomina in beiden Beziehungen verwendet, es konnte sowohl die handelnde Person, als auch die Handlung, die Sache, an der sich die Handlung, die Sphäre, in der sich dieselbe vollzieht, ausdrücken. Allmälich bildeten sich, als die Kategorie der Nomina substantiva dem Sprachgefühl als eine besondere, aus der der Nomina adjectiva hervorgegangene, sich herausstellte, jene beiden Kategorien als solche, und man benutzte wie in vielen andern Fällen den Accent als Mittel zur Differenzirung: erst in Folge dessen machte sich das Princip geltend bei den Nomin. substantivis, die Nomina Actionis mit Steigerung des Wurzelvocals zu bilden; auf die Adjectiva konnte dies selbstverständlich keine Anwendung finden.

Die Differenzirung geschah schon, wie die Uebereinstimmung des Skrt und Griech. zeigt, in proethnischer Zeit. Begreiflicher Weise hafteten, abgesehen von den Nom. adject., auch bei den Nom. subst. Beispiele jener freien Bildungsweise noch; denn wenige Verwandlungen in den Sprachen werden, wie Joh. Schmidt mit Bezug auf eine ganz andere Erscheinung Voc. I, 140 sagt, so folgerichtig durchgeführt, dass nicht vergessene Reste ältern Zustandes als Wegweiser stehen blieben für den, der die Entwicklungsgeschichte erforscht. — An andern Suffixen lässt sich dieselbe Erscheinung wahrnehmen wie an Suffix a; vergl. ana, as bei Bopp Kl. Skrtgramm. §. 575, 9. 13.

Dies sind Bedenken, die sich gegen die Hypothese Scherers erheben, dass die a-Stämme auf ursprünglicher Locativbildung beruhen. Unmöglich machen sie dieselbe keineswegs, nur an eine verschiedene Entstehung beider Kategorien, der Nom. Agentis und Actionis, kann nicht wohl gedacht werden. Was sehr für die Hypothese spricht ist die schöne Erklärung des sogenannten Bindevocals.

Aus dem bisher Bemerkten geht aber mein Standpunct zu der ganzen Frage sattsam hervor: sie ist noch nicht spruchreif; wir bedürfen vorher nicht nur eine ausführliche Untersuchung über die Stammbildung im Altindischen, sondern auch solche über die übrigen Hauptäste des arischen Sprachstammes.

Fernerhin kann und soll mit meinen Bemerkungen die principielle Frage, die sich, haben wir jene Untersuchungen, wieder erhebt, ob nicht Stammbildung theilweise auf erstarrter Casusbildung beruhe, nicht im Geringsten entschieden werden, da dazu das Herausgreifen eines einzelnen Punctes nicht genügt, und ein solch einzelner Punct aus jener ‚kühnen‘ (Kuhn Z. XVIII, 385) Stammbildungstheorie ist Suffix a. Es ist dies eine nur vom höchsten Puncte zu überschauende und zu lösende Frage, und sie wird ihre endliche Lösung nur finden auf Grund einer eingehenden Nachuntersuchung über die Chronologie des arischen Sprachstammes. Eine solche kann hier nicht geliefert werden; auffallend ist, dass von Curtius (1873) in der zweiten Auflage der Chronologie S. 22 Anmerkung der oben berührte Aufsatz Benfeys sowie ein anderer in Orient u. Occ. II, 744 von demselben Verfasser als ‚fast der einzige weiter ausgeführte Versuch einer chronologischen Sprachbetrachtung‘ bezeichnet wird, ohne dass der Arbeit Scherers, wie man nach dem Vorworte doch erwarten sollte, irgendwie Erwähnung geschieht.

So lange die Chronologie Scherers nicht eine wirkliche Widerlegung gefunden hat, müssen wir die von ihm mit aller Schärfe aufgeworfene Frage, ob ursprüngliche Casus nicht als stammbildend anzusehen seien, als einen für Forschung auf arischem Sprachgebiet höchst fruchtbaren Gedanken betrachten und in Erwägung ziehen; wobei wir freilich im Einzelnen abweichen können in seiner Anwendung.

Ich glaubte die auf diesen Blättern behandelten Fragen nicht übergehen zu dürfen. Es sind ‚Fernsichten‘, welche alle Einzelforschung beleben und erwärmen müssen; sie zeigen uns, aus welchen Gesichtspuncten solche zu führen und zu betrachten ist. Wir befinden uns bei einem Theil der berührten Fragen auf einem vollständig vorhistorischen Boden, auf dem nur sehr schwankende Andeutungen aus der spätern Entwicklung uns Rückschlüsse zu machen erlauben; bei andern sind eben erst Vorfragen zu entscheiden, von deren Beantwortung die Entscheidung der Hauptfrage abhängt. Einen kleinen Beitrag zu einer solchen Vorfrage bildet die nachfolgende Untersuchung über Gebrauch, Bedeutung und Geschichte der Suffixe a und â in den germanischen Sprachen.

SUFFIX A.

Wie wir in der Einleitung gesehen haben, entstehen durch Verbindung einer Prädicativwurzel mit dem Elemente a Wortstämme. Dahingestellt liessen wir es, ob dies a mit der Mehrzahl der Forscher als der Pronominalstamm a zu fassen sei, welcher sich der Wurzel anfügte, um ihre Nominalbedeutung schärfer hervorzuheben, oder ob wir darin einen erstarrten Casus eines ursprünglichen Wurzelnomens zu suchen haben.

Dies a begegnet aber wie die Mehrzahl der arischen Suffixe noch in einer andern Verwendung. Die Sprache blieb bei der Bildung der Stämme aus Wurzeln nicht stehen, sondern benutzte die geschaffenen Themen, um aus ihnen häufig mit denselben Lautcomplexen neue Themen zu bilden. Wie nun z. B. das Suffix tu aus den Wurzeln dhu, gus im Got. die Abstractstämme dauþu-, kustu-, aus den Themen manniska-, gabaúrja- die Abstractthemen manniskodu-, gabaúrjoþu- bildet, so entstehen im Skr. durch Antritt des Suffixes a an die Wurzeln bhid, krudh die Abstractthemen krodha, bheda, an die Themen suhṛd, çuci die Abstractthemen sâuhârdá, çâucá.

Nach dieser Art der Verwendung theilt man die Suffixe in zwei Kategorien; bilden sie wie in dauþu-, bheda aus den constituirenden Elementen der Sprache Wortstämme, so heissen sie primäre Suffixe, treten sie an so gebildete Themen, um neue individualisirtere zu bilden wie in manniskodu-, sâuhârdá, so nennen wir sie secundäre Suffixe.

Ich werde demnach zuerst handeln von dem primären Suffixe a und dann in einem zweiten Abschnitt von dem secundären Suffixe a.

I. PRIMÄRSUFFIX A.

Wenn wir zwei Wörter wie budhá erwachend, klug, verständig, ein Kluger, Weiser und bódha das Erwachen, das Wissen, oder likhá der Schreiber und lékha das Schreiben, dann wie nhd. das Schreiben auch der Brief, auf ihre Bedeutung hin ansehen, so kann uns der wesentliche Unterschied beider nicht entgehen. Erstere bezeichnen das Subject, das eine Thätigkeit ausübt, von dem die Thätigkeit ihren Ausgangspunct nimmt und das als Ursache derselben erscheint, oder das in dem Zustand sich befindet, die Eigenschaft an sich trägt, die die Wurzel ausdrückt. Letztere bezeichnen den Zustand der Handlung, den sichtbaren Verlauf der Thätigkeit. Demgemäss behandelt schon Pâṇini (III, 1, 133—150) Suffixe, die den kartar bezeichnen, getrennt von denen, die den Zustand der Handlung oder irgend ein kâraka, den kartar ausgenommen, (III, 3, 18—130) ausdrücken. Auch ich behalte in meiner Darstellung diese beiden Kategorien bei, die, obwohl ursprünglich nicht streng geschieden, doch schon in proethnischer Zeit sich fest herausbildeten, und behandele also erstens Primärsuffix a Nomina Agentis und zweitens Primärsuffix a Nomina Actionis bildend.

A) PRIMÄRSUFFIX A NOMINA AGENTIS BILDEND.

‚Die Kategorie der substantivisch gebrauchten Adjectiva ist uns hinlänglich geläufig. Wir müssen auch die Nomina Agentis auf á durchaus als Adjectiva und substantivisch gebrauchte Adjectiva betrachten‘, sagt Scherer zGDS S. 332. Bei einer streng wissenschaftlichen Behandlung des Primärsuffixes a Nomina Ag. bildend müssten daher die Adjectiva vorausgenommen und gezeigt werden, wie aus denselben Adjectivis in verschiedenen Aesten unseres Sprachstammes sich die verschiedensten Appellativa bildeten, indem ein jedes Volk nach seiner Individualität die durch das Adjectiv ausgedrückte Thätigkeit oder den durch dasselbe bezeichneten Zustand als einer bestimmten Person, thätigen Wesen oder Sache besonders inhärirend auffasste und auf dieselben allein fixirte. Denn das Substantiv ist eine Darstellung vereinigter Accidenzen durch Andeutung einer einzigen (Bernhardi Sprachl. I, 173). Die Benennung der Substanzen ist daher nur fragmentarisch: ein Merkmal, das für einen einzelnen oder für eine ganze Gemeinschaft von Individuen aus häufig erkennbaren Gründen besonders hervortritt, muss gleichsam stellvertretend die Pathenschaft für das Ganze übernehmen und ihm seinen Namen leihen. Die grosse Mannigfaltigkeit der Benennungen rührt eben daher, dass man bei der Benennung auf dieses oder jenes Merkmal sein Augenmerk richten kann*).

Ich habe eine Zeitlang geschwankt, ob ich nicht die angedeutete Art der Darstellung wählen sollte, aber nach einem kleinen Versuche zeigte sich die Unmöglichkeit, sie für den germanischen Sprachstamm durchzuführen. Ich hätte zu hoch in proethnische Zeit hinauf steigen und mich zu tief in etymologische Untersuchungen, die häufig ohne dies nicht zu vermeiden waren, einlassen müssen. Dazu kommt, dass wie ich auf Grund meiner Untersuchung voraus nehmen darf, Suffix a Nomina Agentis bildend im german. Sonderleben so gut wie gar nicht mehr in lebendigem Gebrauch ist. Während ursprünglich die Appellativa so entstanden, dass ein eine Thätigkeit oder Eigenschaft ausdrückendes Nomen adject. in seiner Verwendung auf ein bestimmtes Ding beschränkt wurde, allmälich die ihm eigentlich inne wohnende Bedeutung für den Redenden verlor und nur mehr in ihm die Vorstellung eines bestimmten Gegenstandes hervorrief: so wurde jetzt mit dieser Fixirung auch eine äussere Veränderung verknüpft, das Wort wurde zu einem an-Stamme erweitert, und nur in der poetischen Sprache blieb jene ursprüngliche Art der Bildung theilweise erhalten. Vollständig hat ein solches Nomen Agentis oder Appellativum seine adjectivische Natur erst dann eingebüsst, wenn es, wie gesagt, in der Vorstellung des Re-

*) Vergl. Pott Ueber Mannigfaltigkeit des sprachlichen Ausdrucks nach Laut und Begriff. Zeitschr. f. Völkerpsych. u. Sprachwissensch. Iff.

denden und Hörenden nur mehr den Begriff des Gegenstands in seiner Totalität hervorruft, nicht das eine Merkmal, das vielleicht zufällig hervortretend ihm den bestimmten Namen verschaffte. Diese völlige Losreissung eines Wortes aus dem Kreise der Verwandten erkennen wir häufig daran, dass es entweder auf andere Dinge übertragen wird, auf die es gemäss seiner ursprünglichen Bedeutung keine Anwendung finden konnte, oder dass es zu Weiterbildungen benutzt wurde, die dasselbe Vergessen voraussetzen. So konnte neben got. hors ein ahd. Fem. huorra erst entstehen, als man total vergessen hatte, dass das Wort ursprünglich ‚besamend‘ den Besamer, bezeichnete. So sind die meisten Appellativa in den altgermanischen Sprachen beschaffen; etymologisch daher aus den Mitteln, die uns das Germ. liefert, nicht deutbar; häufig — und dies zur grössern Hälfte — auch mit Hinzunahme der verwandten Sprachen noch dunkel.

Auf die angegebene Darstellungsweise, die für eine Gesammtbehandlung des arischen Sprachstammes anziehend und fruchtbringend zugleich wäre, musste ich demnach verzichten. Doch möchte ich wenigstens annähernd zeigen, wie sich die Sache gestaltet hätte. Ich wähle die im Germanischen mittels t determinirte arische Wurzel pru, also flut.

A) flauta-, fleuta-, fliota- fliessend, schwimmend.

1) Adjectiv: altn. fljótr swift (Egilss. 185, Cl. 161) engl. fleet schnell, leicht, flüchtig.

2) Neutrum: a) altn. fljót ‚in old writers scarcely used as a proper name of a river, in modern usage it may be used as a appell. ‚a river‘ but scarcely except in poetry‘ (Cl. 161). — b) ags. fleót ratis, navis (Grein I, 304), rivulus (Ettm. 363), engl. fleet Flotte. — c) altfr. flêt Fluss (R. 746). — d) mnd., nnd. fleet ein kleiner Bach, der das Regenwasser aus niedrigen Gründen abführt (Brem. W. I, 413). — e) ahd. befleoz fretum (Graff III, 743); mhd. vliez kleiner Fluss, Strom (Mhd. W. III, 349). — f) wohl auch das durch niederd. oder angels. Einfluss (?) aufgenommene phliet, fliet, flied bdellium, gummi,

resina (Graff III, 360, Mhd. W. III, 349) das Harz als das herabfliessende?

3) Masculinum? a) ags. flêt (fliet) m? flos lactis (Ettm. 363). b) ahd. widerfliez diabolus (Graff III, 743).

B) fluta-, flota- fliessend, schwimmend, schiffend.

1) Das Adjectiv ist nicht erhalten.

2) Masculinum: a) altn., ags. floti, flota (sw. m.) Kahn, Boot als das schwimmende. — b) altn. floti der Schiffer.

3) Neutrum: a) altn., ags. flot das Meer, die Flut als die fliessende, strömende (Egilss. 186, Grein I, 305). — b) das Fett, das beim Kochen des Fleisches oben auf schwimmt (Cl. 161). Cf. oben fliet flos lactis, die Sahne als die auf der Milch schwimmende.

Hiermit vergleiche man skrt plavá (P. W. IV, 1184):

1) schwimmend. 2) Masc. a) Boot, Nachen; b) ein bestimmter Schwimmvogel; c) Wasserflut, Strömung.

Von einer solchen Darstellung absehend handele ich im Folgenden gesondert von Primärsuffix a Nom. Agent. bildend und zwar 1) Substantiva masc. 2) Substantiva neutr. 3) Adjectiva. Ich suche dabei das gesammte mir bekannte Material vorzulegen, wovon im Beginn der Geschichte des Suffixes a eine zusammenfassende Uebersicht gegeben wird.

Den Begriff Nomen Agentis fasse ich in einem ausgedehnten Sinne. Ich begreife in ihm die Nominalthemen, welche eine Person oder Sache ausdrücken, durch welche der Begriff der Wurzel activisch, passivisch oder reflexiv vollzogen wird.

Ich behandele ferner unter derselben Kategorie etymologisch dunkle Wörter, welche als Männer, als menschlich gedachte, belebte Wesen, thätige Körpertheile, thätig und handelnd gedachte Instrumente, ihrer objectiven Bedeutung nach also, hierher gehören.

1. NOMINA AGENTIS MASCULINI GENERIS.

Es folgen hier zuerst die etymologisch klaren Beispiele, worin der der Wurzel inhärirende Begriff activisch vollzogen wird und zwar gesondert solche, bei denen die zu Grunde liegende Wurzel intransitiv zu fassen ist, dann die, worin sie transitiv ist. Hieran schliessen sich die Themen, wodurch der Wurzelbegriff sich passivisch und reflexiv vollzieht. Dann folgt eine Anzahl etymologisch dunkler Appellativa, die ihrer eben angegebenen objectiven Bedeutung nach hierher gehören. Innerhalb dieser einzelnen Unterabtheilungen gehen voran die Wörter, bei denen Thema und Genus vollständig sicher steht; dann folgen solche, bei denen eins von Beiden, sei es wegen Mangel an Belegen, sei es dass einzelne germ. Sprachen sich abweichend zu einander verhalten, ohne dass es möglich war, das Ursprüngliche zu erschliessen, als unsicher bezeichnet werden muss. Die Beispiele selbst sind nach innerm Wurzelvocal so geordnet, dass zuerst die Wurzeln mit innerm a, dann die i- und u-Wurzeln kommen.

Ags. scric die Drossel (Ettm. 695): die springende, hüpfende; hierher auch das ahd. Tatpurusha hou-schric oder matoscrech Heuspringer, Heuschrecke (Graff VI, 575). Mhd. ist das Wort an-Stamm wie schon öfters ahd., vergl. Whitney Vorlesungen über die Principien der vergl. Sprachwissenschaft, deutsch von Jolly S. 56. 57.

Ags. spring der Sprudel, ofspring die Nachkommenschaft (Ettm. 722); altn. afspringr dass., 2. der Ertrag (man vergl. nhd. Wendungen: dabei springt nichts ab, kommt nichts heraus); ahd. urspring Quelle (Graff VI, 397) ist einige Male Neutr., wie mhd. das Genus ebenfalls schwankt (Mhd. W. II_2, 543).

Altn. stertr (Eg., Cl.); ags. steort (Ettm. 731, Grein); altfr. stert (R. 1048); ahd., mhd. sterz (Graff VI, 725, Mhd. W. II_2, 625); daneben ags. steart sowie ahd. starz: der Schwanz als der sich drehende, wendende, emporrichtende. Ahd. ist die Wurzel erhalten in dem Causat. sturzên evertere. Vergl. altn. stertimaðr vir elatius se gerens; Denkm. S. 329; Fick Spracheinheit S. 383.

Ahd. ûf-sez der Reiter (Graff VI, 302); vergl. den unorgan an-Stamm anasezzo assessor ibid.

Ahd. chlep und chlepo (Graff VI, 546), mhd. klëp (Mhd. W. (I, 841) Kleister, Leim: der klebende, haftende.

Altn. stingr Instrument zum Stechen, 2) Der Seitenstich (neuisl.) (Egilss., Cl.); bei ags. sting der Stachel (Ettm. 733) macht die daneben vorkommende Schreibung stincg zweifelhaft, ob nicht ya-Stamm anzunehmen ist.

Ahd., mhd. swil die Schwiele (Graff VI, 872, Mhd. W. II_2, 790); ahd. daneben ein unorg. an-Stamm swilo; mhd. auch daz swil.

Ags. finc fringilla (Ettm. 349): der Töner; ahd., mhd. vincho, vinke (Graff III, 527, Mhd. W. III, 323) ist unorganischer an-Stamm. Siehe Diefenbach Nov. Gloss. lat.-germ. S. 182 unter fringilla; Fick I^3, 831, wozu noch Mhd. W. II_2, 474 unter spahe zu vergleichen.

Altn. selr (Cl.); ags. seolh (Ettm. 633, Grein); ahd. selah (Graff VI, 189) engl. seal, phoca, vitulus marinus; lautlich zur Wurzel salh gehörig: Graff VI, 216; Schmeller III, 234; Ettm. 633; demnach der (an der Sonne) sich röstende, sich trocknende? der Träge, Schlaffe? Vergl. Anm. 3.

Altn. þurs (Egilss., Cl.); ahd. durs (Graff V, 228) der Riese: der lechzende, dürstende; ags. þyrs wird ya-Stamm sein, wie auch im mhd. dürse ein unorganischer yan-Stamm vorliegt.

Altn. brunnr Quell, Brunnen (Egilss., Cl.; conf. Wimmer Altn. Gr. §. 32); in allen übrigen germ. Sprachen ist das Wort unorganischer an-Stamm.

Germ. daga- Tag: der leuchtende; vergl. Gr. II, 451. Zu Wurzel dhagh (Grassmann Kuhn Z. XII, 125); analog ist die Bedeutungsentwicklung in ἦμαρ Fick I^3, 218.

Got. svamms; ahd., mhd. svamm (Graff IV, 878, Mhd. W. II_2, 760) der Schwamm als der Schwimmer; vergl. Curt. Grundz.[2] 575. Ueber altn. svöppr siehe die Geschichte des Suffixes a.

Altn. svanr (Egilss., Cl.); ags., ahd. swan (Ettm. 748, Grein; Graff VI, 879) der Schwan als der Töner, Sänger; vergl. Müllenhoff D. Alterthumskunde I, 1. Im Altn. ist das Wort im Plur. in die i-Decl. übergetreten; im Ahd. hat es sich zum Theil unorganisch zum an-Stamm erweitert, den es mhd. (W. II_2, 876) immer zeigt.

Altfr. bon (gen. bonnes) Büttel, welcher den Bann d. h. ein Gebot unter Strafandrohung verkündet (Richth. 660); zu bannan.

Altn. skarfr pelicanus, graculus (Egilss., Cl.); ahd. scharbo mergus, mergulus (Graff VI, 541); mhd. scharbe (Mhd. W. II_2, 87; Lex. II, 662) sind unorganischer an-Stamm. Schmeller III, 397 hat noch der scharb (st. m.); cf. auch ahd. scherb aus scharbja- larus und scarba merga: der Töner. Zu lat. crep-are, crep-undia, crab-rôn-.

Germ. hôfa- der Huf als der sich hebende (Gramm II, 9); mhd. zeigt sich unorganischer Umlaut. Bopp Gloss[3] 382 stellt es zu çapha, dessen Etymol. aber dunkel; Pott[2] II, 281 bringt es sehr ansprechend unter Vergleichung eines litauischen Ausdrucks zu Wurzel skap graben, scharren.

Altn. hrókr Kropfgans, in übertragener Bedeutung ein langer Mensch (Eg., Cl.); ags. hrôc (Ettm. 506); mnl. roec; ahd. hruoh und hruocho (Graff VI, 1150, Mhd. W. II_1, 797); vergl. noch Brem. W. III, 520; Schmeller III, 20: die Saatkrähe, der Häher, der Krächzer. Zu *κράζω κέ-κραγ-α*; vergl. Anzeiger f. d. Alterth. I, 11.

Altn. snakr, snókr (Eg., Cl.); ags. snaca (Ettm. 709), engl. snake Schlange, Schildkröte etc.: die kriechende. Graff VI, 839 hat ein snach, snuoch, woher ahd., mhd. snakja, sneccheo Schnecke. Das Wort ist indogerm., wie skrt nâga Schlange aus snâga zeigt, worüber zu vergl. Albr. Weber bei Kuhn Z. IX, 233 ff.

Ags. væl (Grein, Ettm. 78); alts. wâl (Kl. altn. Denkm. 182) vortex, vorago, abyssus: der wallende, aufschäumende. Zu Wurzel val in got vulan wallen, sieden gehörig, das sein u dem folgenden l verdankt, wie trudan, lûkan dem vorhergehenden r, l (cf. Z. G. d. d. Spr. 31); ahd. wallan, walzan etc. sind Weiterbildungen derselben Wurzel.

Altn. krákr der Rabe (Egilss., Cl.), daneben kráka (sw. f.) cornix, gracula. Direct stellt sich aus den andern germ. Sprachen nichts hierher; ahd. chraia, chrauua (Graff IV, 587), ags. crâve (Ettm. 400) cornix sind nur entfernter verwandt; s. D. Wörterb. V, 1965 ff. Das Wort ist das Nom. Agent.

derselben Wurzel, zu der ahd. chrac strepitus, fragor, (Graff IV, 589), mhd. krach (Mhd. W. I, 870) Schall das Nomen Actionis: skr. garj brüllen, brummen, tosen; doch vergl. Lottner Kuhn Z. XI, 168 ff.

Ags. scrid der Wagen (Grein II, 411): der dahinfahrende, schreitende; cf. scrid-vîsere Wagenlenker.

Ahd. eiz Geschwür, Eiterbeule (Graff I, 541, Mhd. W. I, 428): das anschwellende oder angeschwollene. S. Anm. 4.

Germ. snaiva- der Schnee. Von einer Wurzel snigh, snighv feucht sein, tropfen, fliessen; vergl. skr. sneha Oel. Curtius Grundz.[2] No. 440; Fick I^3, 250; Joh. Schmidt Voc. 134.

Altn. hrútr der Widder (Egilss., Cl.); ags. hrût balidus, balans animal (Ettm. 507). Zu ags. hrûtan, altn. hrjóta rauschen, schnarchen; conf. ahd. ruzjan stertere (Graff II, 562), skr. krand wiehern vom Rosse, brüllen vom Stiere, dröhnen von Blitz, Donner.

Altn. þrjótr einer der seiner Pflicht nicht nachkommt (Gesetzausdruck), speciell ein schlechter Bezahler, verächtlicher Mensch. Zu þrjóta verlassen, nachlassen (Egilss., Cl.).

Ags. spreót Stange, Pfahl, eoforspreót Stange für Eberjagd (Ettm. 722, Grein); mhd. spriez jedes hervorgesprossene, speciell 1) Stange, 2) Nutzen (cf. altn. afspringr und nhd. erspriesslich) (Mhd. W. II_2, 552); engl., nnl. sprit Spross, Stange. Zu spreótan, spriozan, also das hervorbrechende, hervorgeschossene.

Ahd. scioz, mhd. sciez die hervorspringende Giebelseite eines Gebäudes (Graff VI, 562, Mhd. W. II_2, 174).

Ags. dreór — häufiger als dreár — (Ettm. 576, Grein); alts. drôr; ahd., mhd. trôr (Graff V, 545, Mhd. W. III, 114) das aus den Wunden triefende Blut; ursprünglich wohl jede triefende Flüssigkeit. Das Genus erhellt nur mhd., wo von 5 beweisenden Stellen 4 Gen. masc. zeigen; altn. dreyri ist ya-Stamm. Ags. dreór verhält sich zu ahd. trôr umgekehrt wie â-þreát: urdrioz.

Altn. már, Plur. mávar (Egilss., Cl.); ags. mæv (Grein) möwe, larus; wie letzteres Wort (λάρος) zu la, arisch ra schwatzen, tönen gehört, so már mit mhd. mûwen, mâwen zu einer Wurzel mu tönen, sprechen Fick I[3], 726. Dort fehlt aber das Altn., beim Ags. ist falsches Genus und statt ahd. mâwen ist mhd. zu schreiben; ahd. mag das Wort in Mawinheim (Graff II, 890) vorliegen.

Ahd., mhd. stoup der Staub als der sich erhebende, stiebende (Graff VI,. 616, Mhd. W. II_2, 648).

Altn. gaurr a sad fellow (Cl., Egilss.); zu got. gaurs, ahd gôrag. Ueber weitere Verwandtschaft Fick I[3], 84.

Altn. hraukr Kropfgans (Egilss. 386); siehe Anzeiger f. d. Alterth. I, 11.

Ags. reác rêc (Ettm. 261); alts. rôk; altfr. rêk (Richth. 990); ahd., mhd. rouch (Graff I, 436, Mhd. W. II_1, 746) alles auf-, emporgährende, emporwallende, aufbrausende: der aufsteigende Dampf, Dunst, Geruch. Graff hat eine Stelle für daz rouch und auch im Baseler Recepte (Denkm. LXII, 7) kommt ‚wîrôh daz rôta‘ vor. Mhd. ruch, rûch (Mhd. W. II_1, 747) dasselbe; ahd. und altn. besteht auch noch ein ya-Stamm.

Ags. seáđ (Ettm. 663, Grein); altfr. sâth (Richth. 1001); mhd. sôt (Mhd. W. II_2, 361) ursprünglich der wallende, siedende Brunnen, die Quelle; dann im Ags. öfters — cf. oben væl — fovea, barathrum; mhd. zuweilen Neutr. Der ostgerm. Stamm sauþi- bedeutet das zu religiösen Zwecken gesottene, das Opfer und individual. altn. den Widder als Opferthier *κατ' ἐξοχήν*.

Ahd., mhd. louc (Graff II, 150, Mhd. W. I, 1031) Flamme, Lohe als die leuchtende. Vergl. skrt rocá leuchtend, roká das Licht, die Helle als leuchtend. P. W. VI, 438.

Hierher mag auch gestellt werden als lûcus a lucendo:

Ahd., mhd. lôh, lô (Graff II, 127, Mhd. W. I, 1041) Lichtung, Gebüsch, Wald. Vergl. Fick I[3], 757 und mhd. ‚diu liehte heide‘ hei Walther und Wolfram.

Ags. þeáv (Ettm. 598, Grein); alts. thau; ahd. in ‚daulich moralis situlîch‘ (Graff V, 87) Satzung, Brauch, Sitte: das geltende, was im Volke Geltung hat; zu Wurzel tu Geltung haben, valere (P. W. III, 350), tavá wie plavá. Die ursprüngliche Bedeutung erhellt noch schön aus alts. Stellen wie ‚al sô thero liudeo landwîsa gedrôg, thera thioda thau‘ Hêland 2765.

Altn. nór (nó-s, nó-i) Schiff (Egilss., Cl.); cf. Nóa-tun Schiff-station, ein anderes Asciburgium. Zu Wurzel nu aus snu: fliessend, schwimmend; ô ist aus au zusammengezogen (vergl. sól: got. sauil), das in naust Schiffstation noch erscheint; vergl. Graff II, 1109 vernawun vel karrodin, calones, naves quae ligna portant. Mhd. nâwe (Mhd. W. II_1, 319) ist wohl aus dem Latein. Ags. naca, alts. nako, ahd. nahho könnte man mit unorganischer Erweiterung zu einem an-Stamm hierher ziehen, wenn die Entwicklung eines k aus w erwiesen wäre; man beruft sich auf devara, lêvir: tâcor, zeihhur; aber dies sind gerade zwei Beispiele wie ahan und açru statt angeblichem dahan, daçru, von denen a gewöhnlich b und b wiederum a beweisen soll.

Hier schliesst sich nun eine Reihe von Wörtern an, die bis auf eine Ausnahme der altnord. Poesie eigen sind; es sind substantivirte Adjectiva, aber ohne Uebertritt in die sogenannte schwache Declination. Wenn einige von ihnen auch von Cleasby aus altnord. Prosa belegt werden, so verdient Beachtung, dass in die Prosawerke poetische Stellen eingeschaltet sind, ja manche Sagen nur Umarbeitungen älterer Lieder vorstellen; das eine oder das andere Wort mag auch durch seinen häufigern poetischen Gebrauch in die Sprache des gewöhnlichen Lebens übergegangen sein. Meistens sind die Wörter nur im Nom. Sing. belegt, aber da die adjectivisch gebrauchten a-Themen daneben bestehen, so kann über den Stammausgang kein Zweifel herrschen.

Altn. dumbr der Riese (Egilss. 112); vergleiche Strassburger Blutsegen (Denkm. IV, 6).

Altn. skjálgr der wachsende Mond (Egilss, Cl.); zu skjálgr schief, mhd. schëlch quer, schief, krumm (Mhd. W. II_2, 92).

Ags. eorp 1) der Wolf, 2) Schädiger, Feind überhaupt (Ettm. 35); zu eorp, altn. járpr fuscus, badius.

Altn. blakkr das Pferd (Egilss. 59) als das glänzende, weisse; ags. blonca ist in an-Stamm übergegangen. Analoge Benennungen des Pferdes nach seiner Farbe sind ags. sceâm equus albus (Ettm. 692), altn. jörp equa badia, mhd. mœre, altn. glađr weiter unten; nhd. giebt es viele Beispiele: Schimmel, Rappe, Fuchs etc.

Altn. flakkr der Wolf (Egilss. 182): der umherschweifende; Grundform ist flanka-; zu griech. πλαγ (πλάζω) gehörig, das in Fut. πλάγξω sowie Aorist ἐπλάγχθην ebenfalls Nasalirung zeigt.

Altn. gjállr 1) mare, 2) gladius, 3) clipeus (Egilss. 245). Zu gjállr sonorus, stridulus; mhd. gël, -lles clangosus, sonorosus (Lexer I, 804).

Altn. glađr das Pferd (Egilss., Cl.) als das glänzende, schimmernde, strahlende.

Altn. gnarr das Meer (Egilss., Cl.) wohl stridens, murmurans; vergl. ags. gnyrran stridere (Ettm. 439), mhd. gnarren knurren (Lexer I, 1041), knarren (Lex. I, 1643).

Altn. gramr rex, regulus maritimus (Egilss. 264); zu gramr iratus, dirus, atrox? Der Gegensatz demnach zu ‚frô mîn.‘

Altn. harkr das Feuer (Egilss. 298): das prasselnde, knisternde; zu Wurzel κραγ in κράζω, ἔ-κραγ-ον. Daneben auch herkir aus harkja-s.

Altn. þrapr homo garrulus (Egilss. 916); cf. þrapt (n.) garrulitas, ags. þräft, engl. to threap hartnäckig streiten, zanken, threap-ground streitiges Land, ags. þreapung increpatio.

Altn. slápr vir agrestis (Egilss. 746). Egilsson giebt dem Wort die Bedeutung longurio: langer Mensch, Hopfenstange; allein das Wort kommt nur Snorra Edda I, 532 (Kopenhagen. Ausg.) vor: . . . slápr, dröttr lýdr heitir landfólk ‚dies sind Namen für den Landmann‘; es gehört zu dem im Norden nicht vorkommenden got. slepan schlafen, träge sein. Vielleicht ist es auch geistig zu nehmen wie rusticus: ungebildet; doch ist das danebenstehende dröttr in Betracht zu ziehen, das von dratta (sw. v.) tarde se trahere nicht getrennt werden kann.

Altn. liđar socii, comites, commilitones (Egilss. 525); ahd., mhd. lide in derselben Bedeutung (Scherer zu Denkm. XLIII, 8, 5); zu leiþan, líđa. Das Neutr. liđ ist Collectiv hierzu, worüber weiter unten.

Altn. svifr das Meer (Egilss. 801); wohl zu svífa als das wogende, bewegliche.

Altn. bleikr lapis (Egilss. 62).

Altn. lútr servus (Eg. 538) nur in Rígsmál 12 Name eines Knechtes; zu lútr gebückt, gekrümmt, got. liuts heuchlerisch, betrügerisch.

Altn. úfr 1) ursus, 2) avis aliqua (Egilss. 829); zu úfr zottig, struppig. Vergleiche Zottelbär in den deutschen Märchen.

Altn. þjótr der Wind (Egilss., Cl.): der Brauser, Dröhner, Rauscher, Brummer. Zu þjóta; vergl. got. þut-haúrn, mhd. diezen.

Altn. rauðr der Ochs, Stier (Egilss. 646).

Es folgen jetzt nach Stamm und Declination mehr oder weniger unsichere Wörter.

Mhd. glim (Gen. glimmes) Funke (Mhd. W. I, 548).

Ahd. ah gluma, Hülse (Graff I, 105). Das Wort verhält sich zu got. ahs (aus ah-as), ahd. ahir wie haz zu got. hatis; die Spreu ist gefasst als die Spitze, vergl. got. ahs Aehre = lat. acus (-eris) Spreu; Genus und Decl. ist unbestimmt. Siehe Düntzer Homer. Beiwörter des Götter- und Menschengeschlechts Anhang I, S. 67.

Ahd. widerfliez diabolus (Graff III, 743); weder Genus noch Decl. belegt, doch wohl sicher masc. a-Thema; vergl. S. 27.

Ags. leód der Fürst (Ettm. 172); altn. ljóði (sw. m.), zu leódan: der herangewachsene, dann wie so viele Ausdrücke, die ursprünglich allgemeiner Art waren (kuning, þiudans), potenzirt und auf den Fürsten beschränkt.

Ags. leád der Mann (Ettm. 173); wohl vom vorigen nur differenzirt. Es ist aber zweifelhaft, ob das Wort wirklich vorkommt oder von Ettm. aus leádstaf servus gefolgert worden. Wenn Ettmüller ein got. lauþs vir, lauþs magnus anführt, so sind dies unglückliche Präparate; denn im got. besteht, wie im Verlaufe gezeigt werden wird, bloss ein i-Thema Nomen Actionis lauþi- Wachsthum, Wuchs. Vergl. mhd. ‚alsô lôte‘ so beschaffen (Mhd. W. I, 1043).

Ags. deáv (Ettm. 565, Grein); ahd., mhd. tou (Graff V, 346, Mhd. W. III, 52) ist Masc. u. Neutr.; altn. dögg (Egilss., Cl.)

ist Femin.: der Thau als rinnend, triefend, tropfend; zu Wurzel dhav. Fick[2] 773.

Germ. **skauta-** (fehlt alts.) alles hervorspringende:

Got. skauta- Saum, Zipfel am Kleid; Genus unbestimmt.

Altn. skaut (n.) 1) Saum des Kleides, 2) äusserstes Ende des Segeltuches, das Segel selbst, 3) Rand, Saum des Landes, 4) Schmuck des weiblichen Kopfes, apex. (Egilss., Cl.)

Ags. sceát (m.) 1) vorspringende Ecke, speciell die eines Landes, 2) der dadurch gebildete Winkel, 3) der Schlupfwinkel, 4) Schooss des Gewandes von dem Zackensaum benannt, 5) Ort des Leibes, wo sich dieser Saum befand, Schooss des Leibes (altfr.), 6) Schooss der Erde (Ettm. 690, Grein).

Mnl. scoot Schooss.

Ahd. scôz, scôzo, scôza lacinia, sinus, gremium (Graff VI, 563), sogar diu schôz, was femin. i-Stamm sein muss.

Mhd. (W. II_2, 174) findet sich diu schôz, diu schôze (st. f.), der schôze (sw. m.), diu schôze (sw. f.), der schôz (st. m.) und daz schôz (st. n.).

Nun kommen die Themen, denen Wurzeln mit transit. Bedeutung zu Grunde liegen, und durch die der Verbalbegriff sich activisch und passivisch vollzieht.

Altn. **þvingr** (Cl.); ahd. dwing, hantwinc (Graff V, 275); mhd. twinc (Mhd. W. III, 164) alles zwingende, bändigende, zügelnde, speciell 1) altn. Zügel, 2) ahd. Fessel, 3) mhd. die Gerichtsbarkeit, Gebiet, Bezirk.

Ags. **beorg** (Ettm. 287, Grein); alts. berg; ahd., mhd. berc (Graff III, 184, Mhd. W. I, 159) alles bergende, schützende wie in hals-berc, bânbeorgas Beinschienen, daher 1) Befestigung, 2) Berg, Hügel. Im Altn. ist das Wort Neutr., in allen Dialekten besteht ein Nom. Act. auf â daneben, das aber öfters Verwechslung hervorruft; zu bairgan, griech *φράσσειν* Curt. Grundz.[2] 413; cf. Pott[2] II, 371: der Berg schliesst eine Ebene oder ein Thal gleichsam **bergend** ab oder ein; über slav. Analog. Pott[2] III, 523.

Altn. **svelgr** (Egilss., Cl.); mhd. swëlch (Mhd. W. II_2, 791), daneben unorgan. an-Stamm, der auch Graff VI, 876 belegt wird: der Schlinger, 1) von einem Menschen der Fresser, Säufer; 2) von Sachen a) der Strudel, b) das Meer, c) das Schwert (der Krieg verschlingt die Besten); 3) als zweites Glied von Compositis, aber nur poetisch. Daneben mhd. swalch der Schlund, nhd. Schwalg: ‚dass die eingepresste Flamme schlage zu dem Schwalg hinein'.

Ahd., mhd. slic, slëc Schlemmer, Leckermaul (Graff VI, 786, Mhd. W. II_2, 397).

Mhd. slint 1) Schlinger, 2) Schlund (Mhd. W. II_2, 403).

Ahd., mhd. slunt faux, rumen quo cibus devoratur, Schlund (Graff VI, 798, Mhd. W. II_2, 403); mhd. unorgan. Umlaut.

Germ. vulfa- der Wolf, der Zerreisser; aus arisch varka-. Bopp Vergl. Gr. III, 222 Anm. wird durch P. W. s. v. erledigt.

Ags. borg der Sicherheit Gewährende, fidejussor (Ettm. 289); daneben in an-Stamm übergegangen wie ahd., wo jedoch ein ya-Thema häufiger im Gebrauch ist.

Ahd. scof (Graff VI, 454); ags. sceop, scop (Ettm. 674, Grein) der Dichter, der Sänger. Siehe Anm. 5.

Got. vraks der Verfolger; zu vrikan. Da nur Nom. Sing. belegt ist, könnte das Wort auch i-Thema sein; doch das altslov. vragŭ Feind mag für den a-Stamm beweisen.

Germ. warga- (fehlt altfr.) Würger, Zerreisser, Beschädiger, Feind; zur arischen W. vrak, die noch in mhd. erwirge, erwarc (Mhd. W. III, 741) erhalten. Das Wort ist vollständig identisch mit vulfs nach Wurzel und Suffix, nur ist es eine viel spätere Bildung (vergl. Fick Spracheinh. 209): got. launavargs der Undankbare, der den Lohn der Dankbarkeit nicht entrichtet; altn. vargr, ags. vearh, alts. warg, ahd., mhd. warg 1) vom Menschen Uebelthäter, Schädiger, 2) der Teufel (mhd.), 3) der Wolf, 4) Wütherich, 5) der in den Wäldern, in der Wildniss wie der Wolf Hausende a) (isl.) the fox, b) (ags.) rudis rusticus, c) der in die Wälder getriebene Verbannte, ein geächteter Verbrecher (altn., ags., alts., ahd.), 6) von Sachen a) altn. vargr segls der Wind, b) ags. vearh furca.

Ags. ham Decke, Kleid (Ettm. 466): das bedeckende, hüllende; vergl. Grein I, 152. 361 unter byrn-, fyrdham. Daneben gilt häufiger ein unorgan. an-Stamm, der alts., altfr. (R. 823), ahd., mhd. (Graff IV, 933. 946, Mhd. W. I, 628) nur vorkommt; das altn. hamr ist in die i-Declin. übergetreten, doch weisen Spuren (Gen. hams, Dat. hami, das sw. Masc. hami) auf a-Thema (Wimmer Gr. §. 46). Das Wort ist von Delbrück Kuhn Z. XVII, 238 ff. auf eine Wurzel ham zurückgeführt, die mit skrt sku, chad, châ, griech. *σκήνη, σῶμα* zusammenhängt und mit Bewahrung des Anlauts im got. Verb skaman sik sich bedecken, schämen vorliegt; s. Scherer, Z. G. d. d. Spr. 185.

Ags. þvang (Ettm. 619); ahd. dvang (Graff V, 273); mhd. twang (Mhd. W. III, 164) alles zwingende, fesselnde 1) der Zügel (ahd.), 2) der Peitschenriemen, 3) Riemen, der die Schuhe zusammenhält (ags.), 4) Noth, Bedrängniss (mhd.).

Altn. falr tubus hastilis cui spiculum inseritur, 2) als pars pro toto die Lanze überhaupt (Egilsson, Cl.): das umhüllende, bergende; zu germ. W. falh, altn. fela. Das Wort ist theilweise in i-Decl. übergetreten (Wimmer Gr. §. 46).

Altn. faldr (Egilss., Cl.); ags. feald (Ettm. 337); ahd., mhd. falt (Graff III, 514, Mhd. W. III, 231) 1) die Falte, der Faltenwurf im Kleide, 2) Saum des Kleides, der aus solchen Falten bestand, 3) isl. eine weisse, leinene Haube, die Nationaltracht der Isländerinnen; letztere Bedeutung schliesst sich an den dem Isl. eignen Gebrauch des Verbs falda an. Im Mhd. besteht unorgan. Umlaut; vergl. noch ahd. faldo (sw. m.) sella als der sich zusammenfaltende neben faldstuol (Graff III, 514.)

Ags. steald und gesteald Besitzer, Herr, Gebieter (Ettm. 727); zu stealdan, got. gastaldan besitzen, in Besitz haben. Siehe Anmerkung 6.

Ahd. fraz (Graff I, 531), mhd. vrâz (Mhd. W. I, 762); mnl. vraet Fresser, Schlemmer; mhd. bedeutet das Wort aber noch 1) Essen, Fressen, 2) Gefrässigkeit, Schlemmerei. Wahrscheinlich sind jedoch hier ein Nom. Agentis und ein Nom. Actionis (vergl. âz) lautlich zusammengeflossen.

Ags. vand der Maulwurf als der die Erde umwendende,

aufwerfende, 2) die aufgeworfene Erde (Ettm. 122); vergl. analog moltwërf und talpa. Zu vindan trans. und reflex.

Ags. scär, scear (Ettm. 679); ahd. scar (Graff VI, 527) und unorg. an-Stamm scaro; mhd. schar (mhd. W. II_2, 151) ist neben Masc. auch Neutrum: schneidendes, die Erde aufreissendes Eisen, Pflugschar; zu Wurzel skar.

Ags. gnät (Grein I, 517), engl. gnat eine Art stechender Insecten, Mücke. Siehe Anm. 7.

Ahd. hac (Graff IV, 761); mhd. hac (Mhd. W. I, 605); ags. häg (Ettm. 446) mhd. einige Male Neutr., altn. immer und ags. gewöhnlich unorganischer an-Stamm: sowohl 1) der einhegende Zaum oder Wall als auch 2) das davon eingehegte a) septum, urbs (ahd.), b) der mit einer Einfriedigung umgebene junge Wald, häufig als Weide benutzt, daher c) die Weide (altn.). Zu skrt kac binden, lat. cingere, cancer Gitter. Fick I^3, 515.

Germ. dala- (alts., ags., ahd. ist es Neutr., got. unbestimmt; altn. dalr ist Masc., das durch Otfrids ther dal (I, $23,_{23}$) und mhd. der tal (W. III, 11) sowie die verwandten Sprachen als das ursprünglichere Genus erscheint): die Tiefe, Grundlage als stützend, tragend gedacht? Fick I^3, 116.

Altfr. let (R. 894), ags lät (Richthofen l. c. führt an: ‚gif lät of slähđ þone sêlestan' aus den ags. Gesetzen, Ettm. 167 hat nur unorgan. an-Stamm lata); ahd. laz (Graff II, 299) der Freigelassene, eine Klasse von unvollkommen Freien; cf. hantlaz, frilaz. Mit lat. lassus (lad-tus), got. lats träge, faul, letan zu einer Wurzel lad lassen gehörig: lats activ ist der lassende, der, um einen Volksausdruck zu gebrauchen, Gottes Wasser über Gottes Land fliessen lässt; laz passiv ist der gelassene, speciell Freigelassene. Active und pass. Bedeutung vereinigen sich öfter in demselben Adjectiv (vergl. skrt priyá 1) liebend, 2) geliebt, lieb, werth). Grimm Rechtsalterth. 308.

Altn. kálfr das empfangene, conceptum: jedes Junge eines Thiers (dyrkálfr der junge Hirsch), speciell das Junge einer Kuh, Kalb (Egilss., Cl.). Siehe Anm. 8.

Got. hors; altn. hór (Egilss. 382) der Ehebrecher, eigentlich der Besamer. Siehe Anm. 9.

Ags. hôc (Ettm. 446, Grein); engl. hook; mnl. haec, nnl. haak Haken, Angel, Schlinge, Falle. Zu Wurzel hak in ahd. hakjan pungere, percutere, wozu hakko (sw. m.) furca, aculeus, raster (Graff IV, 762).

Ags. âd (Ettm. 64, Grein); ahd., mhd. eit (Graff I, 152, Mhd. W. I, 127) zündend, flammend, daher 1) das Brennholz, der Scheiterhaufen, 2) die zündende Flamme selbst, die lodernde, flammende Glut. Zu Wurzel idh anzünden (skrt édha, gr. *αἶθός*); dieselbe Wurzel im germ. noch in ahd. ëssa aus id-tâ (Schleicher in Kuhns Z. XI, 52).

Altn. þveitr (Egilss., Cl.), ein Stein; ursprünglich wohl abgerissenes Felsstück etc., cf. ags. þvîte, þvât abscidere (Ettm. 620).

Ags. cosp (Ettm. 384); alts. kosp die Fessel als knüpfend, bindend; zu skrt gushpita verflochten, verschlungen (Fick I^3, 77).

Altn. dólgr Feind (Egilss., Cl.): der Beschädiger. Zu Wurzel dhrugh, skrt druh jemand etwas zu Leide thun, zu schaden suchen (P. W. III, 812). In etwas anderer Gestalt liegt uns dieselbe Wurzel in got. driugan vor; vergl. Pott^2 IV, 13.

Germ. beuda- Tisch als der Darbringer, Darreicher (in dieser sinnlichen Bedeutung ist die Wurzel in ags. beódan, altn. bjóđa belegt), daher 1) Brett, Platte, Schüssel (ags. und altn.), dann, da ursprünglich jeder Germane seinen beud hatte — separatae singulis sedes et sua cuique mensa Tacit. Germ. XXII —, 2) Tisch, 3) jede Fläche. Hierher wohl Völuspá 4: ‚Áđr Burs synir bjóđum um ypđu‘ und mhd. biet Verdeck des Schiffes (Lexer I, 269). Zu Bedeutung 2 u. 3 vergl. französ. plateau 1) Theebrett, Präsentirteller, 2) Hochfläche.

Mhd. niet der zum Zweck des Haftens eingeschlagene Nagel (Mhd. W. II_1, 347); zu Wurzel hnut ahd. pihneotan munire, excutere, altn. hnjóđa stossen, hämmern.

Altn. skrjóđr a shret (Cl. 558); zu Wurzel skrut in ahd. scrôtan, ags. screódan: das abgerissene Stück; vergl. þveitr.

Altn. haugr; mhd. houc (-ges) (Mhd. W. I, 720, Lexer I, 1356) 1) Hügel im Allgemeinen, 2) speciell Todtenhügel (altn.), Mit nhd. Hügel, got. hauhs zu skrt kuc zusammenziehen, krümmen, sich krümmen (P. W. II, 307).

Altn. auðr (Egilss., Cl.); ags. eád (Ettm. 58, Grein); alts. ôd Besitz, Vermögen, Schätze: das bescheerte, verliehene.

Altn. draugr (Egilss., Cl.); ags. dreág (Ettm. 575) manes, lemures, Gespenst: trügend, täuschend.

Altn. nautr (Egilss., Cl.); ags. geneát (Ettm. 247, Grein); alts. genôt (Kl. altn. Denkm. 150); ahd., mhd. genôz (Graff II, 1115, Mhd. W. II_1, 395) der geniessende, theilhabende (mötu-, föru- nautr) 1) der Genosse, Freund, 2) die Person, die einen Genuss gewährt, und 3) die Gabe, die gewährt wird; konungsnautr speciell ist das Schwert; unwillkürlich erinnert dies an Tacitus Germ. XIV: ‚exigunt enim principis sui liberalitate illum bellatorem equum, illam cruentam victricemque frameam.'

Es kommt nun eine Reihe von Wörtern, die wie die oben Seite 33 ff. aufgeführten der altn. Poesie eigen sind. Sie liefern ein bemerkenswerthes Beispiel, wie ein Wortbildungsprincip, das der Sprache des gewöhnlichen Lebens längst abhanden gekommen war, in der der Poesie üppig fortwuchert. Es sind nämlich Nomina Agentis, die fast nur als zweites Glied der Composition vorkommen, oder wo dies nicht der Fall ist, immer ein Object verlangen; erstere, eigentliche Composita, entsprechen griech. Bildungen wie ἱππό-δαμος, latein. wie signi-fero-, armi-gero-, nau-frago-; letztere, Wortverschmelzungen, Sanskritbildungen wie priyam-vadá-, purandará-, arin-damá- etc. (Bopp Kl. Sanskritgr. §. 575, 1, 2; Vergl. Gramm. III, §. 914). In Prosa zeigen sie, soweit sie vorkommen, an-Stamm. Weiteres über sie und die Beispiele, die als erhaltene Reste in den übrigen germanischen Sprachen noch etwa ihnen zur Seite zu stellen sind, folgt weiter unten in der Geschichte des Suffixes a.

Altn. -svelgr: hleifsvelgr (Egilss. 353) der Fresser; hræsvelgr (Egilss. 394) der Adler (Leichenverschlinger); hvélsvelgr (Egilss. 423) poet. Bezeichnung Managarms: der den Kreis d. h. Mond verschlingt; ljúfsvelgr (Egilss. 529) der Liebende (helluo amorum).

Altn. -verkr entsprechend dem griechischen -εργός in εὐ-εργός, κακοῦργος (κακοϝεργός), πολύεργος, ἑκάεργος etc.

bölverkr (Egilss. 68) Beiname Óđins (κακοῦργος); fjölverkr (Egilss. 177) gigas = griech. πολύεργος; harđverkr (Egilss. 302) gigas; stórverkr (Egilss. 782) gigas.

Altn. -(v)rekr zu vrikan: ganrekr (Egilss. 223) tempestas; jórekr (Egilss. 656) ursus.

Hiermit sind nicht zusammenzuwerfen, wie Egilsson thut, die Composita mit ríka- im zweiten Gliede, das als rekr erscheint im Altnord., wie Jörmunrekr etc.; cf. hierüber Gr. II, 516.

Altn. -stingr stechend, durchbohrend: brynstingr (Egilss. 86) gladius; fetilstingr (Egilss. 168) gladius.

Altn. valdr (Egilss. 843) 1) als Simplex a) Lenker, b) Besitzer, c) Urheber ist es immer mit Object verbunden; in altn. Prosa ebenso wie im Ahd., Alts., Ags. nur an-Stamm. 2) in folgenden Compositis: aldvaldr (Egilss. 9) rex (Männerbeherrscher); allvaldr (Egilss. 12) der Fürst; blakkvaldr (Egilss. 60) poet. Benennung des Mannes (Lenker des Rosses); dómvaldr (Egilss. 103) der Richter; fárvaldr (Egilss. 159) der Verheerer (der fár veranstaltet); fólkvaldr (Egilss. 190) der Fürst; glævaldr (Egilss. 251) die Sonne (Lichtspenderin); láđvaldr (Egilss. 301) Besitzer der Erde; mótvaldr (Egilss. 582) Urheber eines Zusammentreffens; návaldr (Egilss. 595) der Mörder (Veranstalter, Urheber einer Leiche oder Leichenbegängnisses); ógnvaldr (Egilss. 617) Kämpfer, Held (Urheber des Schreckens); ráđvaldr (Egilss. 649) der Kluge; reiđivaldr (Egilss. 654) der Kämpfer (der des reiđi [der Rüstung] waltet); skollvaldr (Egilss. 734) Beiname Óđins (Urheber des Trugs, der Listen, cf. Völuspá 1: ‚Vildu at ek Valföđrs vêl fram telia‘); þrifvaldr (Egilss. 920) Christus (Gewährer des Heils); þrúđvaldr (Egilss. 925) Beiname Thórs (Walter der Kraft).

Die Prosa kennt von all diesen Compositis nur allvaldr neben allvaldi (Cl. 675), dem ags. eallvalda, alts. alwaldo Christus entspricht. Auch in altn. Poesie kommen schon einige an-Themen vor, so fólkvaldi, einvaldi, die in Prosa nur gelten; cf. Gr. II, 533.

Ausserdem erscheint der a-Stamm in vielen Eigennamen,

die ja immer etwas Poetisches haben, in allen germ. Sprachen vertreten (Gr. II, 333).

Altn. -haldr nur im Compositum fasthaldr clavis (Egilss. 159).

Altn. -ráđr nur in Compositis: aldráđr (Egilss. 8) König, Fürst (vergleiche aldvaldr); gagnráđr (Egilss. 219) Beiname Óđins: der Sieg gewährt? (gagn 1) commodum, utilitas, 2) victoria; sigr ok gagn); gangráđr (Egilss. 223) Beiname Óđins; grandráđr (Egilss. 265) Feind (Urheber des Schadens); nýráđr (Egilss. 607) Name eines Zwergs (der Erfindungsreiche).

Nicht hierher gehöron Adjectiva wie djúp-, harđ-, heilráđr etc.; dies sind mit Secundärsuffix a gebildete Bahuvrîhi aus ráđ (neutr.) der Rath und werden weiter unten bei Secundärsuffix a besprochen werden.

Altn. -blótr nur in Compositis: hrafnblótr (Egilss. 384) Beiname Óđins (der die Raben pflegt); skjaldblótr (Egilss. 730) der Kämpfer (der den Schild mit Blut färbt).

Altn. bjóđr (Egilss. 59) 1) einige Male als Simplex mit Object qui offert, dat, praebet; 2) in Compositis: auđbjódr (Egilss. 31), hringbjóđr, malmbjóđr, vellbjóđr Bezeichnung eines freigebigen Mannes; elbjóđr (Egilss. 130) Kämpfer, Mann (der Sturm bietet); fárbjóđr (Egilss. 157) Kämpfer, Held (der fár bewirkt, bietet); gnýbjóđr (Egilss. 252) Kämpfer, Held (der Kampfgetöse verursacht); hreggbjóđr (Egilss. 389) idem (der Kampfsturm erregt); regnbjóđr oddskýs Held (der Pfeilregen bietet); skýbjóđr borđs (Egilss. 742) der Kämpfer (den Schatten des Schildes gewährend, den feindlichen Geschossen hinhaltend); verđbjóđr hrafns (Egilss. 871) Kämpfer (Rabensättiger); örbjóđr der Kämpfer (Pfeile, Pfeilregen bietend, verursachend).

Altn. brjótr 1) als Simplex immer mit Object verbunden a) der bricht, austheilt: bauga etc., b) der bricht, vernichtet: bergdana etc.; 2) in Compositis a) auđ-, gull-, hodd-, hring-, vellbrjótr der Fürst als der Milde, Freigiebige; láđbrjótr linns der Freigiebige (das Lager des Drachen — das Gold — brechend, vertheilend); seimbrjótr (Egilss. 690) poet. Bezeichnung des Mannes (fractor auri); b) húsbrjótr (Egilss. 415) der Sturm; hörgbrjótr (Egilss. 380) Tempel-, Heiligthumschänder.

Altn. hljótr (Egilss. 358) Besitzer; zu hljóta durchs Loos erhalten, besitzen.

Altn. hrjóđr (Egilss. 401) 1) als Simplex mit Object verbunden der Zerstörer, Zerstreuer, Krieger; 2) im Composit.: börkhrjóđr (Eg. 37) schimpfliche Bezeichnung eines Mannes (der die Rinde an den Bäumen, Sträuchern zerstört).

Altn. kljúfr nur in Compositis: sundrkljúfr (Egilss. 790) Beiname Thórs; hausakljúfr (Cl. 241) a nickname (Schädelspalter).

Altn. njótr (Egilss. 604) 1) als Simplex mit Object verbunden bezeichnet Besitzer, Geniesser; 2) in Compositis: baugnjótr (Egilss. 40) der Mann; hildinjótr (Egilss. 336) der Kämpfer; hirđinjótr (Egilss. 339) der Wächter (der die Wache habende); hjálmnjótr (Egilss. 343) der Kämpfer (den Helm gebrauchend, seinen Schutz geniessend); hjörnjótr (Egilss. 349) der Schild.

Altn. rjóđr (Egilss. 666) 1) als Simplex mit Object der roth machende; 2) in Compositis: börkrjóđr bænar nökkva der die Rinde (Panzer) des Nachens der Bitten (Brust) röthet, der Kämpfer; broddrjóđr (Egilss. 83) Kämpfer (Geschosse röthend); fetrjóđr hugins (Egilss. 168) der Kämpfer (den Fuss des Raben röthend); fidrirjóđr Yggjar más (Egilss. 173) idem (die Feder der Óđins Möwe röthend); fleinrjóđr (Egilss. 182) Kämpfer; gómrjóđr (Egilss. 260) der Mann; granrjóđr gífrskæs (Egilss. 266) der Kämpfer (die Lippen des Wolfes röthend); ilrjóđr ara, arna (Egilss. 437) idem (die Füsse des Adlers röthend); munnrjóđr (Egilss. 586) der Kämpfer (den Schnabel des Raben röthend); oddrjóđr (Egilss. 610) der Mann; örrjóđr (Egilss. 629) idem; serkrjóđr (Egilss. 697) der Kämpfer (Brünne röthend); svellrjóđr sóknhattar (Egilss. 790) der Kämpfer (glaciem galeae rubefaciens); vápnrjóđr (Egilss. 851) der Kämpfer.

Altn. -bítr nur in Compositis: grasbítr (Egilss. 247) das Vieh; griđbîtr (Egilss. 273) der Verbannte (der den Frieden verletzt); hælbítr (Egilss. 319) heimtückischer Mensch (Fersenbeissend); steinbítr (Egilss. 774) eine Fischart.

Altn. -drífr nur in Compositis; zu drífa in seiner causat. Bedeutung treiben, machen, zerstreuen: branddrífr (Egilss. 74) der Kämpfer (mit Schwertern ausstreuend); hjördrífr (Egilss. 388) dasselbe; hringdrífr (Egilss. 396) der Milde.

Altn. -grípr nur in Compositis: vingrípr (Egilss. 383), víđgrípr (Egilss. 892) Bezeichnung des Riesen.

Altn. -ríđr nur in Compositis: der Reiter, der Fahrer: atríđr (Egilss. 28) Beiname Óđins; eykríđr ekkils (Egilss. 145) der Schiffer (der auf dem Gespanne, dem Rosse des Seeräubers Fahrende); fráríđr (Egilss. 199) Beiname Óđins; vígríđr (Egilss. 878) das Kampffeld, wohin die Ásen mit Surtur zum víg reiten.

Es folgen nun noch einige nach Thema oder Genus mehr oder weniger unsichere Beispiele.

Ahd., mhd. spin in anspin (Graff I, 392, VI, 346, Mhd. W. II_2, 509) Ring oder Knopf, der die Spinnwirtel im Gleichgewicht hält; cf. Schmeller III, 570. Von spinnan in ursprüngl. Bedeutung ziehen: der Anzieher, daher auch Getriebe der Uhr (Schm. l. c.).

Ahd. stach (Graff VI, 636) hinnulus, hinnius cervorum, also der Stecher; vergl. nhd. der Spiesser, Bezeichnung des Rehbocks, ags. staca (an-Stamm) stipes, sudes.

Ahd. stamph (Graff VI, 684) pila (Pfeiler, Mörser) pilum (Stempel zum Stampfen), mhd. stampf (Mhd. W. II_2, 567) Stampfmaschine hat den Plur. stemph, organisch? Zu Wurzel stambh, stamb 1) stützen, 2) stämmen, 3) hindern, hemmen; skrt stambha Stütze, Stamm, stamba Pfeiler, Haufe; vergl. Curtius Grundz.[2] No. 219.

Germ. staba-? stabi-? 1) baculum, fustis, fulcrum, 2) im Plur. Buchstaben (Graff VI, 610; Ettm. 729); westgermanisch ist das Wort sicher a-Thema; got. immer i-Stamm, ebenso altn.; für letzteres zwar könnte Wimmer Gr. §. 46, Anm. 1 wahrscheinlich machen, dass auch dort a-Declination die ursprüngliche. Wurzel stabh, stab stützen, stemmen, hemmen.

Got. vaipa-? vaipi-? der Kranz als der kränzende, umwindende.

Ags. mât (Ettm. 227) cuneus als schneidend; zu got. maitan. Es ist nicht ersichtlich, ob das Wort wirklich vorkommt, oder nur von Ettmüller aus mâthôc ligo erschlossen ist; got. bimait die Beschneidung ist Nomen Actionis.

Altn. reifar (Egilss., Cl.) die Windeln; nur im Plur. gebräuchlich. Egilsson gibt Masc. an, wonach Sing. sowohl a- als auch an-Stamm sein kann; Cleasby vermuthet Fem; aus den angeführten Formen ist nichts zu ersehen.

Zur Behandlung kommen jetzt die ihrem etymolog. Werthe nach dunklen Appellativa. Theilweise mögen sie gar nicht hierher gehören, da in ihnen consonantische Suffixe stecken können; bei einigen glaube ich dies mehr oder minder wahrscheinlich gemacht zu haben, aber in allen Fällen, wo ich meine Verdächtigung nicht zum sichern Beweis erheben konnte, sind die Wörter mit aufgeführt. Andere Beispiele wiederum mögen auch gar keine ursprünglichen Nomina Agentis sein, sondern concret gewordene, dunkle Abstracta, besonders können manche der Art in den der altn. Poesie entnommenen Wörtern stecken, da diese, wie sich später zeigen wird, es besonders liebt, Nom. Action. concreten Sinn zu verleihen. Nach Analogie etymol. klarer Wörter habe ich daher manches Beispiel, das ursprünglich hier stand, gestrichen und anderswo untergebracht.

Germ. fiska- der Fisch; wegen lat. pisci- aus pisca- (conf. piscâri) vergl. Leo Meyer Vergl. Gramm. der gr. u. lat. Spr. II, 163.

Altn. jârl (Egilss., Cl.); ags. eorl (Ettm. 27, Grein); alts. erl 1) Mann im Allgemeinen, 2) edler Mann, 3) in Norwegen Bezeichnung der kleinen Könige, wie sie dort zahllos bis Harald Hárfagrs Usurpation herrschten. Siehe Anmerkung 10.

Altn. hvelpr (Egilss., Cl.); ags. hvelpr (Ettm. 511, Grein); alts. hwelp (Kl. altn. Denkm. 128); ahd. welf (Graff IV, 1227). Kero und Notker haben Neutr., während die Franken Otfrid und Tatian Masc. bieten wie alle übrigen germ. Dialekte; mhd. (W. III, 563) findet sich Masc. und Neutr.: Junges von wilden Thieren, speciell dem Hunde und Bären; was Grimm Gesch. d. d. Spr. 39 über die Etymologie hat, ist unhaltbar.

Ags. rinc (Ettm. 264, Grein); alts. rinc der Mann, der Held; das Wort gehört zu demselben Stamme wie ags. ranc voll stolzer Kraft, kühn, übermüthig, altn. rakkr strenuus, fortis; ahd. in ‚rankason invidia' (Graff II, 531)? engl. rancorous feindselig. Sollte wie blanc, blincan, blîcan, so durch ranc, rinc eine Brücke führen zu germ. rîka- mächtig, das mit seinem î neben rag-, reg- noch unerklärt ist?

Altn. elgr (Egilss., Cl.); ags. eolh (Ettm. 35, Grein); ahd. elaho (Graff I, 235) unorg. an-Stamm, der auch im mhd. elche; daneben aber noch elch (Mhd. W. I, 423); engl. elk alx, tragelaphus. Ein skrt ṛça- ist aus ârça- dem Antilopenbock angehörend zu erschliessen; zu der Wurzel arç, riç verletzen, rupfen, abreissen (P. W. I, 451, VI, 350)? vergl. Curt. Grundz.[2] No. 5; Pott[2] II, 456 Anm., IV, 73 gegen Kuhn Z. VI, 320.

Ags. hlinc (Ettm. 492, Grein II, 87) Hügel; engl. nach Grein linch Hügel, Rain. Besteht Zusammenhang mit ags. hlence, altn. hlekkr catena, nhd. gelenk? ahd. hlanca, lancha (st. f.) Hüfte, Lende (Graff II, 221)? Die Bedeutung der zu Grunde liegenden Wurzel wäre biegen, wozu das Causat. in mhd., nhd. lenken erhalten. Zu hlinc der gebogene vergl. haugr zu skrt kuc kocá; zu hlanca Seite, Hüfte das lat. coxa, skrt káksha, mhd. hahse zu Wurzel kank; zu hlence Kette skrt kăcá Strick, kăcana Schnur, welche zu derselben arischen Wurzel kank gehören, aus der auch kunc, kuc hervorgegangen.

Ags. dveorg (Ettm. 519); altn. dvergr (Egilss., Cl.); ahd. twerg (Graff V, 554); mhd. twerc (Mhd. W. III, 158) verdankt sein neutr. Genus wohl einer Uebertragung aus dem Collect. getwerc. Das Wort zu θεουργός zu stellen mit Grimm geht nicht; Fick Spracheinh. 276 sucht Zusammenhang mit skrt dhvar-as Hervorstürzerinnen, böse Feen, was höchst unwahrscheinlich ist.

Altn. tindr (Egilss., Cl.); ags. tind (Ettm. 538); mhd. zint (Mhd. W. III, 900) Spitze, Zacke, Zinke; Spitze der Hacke (ags.). Siehe Anm. 11.

Altn. refr (Cl. 488) 1) a fox, 2) a tricky person; zu repere kriechen, schleichen, altbaktr. rap gehen (Justi 253)?

doch vergl. Justi l. c. und Curt. Grundz.[2] No. 338, die beide Wörter zu sarpâmi, ἕρπω, serpo stellen; repo aus srepo.

Ags. helf, daneben hielfa unorg. an-Stamm (Ettm. 447); ahd. halp, halb und halbe (Graff IV, 891); mhd. halp (Mhd. W. I, 614) Stiel, Handhabe; zu Skrtwurzel kalp? das mhd. Wörterb. vermuthet zu halm; wenn in p eine nominale Weiterbildung stecken sollte — aber weder Suffix ba noch pa ist mir bekannt —, so würde ich eher an ags. hilt, altn. hjalt ahd. hëlza Schwertgriff denken.

Altn. verr (Egilss., Cl.); got. vair; ahd. wër (Graff I, 931, Mhd. W. III, 571); alts. wër; ags. vër (Ettm. 91, Grein) Mann; altn. im Singular Ehemann, im Plur. Männer überhaupt.

Germ. hringa- (fehlt got.) Ring, Krone, Fessel, Kreis. Fick I[3], 52 stellt das Wort zu einer Wurzel kragh umgeben, umgürten.

Ags. flint (Ettm. 360, Grein); mhd. vlins (Mhd. W. III, 342) Kiesel, harter Stein; zu gr. πλίνθος. Grein führt ein ahd. vlinz an, das mir unbekannt; Fick[2] 805 hat es wohl aus Grein; mhd. s steht statt z.

Ags. heorđ (Ettm. 461, Grein); ahd., mhd. herd (Graff IV, 1026, Mhd. W. I, 671) 1) Erdreich, Boden, 2) Feuerstätte; die Unterscheidung, die Graff machen will, ist unbegründet.

Altn. bringr (Egilss., Cl.) lectus.

Altn. klettr (Egilss., Cl.); dänisch klint rupes, petra.

Altn. leppr (Cl. 384) 1) a lock of hair, 2) a rag, latter; zu Bedeutung 1. vergleicht Cleasby engl. lump, zu 2. das nhd. der Lumpen.

Altn. hlunnr (Egilss., Cl.) eine Maschine, um die Schiffe in die See zu schaffen.

Got. gunds; ags. gund (Ettm. 428); ahd. gunt (Graff IV, 220) Eiter, Geschwür.

Altn. lundr (Egilss., Cl.) Hain, schattiger Ort; schwankt in die i-Declin. (Wimmer Altn. Gr. §. 47 Anm.).

Ags. scop (Ettm. 680) camera; engl. shop Laden, Bude, Werkstatt; zu Wurzel scapan?

Altn. hverr (Egilss., Cl.); ags. hver (Ettm. 511, Grein);

ahd. wër (Graff IV, 1228) Kessel, Becken; engl. ewer Wasserkanne. Siehe Anmerkung 12.

Altn. kólfr (Cl., Egilss.) jaculum, spiculum; ahd. cholpo (Graff IV, 392) unorgan. an-Stamm clava, fustis, contus; mhd. kolbe (Mhd. W. I, 857) Knüttel, Keule als Waffe.

Germ. storka- (fehlt got. u. alts.) der Storch. Fick Spracheinh. 383, W. I³, 825 stellt es zu τόργος, ohne jedoch über die zu Grunde liegende Wurzel etwas angeben zu können.

Germ. lokka- (fehlt got.) die Haarlocke. Fick² 860 zieht das Wort zu lug biegen, welche Wurzel auch in lûkan etc. vorliegt; aber kk bleibt dann unerklärt. Wenn die Haarlocke als gebogen, gekräuselt bezeichnet werden soll, so könnte man eher an lit. link-ti sich biegen, krumm werden, lenk-ti beugen denken; kk wäre dann aus Assimilirung des nk entstanden. kk aus nk, tt aus nt, pp aus mp ist eine altn. allbekannte Erscheinung; es gibt aber eine Reihe germ. Wörter, für die ich diesen Vorgang glaube annehmen zu müssen. Ein Beispiel: Wurzel slamb herabgleiten in skrt lámbate, lat. lâbitur musste germ. zu slamp werden: gleiten, fahren lassen; sie liegt vor mit Ersatzdehnung wie lat. in got. slepan, ahd. slâfan (vergl. altn. slápr vir agrestis); anderseits mit Assimilation in altn. sleppa (sw. v.) gleiten, fahren lassen, sleppr (slappjas) schlaff, lässig, träge, ahd. slaph remissus (gen. slaffes), nd. slapp und slamp träge. Die Bedeutungsentwicklung schlaff, lässig aus fahren lassen, gleiten ist analog wie in lats träge zur Wurzel lat lassen; vergl. slaffeôtan alle enti slêfun dormitaverunt omnes et dormierunt (Graff VI, 804). Slâfan ist also ein ablassen, remittere, daher torpere (Graff VI, 803), vergl. noch Lottner in Kuhns Z. XI, 164. Gibt man diesen Vorgang auf germ. Stufe zu, und ich hoffe an einem andern Orte den vollständigen Beweis dafür liefern zu können, so erklären sich eine Reihe Ausnahmen der zweiten Lautverschiebung, die man meines Wissens bisher noch nicht berührt. In einer Anzahl von Fällen erscheint nämlich im Ahd., Mhd., wo man Spirans erwartet, Tenuis affricata, vergl. smaz, smuz, glaz, wipfil, stracchên etc.; nehmen wir Grundformen smant: smatt oder smąt, glant: glatt oder gląt (glaz eigentlich dasselbe wie glanz, nur ist ersteres aus glatt verschoben), strank: strakk, strąk an, so ist die Verschiebung regelmässig. Zu germ. slamp, das einerseits zu slâp, anderseits zu slapp oder sląp wurde und drittens erhalten blieb in ahd. slimb obliquus (wo man gleitet) = slepfar lubricus (Graff VI, 793. 810) vergleiche man germ. þrang 1) in ags. þringan, ahd. dringan; 2) þrang: þrung zu altn. þrúga; 3) þrang, þrung, drunk: ahd., mhd. druck-.

Germ. skalka- Diener, Knecht.

Got. amsa- die Schulter; zu skrt aṅsa, griech. ὦμος, lat. umerus; siehe Aufrecht Kuhn Z. I, 283).

Got. ansa-; altn. áss (plur. ásar) (Egilss., Cl.) Balken. Siehe Anm. 13.

Germ. halsa- der Hals; im Altn. und Ags. auch Vordertheil des Schiffes, im Mhd. Bergrücken. Mit lat. collus, collum auf eine Grundform kal-sa? im Mhd. kommt zwar ein halsa, hiels vor (Mhd. W. I, 617); aber schon seine Bedeutung ‚um den Hals fallen' lässt es als hysterogen erscheinen; es kann Licht werfen auf andere reduplicirende Verba wie saltan, alþan.

Ags. veald (Ettm. 115, Grein); alts. wald; ahd., mhd. wald (Graff I, 802, Mhd. W. III, 471); mnl. woud 1) Buschwerk, Wald, Hain, 2) Einöde, Wüste; mnl. ist das Wort Neutr. Um die Etymol. zu finden, kann vilþja- nichts helfen, denn es ist mit Secundärsuffix ya von valþa-, valda- abgeleitet: silvaticus, silvestris, agrestis (Graff I, 804), dann erst ferus. Wenn ich eine Vermuthung aussprechen darf, so denke ich an Wurzel vardh wachsen; valda- bedeutete dann den üppigen, jungen Aufwuchs.

Altn. kambr (Egilss. 330); ags. comb (Grein, Ettm. 382); alts. kamb (Kl. altn. Denkm. 133); ahd. kamb (Graff IV, 403) hat daneben unorg. an-Stamm, wie mhd. immer (Mhd. W. I, 783) 1) Kamm auf einem Thierkopf, 2) Kamm der Trauben, 3) Gebirgskamm, 4) Kamm = pecten; ursprünglich Spitze, Zacke? s. Curtius Grundz.[2] No. 125; Fick I[3], 70. Ist altn. kambr gallus, poetische Bezeichnung in Skaldskaparmál, als pars pro toto aufzufassen, oder soll man an Secundärsuffix a denken: cristatus? kampr (Egilss. 354, Cl.) Schnurrbart, Knebelbart gehört trotz seines p wohl hierher.

Ags. veall (Ettm. 113, Grein) 1) Erdwall, Hügel, Berg, 2) Fels, 3) Mauer.

Altn. lax (Egilss., Cl.); ags. leax (Ettm. 169, Grein); ahd., mhd. lahs (Graff II, 163, Mhd. W. I, 929) salmo. Siehe Anm. 14.

Ags. ram (-mmes) (Ettm. 249, Grein); mnl. ram; mhd. ram (Mhd. W. II_1, 552) der Widder; die Etymologie Grimms in Gesch. d. d. Spr. 34 ist unhaltbar. Zu altn. ramr, rammr robustus, firmus, potens?

Ags. fearh, ferh (Ettm. 343, Grein); ahd., mhd. farh (Graff III, 681, Mhd. W. III, 272) ist Neutr., aber ags. porcelli vel nefrendes fearas sowie Schmeller I, 562 der Fark, lat. porcus, lit. parszas machen das Masc. als ursprünglicher wahrscheinlich. Das ahd. Neutr. ist ein Collectiv das Schweingeschlecht, worüber weiter unten.

Ags. bearg (Ettm. 288); ahd., mhd. barch (Graff III, 407, Mhd. W. I, 88) majalis, porcus castratus. Bei dem noch unaufgeklärten Verhältniss von bearg und fearh wird man an geiz und chizzi erinnert.

Ags. hran, hron (Ettm. 498, Grein) Wallfisch; cf. Dietrich in Haupts Z. V, 224. Das Wort wird von Leo Meyer Lat. und gr. Gramm. II, 128 zu πέλωρ Ungethüm, Ungeheuer gestellt.

Altn. hvalr (Egilss., Cl.); ags. hväl (Ettm. 510, Grein); ahd., mhd. wal (Graff I, 839, Mhd. W. III, 464) Wallfisch. Jüngere Quellen des Altn. haben im Plur. i-Declin. (Wimmer Altn. Gr. §. 46, Anm. 1); lautlich stellt sich das Wort zu ags. hvëlan stridere, clangere.

Altn. lass (Egilss., Cl.) der Querriegel an der Thür, das Schloss, die Fessel.

Ags. dalc, dolc (Ettm. 556); altn. dálkr (Egilss., Cl.) 1) spinther, 2) spina argentea, qua pallium continebatur; cf. Tac. Germ. XVII: Tegumen omnibus sagum fibula aut, si desit, spina consertum.

Altn. fantr (Egilss., Cl.); mhd. vanz (Mhd. W. III, 236);

nhd. fant aus dem Niederdeutschen: Schelm, Betrüger, Taugenichts. Grimm D. W. I, 204 unter Alefanz vermuthet als ursprüngl. Bedeutung Diener; dann wäre dieselbe Entwicklung wie in germ. skalka- zu nhd. Schalk.

Ags. stär (Ettm. 726) turdus, stur-nus, passer; altn., mhd. ist das Wort unorg. an-Stamm (Egilss., Cl., Mhd. W. II_2, 596); ahd. besteht nur das movirte Fem. stara (Graff VI, 701). Vergl. Curt. Grundz.[2] 521.

Altn. arfr (Egilss., Cl.) das Erbe; alle übrigen altgerm. Sprachen haben ya-Stamm; ebenso abweichend hat das Altn. arban- der Erbe, alle andern Dialecte arbjan-. Beide Wörter sind natürlich gleich 1) activ der Erbende, 2) pass. das Geerbte (cf. skrt garbhá, priyá etc.). Hierher rechne ich auch arfr bos in Snorra Edda, ein dichterischer Ausdruck; Ettmüller (31) belegt ags. orf (n.) pecus aus Genesis XII, 16; eine Vergleichung der Stelle jedoch ergibt, dass das Genus unbestimmt ist, also nichts hindert Masc. anzusetzen wie altn. Siehe Anm. 15.

Altn. gamr und gammr (conf. ramr u. rammr) (Egilss., Cl.) der Geier; auch in mehreren Compositis.

Altn. garpr (Egilss., Cl.) vir fortis, heroicae indolis.

Altn. naddr (Egilss., Cl.) 1) Nagel am Schwert, 2) pars pro toto das Schwert selbst. Grundform wohl nasda-.

Ahd. quaz (Graff IV, 682) denarius, nummus, diadrachma.

Ahd. hnach (Graff IV, 1126) testa capitis, cacumen; im Altn. und Ags. ist das Wort unorg. an-Stamm.

Ahd. scaph (Graff VI, 453) katascopus. Fremdwort aus kata-scopus wie Vogt aus ad-vocatus oder zu scaphan?

Ahd. scraz (Graff VI, 577); mhd. scraȥ und scraz (Mhd. W. II_2, 205) larva, monstrum, pilosus, ein elbischer Geist; daneben im Ahd. u. Mhd. die niederd. Form scrato, schrate, welche unorg. an-Stamm hat wie altn. scrati.

Ags. hnäpp (Ettm. 496); ahd. hnapf (Graff IV, 1030); mhd. napf (Mhd. W. II_1, 314) mit unorganischem Umlaut: Trinkgefäss.

Mhd. bal (Mhd. W. I, 117); Graff III, 94 hat pal (st. m.) pallo (unorg. an-Stamm) und palla (f.): Ball, Knäuel, runder

Haufe, formlose Masse. Hieran schliesst sich auch wohl altn. bolr (Egilss. 68, Cl. 42) 1) truncus arboris, 2) truncus corporis.

Altn. drángr (Cl. 103) ein einsam emporstarrender Fels.

Altn. knakkr (Cl. 345) a kind of a little chair; mit Cl. an engl. knickknackery Spielzeug, Tand zu denken, geht nicht.

Altn. stakkr (Cl. 587) 1) a short coarse of a bag-like blouse, 2) a stack of hay.

Altfr. skal (R. 1020) Hode (conf. skalsleg und skalsine); Ettm. belegt (682) ein scallan (Gen. -ena) testiculi, also unorganischer an-Stamm und stellt das Wort unter scellan sonare; wie er sich die Bedeutungsentwicklung denkt, ist mir unklar.

Altn. báss (Cl. 54); ags. bôs (Ettm. 278) Stall, Kuhstall. Dies etymologisch dunkle Wort, zu dem got. bansts Scheune gehört, ist indogerm., wie Fick I³, 153 ausweist.

Ags. cnäpp (Ettm. 395) jugum montis.

Mhd. smant (Mhd. W. II, 424) der Milchrahm.

Altfr. damm; mhd. tam (Mhd. W. III, 12) 1) Damm, 2) Scheidewand, 3) Grube; nordfr. bedeutet das Wort nur piscina wie dîk fries. nur Damm, mhd. aber Fischteich bedeutet.

Germ. wanga- (fehlt altfries.) Aue, Feld; got. speciell die himmlischen Gefilde, das Paradies. Fick I³, 205 stellt das Wort zu skrt vanc krumm, schief gehen; vanga- wäre dann gekrümmt, gebogen: Mulde, Thal.

Altn. alfr (Egilss., Cl.); ags. älf (Ett. 7, Grein); ahd. alp (Graff I, 242) — nur in Eigennamen — der Elb; daneben muss auch i-Stamm bestanden haben, da aus Grimm Myth. 1142 ein ylfa geskot und Beóvulf 112 ein Plur. ylfe belegt wird; desshalb könnte auch der mhd. Umlaut organisch sein (Mhd. W. I, 24). Gewöhnlich wird das Wort zu albus gehalten; Kuhn hat Z. IV, 109 einen Zusammenhang mit den ind. Ṛbhus zu begründen gesucht.

Germ. mêga- jeder Blutsverwandte.

Altn. áll (Egilss., Cl.); ags. æl (Ettm. 36); ahd. âl (Graff I, 224) anguilla. Fick I³, 482 stellt es zur Wurzel angh umschlingen, Grundform anghara-; dann gehörte das Wort nicht hierher. Ist altn. áll gurges, altum, mare dasselbe Wort, wie Egilss. u. Cl. annehmen?

Altn. fákr (Egilss., Cl.) das Pferd; dänisch fag equus uno testiculo.

Altn. klárr (Egilss., Cl.) das Pferd; sollte das Wort zum Adj. klárr bright gehören, das wie nhd. klar aus lat. clarus stammt? klárr equus wäre dann eine Bezeichnung wie blakkr, blonca, schimmel etc.

Altn. snápr (Egilss., Cl.) ein thörichter, einfältiger Mensch; besonders ist Cl. zu berücksichtigen bei einem etymolog. Versuche.

Germ. skôha- der Schuh; zu Wurz. skak (Scherer ZGDS, 431 ff.): worin man schreitet?

Ags. hôd (Ettm. 450); ahd. huot (Graff IV, 804) caputium, pileus. Walther, Hartmann haben einen unorg. Plur. hüete, der schon in einigen ahd. Denkmälern durch ein huoti, huotin angebahnt ist; zu skrt cat verbergen, decken als den Kopf bedeckend? Fick I^3, 516.

Altn. glópr (Egilss., Cl.) homo stultus, fatuus; zu afglapi Tölpel, glöp Störung, Hindernisse. Vergl. Fick Spracheinh. 234, Bugge in Curt. Studien IV, 325; gegen beide Bezzenberger in Zachers Zeitschrift für d. Phil. V, 358.

Altn. skógr (Egilss., Cl.) Wald; das Wort schwankt in i-Declination (Wimmer Altn. Gramm §. 47, Anm. 1).

Altn. krókr (Egilss., Cl.) uncus, hamus, hamus piscatorius; engl. crook Haken, Schäferstab. Vergl. to crook krümmen, biegen.

Ags. hôh (Ettm. 447, Grein) Ferse, Kniekehle. Hierher ziehe ich ferner altn. hór (aus hóhr) a pot-hook (Cl. 281), engl. hoe Hacke, Karst; mit unorg. an-Stamm got. hohan-Pflug; unhaltbare Vermuthungen über Etymologien bei Grimm Gr. III, 416 Anm.; Gesch. d. d. Spr. 56; L. Meyer Got. Spr. §. 39. Das Richtige scheint mir von J. Schmidt Vocal. 153 getroffen zu sein, wo jedoch nur das ags. Wort erwähnt wird: alle vier Wörter laufen zusammen in der Grundanschauung des gekrümmten.

Germ. þiuba- der Dieb.

Altn. búkr (Egilss., Cl.); ags. bûk (Ettm. 299); alts. bûk (Kl. altn. Denkm. 105); ahd., mhd. bûch (Graff III, 42, Mhd. W. I, 275) 1) Bauch, Leib, Körper, 2) ags. Flasche mit engem Halse. Siehe Anm. 16.

Alts. spiet (Kl. altn. Denkm. 165); ahd., mhd. spiez (Graff VI, 368, Mhd. W. II_2, 495) cuspis, lancea, pileus; altn. spjót (Egilss., Cl.) 1) calamus, arundo, bacillus, 2) hasta ist Neutr.

Altn. kjóll (Egilss., Cl.); ags. ceól (Ettm. 387, Grein); ahd., mhd. kiel (Graff IV, 387, Mhd. W. I, 804) carina, navis. Das Wort darf nicht, wie Egilss. mit einem haud dubio thut, mit altn. kjöll (plur. kjallar), mhd. kil Federkiel, Stempel verwechselt werden. Zu skrt gola, griech. γαυλός, γαῦλος (Curt. Grundz.² 174).

Got. þius; ahd. deo (Graff V, 87) nur im zusammengesetzten Eigennamen; ags. þeóv (Ettm. 596, Grein) Knabe, Diener, Knecht; im Altn. ist ein neutr. ya-Stamm þý a bonds man (Cleasby) vorhanden. Wohl mit Bopp Vergl. Gr. III, §. 915 Anm. von Wurzel tu abzuleiten; gewöhnlich stellt man es zu tak (τίκ-τω) mit Suffix va, þehva: þius. Der Bedeutungsübergang ist um nichts leichter als bei tu; hält man an ersterer Etymologie fest, so erklärt sich þev-isa- Knecht so, dass aus dem Präsensstamm táva- ein tiva tevum wurde, wie aus snu: snáva- got. ein sniva, snevum.

Altn. dúkr (Egilss., Cl.); altfr. dôch, dûck (R. 688); ahd. tuoch (Graff V, 365); mhd. tuoch (Mhd. W. III, 131); ahd. ist das Wort einige Male Neutrum, wie mhd., nhd. und mnl. immer; Gr. III, 447 wird ein alts. dôk angeführt, das nicht existirt: Tuch, Segeltuch. Fick I³, 661 stellt das Wort zu skrt dhvajá Fahne, Feldzeichen, Standarte; dann wäre das lautliche Verhältniss dhvajá: dûkr: tuoh = svâdu: sûts: suozi. Vergl. Brem. W. I, 193.

Altn. klúrr (Egilss., Cl.) ein Sklave; neuisl. klúrr ist Adjectiv: roh, ungebildet in Sprache und Sitte. Das Wort ist der Name eines þræll in Rígsmál.

Altn. húnn (Egilss., Cl.) 1) Junge des Bären, 2) von

jedem jungen Geschöpf; húnn Spitze hat wohl damit nichts zu thun, sondern gehört zu griech. κῶ-νος wie Egilsson vermuthet. Vergl. Curtius Grundz.² No. 84b, Fick I³, 54.

Altn. ljónar (Egilss., Cl.) viri, homines; nach Cleasby ein alter Ausdruck in Gesetzen für daysmen or umpires und nur mehr in schwed. Linköping = Ljóna-kaupangr erhalten.

Altn. stjúpr (Egilss., Cl.) der Stiefsohn; ein substant. Adjectiv, das sich in keinem der altgerm. Dialecte als Simplex nachweisen lässt — ‚steóp, adj. privignus' (Ettm. 738) ist wohl nur aus den Compositis vermuthet oder Gramm II, 149 nachgeschrieben —, aber ausser als erstes Glied in Karmadhârayas auch dem ags. steópan, stûpan (sw. v.), ahd. stiufan orbare zu Grunde liegt. Sollte das dunkle Wort zu skrt stup stúmpati stossen, griech. στυφελός, στυφελίζω, ahd. stumbalôn gehören? etwa verstossen, verlassen, beraubt? ist ahd. stiuf anus (Graff VI, 661) hierher zu ziehen?

Altn. trúđr (Egilss., Cl.); ags. trûđ (Ettm. 548) 1) tibicen, buccinator, histrio, 2) homo nequam.

Altn. hauss der Schädel. Fick I³, 51 stellt es mit hûs zu skrt kosha.

Ags. clûd (Ettm. 395) rupes, saxum, collis; hierzu auch mhd. klûde (f., m., n.) (Lexer I, 1635) ein Gewicht beim Wollhandel, nnd. klût ein kleines Bündel (Grein Hildebrandsl. S. 38). Suffix ta? zu lat. gluere zusammenziehen, glu-tus gleich clû-da-?

Ags. hrûm (Ettm. 507) fuligo.

Altn. dúnn (Egilss., Cl.) Feder, Flaumfeder.

Altn. múgr (Egilss., Cl.) 1) a swathe, 2) metaph. the crowd, common people.

Altn. strútr (Egilss., Cl.) a sort of hood jutting out like a horn, 2) the name of a dog with a white neck; hierzu engl. strut das Brüsten, Stolziren?

Ags. reám (Ettm. 261); mhd. roum (Mhd. W. II_1, 261) flos lactis, Milchrahm. Lexer stellt es zu lat. crêm-or und führt ein ags. hréam an, das mir unbekannt geblieben; denn hreám = altn. hreymr ist ein anderes Wort. Vergl. Fick I³, 44; etwa Wurz. sru, Suffix ma?

Altn. hraukr (Cl.); ags. hreác (Ettm. 503); engl. rick strues, Korn- oder Heuhaufen.

Ags. steám (Ettm. 738) vapor, odor, fumus; Suffix ma?

Ahd. ur-fûr (Graff VI, 668) spado, eunuchus, castratus; dazu fuirjan, ags. fŷran (Ettm. 359) castrare; wird von Fick I³, 117 zu einer Wurzel pû gestellt, die in lit. piau-jù, pióv-iau schneiden, mähen, schlachten erhalten ist.

Altn. laupr (Egilss., Cl.); ags. leáp (Ettm. 172, Grein) 1) Korb von Flechtwerk, Fischkorb, 2) Fischnetz.

Altn. gaukr (Egilss., Cl.); ags. geác (Ettm. 429, Grein), ahd. gouch (Graff IV, 133, Mhd. W. I, 588) 1) cuculus, 2) stultus. Curtius Grundz.² No. 142 stellt das Wort zu skrt kokila-s, koka; über solche Ausnahmen von der Lautverschiebung vergl. Lottner in Kuhns Z. XI, 166 ff.

Altn. aurr (Egilss., Cl.); ags. eár (Grein I, 255) 1) Feuchtigkeit, Nass (von dem aus Urđar Brunnen sprudelnden Wasser), 2) feuchte Erde, Lehm, Schlamm, 3) Erde im Allgemeinen (ags.). Zu úr (n.) feuchter Regen, Thau, úrigr nass, gr. *οὖρον*, lat. ûrînâri etc. Fick I³, 213.

Altn. staup (Egilss., Cl.) 1) ein mit Erhöhungen versehener Klumpen, Klotz, 2) ein Becher; ags. steáp (Ettm. 738, Grein) Becher, Gefäss; ahd. stouf (Graff VI, 660) 1) emporragender Fels, 2) Becher; mhd. stouf (Mhd. W. II_2, 662) Kelch; engl. stoop ein Stübchen Wein, Bier. Das altn. Wort ist Neutrum. Die Grundbedeutung liegt zweifelsohne in ags. steáp hoch, hervorragend; dem altn. stúpa in Verbindung mit upp, ein *ἅπαξ λεγ.*, gibt Egilsson die Bedeutung exstare, eminere; doch siehe Cleasby s. v., J. Schmidt Voc. S. 156.

Altn. maurr (Egilss., Cl.) Ameise. Fick I³, 726 setzt ein Thema mauri- an, wahrscheinlich wegen altbaktr. maoiri, aber im Altn. weist nichts darauf; vielmehr ist a-Thema sicher belegt.

Altn. gautr Beiname Óđins: der Giesser?

Altn. saurr (Egilss., Cl.) 1) Schmutz, Koth, Lehm, 2) dirt, excrement; wohl substantiv. Adjectiv. Siehe Anm. 17.

Altn. laukr (Egilss., Cl.); ags. leác (Ettm. 193); ahd., mhd. louch (Graff II, 142, Mhd. W. I, 1044) porrum, allium. Siehe Anm. 18.

Ags., alts. rið (Grein II, 378, Kl. altn. Denkm. 155) der Bach. Vergl. altn. riða (sw. v.) volvi, volubilem esse, lente moveri.

Ags. vih, viġ, veoh (Grein); alts. wëg; altn. vé aus veh ist Neutr.: Heiligthum, Tempel, Darf man an die Wurzel vik trennen, absondern denken? viha- das abgesonderte, getrennte (secretum illud Tac. Germ. IX)? Vergl. τέμ-ενος, tem-p-lum, vṛjána Umhegung, umfriedigter Raum, besonders abgeschlossene Cultusstätte. Alts. wîh Tempel, Heiligthum (H. 368) ist substantivirtes Adjectivum.

Altn. smiðr (Egilss., Cl.); ags. smið (Ettm. 709, Grein); ahd., mhd. smid (Graff VI, 826, Mhd. W. II_2, 426) Schmied, Handwerker, Künstler. In jüngern altn. Quellen Uebertritt in u-Decl., got. unorg. an-Stamm. Siehe Anm. 19.

Ahd., mhd. spiz (Graff VI, 366, Mhd. W. II_2, 514) 1) cuspis, veru, 2) vertex, caput montis, jugum; ags. spitu ist Fem. (Ettm. 718). Darf man aus cuspides, hi-spidus, spissus, spîca, spîculum auf eine Wurzel spid oder bloss spi schliessen? spid scheint sicher hervorzugehen aus spissus = spid-tus.

Ags. hveop (Ettm. 512); engl. whip, hwip Peitsche; vergl. to whip hauen, züchtigen. Das von Ettmüller angeführte altn. hvipp saltus ist mir unbekannt geblieben; aber ahd. wiphil flagellum, coma herbarum, summum arboris (Graff I, 784) gehört hierher. Zu Wurzel çip, çib Fick I^3, 59.

Ags. dîk (Ettm. 567); alts. dîk (Kl. altn. Denkm. 106); altfr., mnl. dîk, mhd. tîch (Mhd. W. III, 33) Graben, Teich, Sumpf, Damm; altn. besteht ein neutr. ya-Stamm. Vergl. Fick I^3, 636.

Altn. knífr (Cl., Egilss., Wimmer Altn. Gr. §. 32); neuisl. hnífr; ags. cnîf (Ettm. 397); mnl. knijf sowie nnl. ist das Wort Neutr.: Messer, kurzes Schwert. Vergl. Brem. W. II, 823, Grimm D. Wört. V, 1401 ff.

Altn. îs+s (Egilss., Cl.); ags. îs (Ettm. 65, Grein); ahd., mhd. îs (Graff I, 485, Mhd. W. I, 755) ist Neutr. (dänisch u. schwed. ist das Gen. masc. bewahrt): Eis, im Plur. Eisstücke. Fick I^3, 30 stellt, wohl dem Altb. zu Liebe, eine Form îsi- auf, die fürs Germ. aller Stütze entbehrt. Vergl. altn. eisa (sw. v.) eilen, dahingleiten.

Altn. hreinn (Egilss., Cl.); ags. hrân (Ettm. 502) cervus tarandus, Rennthier; neben Acc. Plur. hreina einmal Snorra Edda I, 298 hreini. Lautlich stellt sich das Wort zu hrína ejulare, grunnire, sonum edere. Das ags. Wort ist wohl dem Altn. entlehnt, für welches Cleasby Entlehnung aus dem Finnischen annimmt.

Germ. hlaiba- Brot. Leo Meyer stellt es zu κλίβανος Backofen, wie schon Diefenbach Got. W. II, 562; Bopp Gloss. comp. 395 zu çrî coquere. Vielleicht lässt sich an einen Zusammenhang mit got. hleibjan denken.

Got. raip; altn. reip (Egilss., Cl.); ags. râp (Ettm. 267, Grein); altfr. râp; ahd., mhd. reif (Graff II, 495, Mhd. W. II_1, 656) 1) Riemen, Seil, 2) zum Kreise geschlungenes Seil, Reif, Kreis; altn. ist das Wort Neutr. Vergl. Curtius Grundz.[2] No. 513, Fick Spracheinh. 359.

Germ. saiva- See. Curt. Grundz.[2] No. 604 stellt es zu Wurzel su; dann müsste aus dem Präsensstamm sáva-, siva- sich eine W. siv gebildet haben wie aus spu eine Wurzel spiv (speivan, spaiv).

Germ. aiþa- der Eid. Graff I, 151 sowie Ettmüller 56 zeigen auf eine Skrtwurzel ìt ligare, die nirgends vorkommt; mit L. Meyer an Wurz. yam zu denken, geht nicht; das Wahrscheinlichste bietet Fick I[3], 507.

Germ. taina- (fehlt alts. u. altfr.) 1) Zweig, Ruthe, Stab, Sprössling, 2) speciell Zweig zum Loosen. L. Meyer Got. Spr. S. 43 nimmt Suffix na an, ohne etwas über die Wurzel zu sagen; taina- ist wohl das germ. Wort für die ‚virga frugiferae arbori decisa‘ Tac. Germ. X. Siehe Müllenhoff z. Runenl. 34.

Altn. eimr (Egilss., Cl.) Feuer, Rauch, Dampf. Mit íma vapor, aestus, ím (n.) dust, embers verwandt; Cleasby denkt an Zusammenziehung aus ahd. âtem, ags. æđm, was unmöglich ist.

Altn. keipr (Egilss., Cl.) Ruderholz, Dolle.

Altn. seiđr (Egilss., Cl.) pisciculus, auch in vielen übertragenen Bedeutungen; an síđa Zaubergesänge singen ist nicht zu denken.

Ahd., mhd. rein (Graff II, 527, Mhd. W. II_1, 658) ein

abgrenzender Landstreif, eine begrenzende Bodenerhöhung; das altn. rein (f.) (Egilss., Cl.) a strop of land, Mark (z. B. skógar-rein) macht die beliebte Etymologie von hrînan berühren, begrenzen wohl unmöglich.

Altn. fleinr (Egilss., Cl.); ags. flân (Ettm. 361, Grein) Pfeil, Geschoss; im Ags. daneben auch ein movirtes Femininum. Ist etwa flei-na zu trennen?

Altn. bátr (Egilss., Cl.); ags. bât (Ettm. 305, Grein) linter, navis; daneben altn. beit (n.), das recht gut hierzu gehören kann, da die Monophthongirung des ai zu â im Altn. nicht unerhört ist, wie ich Anzeiger für d. Alterth. I, 9 Anm. nachgewiesen habe; beit kommt, was zu bemerken, nur in Poesie vor. Fick I[3], 689 will dem Wort inneres a zuweisen und stellt es zu bhadha-, was unmöglich ist.

Zum Schluss folgen noch diejenigen etymologisch dunklen Appellativa, bei denen Stamm und Genus mehr oder weniger unsicher oder geradezu unbestimmbar ist.

Ags. teors (Ettm. 522); ahd., mhd. zers (Graff V, 707, Mhd. W. III, 871) engl. tars membrum virile.

Ags. sver, sveor (Ettm. 752, Grein) die Säule; daneben st. f. Hierzu ein ahd. Denominativ swirôn firmare (Graff VI, 893); ist auch got. sul-ja, ahd. swelli verwandt?

Altn. hvinnr levator, fur, homo scelestus (Egilss., Cl.).

Altn. tjáldr (Cl.) avis, hoemotopus ostralegus; Cleasbys Etymologie ‚so called prob. from its long legs, like tent-spars' ist sehr unwahrscheinlich.

Ags. anafilt (Ettm. 349) incus; ahd. anevalz (Graff III, 519) incus.

Altn. hof (Egilss., Cl.); ags. hof (Ettm. 479, Grein); alts. hof; ahd. hof (Graff IV, 828); altfr. hof (altn. ags., altfr. ist das Wort Neutr.): 1) Umschlossener Raum bei dem Hause, 2) herrschaftliches Gut, die dazu gehörigen Gebäude, 3) palatium und und übertragen die vornehmen Personen am Hofe, 4) (altn.) bedachtes Heiligthum. Grimm Gesch. d. d. Spr. 401, Curt. Grundz.[2] No. 56 stellen es zu κηπός; Pott[2] IV, 280 unter vielen Vergleichen zu einer Wurzel skap; vergl. Fick I[3], 519.

Germ. osda- (fehlt got.) (oddr, ord, ort) 1) Stachel, Schärfe, Spitze, 2) bildlich Anfang, Beginn einer Sache; ahd. ist das Wort immer, mhd. gewöhnlich Neutrum, ebenso ags. Fick[2], 704 denkt an as werfen, skrt astâ Geschoss; Kuhn in seiner Z. XI, 383 ff. stellt es zu skrt ṛshti Speer (arsh-ti); wie framea zu fram (Haupt Z. VII, 328) so osda-, ord zu got. us, ags. or?

Altn. lokr (Egilss.) 1) vir ignavus, 2) ineptus rudis; gehört lokr ‚a kind of texture' (Cleasby 397) hierher?

Altn. skrokr (Egilss.) vir vasto corpore.

Ahd., mhd. topf (Graff V, 385, Mhd. W. III, 48) 1) Kreisel, 2) Topf; vergl. Diefenb. Nov. Gl. S. 372 unter trocus.

Altfr. kolk (R. 876); nd. kolk (Brem. W. II, 876) Tiefe, Grube, Loch.

Alts., mhd. scok, schok (Kl. altn. Denkm. 162, Mhd. W. II_2, 178 1) Haufe, 2) Schock; Anzahl von 60; auch Neutr. zuweilen.

Ags. ear, earh (Grein I, 245) oceanus; höchst unsicheres Wort. Siehe Grimm zu Elene 139; Rieger Angels. Lesebuch 235.

Altn. mar (Egilss., Cl.) (der Plur. nach i-Decl. Wimmer Altn. Gr. §. 46, Anm. 1); ags. mearh (Ettm. 208, Grein); ahd., mhd. mark, march (Graff II, 844, Mhd. W. II_1, 63) ist stets Neutr.: Pferd, Ross; stammt das Wort aus dem Keltischen?

Altn. hnakkr (Egilss., Cl.) scamnum, sedile, ephippium; hat mit germ. hnakka- der Nacken wohl nichts gemein?

Altn. nagr (Egilss., Cl.) Vogel unbekannter Art; zu einer Wurzel nagh stechen, kratzen, bohren und gleich lit. nagas Nagel, Kralle?

Altn. skalpr (Egilss., Cl.) 1) navis, 2) vagina gladii.

Altn. tramar (Cl., Egilss.) gigantes; norweg. trame diabolus. Höchst zweifelhaftes Wort.

Ags. rand (Ettm. 250, Grein); ahd. rand (Graff II, 531) Dat. Plur. randim; mhd. rant, Plur. rante (Mhd. W. II_1, 554); altn. rönd (Egilss., Cl.) ist ein Feminin nach a- und u-Declin. 1) Rand der Erde, 2) des Schildes, dann Schild selbst; ahd. und mhd. bezeichnet es nur letzteres.

Ags. strand (Ettm. 743); altn. strönd (Cl. 599, ist Fem. wie rönd) ripa, littus. Ins Nhd. ist das Wort erst aus dem Nd. gekommen.

Mhd. kac (Mhd. W. I, 778) Pranger; wohl aus dem Nd., siehe Brem. W. I, 716.

Altn. ars, jüngere Form rass (Cl. 25. 483); ags. ears (Ettm. 31); ahd., mhd. ars (Graff I, 476, Mhd. W. I, 62). Das Thema ist nirgends sicher, da der mhd. Umlaut nichts beweist: culus, podex; zu ὄρρος, ὄρσος Curt. Grundz.[2] 505 Fick I[3], 499 stellt es zur Wurzel arsh fliessen, gleiten, sich rasch bewegen. Das Wort liegt auch wohl vor in ‚von Hundesarse' (Kl. altn. Denkm. S. 77, Z. 46).

Altn. valr (Egilss., Cl.) Habicht, Falke; das Wort flectirt vollständig nach a- und i-Decl. (Wimmer Altn. Gr. §. 46, Anm. 1). An Wurzel valv (got. vilvan) lässt sich nicht wohl denken, da v ohne Umlaut zurück zu lassen nicht abfällt; Cleasby sieht es als eine hypokoristische Form für valhaukr an.

Mhd. spat (Mhd. W. II_2, 489) eine Krankheit der Pferde.

Mhd. slam (Mhd. W. II_2, 391) Schlamm, Koth.

Altn. klakkr (Cl. 341) the peg of a pack-saddle.

Neufr., holl., plattd. bas (bâs?) (Richthofen 620) der Oberste, Herr, Meister.

Altn. fránn (Egilss. 198) serpens; cf. Cleasby 171 unter dem Adject. fránn.

Altn. glámr (Egilss., Cl.) luna; etwa zu alts. glîmo Glanz, ahd. glîmo Glühwürmchen? Wurzel ghli? á erklärt sich aus ai; siehe Anzeiger f. d. Alterth. I, 9 Anm.

Altn. kláfr (Cl. 342) ‚a kind of rough box carried on horseback.'

Altn. háfr (Egilss., Cl.) squalus acantias; hiervon trennt Cleasby háfr ‚a pock-net for herring-fishing.'

Ahd., mhd. slât (Graff VI, 792, Mhd. W. II_2, 392) Schlot, Rauchfang, Kamin; wird Gr. II, 234 aus slahad erklärt, Gr. I[2], 671 ist ein nirgends belegter Plur. slæte angeführt. Gehört hierher altfr. slât (R. 1036), nd. sloot (Brem. W. IV, 841) Benennung der die Felder und Wiesen einschliessenden Gräben?

Altn. **hákr** (Cl. 242) ‚the proper sense may have been some kind of fish'; vergl. engl. hake ein Weissfisch.

Ags. **fisc-pôt** (Ettm. 351) lacus piscium. Ist pôt etwa Druckfehler statt pôl lacus (Ettm. 274) und also wie ahd. pfuol aus lat. palus genommen? oder ist pôt Verkürzung von apotheke wie potach, boutique?

Ags. **ôm** (Ettm. 10) Rost; ist an altn. ama, aða Schädiger zu denken?

Ags. **stôr** (Ettm. 741) thus, ladanum.

Ahd. **chruag** (Graff IV, 590); mhd. kruoc (Mhd. W. I, 890) Krug, Flasche; im Mhd. Umlaut im Plur., auch Otfrid hat schon kruagi. Vergl. ags. croci, crog (Ettm. 399) urceus, lagena und D. Wört. V, 2431 ff.

Altn. **sómr** (Egilss. 761) arcus, quo sagittae jaciuntur.

Ags. **môr** (Ettm. 231, Grein); mhd. môr (Mhd. W. II_1, 240, vergl. Graff II, 843); altn. mór (Gen. mós, Plur. móar) und mórr (Egilss., Cl.); auch fries. mar, Plur. marar (R. 976) Graben scheint hierher zu gehören: 1) palus, uligo, 2) inculta terra, desertum; mhd. ist das Wort Neutrum. Curt. Grundz.² No. 468 stellt es zu W. mar; anders CorssenAusspr. u. Vocal. I², 404. 411; Bopp Vergl. Accentsyst. 231; keine dieser Etymol. ist evident.

Ags. **brôc** (Ettm. 315) jedes Wasser, besonders Waldbach; ahd. bruoh (Graff III, 271), mhd. bruoh (W. I, 270, Lex. I, 368) palus, aquosa et lutulenta terra ist Masc. und Neutr.

Ags. **flôr** (Ettm. 365, Grein) Masc. u. Fem.: Boden, Estrich; altn. flór (Egilss., Cl.) ‚only used on the flor of a cowstall' ist Masc.; mnd. vloer (Rein. 514) ist Masc.; ahd. wohl in flûr (Graff III, 773) seges statt fluor; mhd. kommt das Wort nicht vor (Mhd. W. III, 356); nhd. 1) die Flur = Feldmark; 2) der Flur = Hausgang. Eine Etymologie scheint Heyne Beovulf 158 geben zu wollen: ‚Der Fussboden war wahrscheinlich mosaikförmig mit farbigen Fliessen zusammengesetzt'; sich widersprechende Etymologien bei Fick Spracheinheit 245. 342.

Ags. **hrôf** (Ettm. 506, Grein) das Dach eines Hauses, einer Höhle, der Himmel, figürlich das Höchste, Vorzüglichste einer Sache; engl. roof, Dach, Himmelsgewölbe, Gaumen; altn. hróf

(Egilss., Cl.) ist Neutr. und bezeichnet den gedeckten Ort, wo Schiffe gebaut wurden oder vor Anker lagen, was ags. hrôfgefär heisst.

Altn. ruđr und runnr (Egilss., Cl.) sowohl der einzelne Baum als collectiv ein Gebüsch, Hain; ist an skrt ruh (rudh) altb. rúd wachsen, sprossen zu denken? die Wurzel erscheint aber westarisch sonst nur mit l.

Altn. skúmr (Egilss., Cl.) 1) lestris catarractes, eine Seemövenart, 2) metaphor. ein schwatzhafter Mensch.

Altn. skúfr (Egilss., Cl.) Haarbüschel; vergl. got. skuft Haupthaar. Etwa zu sciufan? das in einen Zopf zusammengefasste? vergl. ‚apud Svebos capillus saepe in ipso solo vertici religatur' Tac. Germ. XXXVIII und die criniti der Franken, capillati der Gothen, Hazdingi der Vandalen; auch mhd. (Mhd. W. II_2, 169) schopf caesaries gehört hierher.

Mhd. viez (Mhd. W. III, 308) ‚das Wort scheint gewaltiger Held mit spöttischer Nebenbedeutung auszudrücken'; vergl. Gramm. I^2, 387.

Mhd. gûl (Mhd. W. I, 586); nhd. gaul ursprünglich Eber oder sonst ein männliches Thier; vergl. Diefenbach Got. W. II, 381.

Mhd. lûf (Mhd. W. I, 1050) Loch, Abgrund; vergl. engl. loop Oeffnung, Guckloch.

Altn. húfr (Egilss., Cl.); ags. hûf (Ettm. 477): altn. ‚the hulk of a ship, tertius et quartus ordo tabularum in corpore navis'; ags. ‚uva, substantia spongiosa'. Wie sind diese Wörter unter einander und wie mit altn. húfa, ahd. hûba, ags. hûfe, nhd. haube zu vereinigen? vergl. skrt kumba weiblicher Kopfputz.

Ags. þûf (Ettm. 607, Grein) vexillum; ist das spätlat. tufa hieraus entlehnt oder sind beide dem Keltischen entnommen?

Altn. klútr (Egilss., Cl.); ags. clût (Ettm. 395) 1) pannus (Ettm.), kerchief (Cl.), 2) pittacium, lamina (Ettm.). Hierzu ist wohl engl. clout Wisch-, Scheuerlappen, Windel zu stellen.

Altn. strúgr (Egilss., Cl.) 1) ‚a stew of meat, 2) metaph. bile, fastidiousness'.

Mhd. slûr (Mhd. W. II_2, 416) faules Geschöpf.

Mhd. strûch (Mhd. W. II_2, 702) Strauch, Gesträuch. Vergl. Fick I^3, 827.

Altn. hlíđr (Egilss.) 1) bos, 2) cervus.

Ahd., mhd. kis (Graff IV, 500, Mhd. W. I, 821) Kies, glarea. Grimms Versuch, das von kis abgeleitete kisil, ags. ceosel zu harena zu stellen, geht nicht an.

Altfr. sil (R. 1014); alts. sil in ‚te Gundereking-sile' und ‚van Hripon-sile' (Kl. altn. Denkm. 71. 74); nd. sil (Brem. W. IV, 786) Schleuse. Ist es mit ahd. silo (Graff VI, 185) epirhedium, Strick, Strang, an den Pferde und Zugthiere angeschirrt sind, mit seila, sîmo zu Wurz. si binden zu ziehen?

Altn. kvígr (Egilss., Cl.) juvencus, vitulus; Grimms Vermuthung Gesch. d. d. Spr. 33 stehen lautliche Schwierigkeiten im Wege.

Mhd. slîf (Mhd. W. II_2, 401) ein grosser Löffel.

Altn. kíll (Egilss., Cl.) Meeresarm, Meerbusen, dichterisch das Meer. Cleasby erinnert an den Namen der Stadt Kiel.

Altn. rípr (Egilss., Cl.) acclivitas rupis, clivus.

Ags. vâd (Ettm. 729); altfr. wêd (R. 1128); ahd. weit, wêt (Graff I, 773) sandix, isatis.

Altn. meiss (Egilss., Cl.) a wooden box, basket, Futterkorb; ahd., mhd. meisa (f.) cistella, sarcina (Graff II, 874, Mhd. W. II_1, 111). Fick I^3, 178 stellt das Wort zu skrt meshá Schafbock, Widder, Schaf; in der ältern Sprache bedeutet es auch das Fliess des Schafes und was daraus gemacht wird (P. W. V, 907).

2. DIE NOMINA AGENTIS NEUTRA.

Die Zahl der Nomina Agentis neutralen Geschlechtes, die Suffix a bildet, ist weit geringer, als die der Masculina gleicher Kategorie. Hauptsächlich sind es Benennungen von Geräthen, leicht thätig zu denkenden Werkzeugen, thätigen Körpertheilen u. s. w. oder substantivirte Adjectiva. Letzterer Ausdruck ist nicht misszuverstehen. Wir sahen, dass die ganze Kategorie der Nom. Agentis als substantivirte Adjectiva aufzufassen ist. Wenn nun hier noch einmal substantivirte Adject. besonders aufgeführt werden, so sind in speciellem Sinn solche Appellativa gemeint, denen im Germ. noch das Adject. zur Seite steht, und die es recht gut fühlen lassen, dass sie ursprünglich nur Epitheta, sei es ornantia, sei es distinguentia, zu einer Substanz waren, und allmälich erst, indem man sich gewöhnte, das Nom. subst. wegzulassen, selbst in die Kategorie desselben eintraten. Interessant ist es, diese Bildung der Nom. Agentis mit der in der ältern Epoche der Sprache zu vergleichen. Es geschah, wie oben gezeigt, die Bildung der Nom. Agentis subst. so, dass éin Characteristicum für alle eintrat und der Substanz den Namen gab. Allmälich aber schwand bei den meisten dieser Appellativa die etymol. Bedeutung so sehr dem Gedächtniss und Bewusstsein der Redenden, dass das ursprünglich Anschauliche, Lebendige zu einem conventionellen Zeichen herabsank, das dazu diente eine Substanz in ihrer Totalität zu repräsentiren. So fehlte z. B. jedenfalls schon den alten Germanen bei dem Worte ‚dius‘ jede Anschauung und es hätte dafür ebenso gut ‚marja‘ stehen können, wenn es der conventionelle Gebrauch mit sich gebracht hätte. Für Poesie ist ein solcher Zustand unerträglich. Sie zerlegt gleichsam diese Totalität wieder in die einzelnen wirkenden Kräfte, um eine jede derselben nach Bedürfniss als pars pro toto zu verwenden. Dieser Zerlegung entsprangen die von mir speciell als substant. Adjectiva bezeichneten Nom. Agentis. Beispiele sind djúp mare, quek animal; unter den Masc. entsprechen ihnen die S. 33 ff aufgeführten Beispiele. Die Ordnung, in der die einzelnen Unterabtheilungen aufgeführt werden, ist dieselbe wie bei den Masculinis.

I) Etymologisch klare Beispiele: a) die zu Grunde liegende Wurzel lässt sich intransitiv fassen.

Altn. smolt (Cl.); ags. smolt (Ettm. 705); ahd. smalz (Graff VI, 832, Mhd. W. II_2, 429) das Fett, das beim Kochen des Fleisches oben aufschwimmt, adeps eliquatus, liquamen: das zergehende, flüssige; cf. altn. flot id.

Altn., ags., ahd., mhd. kol die Kohle; ahd. und mhd. auch

masc. an-Stamm daneben. die glühende. Zu Wurzel gvar Fick I³, 78.

Ags. þeorf (Ettm. 589) azymum quid, ungesäuertes Brot; cf. þeorfsymbel Fest der ungesäuerten Brode. Substant. Adjectiv.

Ags. hveorf (Ettm. 513) vertibulum, Glied: das sich drehende, bewegliche; cf. got. hvairbs wandelnd, sich drehend, fügend; ags. gehveorf agilis (Grein); altn. hverfr versatilis (Egilss.). Substant. Adjectiv.

Altfr. quik, quek (R. 883); mnl. qwek; mhd. quec (Mhd. W. I, 893): lebendiges Thier. Das Wort, das im Mhd. selten vorkommt (s. Lexer II, 319), ist im Fries. sehr gebräuchlich für Vieh im Allgemeinen. Substant. Adjectiv.

Altn. skinn (Cl.) 1) Haut, Fell überhaupt, 2) skin of fur or a furred cloak: das abgehäutete. Siehe Anm. 20.

Altn. brim (Egilss., Cl.); ags. brim (Ettm. 320, Grein) 1) das brandende, d. h. hochwogende und tosende Meer, dann Meer überhaupt, im Ags. im Plur. die Wogen, 2) übertragen: das schäumende Bier. Grein hat eine Stelle für Masc. Das Wort könnte auch ya-Stamm sein, da uns bei kurzsilbigen neutr. ya-Stämmen fürs Ags. alle Kriterien abgehen und fürs Altn. ebenso, wenn nicht Genit. oder Dat. Plur. belegt ist.

Altn. haf (Egilss., Cl.); schwed. haf; dän. hav; ags. heaf (Grein); mhd. hap (Mhd. W. I, 601) 1) das Meer als das sich hebende, auf und niedergehende, 2) Meerbusen, Hafen (diese Bed. im Mhd.).

Ahd. urhab (Graff IV, 824, Mhd. W. I, 646); ags. häf (Ettm. 452) fermentum, der Sauerteig, der den Teig hebt, treibt, wie man dial. sagt; cf. auch hefo (Graff IV, 828) idem. Das Wort ist mit dem vorangehenden der Etymologie nach identisch.

Altn. kaf (Egilss., Cl.), 1) die hohe See, 2) die Tiefe: ursprünglich das klaffende, tief seiende. Zu skrt jabh schnappen, den Rachen aufreissen, klaffen, tief sein, gabhîra tief; dem gr. *βάπ-τω* eintauchen, versenken (gleichsam vertiefen) entspricht altn. kefja to dip, put under water, 2) to sink. Vergl. mhd. erquëben ersticken (Haupt Z. V, 329, Mhd. W. I, 892). Unter

Vergleichung von skrt gabhá Spalt (P. W. II, 663) das zur selben Wurzel gehört, stelle ich hierher:

Mnl. kaf; nd. kaf (Brem. W. II, 714); ags. ceaf (Ettm. 375); mhd. kaf (Mhd. W. I, 778) Spreu, Hülse des Getreides, also wohl der Spalt, in dem das Getreide steckt; denselben etymol. Werth hat spriu, wie später gezeigt werden soll, und ags. klufe (sw. f.) spica (Ettm. 394).

Ags. bläc (Ettm. 308); mnd. blak (Mnd. W. I, 530); nnd. blak (Brem. W. I, 94); ahd. plach (Graff III, 242); mhd. plak (Mhd. W. II_1, 521) Schwärze, Tinte. Altn. blek (Cl. 67) ist wohl als blakya- aufzufassen. Substant. Adjectiv.

Mhd. blas (Mhd. W. I, 200) brennende Kerze, Fackel; wohl substantiv. Adjectiv blas, das ursprünglich leuchtend bedeutete, wie blêk (zu blîkan) im Hêland 1) glänzend, licht, 2) bleich, blass bezeichnet. Ueber eine sicher anzusetzende Wurzel blas scheinen, leuchten siehe Lexer I, 296; Fick[2] 824; Wörterb. I, 73.

Ahd., mhd. salp (Graff VI, 191, Mhd. W. II_2, 41) die Salbe als die gleitende; zur Wurzel sarp Fick 1[3], 228; ahd. alts., ags. daneben st. f. Cf. skrt sneha-s. Siehe Anm. 21.

Alts. marg (Kl. altn. Denkm. 141); ags. mearh (Ettm. 207); ahd. marag (Graff II, 844); mhd. marc (Mhd. W. II_1, 67) Mark, Medulla; altn. mergr ist ya-Stamm. Siehe Bopp Gloss.[3] 282; cf. Kl. Skrtgr. §. 110 b.

Germ. lamba- das säugende Schaf; wohl als das blökende Thier zu skrt lambh, rambh tönen, brüllen. Fick I[3], 741; cf. Gesch. d. d. Spr. 35.

Altn. svaf (Egilss.) hasta als die sich schwingende, fliegende; cf. mhd. swëben.

Ags. scanc, sconc (Ettm. 682); mhd. schanc (Mhd. W. II_2, 148) crus, Schienbein, Beinröhre; häufiger ist ags. scanca (sw. m.), ahd. scanca (sw. f.), scanco (sw. m.). Fick[2] 899.

Ags. säp (Ettm. 627, Grein), ahd. saf (Graff VI, 168), mhd. saf (Mhd. W. II_2, 13) der Saft; Grundbedeutung ist fliessend, flüssig. Zu ἄπα-λος, sapo, sapa etc.; cf. Curt. Grundz.[2] No. 628; Fick I[3], 794. Das Genus erhellt aus Mhd.; Ettm. und Grein geben Masc. an, aber die Stellen bei ihnen beweisen nichts.

Altn. gap (Egilss., Cl.); ags. geap (Grein) 1) der Abgrund als der klaffende, 2) das Thor, die Thür als die offene, ins Haus aufnehmende.

Altn. slöp nur Plur. (Cl. 570) the slimy offal of fish; zu sleppa, slapp gleiten.

Ags. svip (Ettm. 764, Grein) Peitsche; zu Wurzel svib sich drehen, schwingen, in kreisende Bewegung setzen, alts. forswîpan; daneben svipa (sw. m.). Altn. svipr schnelle Bewegung ist ein mit Suffix i gebildetes Nom. Actionis.

Altn. gin (Egilss., Cl.); ags. gin (Ettm. 433, Grein) 1) der Rachen von reissenden Thieren, 2) die Tiefe des Meeres. Beides geht auf die Grundbedeutung klaffend, gähnend.

Altn. lið (Egilss., Cl.); ags. lið (Ettm. 192, Grein) gehend, ziehend: daher 1) Schiff, Fahrzeug als ŷðlið (vergl. auch lagu-lîdandi, mere-lîdende); 2) a) comitatus, die Gefolgsmannschaft als das mitziehende gisîthi, b) die Hülfe, die das gisîthi bringt, gewährt (entgegengesetzter Uebergang ist in auxilium: auxilia); c) das in den Kampf mitziehende Volk und, da Heer und Volk bei den Germanen identisch waren (cf. heristrâza via publica Graff VI, 760, heriberga diversorium Graff III, 175) Volk, Schaar überhaupt.

Altn., ags., alts. klif; ahd. klëp (Graff V, 148) promontorium; cachlëp rupes; hôchklëp (Graff IV, 546) consistorium, Bergrücken; zu Wurzel klib festen Fuss fassen, fest sitzen; man könnte jedoch auch an die diesem Verb im Nord. eigene Bedeutung ‚aufsteigen‘ denken, für die das Westgerm. die nasalirte Wurzel climb-, clamb- verwendet: holm-clifu wären also entweder die im holm, in der Fluth sich erhebenden, aufsteigenden oder die darin festsitzenden.

Altn. blik (Egilss., Cl.); ahd. plëh (Graff III, 243), mhd. blëch (Mhd. W. I, 203) ursprünglich glänzend, schimmernd: 1) der Glanz der Metalle, des Goldes, 2) das Gold (nur in altn. Poesie), 3) jedes glänzende Metallstäbchen etc., speciell das Blech, lamina, 4) altn. bleaching, die Bleiche, Ort wo die Leinwand weiss glänzend (cf. bleikr) gemacht wird; ist der Ort genannt von der ausgebreiteten, glänzenden Leinwand als der weissglänzende?

Ahd. spreid (Graff VI, 393) Gesträuch, Gebüsch: das hervorspriessende oder hervorgesprossene; cf. ags., altn. sprettan, ahd. sprinzan; ags., ahd. spreótan, spriozan, ags., ahd. sprîtan, sprîzan: alle mit der Bedeutung des Hervortreibens, Hervorspriessens; die Wurzel, aus der sie durch Determination entstanden sind, liegt vor im ags. sprîan (Ettm. 723).

Mhd. vêh (Mhd. W. III, 285) buntes Pelzwerk, namentlich vom Hermelin gesagt. Substant. Adjectiv.

Altn. flot (Egilss., Cl.); ags. flot (Grein) 1) das Meer, die Flut als die fliessende, strömende, 2) das Fett, das beim Kochen des Fleisches oben auf schwimmt. Siehe S. 27.

Ahd. proz (Graff III, 369); mhd. broz (Mhd. W. I, 260); bair. u. schweiz. brosz, broszt (Schmeller I², 365, Stalder I, 231) 1) die Knospe, Spross am Weinstock etc., 2) unreife Frucht. Das Wort hat mit spriozan nichts gemein, wie Graff und mhd. Wörterb. wollen; ein Abfall des s auf ahd. Boden ist mir unbekannt und mhd. b wäre eine starke Verirrung neben spriozan: briozan ist das altn. brjóta rumpere; nur hat es im Ahd. die intrans. Bedeutung erumpere; proz ist also das hervorbrechende.

Altn. ruk (Cleasb.) die schäumende, aufbrausende See; zu ags. reócan effervescere.

Germ. skuta- (fehlt got.) das hervorspringende und hervorgebrochene, hervorgestossene: 1) junger Trieb, Schössling (mhd.); 2) a) die Waffe zum schiessen, schleudern, das Geschoss als das hervorfliegende, springende, b) ein Schuss mit der Waffe (germ.); 3) ‚a narrow dark passage running along the wall of the ancient halls‘, also wohl ein hervorspringender Bretterverschlag; 4) Geldgabe, Steuer (ags., fries., ahd., mhd.). Ags. sceótan hat die Bedeutung tribuere, dare entwickelt. Neben skuta- besteht ein i-Thema Nom. Actionis, das uns in ahd. scuz etc. vorliegt.

Altn. djúp (Egilss., Cl.); ags. deóp (Grein) Abgrund des Meeres, das Meer im Allgemeinen; cf. deep der Hauptwasserzug, worin alle Zuggraben zusammen und ausfliessen (Brem. W. I, 200 und Nachtr. VI, 27); dêp Fahrwasser, Fluss, Canal (Mnd. W. I, 506). Substant. Adjectiv.

Altn. fljót (Cl.); ags. fleót (Grein, Ettm. 363); engl. fleet; altfr. flêt (R. 746); ahd. bifleoz (Graff III, 743); mhd. vliez (Mhd. W. III, 349) 1) Fluss, Bach, 2) Meeresarm, 3) Schiff, Fahrzeug. Siehe oben S. 26.

Ahd., mhd. spriu (Graff VI, 368, Mhd. W. II_2, 651) palea, acus: Spreu, Hülse des Getreides. Siehe Anm. 22.

b) Die zu Grunde liegende Wurzel ist transitiv zu fassen:

Ahd. gawer (Graff I, 930) stimulus, Waffe; zu W. var bedecken, wahren.

Altn. hem (Cl.); ags. him (Ettm. 466) 1) eine dünne Eisdecke (altn.), 2) culeus (lederner Schlauch, Sack): deckend, hüllend.

Altn. hrind (Graff IV, 1171); mhd. rind (Mhd. W. II_2, 722) bos, jumentum; zu Wurzel hrand, die im ags., altn. hrindan stossen bedeutet. Bestand daneben ein as-Thema: ags. hrîđer quadrupes, bos (Ettm. 501); fries. hrîther (R. 828) Rind, besonders junges? S. Anzeiger f. d. Alterth. I, 11.

Ahd. sëh (Graff VI, 89) ligo, vomer, fossorium, der Zinken vorn am Pflugbaum, der den Boden perpendiculär durchschneidet (Mhd. W. II_2, 234); letztere Bedeutung noch mhd. Mit sihhila, seg-ansa, sah-s, lat. secare zu einer W. sak schneiden.

Germ. scepa- das Schiff als das ausgehöhlte; cf. die *κοῖλαι νῆες* des Homer. Siehe unter Anm. 26.

Alts. werr (Kl. altn. Denkm. 184) Wehr in einem Flusse, ein darin aufgerichteter Steinbau: der hindernde, hemmende, im Wege stehende. Vielleicht ya-Stamm.

Alts. sinc; ags. sinc (Ettm. 639, Grein) Schatz, Kleinodien, Kostbarkeiten. Siehe Anm. 23.

Got. kas; altn. ker (Egilss., Cl.); alts. in bikar (Kl. altn. Denkm. 103); ahd., mhd. char (Graff IV, 463, Mhd. W. I, 788) Gefäss, Krug, Becher, alts. Bienenstock. Zu Wurzel gas in *βασ-ταζω,* gero, ges-tare bringen. Fick I^3, 569.

Altn. þak (Egilss., Cl.); ags. þäc (Ettm. 580, Grein); ahd., mhd. dach (Graff V, 103, Mhd. W. I, 293) Dach als das deckende; zu W. stag.

Altn. fat (Egilss., Cl.); ags. fät (Ettm. 333, Grein); alts. fat; ahd. faz (Graff III, 727); mhd. vaz (Mhd. W. III, 280) 1) alles was etwas umfasst, in sich schliesst, 2) Gefäss, Fass, Becher, Schöpf- und Trinkgeräth jeder Art, 3) im Plur. Kleider, dann allgemein Bagage (altn.). Siehe Anm. 24.

Altn. band (Egilss., Cl.); alts. band; altfr. band (R. 623); ahd. bant (Graff III, 136, Mhd. W. I, 131) das bindende: 1) vinculum, 2) der Faden, der Zügel, 3) übertragen das Bündniss, jede bindende Verpflichtung. Dieselbe Bedeutung hat mhd. bint (Mhd. W. I, 131) bindend (in Karmadhâraya bintseil erhalten) in unterbint 1) das Vermittelnde, 2) das Trennende zweier Dinge.

Altn. gat (Cl.); ags. geat (Ettm. 419, Grein); alts. gat; altfr. iet, gat (R. 847) Grundbedeutung ist aufnehmend, durchlassend (cf. Odyssee XVIII, 17 ‚οὐδὸς ἀμφοτέρους ὅδε χείσεται‘ wird uns beide aufnehmen): 1) Thür, Thor, Pforte, 2) Loch, Oeffnung im Nadelöhr etc., Deichbruch (fries.); grundiet Grundloch im Teich. Vergl. Brem. W. I, 491: gat 1) ein jedes Loch, 2) eine enge Durchfahrt in den Gewässern, 3) Mündung eines Flusses. Mhd. W. I, 487 wirft dies im Passional mehrere Male vorkommende Wort: Loch, Höhle mit ahd. gat, gate, das einem nd. gado, got. gad-iliggs entspricht, zusammen.

Altn. traf (Cl.); ags. träf (Ettm. 542, Grein) 1) altn. Franze, Saum an den Tüchern, 2) ags. Zelt. Mit ahd. zarbjan sich drehen, winden zu Wurzel darbh bei Fick I³, 620.

Ags. hät (Ettm. 451, Grein); engl. hat; cf. mhd. hâz (st. m.) und hæze (aus hâzya) Neutr.; bair. hæsz, gehæsz (Schmeller I², 1175) 1) der Hut, 2) die Kleidung; letztere Bedeutung hat nur das mhd. und bair. Wort. Cf. Gr. III, 451; Geschichte d. d. Spr. 577: bedeckend. Siehe Anm. 25.

Mhd. wac (Mhd. W. III, 461) das wägende Gewicht und das was gewogen wird.

Germ. salta- das Salz. Es ist jedoch vielleicht gerathener ein Suffix ta anzunehmen und saltan (cf. alþan und fast evident mhd. halsen) als Denominativ mit unorganischem Uebertritt in die starke Conjugation aufzufassen, oder dürfen wir die

Skrtdenominativa ohne Suffix (Bopp Skrtgr. §. 526; Vergl. Gr. III, §. 777) herbeiziehen?

Ags. sceap (Grein); alts. skap; altfr. skep (R. 1026); ahd., mhd. scaf, schaf, (Graff VI, 449, Mhd. W. II_2, 70) Schaff, Gefäss für Flüssigkeiten; nur westgermanisch, wonach also Grimms Behauptung Gr. III, 456 etwas zu modificiren. Siehe Anm. 26.

Ahd., mhd. span (Graff VI, 347, Mhd. W. II_2, 482) das spannende, zusammenhaltende (herzspan der das Herz zusammenhaltende Krampf): eine Spange zum Heften des Gewandes und als Schmuck von Frauen getragen; vürspan monile.

Ahd., mhd. maz (Graff II, 904, Mhd. W. II_1, 90) die Speise als die gekaute. Ostgerm. besteht der Stamm mati-, ags., alts. matja-, dass im Ahd. auch ein i-Thema bestand, zeigt mazzimuos bei Graff l. c. Mit Fick I^3, 170 maz von mandere loszureissen und zu skrt mad und seinen Reflexen zu stellen, ist unthunlich.

Ags. fäc (Ettm. 337, Grein); alts. fac (Kl. altn. Denkm. 132); altfr. fak (R. 731); ahd. fach (Graff III, 410); mhd. vach (Mhd. W. III, 200) I) alles umfassende, begrenzende, daher 1) alts. juc-fac der ein Joch Landes umgebende Zaun, 2) altfr., mhd. der aufnehmende Behälter, das Fach, 3) ahd., mhd. die Mauer, 4) Wehr, Wasserschwelle in Bächen und Flüssen; II) das umfasste, begrenzte: der Zeitraum; ags. lîf-fäc vitae tempus; mnl. tijd-vak Zeitraum, Periode. Zu Wurzel pak fangen, fassen, festmachen, einfangen, deren k sich westarisch in Folge Nasalirung facultativ zu g senkte, wie in πήγνυμι, pangere, pepigi, pag-ina.

Ahd., mhd. giwant (Graff I, 762, Mhd. W. III, 683) 1) Kleidung, Rüstung als die umhüllende, 2) der die Umhüllung bildende Stoff, Zeug, Kleiderstoff.

Altn., ags., alts. (Kl. altn. Denkm. 141) malt; ahd., mhd. malz (Graff II, 713, Mhd. W. II_1, 29) brasium, malz; alts. ein Getreidemass: ursprünglich wohl so viel Gerste oder Hafer, als auf einmal gemalzt wurde, umfassend. Substant. Adj.: flüssig gemacht, aufgelöst. S. altn. maltr, ahd., mhd. malz.

Ags. gemearr (Ettm. 208) impedimentum, limes. Substant. Adject.

1) Ags. mät (Ettm. 211); altn. mat (Cl.); 2) ags., alts., ahd., mhd. mët, mëz; 3) ahd. mâz, altn. mât: das Abmessende und das Abgemessene.

Ags. bäc (Ettm. 276) quod coctum est. Curt. Grundz.[2] No. 164; Fick I[3], 687.

Altn. vaf (Egilss., Cl.) 1) das windende, umhüllende: a) involucrum, fascia, tegmen, b) impedimentum, vinculum; 2) das gewundene: a) annulus, b) ‚the piece of skin wound round a quill for infants to suck ist called vaf'.

Ags. crät (Ettm. 399, Grein); nnl. krat, kret; engl. kart currus: der geflochtene Wagenkorb. Vergl. Anzeiger f. d. Alterth. I, 5.

Altn. ráf (Egilss., Cl.) das Dach; daneben mit Suffix as ráfr (n.). Hierzu gehört auch ahd. râfo (Graff II, 494) Brett, Balken, laquear (Mhd. W. II_1, 584); ags. räf-tr (Ettm. 251) tignum, anser, laquear: das bedeckende. Zu griech. ἐρέπ-τω; vergl. ὄροφος etc.

Altn. hóp (Egilss., Cl.) a small landlocked bay or inlet; ags. hôp (Ettm. 488) circulus, (Grein II, 95) Bucht, runde tiefe Wassertümpel inmitten von Sumpf und Moorflächen; engl. hoop 1) Reif, Ring, 2) der Käsenapf (hooper Küfer, Fassbinder); altfr. hôp (Richth. 826) Reif, Band; nordfr. hôp Ring, Reif, Band um ein Fass; nnl. hoep Ring, Fassreif; alles Ringförmige, Reifrock.

Der allen diesen Wörtern gemeinsame Grundbegriff ist gekrümmt, gebogen oder sich krümmend. Die zu Grunde liegende Wurzel ist kamp biegen, krümmen; kampa- also entweder ‚gekrümmt' oder ‚sich biegend'. Vergl. lit. kùmpas krumm, kàmpas Winkel, Ecke, und Fick I[3], 519. Das ô in hôp wie in hôh, hôha- aus kanka-, canka- (S. 54); das scheinbar unverschobene p erklärt sich nach Anm. 5.

Ags. nip (Ettm. 248, Grein) Finsterniss, Wolke als die bedeckende, verhüllende. Zu Wurzel nabh, nabhas Wolke; durch die Zwischenstufe einer nasalirten Wurzel namb (in lat. nimbus) entstand germ. nîp J. Schmidt Voc. 59. Cf. got. ga-nip-nan trübe werden.

Altn. hlið (Egilss., Cl.); ags. hlið (Ettm. 494, Grein); ahd. lit in uparlit (Graff IV, 1115); mhd. lit (Lex. I, 1939) das deckende, schliessende: 1) Deckel, 2) Thür, Thor, 3) Thorweg. Zu dem im Ags., Altn., Altfr. erhaltenen hlîdan bedecken, schliessen.

Germ. saira- der Schmerz, die Wunde. Substant. Adject.

Altn. hnoð (Egilss., Cl.) extremitas clavi tundendo rotunda. Cf. hnoðsaumr a clinching nail, rivet. Zu altn. hnjóða stossen, hämmern, ahd. pihneotan munire, befestigen (Graff IV, 1126), nhd. nieten.

Altn. tog (Egilss., Cl.) 1) ‚a tow rope, line, 2) a cord by which annother is led'; ahd. bizog (Graff V, 611) retinaculum. Zu Wurzel duk: das Instrument zum Ziehen und das daher selber zieht. S. Anm. 27.

Altn. slok (Cl.) ‚the sluice by which the water is led to the wheel of a water-mil': die schluckende, einsaugende. Zu derselben Wurzel das mhd. Nom. Actionis sluc (i-Stamm), ahd. slûh, sowie verslûhen (Mhd. W. II_2, 415, Graff V, 786).

Got. juk; ags. geoc (Ettm. 73, Grein); alts. jok (Kl. altn. Denkm. 132); ahd., mhd. joch (Graff I, 591, Mhd. W. I, 773) 1) das Joch, 2) wohl lat. Einfluss zu Folge ein Landmass. Zu W. yug verbinden, anschirren.

Altn. slot (Egilss., Cl.); alts. slot (Kl. altn. Denkm. 164); altfr. slot, slet (R. 1037); ahd., mhd. sloz, slôz (Graff VI, 814, Mhd. W. II_2, 412) schliessend: I) verschliessend, II) beschliessend. I, 1) Schloss, womit etwas verschlossen wird, 2) Fessel, Knoten, überhaupt alles was festhält, II, 1) Schlussfolgerung, conclusio, 2) das Nachlassen, das Aufhören in altn. vindslot die Windstille; sie schliesst den Sturm ab oder ein.

Altn. grjót (Egilss., Cl.); ags. greót (Ettm. 444, Grein); alts. griot; ahd., mhd. griez (Graff IV, 345, Mhd. W. I, 577) 1) Sandkorn, Sand, Staub, 2) das mit Griess bestreute Meeresgestade, 3) der mit Griess bedeckte Meeresgrund. Das Genus sicher Neutr. im Altn. und Ahd.; im Mhd. Neutr. und Masc., die übrigen Dialecte lassen es unbestimmt. Siehe Anm. 28.

Altn. naut (Egilss., Cl.); ags. neát (Ettm. 247, Grein); ahd. nôz (Graff II, 1125); mhd. nôz (Mhd. W. II_1, 394)

Hausthier jeder Art, a) Ochse (altn., ahd.), b) Schaf (besonders mhd.). Siehe Anm. 29.

Mhd. klôz (Mhd. W. I, 847, Lex. I, 1633) 1) klumpige Masse, Knäuel, 2) Knolle, 3) Schwertknauf, 4) Keil, Knebel. Die Form kloz lässt sich, wo beweisende Reime fehlen, nicht sondern.

Das mhd. Wörterbuch setzt ein st. v. kliuze klôz an ‚reisse auseinander, spalte‘ und verweist auf Schmeller II, 365 (I², 1341) ‚kleuzen spalten‘. Allein das bair. kloizen ist ein sw. v. wie mhd. klœzen, klôzte spalten, trennen, auseinanderreissen: beide sind Denominat. von klôz, also mit einem klôze, Keile theilen, spalten. Sieht man klôz einmal auf seine Bedeutungen an — hierzu muss man Lexer nehmen, da das mhd. Wörterbuch zu ärmlich ist —, so ergibt sich als Grundbedeutung ‚alles zusammengeballte, auf einen Klumpen geballte‘. Die Etymologie ist nicht mehr schwer: skrt glau (P. W. II, 869) ballenartiger Auswuchs; ahd. chliuwa globus, glomus; germ. klava (f.) (klô, clava, cleó, chlôa) die Klaue als die zusammenziehende; lat. gluten 1) das Band, 2) der Leim; gluere nach den Grammatikern zusammenziehen. Es kann sich bei klôz nur noch fragen, ob eine determinirte Wurzel glud (klut) anzunehmen, wie plud (flut), ghud (gut) etc., oder Suffix ta. Wurzel klut zusammen, auf einen Klnmpen ziehen bedeutet gerade das Gegentheil von dem, was das mhd. Wörterbuch etymologisirt hat. — Das im Altn. zweimal vorkommende ‚klôt the knob on a swords hild‘ (Cl. 344) ist, wie das ô und sein Alleinstehen zeigt, aus dem niederd. importirt und im dänischen klode ein Ballen erhalten.

Zur Kategorie der von mir oben S. 65 so bezeichneten substantiv. Adjective gehören, um sie zusammen zu fassen: þeorf, hveorf, quek; blac, blas; djúp; gemearr, sair.

II) Etymologisch dunkle, oder aus einem andern Grunde zweifelhafte Appellativa; von ihnen gilt, was Seite 46 über die Masculina gleicher Kategorie bemerkt ist; namentlich war es bei manchen Wörtern zweifelhaft, ob das innere i oder u auf Wurzeln mit solchen Vocalen beruhe, oder ob solche aus a durch Färbung hervorgegangen sind. Die getroffene Entscheidung ist daher in einigen Fällen eine willkürliche.

Altn. gol (Egilss., Cl.) aura, ventus.

Altn. gólf 1) pavimentum domus und da dasselbe als Schlafstätte nach den Gelagen benutzt wurde (cf. Halle Heorot), 2) cubiculum.

Mhd. vul wildes Schwein. So Mhd. W. III, 434 nach Gesch. d. d. Spr. 36, Mythol. 948. Lexer gibt mehr nach den Handschriften swuol (Lex. I, 1153); cf. Gr. II, 633.

Germ. dora- Thor, Thür; daneben in einigen Dialecten st. f. Die Etymol. dieses sehr alten Wortes ist ganz dunkel; skrt dauvârika Thürsteher könnte mit seiner zu erschliessenden ältern Form duvara auf eine Etymologie führen; oder ist dies gebildet wie vaiyâkaraṇá von vyâkaraṇa?

Ags. bold (Ettm. 294) Haus.

Ags., ahd., mhd. sol (Ettm. 649, Graff VI, 186, Mhd. W. II_2, 466) Koth, Kothlache; hierzu gehört auch got. bisauleins, bisauljan, bisaulnan, die nach Holtzmann, Altd. Gram. I, 14 mit aú anzusetzen wären. Dies möchte ich doch nicht ohne weiteres unterschreiben; denn ahd., mhd. ist ein salo, salwes (also Stamm sal-va-) niger, fuscus, ater, dann schmutzig (Graff VI, 153, Mhd. W. II_2, 34) belegt. Dies salva- verhält sich zu sala- (sol) wie germ. smirva- (smëro, smiörr etc.) zu ahd., ags. smera- (in bi-smer, cf. got. smair-þra-, smar-na-); das got. au könnte durch Epenthese aus salva- entstanden sein, die wie bekannt besonders durch l begünstigt wird. Cf. über dieselbe Scherer Z. G. d. d. Spr. S. 472.

Ags. snod (Ettm. 710) vitta, cappa.

Altn. torf (Egilss., Cl.) der Rasen. Westgerm. ist das Wort femininer â-Stamm. Fick I^3, 108.

Altn. krof (Cl.) ‚the cut-up carcase of a slaughtered animal‘.

Altn. vos (Egilss., Cl.) ein kleines eiterndes Geschwür, Krätze.

Altn. orf, orb (Egilss., Cl.) Sensenstiel.

Altn. hret (Egilss., Cl.) tempestas, procella.

Altn. sef (Cl.) Schilfgras.

Altn. spiör (n.) (Egilss., Cl.), daneben spörr (m.); ahd. spër (Graff VI, 355); mhd. spër (Mhd. W. II_2, 492); alts. spër Lanze, Speer, Angriffswaffe überhaupt; im Ahd. ist das Wort Masc.; im Ags. besteht nur ein ya-Stamm (Ettm. 715, Grein). Fick[2] 832 hält es für urverwandt mit lat. sparus, sparum, Wackernagel Umdeutsch. 17 sieht es als aus jenem entlehnt an.

Ags. veorf (Ettm. 103) pecus; Grein II, 684 hat ein veoruf-tord stercus jumentorum und führt aus Lye ein veorf pecus, jumentum, asellus, vild-veorf onager an. Ettm. gibt nun S. 514 ein hveorif jumentum an und auffallend mit demselben Citat wie S. 103 unter veorf: R. 20 (Regula Benedicti). Ist letzteres nur eine andere Lesart derselben Stelle? aber warum dort pecus, hier jumentum?

Ags. hveohl, hveogl, hveól (Ettm. 514, Grein); altn. hvél, hjól (Egilss., Cl.); Cleasby zeigt, dass das ê im Altn. lang ist, was als auf Ersatzdehnung beruhend (hvehla) natürlich; in hjól ist demnach Diphthongirung dieses ê; engl. wheel, dän., schwed. hjul: das Rad. Fick[2] 737 sowie Cleasby stellen das Wort zu *κύκλος*, skrt cakra das Rad. Letzteres ist wohl Intensivbildung zu car; es lässt sich auch an die Wurzel in hverr, *κυρ-τός*, cur-vus denken: das sich drehende? oder das gekrümmte, gerundete? cf. Fick Spracheinh. 24.

Ags. sceorp (Ettm. 681, Grein) das Gewand; in der Poesie nur in Tatpurushacompositis, deren erstes Glied guđ-, heoru-, hilde- etc. ist.

Ags. href (Ettm. 500, Grein); ahd. hrëf (Graff IV, 1153); alts. hrëf (Kl. altn. Denkm. 127) 1) der Bauch überhaupt, 2) speciell alveus, uterus, vulva ‚seó innre vomb‘. Worauf Grein die Angabe eines Femin. stützt, ist nicht ersichtlich. Fick I^3, 48; Pott[2] III, 793.

Westgerm. swërd, gladius. Etymologie ist dunkel; etwa zu der bisher nur aus Dhâtupâṭha bekannten Wurzel svar svṛnâmi laedere?

Altn. spik (Cl.); ags. spic (Ettm. 716); ahd. spëch (Graff VI, 323); mhd. spëc (Mhd. W. II_2, 490) der Speck; das Wort ist altn. und ags. sicher Neutr.; ahd. unbestimmbar; mhd. Mascul.

Altn. skjal (Cl.) ‚the white membrane of an egg, 2) a membrane‘.

Got. mimz Fleisch. Thema sowie Genus sind im Got. unbestimmbar; es ist aber wohl sicher neutraler a-Stamm nach skrt mâṅsá, ksl. męso. Etymologie ist dunkel.

Altn. gnap (Egilss.) mare; sollte es ein substant. Adject. sein: ‚das hohe‘ wie lat. altum? cf. gnap-stól sella excelsa; gnap-turn turris excelsa.

Altn. gran (Egilss., Cl.) pinus; das Wort scheint mit grön (f.) barba, ahd. grano (Graff IV, 327, Mhd. W. I, 565), gruoni grün, gras herba etc. einer aus Wurzel ghar determinirten Wurzel anzugehören, die grünen, sprossen bedeutet haben mag. Suffix na?

Germ. grasa- Gras (fehlt alts.); vergl. das vorige Wort und altn. gróa, ags. grôvan wachsen, mhd. gruose Saft der Pflanzen (Mhd. W. I, 582).

Altn. hlađ (Egilss., Cl.) vitta, fimbria, lemniscus; mit Egilss. das Wort von hlađa beladen abzuleiten, geht begrifflich nicht wohl, ebenso wenig mit Cleasby aus lat. laqueus durch Medium eines engl. läce ital. lazio, da das Wort in alten Namen vorkommt. Wenn die Wurzel ausserhalb zu suchen, wie wohl nicht anders möglich, so würde ich an skrt cart heften, winden (P. W. II, 972) denken, wozu cartana fibula; cart selbst ist wohl identisch mit kart (ibid. 130) drehen, spinnen, sich winden, umwinden, bekleiden.

Altn. flagđ (Egilss., Cl.) 1) femina gigas, 2) monstrum.

Altn. man (Egilss., Cl.) 1) mancipium, 2) femina, uxor. Den Uebergang von Bedeutung 1 in 2 vermittelt Cleasby ansprechend; got. ga-man (n.) Genoss, Gesell hierher?

Altn. stag (Egilss., Cl.) funis nauticus.

Altn. þang (Egilss., Cl.); dän. tang, woher wohl durch Vermittelung des Niederd. das nhd. tang: alga, fucus. Sollte zu diesem dunkeln Wort ags. þung (m.) aconitum, Sturmhaube, dann Giftpflanze überhaupt, helleborus (Ettm. 598) zu ziehen sein?

Altn. vax (Egilss., Cl.); ags. veax (Ettm. 84); ahd., mhd. wahs (Graff I, 690, Mhd. W. III, 461) cera. Ficks Etymologie (W.², 544) hat lautlich und begrifflich ihre Bedenken; es könnte Suffix as vorliegen wie in ah-s, fah-s, sah-s etc.

Ahd., mhd. rat (-des) (Graff II, 444, Mhd. W. II_1, 559); ags. rad (Ettm. 250); mnl. rat das Rad. An Entlehnung aus dem Lat. ist nicht zu denken. Ob das Wort mit P. W. VI, 254, Fick I^3, 191 von ra gleich ar fügen, oder mit Yâska Nirukta IX, 11 von raṅh rinnen, rennen, oder endlich mit den Uṇâdis von ram abzuleiten, mag ich nicht entscheiden. Nach allen 3 Etymologien hätten wir Suffix ta.

Altn., ags., alts. bak der Rücken. Fick I^3, 687 stellt das Wort zu einer präparirten Wurzel ‚bhag' sich wenden: der sich wendende oder der abgewendete?

Altn. skar (Cl.) Lichtschnuppe, glimmender Docht; vergl. skara (đa) 1) hervorragen, 2) das Feuer stochen, schüren.

Altn. skáld (Egilss., Cl.) der Dichter. Siehe Anm. 30.

Germ. sala- Wohnsitz, Haus, Saal, Halle (gewöhnlich nur einen Saal enthaltendes Gebäude); altn. ist das Wort Masc. und theilweise unorgan. i-Stamm; mhd. wie nhd. ebenfalls Masculinum.

Germ. landa- das Land; eine Bemerkung über das Genus s. Gr. III, 395; cf. Haupt Z. V, 216.

Ahd. spat (Graff VI, 326); mhd. spat (Mhd. W. II_2, 489) 1) alumen, nitrum, 2) blättrig brechendes Gestein, Spath, 3) Splitter, abgerissenes Stück. Gramm. I^3, 169, III, 379 wird spât geschrieben.

Ags. bräs (Ettm. 316); engl. brass Messing, Erz; das Wort steht in der Zusammenstellung der Metalle bei Grimm. Gesch. d. d. Spr. S. 9 ganz vereinsamt da.

Ags. fäs (Ettm. 338) fimbria; altn. fas (Cl. 144) ‚gait, bearing' gehört wohl schwerlich hierher; eher zu nhd. faser.

Ags. fnäd (Ettm. 365, Grein) fimbria, Kleidsaum.

Ags. cvead (Ettm. 401) stercus; Ettmüller fragt naiv: radix cvëþan? Wohl mit nd. kvâd, nhd. kôt etc. zusammenhängend, das Grimm freilich auch zu qiþan stellen möchte.

Ags. vär (Ettm. 80, Grein); altn. ver (Egilss., Cl.) 1) das Meer, die See, 2) ein zum Fischen günstig gelegener Platz. Fick I^3, 213 stellt es zu skrt vâri, altbaktr. vâra, deren Etymol. aber auch dunkel.

Altn. kar or karr (Cl.) ‚the mucus or slime on new born calves and lambs‘.

Ags. 1) väs (væs?) aqua (Ettm. 81); vase (ibid.) coenum, limus. 2) vôs (Ettm. 82) a) liquor, succus, b) decoctum. 3) vâs (Ettm. 141) coenum, lutum. — Altn. 2) vás, vós (Cl. 686) wetness, toil, fatigue from storm, sea, frost, bad weather. 3) veisa (sw. f.) pool, pond of stagnant water. — Altfr. wase (R. 1128) Schlamm; neufr. weaze; nordfr. wäse Pfütze kann sowohl ags. 1 als 3 lautlich gleich sein, da â oft gleich germ. ai. — Mnl. waes (f.) Sumpfboden (Reinaert 516); Waes Name einer Gegend. — Ahd. waso (Graff I, 1063) cespes, gleba (ursprünglich Feuchtigkeit, feuchte Erdmasse wie altn. aurr?). wasalun = pluviis (Graff l. c.); wasal feuchte Erdmasse? — Allen diesen nach ihren Vocalverhältnissen noch sehr der Erhellung bedürftigen Wörtern ist der Begriff des feuchten, flüssigen gemeinsam. Eine Wurzel vis netzen, flüssig machen, zerfliessen s. Fick I^3, 221. Hierher auch ahd. far-wësanen zerfliessen, zergehen?

Altn. spađ (Cl.) a stew of meat or fish.

Altn. tađ (Cl.) Mist, Dung; wohl zu ahd. zata, zota (f.) uba, fimbria, villus; nhd. in übertragenem Sinne die Zote.

Altn. dramb (Cl.) 1) a roll of fat on the neck, 2) metaph. arrogance.

Westgerm. skâp das Schaf.

Mhd. twas, twâs (Mhd. W. III, 158) Gespenst, nicht geheures Wesen. Vergl. Grimm Myth. 433. 867; ags. dvæs, altfr. dvês hebes, stultus.

Germ. hâra- (fehlt got.) das Haar.

Germ. mâla- Die vielfachen Bedeutungen lassen sich etwa so ordnen: 1) Zeichen, Kennzeichen (alts.), daher im Plur. die Schrift (got.) und hieran als Denomin. mêljan ‚Zeichen machen‘, schreiben; 2) zeitlich a) bestimmter Zeitpunct, Stunde, b) Zeit, Stunde zum essen, c) das Essen, die Mahlzeit selbst, d) Zeit überhaupt.

Altn. láđ (Egilss., Cl.) terra, aber nur in Poesie oder poet. Stellen. Mit ‚land‘, mit dem es oft allitterirend verbunden erscheint, hat es etymologisch nichts gemein. Cleasby sagt ‚prob. akin to lán, Germ. lehn (đ = n).' Dies ist unmöglich. Soll das Wort ursprünglich a fief bedeutet haben, so müsste man neben germ. laih-na- ein ‚laih-ta-' das überlassene, geliehene ansetzen.

Altn. rá (Egilss., Cl.) terra, wohl aus rava- wie blár, fár aus blava-, fava-? zu altbaktr. ravaṅh (rav-as) Weite, ravan Ebene, Thal? (Justi 254.)

Altn. mél (Egilss., Cl.) 1) das Eisen, 2) die beiden Eisenstücke, aus denen das Gebiss zusammengesetzt war, das Gebiss.

Altn. frón (Egilss., Cl.) terra; siehe Anm. 31.

Altn. lón (Egilss., Cl.) an inlet, sealoch.

Altn. sót (Egilss., Cl.); ags. sôt (Ettm. 668) fuligo.

Altn. hóđ (Cl.) the fry of trout and salmon.

Ags. þrôk (Ettm. 608) der Tisch? vergl. lat. truncus.

Altn., ags. bôl 1) sedes, cubile, dormitorium, 2) praedium.

Ags. vlôh (Ettm. 147, Grein) Zipfel, Franzen des Kleides. Ettmüller scheint bei Varro in die Schule gegangen zu sein, denn er sagt unter Wurzel vlahan solvi, remitti: ‚vlôh (adj.) quod remissum fuit, nondum est, ligatus, fessus'; ‚vlôh (subst.) omne quod ligat'.

Ahd. sib (Graff VI, 65, Mhd. W. II_2, 318) cribrum; ags. sife (Ettm. 636) ist entweder neutr. ya-Stamm oder unorgan. â-Stamm, wie altn. sía (Cl. 531), nnd. seve, nnl. zeef sind. Das Wort wohl von einer aus sa, si, in gr. σήϑω, σήστροι, lit. së-tas, determinirten Wurzel? vergl. Curt. Grundz.[2] No. 571.

Ags. grin, gryn (Grein I, 528, Ettm. 441) Strick, Netz. Siehe Anm. 32.

Germ. wîba-, wîfa- (fehlt got.) das Weib; lautlich stellt sich das Wort zur Wurzel vip; cf. Fick I^3, 786.

Altn. síl (Cl.) eine bestimmte Häringsart.

Ahd. rêh (Graff II, 385); mhd. rêh (Mhd. W. II_1, 588) das Reh; altn. rá (Cl. 485) ist Fem., ebenso ags. râh (Ettm. 259). Weber in Kuhns Z. VI, 320 stellt das Wort zu skrt ṛçya; cf. Pott IV^2, 73; Kuhn bei Zacher Z. f. d. Phil. I, 105.

Germ. baina- (fehlt got.) os und crus; sollte es substantiv. Adjectiv sein? siehe altn. bein-n ὄρϑος, rectus (Cl. 56).

Germ. tina- (fehlt got. und alts.) Zinn, Stagnum. Siehe Anm. 33.

Altn. hrip (Cl.) ‚a box of laths or a basket to carry peat and the like on the horseback‘.

Altn. sviđ (Cl.) a space, espec. on the sea; Platz zum Fischen.

Germ. hrîsa- (fehlt got., alts.) 1) Reis, Zweig, 2) Reisig, Gebüsch.

Ags. tvîg (Ettm. 552); ahd., mhd. zwîc (Graff V, 729, Mhd. W. III, 956) ramus. Wie verhält sich ahd. zwi dazu, ist es apocopirt, oder ist zwîc aus ihm weitergebildet? cf. Gr. II, 281.

Altn., ags., mhd. slîm der Schleim. Suffix ma ist mir sehr wahrscheinlich, ich kann aber das Wort keiner Wurzel zuweisen.

Germ. leika- Körper, Leib, Fleisch; ahd. und mhd. ist das Wort daneben feminin. i-Stamm. Joh. Schmidt Voc. 89 stellt es passend zu skrt linga, dessen Etymologie freilich auch noch zweifelhaft ist; daselbst sind auch die bisherigen Deutungen des germanischen Wortes aufgeführt.

Ags. sâg (Ettm. 664, Grein) Last? ist die errathene Bedeutung richtig, so ist sâg Nom. Action. ‚die Sinken verursachende Last‘.

Ags. vâr (Ettm. 130, Grein) alga.

Altn. eiđ (Egilss., Cl.) isthmus; neck of land.

Altn. trog (Egilss., Cl.); ahd., mhd. troc (Graff V, 504, Mhd. W. III, 112); ags. trog (Ettm. 546); mhd. ist es einmal Masc.; ags. nach Ettm. Angabe ebenfalls: Gefäss, Trog. Siehe Anm. 34.

Ags. vus (Ettm. 128) filiolus.

Altn. kot (Cl.); ags. cot (Ettm. 384) Hütte, Höhle. Das Wort ist im Isl., Engl., Nnl., Nnd. in verschiedentlich erweiterten Formen noch vorhanden.

Ags. glof (Grein I, 516) Fels?

Altn. skrof (Cl. 558) snow-ice, full of holes and bobbles; zu mhd. schrëffe (Mhd. W. II_2, 216) reisse, ritze, kratze? schrof (m.) rupes (Lex. II, 802)?

Ags. sveot? sveót? (Ettm. 760, Grein II, 509) coetus, turma. Für i (eo) spricht altn. sveit (f.) mit gleicher Bedeutung. Die von Ettm. l. c. mit einem haud dubie hingestellte Wurzel ist trotz dieser Bekräftigung nicht zweifellos.

Altn. fljóđ (Egilss., Cl.) mulier, femina.

Germ. hûsa- das Haus; es verdient die Bemerkung, dass Ulfilas das Wort nur in gudhûs *ἱερόν* verwendet; *οἰκία* = gards und razn, *δῶμα* = hrôt. Siehe Anm. 35.

Ags. fleós (Ettm. 363, Grein); mnl. vlies; nnl. vlies (cf. Mhd. Wört. III, 341; Diefenbach Nov Gloss. S. 377 unter vellus): das Fell, Vlies. Hierher auch ahd. flaus toga (Graff III, 774)?

Germ. diusa- das Thier. Fick[2] 528 stellt das Wort zu einer aus dem Slavolett. erschlossenen Wurzel dhus athmen, Weiterbildung von dhû; diusa- wäre demnach animal, quek.

Ags. weód (Grein); alts. wiod Unkraut.

Germ. tûna-? 1) der einhegende Zaun, 2) alles Eingehegte, Grasplatz, Hof, befestigter Platz, Stadt; got. fehlt das Wort, ags. ist es Masc., ahd. i-Thema. Die Ableitung aus tuhna- ist wohl aufzugeben; cf. Fick I[3], 625.

Altn. úr (Egilss., Cl.) tropfender Regen, Feuchtigkeit.

Westgerm. hreód 1) Schilfrohr, Sumpfriedgras, 2) damit bewachsener Boden.

Germ. leuda- Strophe zum Singen bestimmt; Plur. ein strophisches Gedicht. Fick[2] 885 weist auf lat. laudi-; cf. Lexer I, 1914.

Ags. hleór (Ettm. 493, Grein); engl. leer; alts. hleór Wange, Backe; das altn. hlýr hat einen mir unerklärlichen Umlaut wie dýr, fýr, eyri = ausan-. Cf. noch Grimm Reinhart Fuchs S. 271. Gehört das Wort vielleicht zu çru mit Suffix ra und bezeichnete ursprünglich ‚die Gegend des Ohres'? vergl. skrt çrótra das Ohr.

Ags. þeór (Ettm. 605) inflammatio, impetigo, phlegma; cf. þeórdrence potio in morbum þeór dictum. Das Wort, mit mehreren Compositis nur im liber medicinalis erhalten, stellt sich wohl zu griech. *τύλος* Schwiele, aufgeschwollene, verhärtete Haut, *τύλη* idem. Zu Wurzel tu, Suffix ra?

Altn. brúk (Egilss., Cl.) ‚alga evulsa et aestu maris in littus eiecta‘.

Got. raus; ahd. rôr (Graff II, 545, Mhd. W. II_1, 762) arundo, canna; dem ahd. rôrja- entspricht altn. reyr. Zu derselben Wurzel gehört ahd. riusa Fischreuse, ein geflochtener Korb mit engem Hals (Graff II, 544). Was Germ. XIX, 131 etymologisirt ist, spricht zu sehr den Lautgesetzen Hohn.

Ags. leád (Ettm. 173); altfr. lâd (R. 883); mhd. lôt (Mhd. W. I, 1043) 1) Blei, 2) jedes giessbare Metall, 3) aus Metall gegossenes Gewicht. Ficks[2] 855 unwahrscheinliche Etymologie hat schon Ettmüller l. c.

Altn. hraun (Cl.) 1) a rough place, Wildniss, 2) in Iceland a lavafold when cold.

Altn. skraut (Egilss., Cl.) Schmuck, besonders weiblicher.

3. DIE NOMINA ADJECTIVA.

In diesem Abschnitt kommen diejenigen Nomina Agentis zur Behandlung, die, wie eingangs gezeigt, die Grundlage der unter 1 und 2 behandelten bilden. Ihre Begriffssphäre ist noch nicht auf einen einzelnen Gegenstand beschränkt; sie sind noch Nomina in drei Geschlechtern.

Die Reihenfolge der Aufzählung ist die, dass nach Beschaffenheit der zu Grunde liegenden Wurzeln geschieden werden Adjectiva, bei denen der Wurzelbegriff transitiv zu fassen und solche, bei denen die Wurzel intransitiv ist; letztere drücken entweder eine Handlung oder einen Zustand aus. Innerhalb dieser beiden Abtheilungen sind gesondert solche Adjectiva, die in Bedeutung eines Part. Präs. stehen und solche, die in der Bedeutung eines Partic. der Vergangenheit gedacht werden müssen: erstere bezeichnen also eine dauernde Handlung oder Zustand wie vara- wahrend, hütend, vorsichtig; letztere das Resultat einer Handlung wie þunga- der gediehen, schwer geworden ist, daher schwer; tama- der gebändigt worden ist, zahm.

Hierauf folgen solche Adjectiva, die entweder ihrer Etymologie nach dunkel sind, oder doch so beschaffen, dass sie sich, obgleich ihre Zugehörigkeit zu einer bekannten Wurzel nicht zu verkennen ist, gleichwohl nicht ungezwungen unter die obigen Kategorien bringen lassen.

α) Adjectiva, bei denen die zu Grunde liegende Wurzel transitiv ist; die Handlung vollzieht sich activisch oder passivisch.

a) Adjectiva, in welchen die Handlung sich activ vollzieht; sie stehen in der Bedeutung eines Partic. Präsentis.

Germ. hola- bergend, schützend: hol.

Altn. vanr (Egilss., Cl.); ags. vun (Grein); alts. giwona (nur an-Thema); ahd., mhd. giwon (Graff I, 869, Mhd. W. III, 803) gewohnt an etwas. Zur Wurzel van verlangen; daher verlangend, eifrig anhängend, liebend, gewohnt; cf. skrt vanu (P. W. VI, 677).

Germ. frëka- 1) verlangend, gierig, 2) a) kühn, muthig, verwegen, b) frech.

Ahd. gër (Graff IV, 226); mhd. gër (Mhd. W. I, 530) verlangend, begierig. Zu Wurzel ghar, von der das mit Suffix na gebildete, gleichbedeutende gerna- allen altgerm. Sprachen gemeinsam ist.

Germ. vara- wehrend, hütend: 1) vorsichtig, auf seiner Hut, bedächtig, 2) auf etwas achtend, 3) scheu, furchtsam.

Alts. wand sich wendend, drehend: 1) veränderlich, manigfaltig, verschieden, 2) unbeständig. — Wie stellt sich hierzu Altn. vandr (Egilss., Cl.) schwierig, mühevoll?

Altn. makr (Egilss., Cl.); ags. mäc (Ettm. 195, Grein); ahd. gimah, mhd. gemach (Graff II, 632, Mhd. W. II_1, 12) fördernd, helfend: 1) passend, bequem, entsprechend, 2) angenehm, behaglich, 3) still, ruhig, friedlich.

Ags. mearr und gemearr (Ettm. 208) böse, schlimm; Grundbedeutung ärgernd, hindernd? cf. got. marzjan.

Ags. -gal (Ettm. 408. 424) nur in Compositis: sin-gal (Ettm. 638, Grein) fortdauernd, immerwährend; vîd-gal (Ettm. 132, Grein) 1) weit ausgedehnt, weit reichend, 2) umherschweifend, sich umhertreibend. Wohl zur Wurzel ghar nehmen, fassen, umfassen; vîdgal daher weit ausgreifend, weit reichend.

Ags. getang (Ettm. 526, Grein) berührend, verbunden; gader-tang (Grein I, 365) continuus, associus, consociatus: daneben germ. der ya-Stamm tangja-. Fick[2] 753 stellt das Wort mit tangâ- Zange zu Wurzel dak beissen, kneifen; begrifflich ist dies kaum möglich. Es gehört zu skrt dagh reichen bis an etwas, berühren (P. W. III, 491); vergl. noch skrt dagh-na- reichend bis an.

Altn. skarpr (Egilss., Cl.); ags. scearp (Ettm. 679, Grein); ahd., mhd. scharf (Graff VI, 544, Mhd. W. II_2, 159) 1) schneidend, trennend, 2) scharf, spitz, 3) rauh, uneben von einer Fläche, 4) metaph. scharfsinnig, sagax. Zu Wurzel skarp zerschneiden, aus skar determinirt.

Got. gastalds erwerbend, zu erwerben suchend; nur in aglait-gastalds αἰσχροκερδής nach schändlichem Gewinn trachtend.

Got. svers; altn. svárr (Egilss., Cl.); ags. svær (Ettm. 753); ahd., mhd. swâr (Graff VI, 489, Mhd. W. II_2, 870) (ahd. und mhd. ist ya-Stamm gebräuchlicher) drückend, beschwerend: 1) von grossem Gewicht, übertragen von grossem Ansehen, geehrt (got.), 2) schmerzend, lästig, unangenehm, 3) heftig. Zu ahd. swëran drücken (Graff VI, 880); zur Bedeutungsentwicklung, die das Got. zeigt, vergl. skrt gurú (= βαρύς gravis) 1) schwer, 2) gross, ausgedehnt, 3) heftig, 4) wichtig, gewichtig, grosse Bedeutung habend, 5) ehrwürdig, in grossem Ansehen stehend (P. W. II, 767 ff.).

Germ. frija- 1) frei, unabhängig, 2) edel geboren, adelich. Zu Wurzel prî: liebend, beliebend.

Altn. rífr (Egilss., Cl.) freigiebig, milde. Zu rífa spalten, zerreissen; rífr ist also austheilend, baugbroti.

Ags. fâh (Ettm. 357, Grein); ahd. gefêh (Graff III, 584); mhd. gevêch (Mhd. W. III, 286) 1) hassend, feindselig (ahd., ags.), 2) gehasst: a) der Rache und Verfolgung ausgesetzt, b) verbannt, vertrieben. Zu einer aus pî (cf. got. fijan) determinirten Wurzel. Fick I^3, 675.

Altn. greipr (Egilss.) rapidus, rapax.

Ags. ceás (Ettm. 388) eligens, rixosus; orceás immunis, liber.

Altn. hnöggr (Egilss., Cl.); ags. hneáv (Ettm. 497); nhd. genau karg, geizig, habgierig. Zu Wurzel knu in gr. κνύω kratzen, schaben, altn. hnöggva, ahd. ga-farhnûan.

b) Adjectiva, durch welche die Handlung sich passivisch vollzieht; sie stehen also in der Bedeutung eines Particips der Vergangenheit im Passivum.

Ags. broc (Ettm. 317); ahd. broh (Graff III, 270) fractus; kiproh decrepitus, valde senex.

Ags. dun (Ettm. 562) eigentlich verhüllt, verdeckt: dunkel. Zu skrt dhvan verhüllen, schliessen (P. W. III, 1009); ags. dunjan obscurare = Caus. dhvanayâmi einhüllen, zudecken.

Ags. stunt (Ettm. 733) 1) abgestumpft, stumpf, 2) stumpfsinnig, albern; altn. stuttr (Egilss., Cl.) brevis, curtus. Zu stintan hebetare.

Alts. stum; altfr. stum (R. 1054); ahd. stum (-mmes) (Graff VI, 680); mhd. stum (stumbez tier) (Mhd. W. II_2, 708) stumm, mutus.

Ahd. stumph (Graff VI, 685); mhd. stumpf (Mhd. W. II_2, 709) mancus, verstümmelt.

Got. stamms; altn. stamr (Egilss., Cl.); ahd. stam (stamme) (Graff VI, 679); mhd. stam (Mhd. W. II_2, 566) 1) stammelnd, 2) langsam, träge.

Diese drei Wörter sind Differenzirungen einer Grundform, die schon in vorgermanischer Zeit stambha- und stamba- muss gelautet haben; sie gehen zurück auf die Wurzel stambh 1) stützen, stemmen, 2a) hemmen, hindern, b) den Geist hemmen, staunen machen, in Erstaunen setzen. Vergl. Joh. Schmidt Vocal. 154 ff.

Alts. crumb (Kl. altn. Denkm. 135); ags. crumb (Ettm. 398); ahd., mhd. krump, krumm (Graff IV, 609, Mhd. W. I, 889) zusammengezogen, gekrümmt, krumm. Zu Wurzel kramp in krimman, krimpfan, chrampf etc.

Ags. hnot (Ettm. 497) mutilus, tonsus: abgebissen, abgerissen? cf. κναδ-άλλειν, κνώδ-αλον, ahd. nazza Nessel als beissende, stechende.

Ahd. murc (Graff II, 852) mutabilis; mhd. murc (Mhd.

W. II_1, 274) morsch, faul, morastig. Mit got. gamaurgjan verstümmeln, ags. murcnjan miseria afficere zu skrt marc gefährden, versehen.

Germ. blenda- trübe, blind. Zu Wurzel bland mischĕn, trüben; blind ist daher getrübt.

Got. vinds in invinds 1) verdreht, verkehrt, 2) ungerecht. Zu vindan.

Got. grinds klein nur in dem Bahuvrîhi grinda-fraþjis kleinmüthig; eigentlich ‚zerrieben': zu ags. grindan molere, conterere.

Germ. verþa- gewendet, gekehrt; in vielen Compositis; ahd., ags., alts. erscheinen auch die Formen vard, wart, wurt. Zu Wurzel vart wenden, drehen.

Ags. veorr (aus veors) und veor (Ettm. 105) 1) perversus, 2) malus. Zu Wurzel wirsan, wars in ahd. wërran, lat. verrere; dass das Wort einst germ. gewesen, beweisen die germ. Comparat. und Superlat. versisa-, versista-.

Ags. ƿët in gamët, ungamët (Grein I, 429); ahd. mëz, unmëz, gamëz (Graff II, 898) ‚zugemessen': passend, tauglich.

Ahd. twër (Graff V, 279); mhd. twër (Mhd. W. III, 166) quer, zwischen etwas liegend. Zu Wurzel dhvar; daher ‚in Unordnung gebracht, durcheinander gebracht'. Germanisch ist das gleichbedeutende, mit Suffix ka gebildete þverha-.

Ahd. kiwët (Graff I, 739); mhd. gewët (Mhd. W. III, 774) verbunden.

Ahd. â-skerr (Graff VI, 538) disseptus.

Ahd. garëh (Graff II, 398); mhd. gerëch (Mhd. W. II_1, 587). Zu got. rikan aufhäufen, daher 1) aufgeschichtet, geordnet, in gutem Zustande, von den Gliedern gerade, 2) bereit, fertig zu etwas.

Ahd., mhd. wël (-lles) in sinwël (Graff I, 890, Mhd. W. III, 673) 1) kugelrund, 2) walzenförmig rund; wël = gewollen zusammengewälzt, rund.

Altn. fjalgr (Egilss. 174) inclusus, absconditus. Zu Wurzel falh verbergen.

Germ. bata- gut; aus dem in allen germ. Sprachen belegten Compar. und Superl. batisa-, batista- und dem im Ahd.

und Mhd. erhaltenen Adv. baz zu erschliessen; bata- bedeutet bejauchzt, gepriesen, belobt. Siehe P. W. V, 193. 201.

Got. dvals; ags. dval (Ettm. 578); alts. dol; ahd., mhd. tol (Graff V, 401, Mhd. W. III, 159) ‚gehemmt, gestört, verwirrt‘, dies auf den Geist übertragen 1) thöricht, dumm, 2) verrückt.

Got. hamfs; alts. hâf; ahd. hamf, hamm (Graff IV, 955. 944) verstümmelt, verkrüppelt, an der Hand gelähmt. Zu Wurzel kamp: zusammengebogen, gekrümmt.

Got. unvahs untadelhaft, eigentlich ungebogen, ungekrümmt. Das einfache vah liegt vor in alts. vah Verkehrtheit, was substant. Adjectiv ist. Zu skrt vanc wanken, wackeln, vakrá gebogen, krumm, schief.

Alts. bifang umfangen, umgeben.

Altn. hvatr (Egilss., Cl.); ags. hvät (Ettm. 509, Grein); alts. hvat ‚angetrieben‘: 1) erregt, munter, lebendig, 2) kühn, tapfer, beherzt. Daneben bestand ein mit Suffix ta gebildetes Adjectiv gleicher Bedeutung, das erhalten ist in got. hvassa-ba, ahd. hwass, ags. hväs.

Altn. valr (Egilss., Cl.); ags. vealh (Ettm. 19, Grein); ahd. walg in anawalg (Graff I, 846) ‚umgewälzt, umgedreht‘: 1) rund, 2) beendet, vollkommen; ávalr, onvealh, anawalg 1) ganz rund (altn.), 2) vollkommen (ags., ahd.) lässt wohl auf ein germ. Compositum anavalha- schliessen.

Ags. vräc (Ettm. 150) ‚vertrieben, ausgestossen‘: 1) miser, 2) validus; un-vräc impotens, invalidus; altfr. wrak (R. 1160) beschädigt.

Altn. rakkr (Egilss., Cl.); dän. rank; ags. ranc (Ettm. 250, Grein); engl. rank ‚ausgereckt, ausgestreckt‘: 1) gross, gestreckt, aufgerichtet von Statur, 2) metaph. erecti animi, tapfer, stolz, übermüthig. Zu Wurzel rag.

Ags. hvealf (Ettm. 512, Grein) gewölbt. Mit got. hvilftrja, alts. hvelƀjan zu Wurzel kvalp. Fick I^3, 543.

Altn. tamr (Egilss., Cl.); ags. tam (Ettm. 524, Grein); ahd., mhd. zam (Graff V, 663, Mhd. W. III, 890) 1) gebändigt, gezähmt, 2) milde.

Altn. saltr (Egilss., Cl.); ags. sealt (Ettm. 630); altfr. salt (R. 1000) gesalzen, salzig. Secundärsuffix a?

Ahd. gegat (Graff IV, 143) verbunden.

Ahd. gifag (Graff III, 419) ‚gefügt, passend‘: contentus. Fast gleichbedeutend ist ags. und altn. (mit Suffix na) fägen, feginn; germ. (mit Suffix ra) fagra-. Zu Wurzel pak.

Altfr. onwad, onwed (R. 1107) unwatbar, tief.

Ags. stearc (Ettm. 727, Grein); ahd starah (Graff VI, 716); mhd. starc (Mhd. W. II_2, 596) stark, kräftig, heftig, ungestüm. Altn. und altfr. ein gleichbedeutender ya-Stamm.

Ags. strac, sträc (Ettm. 743); ahd. strah (Graff VI, 740); mhd. strak (Mhd. W. II_2, 669) 1) ausgestreckt, ausgespannt, 2) stark, heftig, kräftig, ungestüm.

Altn. strangr (Egilss., Cl.); ags. strang (Ettm. 743, Grein); engl. strong 1) straff, starrend, hart, 2) wild, streng. Ahd. und mhd. ein ya-Stamm gleicher Bedeutung.

Es lässt sich schwer verkennen, dass diese drei Wörter starc, strac, strang nur Differenzirungen derselben Grundform straga- sind; ihre Bedeutung ist uns im mhd. strac bewahrt: straff angespannt, angezogen, ausgestreckt. Wurzel strag Fick I^3, 826.

Ahd. flah (Graff III, 755); mhd. vlach (Mhd. W. III, 334) und Nebenform blach (Mhd. W. I, 195) ‚niedergeschlagen‘: 1) flach, eben, 2) nicht rauh, glatt, 3) geistlos: vlachez wort. Cf. slëht zu slahan.

Mhd. klam (Mhd. W. I, 834, Lexer I, 1630) ‚zusammengezogen‘: 1) enge, dicht, gediegen, 2) bildlich rein, heiter.

Altn. krappr (Egilss., Cl.); ahd. chrampf (Graff IV, 611); mhd. krump (Mhd. W. I, 889, Lex. I, 1755) gekrümmt, gebogen, krumm, verdreht, schief eigentlich und bildlich.

Altn. rangr (Egilss., Cl.) ‚verdreht. gewunden‘: 1) schief, krumm, verkehrt, 2) metaph. ungerecht, böse, treulos. Zu ags. vringan drehen, got. vruggo die Schlinge, engl. wrong Unrecht.

Altn. snarpr (Egilss., Cl.) 1) rauh, 2) scharf, spitz von Waffen, 3) metaphor. scharf, beissend. Cf. ahd. snerfan contrahere; mhd. snerfen einschnüren, zusammenziehen; got. atsnarpjan kosten: snarpr daher wohl ‚gekrümmt, voll Erhabenheiten, uneben, rauh‘.

Got. fralets freigelassen.

Germ. nêhva- (aus nahva-) ‚erreicht‘: nahe. Als Adjectiv nur alts., ahd., mhd. gebräuchlich. Zu skrt naç, lat. nanc-isci.

Ags. vær (Grein); alts. wâr; altfr. vêr (R. 1135); ahd., mhd. wâr (Graff I, 913, Mhd. W. III, 528) ‚gehütet, gesichert‘, daher worauf man trauen, glauben kann, wahr. Mit lat. vêrus zu Wurzel var wahren, hüten, sichern.

Altn. vátr (Cl.); ags. væt (Ettm. 102, Grein); engl. wet benetzt, feucht, nass. Zu Wurzel vad benetzen, die als Verbum nur erhalten ist in dem durch Samprasâraṇa entstandenen skrt ud, unatti.

Germ. frôþa- und frôda- ‚verstehend‘: 1) verständig, klug, weise (germ.), 2) da Weisheit nur auf Erfahrung beruhte — die jungen sind die tumben κατ' ἐξοχήν- alt, bejahrt (alts., ags.), 3) alt, sogar von leblosen Dingen, frôd fyrngevritu vetus testamentum (ags.), 4) in Bezug auf Gemüth, Gesinnung, Benehmen artig, fein (mhd.), 5) munter, froh (mhd.), 6) wacker, stattlich, schön (mhd.).

Ags. rôf (Ettm. 268, Grein); alts. rôf wild, ungestüm, gewaltig; ellenrôf an Kraft gewaltig. Zu Wurzel rabh nehmen, ergreifen; im Pass. erfasst werden, aufgeregt, wüthend werden. Cf. skrt abhi-rabdhá aufgeregt, aufgebracht, wüthend; rábh-as Ungestüm, Gewalt; rabhishta überaus ungestüm, stark (P. W. VI, 271).

Ags. vôh (Ettm. 145, Grein) ‚gebogen‘: 1) curvus, tortus, flexuosus, 2) perversus, iniquus, pravus. Das Wort auch im Alts.: Hêland 3932 hat M. an auu lerid, C an uuoh lerid. Heyne gibt nach Monac. die Conjectur an abuh lêrid; es ist nach Cott. anwôh lêrid ‚er lehrt falsches‘ zu schreiben. Mit vah zu Wurzel vank.

Ags. fôg (Ettm. 328); mhd. vuoc (Mhd. W. III, 437) gefügt: passend, geschickt.

Ahd. urguol (Graff IV, 183) insignis; eigentlich sehr besungen, begrüsst. Cf. got. goljan grüssen, goleins Gruss.

Ahd. âswîch (Graff VI, 869) verführt, hintergangen, im Stiche gelassen.

Got. vraiqs ‚verdreht‘: schräg, krumm. Zu Wurzel varg; cf. ags. vringan und vrîhan. Joh. Schmidt Voc. S. 60.

Got. faihs in filufaihs; alts. fêh; ags. fâh (Ettm. 355); ahd., mhd. fêh (Graff III, 426, Mhd. W. III, 285) geschmückt, bunt, schillernd. Mit ποικίλος zu Wurzel pik. Fick I[3], 145.

Altn. reiđr (Egilss., Cl.); ags. vrâđ (Ettm. 131, Grein); alts. wrêđ; ahd., mhd. reid (Graff II, 474, Mhd. W. II_1, 697) ‚gedreht, contortus': 1) vom Haar gekräuselt, lockig (ahd., mhd.), 2) vom Gemüth a) von Schmerz gepresst, kummervoll, b) von innerer Wuth zusammengeschnürt, zornig, feindlich, böse, schlimm; s. Gr. II, 16. Eine entgegengesetzte Bedeutungsentwicklung liegt vor in bëlgan, erbolgan schwellen, anschwellen: zornig. Zu ags. vrîđan drehen.

Altn. reiđr (Cl. 490) passable on horseback, eigentlich ‚durchreitbar'.

Altn. skeifr (Egilss., Cl.); ags. scâf (Ettm. 692) 1) gedreht, rund gebogen, 2) moral. pravus. Zu ahd. schîban wälzen, rollen, drehen (Graff VI, 407, Mhd. W. III, 95).

Ahd. bihaiz, bihêz (Graff IV, 1089) promissus, devotus.

Altn. deigr (Egilss., Cl.); mhd. teic (Mhd. W. III, 19) 1) weich (vom Stahl, vom Eisen), 2) von der nachgiebigen Erde feucht, 3) feucht überhaupt, 4) weich, furchtsam. Zu dîgan: ‚geknetet'.

Got. galubs werthvoll, kostbar; ahd. kelop (Denkm. X, 15 und Anm.) laudatus. Eigentlich begehrt: zu lubh heftiges Verlangen nach etwas empfinden, begehren.

Altn. lotr (Egilss. 535) incurvus. Zu lúta neigen, biegen.

Ags. rud (Ettm. 262) geröthet, roth.

Germ. leuba- verlangt, begehrt: 1) erwünscht, angenehm, lieb, werth, 2) liebevoll, freundlich.

Got. liuts; altn. ljótr (Egilss., Cl.) ‚gebeugt, geneigt': 1) hässlich, missgestaltet an Körper (altn.), 2) hässlich, schändlich von Character (altn.), 3) speciell heuchlerisch, betrügerisch (got.). — Dasselbe Wort ist altn. lútr (Egilss., Cl.) incurvus, pronus; es ist entweder bloss differenzirt von ljótr oder was wahrscheinlicher eine skandinav. Neubildung, da man den Zusammenhang des auch lautlich abstehenden ljótr und lúta nicht mehr fühlte.

Got. gariuds; altn. rjóđr (Egilss., Cl.); ags. reód (Ettm. 261,

Grein) 1) geröthet, roth (ags., altn.), 2) speciell geröthet von Gesicht (altn.), 3) schamhaft, ehrbar (got.). Cf. got. gariudjo Schamröthe.

Ags. rûh, rûg (Ettm. 261, Grein); ahd., mhd. rûh, rûch (Graff II, 438, Mhd. W. II_1, 782); engl. rough; nhd. rauh 1) struppicht, zottig, haaricht, rauh, 2) hart, strenge, unwirsch, ungebildet. Das Wort gehört zu Wurzel runk rupfen, raufen, wozu auch lat. rûga Runzel, lit. raukà Runzel; fehlt Fick I^3, 198.

Mhd. schief (Mhd. W. II_2, 109) schief, verkehrt. Zu skiuban schieben: ‚verschoben'. Wie verhält sich dazu das mhd. schiec (Mhd. W. II_2, 108, Lexer II, 724), schiegk (Schmell. III, 326) schief, verkehrt? wie volfa-: varka-, ags. creópan: mhd. kriechen?

Altn. blár (Egilss. 60, Cl. 68); ags. blæ, bleó, bleóv, bleóh (Ettm. 310. 311); ahd., mhd. blâo, blâ-wes (Graff III, 238, Mhd. W. I, 195) blau; eigentlich ‚geschlagen, gebläut' und zu got. bliggvan, mhd. bliuwen gehörig? Diese leicht sich darbietende Etymologie, die auch Fick², 824 sich findet, ist nicht zweifellos; cf. lat. flavus und skrt ba-bhru braun.

Altn. bjúgr (Egilss., Cl.) gebogen, gekrümmt.

Germ. hauha- hoch, eigentlich ‚gewölbt'; zu hiuh-ma- Haufe, haugr Hügel. S. Fick I^3, 535.

Germ. rauda- geröthet, roth.

Got. galaubs kostbar, werthvoll, eigentlich ‚erwünscht, erstrebt'; ahd. giloub (Graff II, 71) credibilis und credens; letztere Bedeutung nur in schwacher Form des Adjectivs.

Got. bauþs (bauda-) stumm, taub. Die Grundform ist bhandhá, und das Wort gehört zu skrt bandh, arisch bhandh, germ. bindan: ‚gehemmt'. Vergl. oben S. 88 stumm, stamms zur Wurzel stambh; skrt badhirá taub zu bandh nach P. W. V, 5; baddhá stockend im Gegensatz zu dravá (P. W. V, 8); die Vocalisirung des Nasals bhandha-: bhaudha-: bauda- ist bei Joh. Schmidt, Voc. 166 ff. hinzuzufügen.

Germ. lausa- ‚gelöst': 1) los, frei, 2) eines Dinges ledig, leer, 3) böse, falsch, treulos.

Ags. leát (Ettm. 194) gebogen, geneigt. Zu lûtan.

β) Adjective, bei denen die zu Grunde liegende Wurzel intransitiv zu denken ist; sie drücken theils eine Handlung, theils einen Zustand aus.

a) Adjective, die in der Bedeutung eines Particips Präsentis stehen.

Got. gaþaurbs enthaltsam.

Got. triggvs; ahd. triu (Graff V, 464) treu. In den übrigen german. Sprachen ist nur ein ya-Stamm gebräuchlich, der auch im Ahd. schon häufiger ist. Fick², 527; Bezzenberger in Zachers Zeitschr. für d. Ph. V, 360.

Altn. forr (Egilss., Cl.) promptus, alacer, forward. Mit skrt Adj. pára weiterhin, entfernter folgend, vorzüglicher, trefflicher zur Wurzel par durchdringen, fahren.

Got. hvairbs in ga- und hveila-hvairbs; altn. hverfr, hverbr (Egilss., Cl.); ags. hveorf (Grein II, 118. I, 145) 1) sich wendend, drehend, 2) geeignet zum drehen, drehbar.

Germ. grima-, grimma- (fehlt got.) 1) erzürnt, zornig, grimmig, 2) wild, grausam, unmenschlich. Ursprünglich ‚brummend, grollend'; cf. χρόμος Gebrumm, ags. grimman toben, brüllen, knirschen.

Ags. hëll (Ettm. 464); ahd. gihël (Graff IV, 858); mhd. hël (Mhd. W. I, 684) 1) tönend, laut, 2) metaph. hëllez lop. Die Uebertragung auf Farbe ist im Mhd. noch nicht vorhanden.

Ags. deorf, gedeorf (Ettm. 559) sich in Noth befindend, laborans. Zu deorfan laborare, in Noth sein. — Lautlich stellt sich hierzu altn. djárfr (Egilss., Cl.) verwegen, kühn, dreist, und als ya-Stamm alts. derƀi kriegerisch, feindlich; altfr. derve (R. 685) dasselbe. Die Bedeutungsentwicklung ist nicht ganz klar; lässt sich als Analogie wrekkjo, recke anführen: 1) der Verbannte, in Noth befindliche, bedrängte, 2) der wie ein solcher wrekkio tapfere Thaten verrichtende Held? die Wörter sind nicht zu verwechseln mit ahd. biderbi etc., wie z. B. bei Rieger Ags. Les. S. 241 geschieht.

Ags. svind (Ettm. 756) tabidus, deses; âsvind iners. Eigentlich ‚dahinschwindend, vergehend, nachlassend'.

Ahd. gëlf (Graff IV, 197); mhd. gëlf (Mhd. W. I, 528)

‚tönend, schreiend‘: 1) munter, fröhlich, 2) übermüthig, 3) von der Farbe glänzend; cf. nhd. helle, schreiende Farben. Gr. II, 86 ff.

Altn. hvellr (Egilss., Cl.); ags. hveall (Ettm. 512); ahd. hwël (Graff IV, 724) 1) tönend, schreiend (altn.), 2) übermüthig, vorlaut (ahd., ags.).

Mhd. grël (Mhd. W. I, 573) 1) schreiend, brummend, 2) rauh, zornig.

Altn. brigđ (Egilss., Cl.) ‚schwingend‘: 1) beweglich, abwechselnd, 2) moralisch unbeständig. Wegen fehlender Brechung, die in bregđa immer erscheint, ein ya-Stamm?

Altn. gjállr (Egilss., Cl.); mhd. gël (Lexer I, 804) tönend, schallend, klingend.

Altn. skelfr (Egilss., Cl.) 1) zitternd, 2) furchtsam.

Altn. stökkr (Egilss., Cl.) ‚springend‘: 1) schnell, behend, 2) schlüfrig.

Altn. tregr (Egilss., Cl.) unwillig, träge. Cf. alts. trëgan leid sein, betrüben. Zu skrt drâgh sich anstrengen, müde werden, quälen, plagen (nur im Dhâtup.) Fick I³, 112. Begrifflich verhält sich tregr: tregan = piger: pigere.

Altn. gildr (Egilss., Cl.) 1) geltend, seinen vollen Werth habend, 2) tüchtig zu etwas, 3) ausgezeichnet, tüchtig, tapfer überhaupt.

Got. lats; altn. latr (Egilss., Cl.); ags. lät (Ettm. 667, Grein), alts. lat; altfr. let (R. 894); ahd., mhd. laz (Graff II, 297, Mhd. W. I. 942) ‚lassend‘: 1) saumselig, träge, faul, 2) feige, schlecht, 3) von der Zeit sich hinziehend, 4) geduldig.

Got. þarbs; altn. þarfr (Egilss., Cl.); ags. þearf (Ettm. 582, Grein) 1) von Personen bedürfend, arm, elend, unglücklich, in Noth befindlich, 2) von Dingen, deren man bedarf, nützlich, brauchbar.

Germ. langa- lang von Raum und Zeit. Mit mhd. lingan, lang, zu Wurzel rangh springen, eilen, vorwärts kommen, sich erstrecken: ‚sich ausdehnend in Raum und Zeit‘.

Altn. glađr (Egilss., Cl.); ags. gläd (Ettm. 435, Grein); alts. glad; ahd., mhd. glat (Graff IV, 287, Mhd. W. I, 614)

1) glänzend, schimmernd, strahlend, 2) heiter, fröhlich, 3) freundlich, liebevoll, 4) eben, glatt.

Germ. grama- (fehlt got.) ‚brummend, tobend‘: 1) wüthend, rasend, tobend, 2) erzürnt, feindlich gesinnt.

Germ. slaka- (fehlt got. und altfr.) ‚loslassend‘: 1) träge, schlaff, locker, 2) feige, furchtsam. Fick[2] 917.

Germ. arga- (fehlt got. und alts.) 1) feig, flüchtig, furchtsam, weibisch, 2) elend, nichtswürdig, 3) habsüchtig, habgierig. Zu Wurzel argh zittern, beben. Fick I[3], 23.

Als durch Metathesis hieraus entstanden, fasst man gewöhnlich altn. ragr (Egilss., Cl.) mit denselben Bedeutungen.

Altn. valtr (Egilss., Cl.); ags. vealt (Ettm. 79) 1) rollend, sich wälzend, 2) fähig zum rollen, rollbar; unvealt sich nicht rollend, fest, sicher; sinvealt ganz gerollt, rund, gedreht (Ettm. 639).

Ags. onveald (Grein II, 355) Macht habend, mächtig.

Ahd., mhd. blanch, blanc (Graff III, 254, Mhd. W. I, 196); ags. blonc (Grein) 1) blinkend, glänzend, 2) glänzend weiss.

Zu derselben Wurzel bhrag gehörig und vielleicht dasselbe Wort ist altn. blakkr (blankr) (Egilss., Cl.); ags. bläc (Ettm. 305, Grein) fuscus, niger; also glänzend schwarz?

Ags. cear (Ettm. 381, Grein) bekümmert, ängstlich, sorgenvoll. Ursprünglich klagend, seufzend: mit germ. karâ-, ahd. quëran, chëran gemere, ingemere (Graff IV, 679) zu Wurzel gar.

Ags. trag (Ettm. 544, Grein) ‚ermüdend, müde werdend‘: tardus, piger, segnis. Siehe unter tregr.

Altn. snarr (Egilss., Cl.); ags. snear (Ettm. 709) ‚eilend, sich schnell bewegend‘: 1) schnell, behend, 2) kühn, muthig, 3) von der Zeit flüchtig. Ueber die Wurzel siehe Gr. II, 61, Graff VI, 850, Mhd. W. II_2, 449.

Ags. svanc (Ettm. 756); alts. sunk; mhd. swanc (Mhd. W. II_2, 807); nhd. schwank ‚schwingend, sich bewegend‘: 1) biegsam, schlank, 2) schwankend, unbeständig von Character.

Altn. svangr (Egilss., Cl.) 1) schlank, dünn, 2) prägn. schlanke, dünne Seiten habend, hungrig, nüchtern; swanc und svang waren ursprünglich wohl gleich, vergl. mhd. swingen, swinken, ags. svancor, svangor. Theilweise benutzte bei diesen Beispielen die Sprache den durch facultative Lautsenkung entstandenen Unterschied zur begrifflichen Differenzirung.

Ahd. wah (Graff I, 672) wachend, wachsam, munter. Gebräuchlicher und allen germ. Sprachen gemein ist das mit Suffix ra gebildete, gleichbedeutende vakra-.

Ahd., mhd. glanz (Graff IV, 288, Mhd. W. I, 744) glänzend, hell.

Altn. hangr (Egilss.) 1) herabhangend, 2) unten befindlich, niedrig.

Mhd. hanc (Lexer I, 1165) hinkend. Curt. Grundz.[2] No. 573. Dasselbe Wort wie mhd. hanc nur in anderer Gestalt ist

Altn. skakkr (Egilss., Cl.) 1) hinkend, schief, zwerch, 2) ungleich, 3) ungerecht, unbillig. Die Wurzel skang — skrt khañjati, gr. σκάζειν — ist also behandelt wie sku, skam etc. Siehe Anm. 25.

Ahd. far nur in einfar (Graff III, 574) solivagus. Dasselbe Nom. Agent. fara- liegt auch im Ags. und Altn. vor in dem substant. Adjectiv far, fär Fahrzeug, Schiff.

Ahd. slaf (Graff VI, 802); mhd. slaf (Mhd. W. II_2, 363) ‚lässig': iners, torpens, mollis, ignavus; als ya-Stamm altn. sleppr. Cf. Joh. Schmidt Voc. S. 163.

Ahd. un-mag (Graff II, 611) unvermögend, unmächtig.

Ahd. naz (Graff III, 1114); mhd. naz (Mhd. W. II_1, 319) ‚triefend': madidus, liquidus, liquens. Fick I^3, 125; aber das dort erwähnte got. nats existirt nicht.

Altn. gallr (Egilss., Cl.) tönend, schallend, klingend.

Altn. hagr (Egilss., Cl.) passend, geschickt. Wurzel çak Fick I^3, 55.

Ags. slæp in beslæp (Ettm. 701) schlafend, schläfrig.

Mhd. gâch (Mhd. W. I, 761) schnell, heftig. Eigentlich ‚gehend'; gâch: gangan = fâhan: fangan = hâhan: hangan. Daneben ein ya-Stamm gâhi, gæhe.

Altn. lágr (Egilss., Cl.) niedrig.

Got. vods; altn. óðr (Egilss., Cl.); ags. vôd (Ettm. 75, Grein); ahd. wuot (Graff I, 766), einherfahrend': rasend, wüthend, unsinnig.

Got. ungastoþs nicht stehend, unstät.

Germ. ganôha-, ganôga- ‚hinreichend, hinlangend': genügend. Mit Got. ga-nah sufficit zu skrt naç, naçati erreichen, erlangen; lat. nancisci.

Altn. hógr (Egilss., Cl.); ags. hôg (Ettm. 447) ‚passend, bequem': 1) geschickt, klug (ags.), 2) behaglich, sanft (altn.). Zu Wurzel çak bei Fick I[3], 55.

Mhd. gruo (Mhd. W. I, 580) grün, wachsend, gewachsen. Zu altn. gróa, gréri; ags. grôvan, grünen, wachsen.

Ags. vit (Ettm. 142); ahd. wiz (Graff I, 1098) wissend, kundig. Altn. ein Thema vitra- mit gleicher Bedeutung.

Ags. scrid (Grein II, 411) progrediens.

Ags. glid (Ettm. 438); mhd. glit (Mhd. W. I, 549, Lexer I, 1055) 1) gleitend, 2) schlüpfrig.

Germ. kvikva- lebend, lebendig (altn. Nom. Plur. kvikvir; Acc. Sing. kvikvan).

Germ. hveita- glänzend, weiss. Zu skrt çvind, çvindate Fick I[3], 62.

Ags. scîn (Grein II, 408); alts. skîn; ahd. skîn (Graff VI, 510); mhd. schîn (Mhd. W. II_2, 143) 1) strahlend, hell, 2) sichtbar, augenscheinlich, klar, deutlich.

Altn. stríðr (Egilss., Cl.) 1) stark, hart, 2) bildlich hart, hartnäckig; zu ags. strîdan.

Altn. andvígr (Egilss., Cl.) ‚entgegenkämpfend, streitend' feindlich, feindselig.

Altn. slíkr (Cl. 568); engl. sleek schlüpfrig, glatt. Das Verbum ist erhalten in ahd. slîhhan schleichen, gleiten.

Germ. blaika- (fehlt got.) 1) glänzend, licht, 2) glänzend weiss, bleich.

Germ. vaika- (fehlt got.) ‚weichend, nachgebend': 1) weich, flüssig, 2) freundlich, gütig.

Ahd., mhd. gleif (Graff IV, 193, Lexer I, 1031) schief, schräge. Zu glîfan abschüssig sein.

Ahd. hei (Graff IV, 700) uridus. Zu einer Wurzel ki brennen, dörren, zu der auch lat. cinis Asche, got. hais Fackel (Grundform hay-as) gehört; cf. Fick I[3], 59; Curt. Grundz.[3] 138 ist nicht möglich.

Altn. sleipr (Cl.); mhd. sleif (Mhd. W. II_2, 401) 1) gleitend, glatt, schlüpfrig, 2) der Verwesung nahe (Schmell. III, 345).

Altn. heiđr (Egilss., Cl.) glänzend. In den übrigen germ. Sprachen (ausgenommen got.) besteht ein mit Suffix ra gebildetes gleichbedeutendes Adjectiv hâdor, heitar etc.; das altn. heiđr entspricht skrt ceta-, nur in cetishṭha sehr glänzend erhalten. Ueber Wurzel kit vergl. Grassmann, W. zu Rigveda S. 445. 447; nicht zwingend ist J. Schmidt, Voc. 97.

Altn. seigr (Egilss., Cl.) 1) zähe, 2) übertr. steif, hart, unbiegsam, von Sachen, die auszuführen sind, schwierig. Zu sîgan: ‚in Tropfen herabfallend', zähe.

Germ. seuka- (fehlt altfr.) 1) kränkelnd, krank, 2) traurig, betrübt. Got. siukan siechen, kränklich sein.

Ostgerm. leuga-, galeuga- lügend, falsch; nur in den Karmadhârayas altn. liug-vitni; got. galiuga-veitvods, galiuga-guþ etc.

Ags. reóc (Ettm. 261, Grein) effervescens, saevus.

Ags. hreóv (Ettm. 505, Grein) Schmerz, Reue empfindend, traurig, betrübt.

Altn. skjótr (Egilss., Cl.); ags. sceót (Ettm. 690) 1) schnell, behend, 2) bereit, bei der Hand, 3) passend, tauglich.

Altn. drjúpr (Eg.) tropfend.

Altn. fljótr (Egilss., Cl.) schnell, eilig.

Altn. drjúgr (Egilss., Cl.) 1) ausreichend, genügend, 2) reichlich, voll, stark. Zu ags. dreógan leisten, ausüben, vollführen, intrans. thätig sein; got. speciell Kriegsdienste leisten; dies ist von alts. driogan, ahd. triogan, nhd. triegen total verschieden.

Altn. ljóss (Egilss., Cl.) 1) glänzend, leuchtend, 2) augenscheinlich, evident. Zu Wurzel ruks, die aus ruk determinirt ist; Grundform ist leuhsa-.

Ags. smeág (Ettm. 707) subtilis. Ursprünglich wohl — zu altn. smjúga, ags. smeógan — ‚kriechend, sich drückend, überall herumschnüffelnd': daher sorgfältig, genau.

Got. us-skavs ‚ausschauend': vorsichtig, nüchtern; altn. skár (Cl. 542) offen in opin-skár made public, herskár open to inroads.

Altn. frár — aus fravr wie fár aus favr — (Egilss., Cl); ags. freá (Grein I, 341); ahd., mhd. frao, frô, frôwêr (Graff III, 794, Mhd. W. III, 414) 1) schnell, leichtfüssig (altn.), 2) alacer, munter, 3) froh, fröhlich. Zu skrt pru, pravate aufspringen, ati-pru hinüberspringen (P. W. IV, 1170); pravá flatternd, schwebend (Rgv. I, $34_{,8}$ und X. $77_{,5}$) = frár; altb. fru gehen (Justi S. 205).

b) Adjectiva in der Bedeutung eines Partic. Perfect. des zu Grunde liegenden intransitiven Verbalbegriffs.

Altn. hrumr (Egilss., Cl.) infirm, staggering, espec. from age; Grundbedeutung ist ‚einer, der sich abgearbeitet hat, der ermüdet ist'. Zu Wurzel kram müde werden, erschlaffen. Fick I^3, 48.

Altn. þungr (Egilss., Cl.) ‚einer, der gediehen, schwer geworden ist': gravis. Zu ags. þingan gravescere, þungen gravis (Ettm. 595); got. þeihan gedeihen. Siehe J. Schmidt Voc. 52.

Ags. gemilt (Ettm. 206) absumptus; eigentlich ‚zerschmolzen, aufgelöst'.

Ags. hvilc (Ettm. 514); ahd. wëlh (Graff I, 846); mhd. wëlc (Mhd. W. III, 503) abgemagert: welk, marcidus. Zu skrt karç kṛçyati abmagern, kṛçá mager? Die Lautverschiebung im Auslaut scheinbar unregelmässig, doch vergl. Anm. 5; anders Fick I^3, 778.

Altn. svellr (Egilss., Cl.) 1) geschwollen, tumidus, 2) dick, breit, stark überhaupt.

Altn. þjárfr (Egilss., Cl.); ags. þeorf (Ettm. 589); ahd. dërp (Graff V, 220); mhd. dërp (Mhd. W. I, 322) hart, fest geworden, erstarrt: a) von Personen 1) hart, fest, kühn (ahd., altn.), 2) hülfsbedürftig, inops; b) von Sachen 1) hart, fest vom Brode, daher ungesäuertes Brod (altn., ags., ahd., mhd.), 2) mit gänzlichem Vergessen der eigentlichen Bedeutung und an die vorhergehende anknüpfend süss, salzlos vom Wasser, gleichsam ungesäuert (altn.). Siehe Anm. 36.

Ags. smelt, smeolt (Ettm. 705, Grein) zerschmolzen, zergangen: daher vom Gemüth ruhig, heiter, wenn Aufregung und Zorn zergangen ist.

Altn. lakr (Cl.); ags. läc (Grein) was sich gespalten, Risse bekommen hat: 1) fehlerhaft, mangelhaft (altn.), 2) verwundet (ags.). Das starke Verb ist in altn. leka Wasser durchlassen erhalten; mhd. Part. zerlëchen. Die Grundbedeutung ist: auseinandergehen, sich spalten, besonders aus Trockenheit, Risse bekommen, Wasser durchlassen; nhd. leck ist wie fast alle auf die See bezüglichen Ausdrücke aus dem Niederd. genommen.

Ags. hlanc (Grein II, 80); engl. lank mager, dünn, schlank, schmächtig: mit ahd. hlanka die Weichen, Dünnen zu skrt karç abmagern, kṛçá mager.

Mhd. swach (Mhd. W. II_2, 779; cf. Graff VI, 863) 1) kraftlos, schwach, 2) ohne Werth und Ansehn, gering, armselig. Gewöhnlich (Gr. II, 27) wird das Wort zu swihhu, swach ebullire, foetere, exhalare gestellt, also etwa ‚der ausgeathmet hat'; jedenfalls darf man nicht mit Mhd. W. stinkend, verwest, dann ohne Werth etc. als Bedeutungsentwicklung annehmen.

Ahd. gâz in ungâz (Graff I, 528); mhd. gâz, ungâz, gegâz (Mhd. W. I, 761) einer der gegessen hat, coenatus.

Got. leis kundig in lubja-leis giftkundig. Zu lais einer der erfahren, kennen gelernt hat.

Got. hnaivs; ags. hnâg (Ettm. 498, Grein) sich geneigt habend: 1) niedrig, 2) elend, unglücklich, 3) von niedriger, gemeiner Gesinnung.

Ags. seár (Ettm. 661); mhd. sôr (Mhd. W. II_2, 469); nd. sôr (Brem. W. IV, 924) getrocknet, trocken, dürr. Zu skrt çush trocknen, dessen ç unorganisch statt s steht, wie altb. hush zeigt. Vergl. Anm. 17.

γ) Adjectiva, die ihrem etymologischen Werthe nach theils ganz dunkel, theils so beschaffen sind, dass sie sich nicht ungezwungen unter α und β unterbringen liessen, wenngleich ihre Zugehörigkeit zu einer vorliegenden Wurzel oft unverkennbar ist.

Got. urrugks verworfen. Möglicherweise zu Wurzel rag in nasalirter Gestalt: ausgestossen.

Germ. domba- 1) stumm, stumpfsinnig, dumm, 2) jugendlich, unerfahren.

Germ. dauba- betäubt, taub, empfindungslos.

Mhd. top -bes (Mhd. W. III, 47) unsinnig.

Diese drei letzten Wörter lassen sich nicht trennen und bei Aufstellung einer Etymologie darf man nicht ein einzelnes herausgreifen. In Kuhns Z. XI, 199, XII, 127 wird dauba- zu τυφλός gestellt; Fick I[3], 637 stellt es mit diesem zu einer Wurzel dhup rauchen, qualmen, betäuben. Am wahrscheinlichsten ist Pictets Etymologie (Kuhn Z. V, 334), der es zu skrt dabh (dabhnomi, dadambha) schädigen, sehren hält. Für die lautlichen sowohl als begrifflichen Differenzirungen lässt sich die Analogie von stumm, stumpf, stamms anführen.

Ags. cop (Ettm. 388) pretiosus.

Ags. murc (Grein) düster, unheimlich; altn., ags., alts. ist ein ya-Stamm gewöhnlicher myrkr, myrce, mirki. Dazu silva Marciana Grimm Gesch. d. d. Spr. 499? ἐν νυκτὸς ἀ-μόλγῳ?

Mhd. krol, krul (Mhd. W. I, 889) lockig. Ein starkes Verb krillan, krall wird nach krall, kroll, krull aufgestellt D. W. V, 1985. 2352.

Ahd. grob (Graff II, 356) grossus, gravis; mhd. grop (Mhd. W. II_1, 761) 1) an Masse gross, dick, stark, 2) ungebildet, rauh, roh. Zuerst bei Notker als gerob auftretend, daher Gr. II, 746 ge-rop getrennt: zerrissen, unglatt; aber Notker hat öfters e eingeschoben zwischen die Consonantgruppe gr (s. Weinhold Alem. Gr. §. 29); daher könnte g möglicherweise zur Wurzel gehören.

Altn. ámunr (Egilss., Cl.) scharf, stechend von den Augen, dem Blick. Cleasby und Egilsson zerlegen das Wort in á intens. und munr mens, desiderium; aber hieraus entstände nur ein Subst. ámunr, einem got. anamuns (cf. ana-minds) entsprechend; aus diesem i-Thema könnte mittels Secundärsuffix a ein Adjectiv sich bilden: Begehr, Verlangen nach etwas habend, was auf den feindlich stechenden Blick passt. Die Sache dünkt mir einfacher: Grundbedeutung von man (cf. Scherer, Z. Gesch. d. d. Spr. 323) ist die geistige Erregung, erfüllt sein; mit Suffix a und Präpos. ana, ana-mana- von Wuth, heftiger Gemüthserregung erfüllt = stechend, scharf vom Blick.

Germ. snella- (fehlt got.) rasch, kühn, streitsüchtig. Im zweiten l steckt wohl Suffix na wie in fulls, fill, vulla etc.

Altn. járpr (Egilss., Cl.) braun, dunkel. Zu griech. ὀρφ-νός, ὀρφ-νή Ὀρφ-εύς, deren Wurzel unbekannt ist? Cf. Curt. Grundz.[2] S. 421.

Germ. verþa- werth, würdig. Mit Leo Meyer Got. Spr. 323 an gr. χαριτ- zu denken, ist lautgesetzlich unmöglich.

Ags. lef und lif (Ettm. 171, Grein); alts. lef; altfr. lef (R. 888); mnl. laf; nd. leep (Brem. W. III, 53) infirmis, debilis. Cf. nnl. loof träge; Grimm zu Elene 1214.

Got. gatils; ags. til (Ettm. 519, Grein); altfr. til (Richth. 1085) 1) passend, geeignet, 2) vortrefflich, vorzüglich. Cf. Fick I[3], 617.

Altn. dimmr (Egilss., Cl.); ags. dim (dimma-) (Ettm. 570, Grein) finster. Fick I[3], 118 stellt es zu skrt dhyâma dunkelfarbig; eher liese sich unter Herbeiziehung von τυφλός an dumbs, daubs denken, wenn Pictets Etymologie richtig ist; zu dem Bedeutungsübergang vergl. Gr. II, 86 ff.

Germ. svenþa- 1) stark, kräftig, gesund, 2) tapfer, kühn, rasch, 3) geschickt, klug, weise (altn.).

Ags. merh, merg (Ettm. 207, Grein) lustig, fröhlich, erfreulich. Daneben ya-Stamm myrge, engl. merry.

Mhd. slim (Mhd. W. II_2, 402); nhd. schlimm 1) schief, schräge, verkehrt, 2) böse, schlimm; vergl. Graff VI, 793.

Altn. fimr (Egilss., Cl.) geschickt, anstellig, erfahren.

Mhd. tënk (Mhd. W. III, 29) lënc, linc (Mhd. W. I, 1000) 1) link, 2) linkisch, unwissend; cf. Graff II, 321, Gesch. d. d. Spr. 990: tënc ist bairisch-östr. An einen Zusammenhang mit λαιός, laevus, wie Grimm l. c. will, ist nicht zu denken; dënk: lënk hat seine Analogien in verwandten Sprachen, der umgekehrte Vorgang keine.

Mhd. lërc (Mhd. W. I, 1005), lërz (Mhd. W. I, 967) lahm, stotternd, link; cf. Gesch. d. d. Spr. 991, Fick[2] 392.

Altn. skjarr (Egilss., Cl.) 1) schnell, flüchtig, 2) feige, furchtsam. Wahrscheinlich ya-Stamm und zu ahd. skêri sagax (Graff VI, 533) gehörig; zur Bedeutungsvermittlung vergl. svinþs, svinnr und Gr. II, 88. Soviel ich sehe, fasst man bisher skioro, skiaro als Grundform und das seltene skêri, skêro, skeero als Monophthongirung (Lex II, 726). Dies ist falsch; skêri, skeero (Graff II, 533) bieten die ältesten Denkmäler, Otfr. und Notker skioro: dies, sowie altn. skjarr ist als Diphthongirung zu nehmen; vergl. Scherer Z. Gesch. d. d. Spr. 430, Anm. Zu skar springen? eine Wurzel, die Fick I³, 232 in verwandten Sprachen nachweist.

Altn. stirđr (Egilss., Cl.) 1) fest, hart, 2) dasselbe vom Character.

Altn. kringr (Cl. 355) easy; aus ge-ringr? gleich mhd. geringe?

Altfr. trind und trund (R. 1094) rund; cf. ags. trendel, tryndel orbis, circulus (Ettm. 546.)

Got. hlas fröhlich, heiter.

Germ. halba- halb; wird von Leo Meyer zu *κολοβός* gestellt, das aber Curtius, Grundz.² 516 aus *κολοϝός* (zu *κολούω*) entstanden ansieht. Jedenfalls ist die Wurzel kar, kal dieselbe, nur mit p determinirt, und sie möchte ich in skrt kṛpâṇa Schwert, kalpana das Zerschneiden suchen: halba- wäre demnach ‚zerschnitten, in der Mitte durchgeschnitten‘, halbirt.

Germ. balþa- 1) schnell, gewaltig, kühn, dreist, 2) bedrängend, lästig, feindlich.

Westgerm. bar nackt, bloss, offenbar; altn. ya-Stamm.

Germ. sada-, saþa- gesättigt, satt; altn. nur im Denomin. sedja.

Germ. smala- 1) klein, gering, winzig, 2) zierlich, fein. Zu *μῆλον* = smalez fëho (Graff VI, 829)?

Germ. svarta- schwarz; zu lat. surdus, sordes.

Germ. vamma- 1) befleckt, besudelt, 2) voll Schandflecken, 3) verbrecherisch. Das Wort gehört offenbar zu der im Skrt., Gr., Lat., Lit. erhaltenen Wurzel vam erbrechen, ausspeien: etwa angespien? oder der durch Erbrechen sich besudelt hat?

Ags. vlanc (Ettm. 146, Grein); alts. wlank 1) voll Kraft, kühn, muthig, 2) stattlich, erhaben, reich.

Ags. vann (Ettm. 125, Grein) dunkel, schwarz. Lautlich stellt es sich zu vinnan; aber mit einem ‚labore confectus‘ (Ettm.) ist der Bedeutungsübergang nicht vermittelt.

Ags. vläc (Ettm. 146) remissus, tepidus. Sollte es sich zu ahd. welh stellen und die oben (S. 101) gegebene Zusammenstellung aufzugeben sein?

Altn. lami (nur in schwacher Form Egilss., Cl.); ags. lam (Ettm. 156, Grein); ahd., mhd. lam (Graff II, 210, Mhd. W. I, 929) 1) gelähmt, 2) schwach. Vergl. mhd. luomi, nachgiebig, milde. Gr. II, 41; Fick², 854.

Altfr. stak, stok (R. 1050) steif? die angenommene Bedeutung wird wohl richtig sein. Noch jetzt dial. ‚staches' ein steifer Mensch.

Got. raþs; ags. räđ (Ettm. 250) promptus; got. nur im Compar. leichter. Fick I³, 736; seine Etymologie ist zweifelhaft.

Ags. mät (Ettm. 197) malignus; sehr unsicheres Wort.

Altfr. skad, skath (R. 1020) schädigend.

Altn. hrađr (Egilss., Cl.); ags. hräđ und hräd (Ettm. 499, Grein); ahd., mhd. hrad, rat (-des) (Graff IV, 1180, Mhd. W. II_1, 558) schnell, behend, munter, geschickt. Lässt sich vielleicht zu derselben Wurzel stellen wie got. hardus, altn. harđr heftig, hart.

Ags. flan (Ettm. 360) praeceps, procax; cf. altn. flan (n.) a rushing.

Altn. krankr (Egilss., Cl.); ags. cranc (Ettm. 399); ahd., mhd. krank (Graff IV, 739, Mhd. W. I, 873) 1) schwach, kraftlos, geschwächt, vernichtet, 2) wehrlos, gering, schlecht. Sollte ungeachtet des abweichenden Auslauts an ags. cringan im Kampfe stürzen, sich beugen, krümmen gedacht werden können?

Ags. geaf (Grein I, 491) ludicer, jocosus.

Ags. gearc (Grein I, 493) promptus, paratus; cf. gearcjan parare, gearcung praeparatio (Ettm. 417).

Ags. häp (Ettm. 469) passend, geeignet; mägenhäp kraftreich (Grein); môdhäp reich an Muth (Grein). Cf. altn. hap (n.) Glück, Erfolg und orđhepinn facundus.

Ags. tealt (Ettm. 518, Grein) inconstans, vaccillans. Darf man ahd. zeltâri equus trutinans, ambulator heranziehen?

Ags. täl (Ettm. 520) passend; got. untals unfügsam, ungehorsam, ungehörig; ags. getäl (Grein); ahd. gazal (Graff V, 655);

mhd. gezal (Mhd. W. III, 841) agilis, rapidus, alacer. Cf. Fick I³, 617.

Ags. deal, deall (Ettm. 557, Grein) superbus, clarus, fretus.

Ags. caf (Grein) promptus, agilis, expeditus; altn. ákaf (Egilss., Cl.) vehemens, promptus, velox. Ettmüller 390 schreibt câf.

Ags. vîd-sceop (Grein) amplus. Zu Wurzel skap in skapjan?

Mhd. haz (Mhd. W. I, 641) hassend, feind. Die vielen Etymologien, die das Wort gefunden, sind verzeichnet Lexer I, 1196; das wahrscheinlichste hat immer noch Bopp Gloss. Comp.³ 70.

Altn. flatr (Egilss., Cl.); ahd. flaz (Graff III, 777) flach, eben.

Ahd. frad (Graff III, 819) strenuus, efficax. Lautlich lässt sich das Wort zu derselben Wurzel prat stellen, wie frôþs, fraþjan. Wie verhält es sich zum folgenden?

Ahd. frat (Graff III, 819); mhd. vrat (Mhd. W. III, 395) wund durch Druck oder Reibung. Cf. Schmeller I, 620.

Ahd., mhd. zâh (Graff V, 583, Mhd. W. III, 840) 1) zähe eigentlich und bildlich, 2) geschmeidig. Es ist zweifelhaft, ob ein a-Thema neben dem gebräuchlichen ya-Thema anzunehmen ist.

Ahd. zag (Graff V, 582); mhd. zac (Mhd. W. III, 834) pavidus, ignavus. Zâh und zag gehören wohl zur Wurzel daç, δακ(νω) beissen. Im Germanischen knüpfte sich der Begriff mit den Zähnen erfassen, festhalten an dieselbe: zâh ist ‚festhaltend, anhängend'; zag ‚sich zurückhaltend, fernhaltend'. Mit dieser Bedeutung kommt man in vielen mhd. Stellen noch durch.

Altn. sparr (Egilss., Cl.); ags. spär (Ettm. 713); ahd. spar (Graff VI, 353) sparend, sparsam. Siehe Gr. II, 57, Fick I³, 832.

Ahd. skald (Graff VI, 484) sacer. Cf. Gr. II, 997 unter den Nachträgen zu $238_{,11}$.

Altn. skammr (Egilss., Cl.); ahd. skam (Graff VI, 498) kurz sowohl räumlich als zeitlich. Cf. Fick² 900.

Ahd. gismac (Graff VI, 825); mhd. gismach (Mhd. W. II_2, 417) 1) wohlriechend, schmackhaft.

Mhd. traz (Mhd. W. III, 84) trotzig.

Altn. brattr (Egilss., Cl.); ags. brant, bront (Ettm. 316, Grein) schroff, steil, jäh. Cf. Fick² 819.

Altn. fattr (Cl.) gebogen.

Altn. frakkr (Egilss., Cl.); engl. frank; nnl. vrank; nhd. frank citus, agilis, promptus. Cf. Graff III, 825, Gesch d. d. Spr. 513. ‚This word never occours in old writers and in modern usage only in the sense impertinent, intrusive' Cleasby s. v.

Altn. gagr (Egilss., Cl.) gebogen, gebückt; nur im Norwegischen vorkommend nach Cleasby.

Altn. hannr (Cl.) geschickt, geübt, erfahren.

Altn. kargr (Cl.); ahd. charh (Graff IV, 488); mhd. karc (Mhd. W. I, 788) 1) klug, listig, schlau, hinterlistig, 2) unfreigiebig, knauserig. Lexer hält das Wort für identisch mit ahd. charag lugubris; demnach mit Secundärsuffix ka von karâ- Sorge gebildet: besorgt, ängstlich?

Altn. kramr (Cl.) halfthawed of snow; im Gotischen in dem mit Secundärsuffix tâ abgeleiteten qrammiþa Feuchtigkeit vorhanden.

Altn. ramr und rammr (Egilss., Cl.) 1) robustus, 2) fortis.

Altn. rakr (Cl.) 1) ‚damp, wet, 2) straight'.

Altn. stakr (Cl.) single, odd.

Altn. spakr (Egilss., Cl.) 1) ruhig, sanft, 2) klug, verständig. Lässt sich mit Wurzel spak in altn. spá, ahd. spëha, spâhi nicht vereinigen.

Altn. svaðr (Eg.) amplus, latus, diffusus.

Altn. starr (Egilss., Cl.); ahd. star (Craff VI, 701) durus rigidus, fixus; cf. got. and-staurran anfahren, Gr. II, 61. Wie passt hierzu ahd. urstar gulosus (Graff VI, 700)?

Altn. svalr (Egilss., Cl.) kühl, frisch. Zu sval glühen, brennen? vergl. ‚die Kälte sengt'; ‚ustus ab assiduo frigore Pontus' Ovid; ‚nec nova per gelidas herba sit usta nives' Ovid. Anderes aus Plaut., Just. siehe in den Lexicis; zu éiner Wurzel scheinen ferner zu gehören skrt plush brennen, lat. prûna (aus prusna) glühende Kohle, pruina Reif, got. frius Frost, friusan frieren. Fick I³, 150.

Ags. côđ (Ettm. 391); altfr. quâd (R. 882); mnl. quaet; nnl. kvaad; mhd. quât (Lex. II, 316 aus nd. und ndrh. Quellen) böse, schlimm. Gesch. d. d. Spr. 507; Gr. III, 606.

Ags. dvæs (Ettm. 579, Grein); nnl. dvaas thöricht, närrisch. Cf. altfr. dvêshêth Thorheit (R. 697) und mhd. getwâs (Mhd. W. III, 159) Gespenst, nicht geheures Wesen; Myth. 433. 867.

Altn. bráđr (Egilss., Cl.) citus, praeceps, celer, promptus. Etwa aus bragđr?

Altn. fránn (Egilss., Cl.) glänzend, schillernd.

Altn. hárr (Egilss., Cl.); ags. hâr (Ettm. 474, Grein); engl. hoar grau, grauhaarig; altn., ags., ahd. hâr crinis ist wohl hieraus substant. Neutrum.

Altn. kárr in afkárr (Egilss., Cl.) tractatu difficilis, vehemens, asper, ferox, immitis; svipkárr ocultu truci, terribili.

Altn. knár (Cl.) pithy, vigorous. Cleasby erinnert an lat. gnâvus; besteht diese Etymologie als richtig, so gehört das Wort nicht hierher, denn es ist gnâ vus wie gnâ-rus zu trennen.

Altn. vándr, vóndr (Egilss., Cl.) schlecht. Zu Wurzel vand? cf. got. invinds verdreht, verkehrt; oder wie alts. wand sich wendend, unbeständig: treulos, schlecht? Gr. III, 601.

Altn. ámr (Egilss., Cl.) ‚seems to mean black or loathsome.'

Altn. bágr (Egilss., Cl.) schwierig, lästig. Die begriffliche Vermittlung mit ahd. bâgan zanken, streiten, hadern, zu dem das Wort augenscheinlich gehört, ist schwierig.

Altn. dár (Cl.) erstaunt, vor Erstaunen, Freude, Bewunderung starr? cf. Cleasby s. v.

Germ. gôda- 1) von Sachen passend, gut, brauchbar, 2) von Personen wohlwollend, freundlich, glücklich. Gr. II, 43, Mhd. W. I, 487 unter gat und Ettm. 408 sind über Etymologien zu vergleichen.

Ags. rôt (Ettm. 268, Grein) fröhlich, munter. Besteht mit skrt ratha Behagen, Ergötzen nur in manoratha Herzensbegehr Verwandtschaft? zur Wurzel ra, ram?

Ags. hrôr (Ettm. 506, Grein); alts. hrôr 1) rührig, rüstig, lebendig, 2) tapfer, muthig, stark. Cf. ahd. hruora Bewegung.

Ags. drôf (Ettm. 571) turbidus; daneben ya-Stamm ags. drêfe, alts. drôbi, ahd. truobi; zu got. gadrobnan in Unruhe gerathen; gadraban hauen, einhauen? demnach drôf niedergeschlagen, ausser Fassung gebracht, verwirrt?

Altn. klókr (Egilss., Cl.); nd. klôc; mhd. kluoc (Mhd. W. I, 848) 1) fein, zierlich, zart, schmuck, hübsch, stattlich, 2) geistig gewandt, klug. Das altn. Wort ist seinem Vorkommen nach aus dem Nd. importirt.

Ahd. dik (Graff V, 111) crassus, densus. Es scheint, dass wir fürs Ahd. ein a-Thema annehmen müssen neben dem in den übrigen germanischen Sprachen allein gebräuchlichen und auch ahd. viel häufigern ya-Stamm. Fick[2] 764 denkt an Wurzel stag: „gedeckt, dicht‘; wohl eher zu þingan, þeihan, dîhan, cf. þungr oben S. 101.

Altn. svinn (Egilss.) parcus. Zu śvînan abnehmen, schwinden?

Ags. vis (Grein II, 717) marcidus?

Got. veihs; ahd. wîh, mhd. wîch (Graff I, 726, Mhd. W. III, 613) heilig, geweiht. Zu skrt vic? abgesondert, secretus?

Germ. wîda- (fehlt got.) weit, ausgedehnt, breit, geräumig.

Alts. grîs (Kl. altn. Denkm. 121); ahd. grîs (Graff IV, 334); mhd. grîs (Mhd. W. I, 577) gealtert, greis, grau. Es ist wohl eine Wurzel gris als Weiterbildung der im Dhâtup. angegebenen Wurzel jhar altern anzunehmen; für eine directe nominale Ableitung aus dieser fehlte mir jede Analogie.

Altn. síđr (Egilss., Cl.); ags. sîd (Ettm. 663, Grein) ausgedehnt, weit, breit, geräumig; im Altn. nur von langen und weiten Kleidern. An einen Zusammenhang mit got. seiþus spät ist kaum zu denken.

Ags. stîf (Ettm. 740); ahd. stîf (Graff VI, 658); mhd. stîf (Mhd. W. II_2, 628) 1) hart, fest, unbeugsam, steif, 2) tüchtig, wacker. Zusammenhang mit Wurzel stambh stützen, stemmen, hemmen ist unverkennbar; cf. *ἀ-στεμφής* fest, hart; *στιβαρός* gedrungen; Corssen Krit. Beitr. 439.

Ags. stîđ (Ettm. 741, Grein); altfr. stîth (R. 1050) 1) hart, fest, gediegen, 2) streng.

Ostgerm. bleiþa- 1) glänzend, licht, 2) heiter, fröhlich,

3) gütig, freundlich, barmherzig. Westgerm. besteht ein ya-Stamm, doch vergl. alts. blîđôn, ahd. blîdên.

Altn. tíđr (Egilss., Cl.) 1) zahlreich, häufig, gewöhnlich, 2) viel besprochen, bekannt, berühmt, 3) werth, theuer, geliebt.

Got. haihs einäugig. Zu lat. caecus mit dunkler Wurzel; jedenfalls ist es weder mit Pott II², 445 als ka-ocus, ka-îksh- etc. ‚quo oculo praeditus'! zu fassen, noch mit Bopp Vergl. Gr. II, 59 als Compositum von skrt eka-.

Germ. braida- breit. Leo Meyer lässt die Wahl zwischen prthu, πλατύς, und πετάννυμι, pandere!

Got garaids; altn. reiđr (Cl.); ags. râd, gerâd (Ettm. 265, Grein); mhd. be-, ge-reit (Mhd. W. II_1, 670) 1) bereit, fertig, gerüstet, zur Hand, 2) willfährig, dienstfertig, 3) erfahren, kundig. Gr. II, 14 wird das Wort zu rîdań gestellt; cf. fertig von Fahrt; skrt yuktá bereit, fertig zu yuj anschirren. J. Schmidt Voc. S. 61 hält es mit got. garedan zur Wurzel râdh, die er S. 34 auf randh zurückführt. Liesse sich an Secundärsuffix a zu raida- Wagen, Kriegszug denken? — Altn. greiđr (Egilss., Cl.) expeditus ist, was Egilsson und Cleasby nicht erkennen, ein Compositum dem mhd. gereit entsprechend.

Ags. gâl (Ettm. 433, Grein); alts. gêl; ahd., mhd. geil (Graff IV, 182, Mhd. W. I, 494) muthwillig, übermüthig, üppig; got. ein Denom. gailjan. Zu hilaris? vergl. Lexer I, 795.

Germ. laiþa- (fehlt got.) 1) verhasst, feindlich, 2) gefährlich, furchtbar, 3) undankbar. ‚Zu leiþan gehörig' ist leicht gesagt, aber die Vermittlung schwer; die Bedeutung pati hat leiþan im Altgerman. noch nicht.

Germ. haisa- (fehlt got. und altfr.) heiser.

Ags. mâh (Ettm. 226, Grein) vorax, procax; gemâh dasselbe. Ettmüllers Etymologie, der es zu mîhan mingere stellt, ‚mictus, vacuus', daher ‚vorax' beruht auf sonderbarer Anschauung.

Ags. blât (Ettm. 310, Grein) lividus, pallidus; cf. ahd. bleizza livor plagis extincti corporis (Graff III, 261).

Altn. teitr (Egilss., Cl.); ags. tât (Ettm. 539); ahd., mhd. zeiȥ (Graff I, 714, Mhd. W. III, 868) 1) fröhlich, heiter (altn., ags.), 2) da dies ein besonderes Merkmal der Jugend ist — cf. barnteitr vom Riesen Oegir gesagt (Hýmiskv. 2), als er gegen Thórr einen schlimmen Streich vorhatte — zart, jugendlich. S Anm. 37.

Altn. flár (Egilss., Cl.); ags. flâh (Grein) subdolus, fraudulentus, infestus. Grein vergleicht ahd. flêhan schmeicheln (got. þláihan); nach Cleasby aber ist die Grundbedeutung im Nord. gaping. Vergl. Ettm. 360: ‚flah (vel flâh) e f. versutia? horror?‘

Altn. feikr (Egilss.) erschrecklich, ungeheuer. Zu derselben Wurzel mit Suffix na wohl feikn immanitas; ags. fâcen Trug, Bosheit; ahd. feihhan, mhd. veichen.

Altn. keikr (Egilss., Cl.) den Oberkörper zurückgebogen und den Bauch vorgestreckt.

Altn. gránnr (Egilss., Cl.) schlank, schmal. ‚gránnr is prob. akin to grein a branch, hence the long vowel‘ Cl. s. v.

Germ. saira- (fehlt als Adj. im Got.) 1) schmerzbringend, 2) wund, verwundet, verletzt, 3) schmerzleidend, betrübt.

Altn. neiss (Egilss., Cl.) beschämt, sich schämend; gleich neisinn. Sollte etwa neiss sowie neisinn mit Secundärsuffix a respect. na von neisâ- anzusehen sein? irrthümlicherweise wittert man gewöhnlich hinter einem altn. Adjectiv auf inn immer ein Part. Perf. und dahinter ein starkes Verb.

Altn. reifr (Egilss., Cl.) munter, fröhlich heiter; bjórreifr bierfröhlich.

Altn. sljór (Acc. sljóvan) (Egilss., Cl.); ags. slâv (Ettm. 699); alts. slêu; ahd. slêo (slêwes) (Graff VI, 84); mhd. slê (Mhd. W. II_2, 392) stumpf, matt, kraftlos, träge. Grundform slaiva-; im Altn. kommen als Nebenformen slær, sljár vor; slaiva-: slær: sljár: sljór = snaiva- (Schnee): snær: snjár: snjór.

Altn. mjór, mjár, mær (Egilss., Cl.) tenuis, tener. Grundform maiva-. Zu mî minomi, minâmi mindern mit Suffix va?

Ags. lun (Ettm. 179) fessus? egenus.

Ags. gop (Ettm. 431) cavus.

Germ. deupa- 1) tief, abschüssig, unergründlich, 2) geheimnissvoll, feierlich, ernst. Eine Wurzel dhub ist nirgend belegt, wird aber von Fick[2] 528 aus germ. und slavolett. Reflexen wohl sicher erschlossen. Gr. II, 48.

Got. ius gut, vorzüglich; nur im Compar. iusizan-, desshalb Thema unsicher. Cf. iusila Besserung.

Altn. hrjúfr (Egilss., Cl.); ags. hreóf (Ettm. 504, Grein), ahd. hriob (Graff IV, 1156) 1) rauh, eine rauhe Oberfläche habend, 2) schwielig, schäbig, 3) aussätzig. Das Wort beruht vielleicht auf Weiterbildung der Wurzel kru zerstossen, wund, roh, rauh machen.

Altn. súrr (Egilss., Cl.); ags. sûr (Ettm. 668); ahd., mhd. sûr (Graff VI, 272, Mhd. W. II_2, 754) 1) sauer, 2) scharf, herbe, bitter, unangenehm von Dingen, 3) lästig, böse, schlimm von Personen.

Ahd. âriob (Graff II, 361) dirus.

Mhd. knûz (Mhd. W. I, 855, Lexer I, 1657) keck, vermessen, wagehalsig. Vergl. ahd. n. pr. Cnûz (Denkm. LXIV, 35).

Ags. sceóh (Ettm. 689, Grein); mhd. schiech (Mhd. W. II_2, 108) scheu, bange, verzagt. Das Wort gehört wahrscheinlich nicht hierher, sondern ist mit Suffix ka von der Wurzel sku gebildet: ausschauend, vorsichtig, scheu. Ahd. sciuhan ist Denominat. und geschochen (Schmeller III, 339) wird falsche Bildung sein.

Mhd. stief (Mhd. W. II_2, 650) steif, steil. Wohl mit stîf nur eine verschiedene Differenzirung einer Grundform stambha-, stamba-.

Neuisl. klúrr (Cl.) grob, ungebildet in Sprache und Benehmen; muss ein altes Wort sein, da schon ein þræll in Rígsmál Klúrr heisst.

Ags. deór (Grein I, 193) 1) wild, grausam, 2) kühn, tapfer. Etymologisch ebenso dunkel wie das zweifelsohne mit ihm verwandte Neutr. dius, deór.

Ags. þûf, geþûf (Ettm. 607) luxurians.

Altn. mjúkr (Egilss., Cl.) sanft, weich; engl. meek demüthig, sanft; got. in mûka-modei Sanftmuth (vergl. J. Schmidt Voc. 167). Hierher mhd. munkel heimlicher Streich; nnl. monkelen heimlich thun?

Altn. skrjúpr (Egilss., Cl.) fragilis.

Altn. úfr (Egilss., Cl.) 1) rauh, 2) rauhen Sinnes, wild, grausam, feindlich.

Got. flauts prahlerisch. Lautlich zu Wurzel flut gehörig.

Got. us-dauds eifrig. Zu Wurzel dhû schütteln, rasch hin und her bewegen; gr. θύω sich rasch bewegen, stürmen; altn. dýja bewegen, schütteln? Grundform demnach dhû-ta-, dhau-ta-?

Got. gaurs betrübt, traurig. Das Wort entspricht wohl skrt ghorá 1) ehrfurchtgebietend, scheueinflössend, 2) grausig. Die von indischen Grammatikern aufgestellte Wurzel ghur ist nur eine Abstraction aus ghorá (P. W. II, 888); Suffix ra?

Germ. fava- 1) wenig, gering, 2) unfreundlich, wortkarg (altn.). Cf. Curt. Grundz.[2] No. 351; Fick I[3], 679.

Ags. greát (Ettm. 444); ahd., mhd. grôz (Graff IV, 336, Mhd. W. I, 579) gross, dick. Zu lat. grandis Lottner in Kuhns Z. XI, 179, Grassmann ibid. XII, 89, J. Schmidt Voc. 170.

Altn. blautr (Egilss., Cl.); ags. bleát (Ettm. 312, Grein); altfr. blât (R. 652); ahd. plôz (Graff III, 259); mhd. blôz (Mhd. W. I, 212) 1) entblösst, nackt, rein, unvermischt, 2) arm an Vermögen, 3) elend, unglücklich (ags.), 4) weich, sanft, schwach, 5) stolz (ahd., nur einmal vorkommend). Vergl. Henning in Quell. und Forsch. III, 79 ff.

Altn. auđr (Egilss. 33); ags. eád (Grein I, 252); ahd. kiôt (Graff I, 140) 1) praeditus, dives, opulentus, 2) beatus. Das Wort hat dieselbe Bedeutung wie das mit Suffix ana gebildete auđinn, eáden, ôdan.

Altn. trauđr (Egilss., Cl.) unwillig, mit Widerstreben, gezwungen.

Altn. naumr (Cl.) ‚narrow, close'.

Ags. geáp (Ettm. 431) 1) gekrümmt, 2) schlau, listig, trügerisch, 3) weit, geräumig. Vergl. altn. gaupn; ahd. goufan hohle Hand; ags. gop curvus.

Ags. steáp (Ettm. 738, Grein); altfr. stâp (R. 1044) arduus, altus. Die richtige Etymologie wohl bei J. Schmidt Voc. 156; aber die Darlegung des Bedeutungsüberganges macht Schwierigkeiten.

Was die Bedeutungsübergänge betrifft, so wurde bei den einzelnen Beispielen öfters auf Analogien in den germanischen und urverwandten Sprachen hingewiesen. Im folgenden sollen noch einige nach Kategorien geordnet aufgeführt werden.

Häufig sind wie natürlich die Uebergänge aus der sinnlichen Welt in die geistige Sphäre, vor allem die Uebertragung des Sinnlichen in das Gebiet des Moralischen.

Von der Grundbedeutung ‚krumm, gebogen' gehen die Begriffe ‚böse, schlimm, treulos, heimtückisch' aus: vinds; veorr; vahs in unvahs; krump; rangr; vôh; skeifr; slim; skakkr; swanc.

Verschiedenerlei Ursprungs sind die Begriffe feig, furchtsam: vara-; deigr; skelfr; vaika- (wêk, weich); zag.

Von der Bedeutung ‚ausgereckt, ausgestreckt' gehen aus rakkr, strac, stearc, strang muthigen Sinns, erecti animi.

Verschiedene Schattirungen des Moralischen bezeichnen, vom Sinnlichen ausgehend: wand; svers; rífr; hnöggr, arc; reiđr, grël, vods; rûh, hrár, grob, úfr; vamms; liuts; gëlf; glad; stîf.

Ebenso wenig fehlen die Uebergänge aus dem Sinnlichen in das Intellectuelle: skarpr scharfsinnig, stunt albern, stumpfsinnig gehen von klarliegenden sinnlichen Bedeutungen aus. Hierher gehören ausserdem dvals thöricht, dumm; vlach geistlos; ljóss evident, augenscheinlich; smeág subtilis; dumb stumpfsinnig, dumm; svinþs, svíđr klug, weise; tënc, lënc linkisch, unwissend; hrađr geschickt; klôc geistig gewandt (eigentlich ‚fein', vergl. nhd. ein feiner Kopf); geáp listig, schlau.

Uebergänge aus einer geistigen Sphäre in die andere lassen sich fast bei jedem Wort finden; hier nur eine kleine Auswahl:

freka- 1) kühn, muthig, 2) frech; balþa- 1) kühn, dreist, 2) lästig, feindlich; deór 1) wild, grausam, 2) kühn, tapfer; lata- 1) träge, faul, 2) geduldig; slaka- 1) träge, schlaff, 2) feige, furchtsam; vara- 1) vorsichtig, 2) furchtsam; arc 1) feige, furchtsam, 2) habsüchtig, geizig; karc 1) klug, listig, 2) geizig; rangr 1) ungerecht, 2) treulos; reiđr 1) kummervoll, 2) zornig; gëlf 1) munter, fröhlich, 2) übermüthig; glađr 1) heiter, fröhlich, 2) liebevoll; frôd, fruot 1) verständig, klug, 2) munter, froh; hôg 1) geschickt, klug, 2) behaglich, sanft.

B) PRIMÄRSUFFIX A NOMINA ACTIONIS BILDEND.

Die Nom. Actionis stellen den Zustand der Handlung, den sichtbaren Verlauf einer Thätigkeit dar; sie bezeichnen daher den Verbalzustand entweder als Thätigkeit oder als Folge einer Thätigkeit. Ihre Zahl ist sehr bedeutend und sie sind im ganzen etymologisch viel klarer als die Nom. Agent. und die aus ihnen hervorgegangenen Appellativa.

Zuerst werden wie bei jenen die Masculina, sodann die Neutra zur Darstellung gebracht. Unter den etymologisch klaren Beispielen, die in beiden Abtheilungen zuerst kommen, gehen voran die nach Thema und Genus gesicherten. Die verschiedenen Schattirungen des figürlichen Gebrauchs, die Uebertragungen vom Abstracten auf das Concrete werden unter den einzelnen Beispielen nur kurz angedeutet, da am Schluss der Darstellung alle diese Schattirungen, Uebergänge etc. zu Kategorien vereinigt in grösserm Zusammenhang zur Anschauung gebracht werden. Hierdurch werden manche Uebergänge, die einzeln betrachtet etwas Sonderbares haben, in ihr rechtes Licht gesetzt und zu grösserer Klarheit gebracht. Alle weitern Fragen sind in die Geschichte des Suffixes a verwiesen.

1. DIE NOMINA ACTIONIS MASCULINA.

I) Etymologisch klare Beispiele.

a) Nach Thema und Genus gesicherte Beispiele, nach innerm Wurzelvocal geordnet:

Ags. drunc (Ettm. 573); ahd., mhd. trunc (Graff V, 539, Mhd. W. III, 94) 1) das Trinken (oferdrunc übermässiges Trinken), 2) das einmalige Trinken, haustus: ‚quantum uno potu bibitur'. Gr. III, 465. Siehe Anm. 35.

Ahd. sturz (Graff VI, 726); mhd. sturz (Mhd. W. II_2, 646) der rasche Umschwung: daher 1) figürlich mutatio, 2) das Resultat desselben, casus. Mhd. unorgan. Umlaut.

Ags. borh, borg (Ettm. 289), mhd. borc (Mhd. W. I, 164, Lexer I, 326) 1) die Gewährung von Sicherheit, fidejussio, 2) das auf fidejussio hin Geliehene.

Altn. stúfr (Egilss., Cl.); stumpr (Cl.); ahd. stumph (Graff VI, 685); mhd. stumpf (Mhd. W. II_2, 709) wohl jede Verstümmlung, speciell 1) ein verstümmelter Stamm, truncus, 2) ein verstümmeltes Glied. Zu Wurzel stup stossen, verstümmeln; skrt pra-stumpati. Vergl. Anm. 5.

Got. gabaur das Zusammenbringen, Beisteuern, daher Gelage, Festschmauss. Siehe Anm. 39.

Altn. dunn (Egilss., Cl.) ursprünglich Getöse, Lärm — cf. duna (f.) strepitus, ags. dyne, dynjan; zu skrt dhvan tönen —, concret 1) der lärmende Haufe, die Schaar, 2) speciell eine Schaar von zehn Mann.

Altn. þurkr (Cl.) Trockenheit, Dürre; zu griech. *τρύγω* trocknen bei Hesych., cf. *τρύγη* 1) Trockenheit, Dürre, 2) Weinlese, Ernte.

Ags. vûsc (Ettm. 120); ahd., mhd. wunsc (Graff I, 905, Mhd. W. III, 818) das Wünschen und der einmal ausgesprochene Wunsch. Wurzel vansk = skrt vanch ist Inchoat. zu W. van; dem skrt vanchâ (f.) entspricht ein altn. Fem.; Óski ein Beiname Óđins kann aber beweisen, dass auch altn. ein Masc. bestand. Mhd. unorgan. Umlaut.

Ags. gëlp (Ettm. 425, Grein); alts. gëlp; ahd., mhd. gëlf (Graff IV, 1197, Mhd. W. I, 518) 1) das Tönen, Schallen, Lautwerden, 2) das Prahlen, 3) die Trotzrede vor dem Kampfe.

Westgerm. ginna- in bi-, anagin der Anfang; daneben ags., alts., ahd. ein neutr. ya-Stamm.

Germ. sinþa- 1) das Gehen, eine Richtung nehmen, 2) Gang, Weg, 3) Mahl; altfr. fehlt das Wort; altn. ist der a-Stamm durch einen neutr. ya-Stamm verdrängt.

Ahd., mhd. sin (nnes) (Graff IV, 229, Mhd. W. II_2, 311) sensus, Sinn sowohl der körperlich wahrnehmende als der innere Sinn: Verstand, Weisheit, Kunst, Meinung, Gesinnung. Siehe Anm. 40.

Ahd., mhd. schimpf (Graff VI, 497, Mhd. W. II_2, 137) 1) das Scherzen, Spotten, 2) das Spiel, die Kurzweil.

Ags. grind (Ettm. 441); ahd., mhd. grint (Graff IV, 330, Mhd. W. I, 576) ‚das zerreiben, zerstossen, zermalmen‘: 1) das dabei entstehende Geräusch, strepitus (ags.), 2) alles durch

Zermalmen Entstandene, Korn, Griess etc. (cf. lat. fur-fur zu Wurzel ghar), 3) übertragen auf Schuppen, Ausschlag an Körpertheilen (lat. furfur ebenfalls), specialisirt auf eine bestimmte Art Ausschlag, impetigo, furfures capitis. Zu Wurzel grand molere, conterere. Vergl. Anm. 28.

Mhd. gewërp (Mhd. W. III, 726) ‚das werben, thätig sein': Thätigkeit, Geschäft, Handeln, Streben.

Ags. gring (Grein I, 528); mhd. krinc (Lexer I, 1733), kranc (ib. 1707) ‚das sich winden, das drehen': 1) das durch Winden, Umdrehen Entstandene, der Kreis, Ring, sowohl die den Umkreis bildende Linie als die davon eingeschlossene Fläche, 2) die windende Bewegung der im Kampfe zu Tode Getroffenen. Siehe Anm. 41.

Ags. bring (Ettm. 322); altfr. breng, bring (R. 670) 1) das Bringen, 2) die religiöse Darbringung, holocaustum (ags.).

Ags. drinc (Ettm. 572, Grein) das Trinken; hierher auch wohl ahd. in trinchum in conviviis (Graff V, 538).

Ags. svinc (Ettm. 756) labor, molestia. Zu svincan laborare, fatigari.

Ags. sving (Ettm. 757); altfr. sving (R. 1057); mhd. swinc (Mhd. W. II_2, 804) 1) das Schwingen, der Schwung, 2) das einmalige Schwingen, verber (ags., altfr.). Siehe Anm. 42.

Altn. kurr (Cl. 359) 1) a murmur, grumbling, 2) rumour. Das Wort ist aus kverr entstanden und gehört zu ahd. quëran, chëran gemere, ingemere (Graff IV, 679), ags. cveart lamentatio (Ettm. 403).

Altn. fretr (Cl.); ags. feort (Ettm. 344); ahd., mhd. firz, furz (Graff III, 705, Mhd. W. III, 328); engl. fart crepitus ventris. Ein gemeinarisches Wort. Fick I^3, 670.

Ahd., mhd. wanc (Graff I, 691, Mhd. W. III, 705) die rückgängige Bewegung, das Wanken. Das Femin., welches Graff ansetzt, ist nicht vorhanden; wancha ist ein aus Reimnot hervorgerufener Acc. Plur. (Cf. Kelle Die Formen- u. Lautl. der Spr. Otfr. S. 140, Anm. 1). Siehe Anm. 43.

Germ. hvarfa- (fehlt got., doch vergl. das Denom. hvarbon) ‚das sich umdrehen, auf und abwogen'; hieraus erklären sich die Bedeutungen der einzelnen Dialecte: altn. 1) a tourning away, das Verschwinden, 2) der Ort, wohin man sich wendet, Zufluchtsort (Cl., Egilss.); ags. hvearf 1) die Wendung, 2) das Resultat: die Veränderung, 3) der Ort, wo man sich wendet, dreht, 4) metonym. die auf- und abwogende Versammlung (Ettm. 573, Grein); alts. Menschenmenge, Versammlung; ahd., mhd. warp 1) Umdrehung, Wendung, Wirbel, 2) kreisförmiger Platz, 3) Gerichtsstätte (Graff IV, 1235, Mhd. W. III, 727); altfr. nur (im Dat. Plur. hvarfum und Nom. Plur. hvarfe) Zahladverbien bildend (R. 836). Siehe Anm. 44.

Germ. ganga- 1) das Gehen, 2) die Art und Weise des Gehens, 3) Ort, wo man geht, Gang, Gasse, 4) der Verlauf einer Begebenheit. Mhd. unorgan. Umlaut, doch ahd. erscheint schon gangi neben ganga (Graff IV, 99).

Ahd., mhd. haz (Graff IV, 1070, Mhd. W. I, 641) das Hassen, der Hass. Die übrigen germanischen Dialecte haben as- oder ya-Thema, jedoch bietet fürs Got. Codex B zu Ephes. II_3 statt barna hatizê barna hatis, was wohl Genitiv eines a-Stammes hata- ist.

Germ. þanka- (altn. ist das Wort Femin.) der Dank als die Erinnerung an empfangenes Gute gefasst. Die Grundbedeutung Gedenken, Gedanke, Erinnerung ist in den Compos. ahd. âdanch, urdanch, ags. foreþanc erhalten und in dem Denominat. alts. þenkjan, ahd. denchan; auch aus Stellen wie heoro âgenes þances eorum propria voluntate (Ettm. 592) leuchtet sie noch deutlich hervor.

Ahd., mhd. spalt (Graff VI, 336, Mhd. W. II_2, 476) 1) das Spalten, das Theilen, 2) der dadurch entstandene Riss, Kluft, Spalt. Mhd. ist das Wort einmal Neutr.

Ahd., mhd. schal (Graff VI, 478, Mhd. W. II_2, 124) 1) das Schallen, das Tönen, 2) das einmalige Schallen, der Ton, Ruf, 3) Gesang, Jubel, Klage, 4) Prahlerei, Uebermuth, 5) die Personen, von denen der Schall ausgeht: a) subjectiv die lärmende, tosende Menge, b) objectiv der Gegenstand des Geredes, des Spottes.

Mhd. glaz (Mhd. W. I, 547) der Kahlkopf. Siehe Anm. 45.

Germ. harma- (fehlt got.) Schmerz, Leid, Trauer. Zu skrt çram müde werden, sich abmühen, quälen. Fick I[3], 548.

Ags. clamm (Ettm. 391, Grein); mhd. klam (Mhd. W. I, 842) das krampfhafte Zusammenziehen; ags., ahd. daneben ein st. Fem. Durch Assimilation aus clamb entstanden.

Ahd., mhd. chrah, krach (Graff IV, 589, Mhd. W. I, 869) 1) das Krachen, 2) der Knall, 3) der Krachen hervorrufende Riss, Sprung. Zu skrt garj brüllen.

Ags. cramp (Ettm. 399); ahd. chrampfo (Graff IV, 611); mhd. krampf (Mhd. W. I, 882) und krimpf das Zusammenziehen, Beklemmen, der Krampf; besser Nom. Agentis?

Alts. stank; mnl. stanc; ahd. stanch, mhd. stanc (Graff V, 696, Mhd. W. II_2, 641) der Geruch, den eine Person oder Sache verbreitet, sowohl suozi als unsuozi. Ahd. stunch (Graff VI, 697) olfactus ist wohl ursprünglich identisch. Siehe Anm. 38; ags. kommt nur masc. ya-Stamm vor. — Diesem Worte entspricht vollkommen

Altn. stökkr (Egilss., Cl.) 1) Lauf, Flucht, 2) Verwirrung, Beunruhigung. stökkr steht seiner Bedeutung nach eben so weit ab von stanch als altn. stökkva von stinchan; den Ausgangspunkt bildet die Bedeutung stossen, stechen: ‚Der Geruch sticht in die Nase‘.

Ags. þrang (Ettm. 609); mhd. dranc (Mhd. W. I, 395) 1) das Drängen, 2) Gedränge, Bedrängniss. Lexer I, 458 belegt das Neutr. mit einer Stelle. Ags. þring (Ettm. l. c.) ist dasselbe Wort.

Mhd. valz (Mhd. W. III, 334) ‚das überlegen oder in einanderlegen‘; daher 1) die Stelle, wo dies stattfindet, die Fuge, 2) der Theil des Ritterschwertes, wo die beiden Stücke zusammengeschweisst sind. Vergl. Schmeller I, 530.

Ags. anveald (Ettm. 115, Grein); alts. gewald; ahd., mhd. gewalt (Graff I, 809, Mhd. W. III, 474); altn. vald (Egilss., Cl.) ist Neutr.: Gewalt, Herrschaft, Macht. Daneben besteht in den westgerm. Sprachen ein femin. i-Stamm; einen mit den Themen verbundenen Unterschied im Gebrauch nachzuweisen, versucht Benecke im Wörterb. zu Iwein S. 157.

Ags. fät (Ettm. 333, Grein) 1) das Gehen, Reisen, 2) Zweck der Reise. Cf. das identische skrt padá.

Altn. hvammr (Egilss., Cl.); ags. hvamm (Ettm. 509, Grein) 1) Biegung, Krümmung, 2) Winkel, Ecke, Schlupfwinkel.

Germ. sangva- Sang, Gesang; got. ist das Wort in die i-Declin. übergetreten, ahd. ist es constant Neutr., mhd. hin und wieder auch noch.

Ags. scral (Ettm. 696) exclamatio. Cf. altn. skröllta, ags. scralletan schreien, nhd. schrill.

Ags. stäp (Ettm. 725); ahd. stapf, stapfo (Graff VI, 656); mhd. stapf (Mhd. W. II_2, 555) 1) das Einherschreiten, 2) der Schritt. Daneben ags., ahd., mhd. ein ya-Stamm.

Altn. hvall, hvoll (Egils., Cl.) Wölbung, convexitas. Das Wort gehört zu einer Wurzel kvar krümmen, wölben — *κύκλος* —, die mit p determinirt in altn. hvelfa, alts. hwelbjan, got. hvilftri vorliegt.

Altn. svangr (Egilss., Cl.); altfr. svang (R. 1057); mhd. swanc (Mhd. W. II_2, 804) 1) der Schwung, die schwingende Bewegung, 2) der Schlag, 3) concret die schwankenden Weichen der Thiere, die sich besonders bei leerem Magen zeigen (altn.).

Altn. svarkr (Egilss., Cl.) 1) das Lärmen, Zanken, Streiten, 2) concret ein lärmendes, übermüthiges Frauenzimmer. Siehe Anm. 46.

Altn. skarr (Cl.) Lärm, Getöse. Cf. skœra (skôrjân-) a fray, quarrel; zu einer Wurzel skar, von der lat. scr-eâre sich räuspern, ahd. scrîan schreien, altn. skark (n.) Geräusch Weiterbildungen sind.

Mnl. scamp; mhd. schampf (Lexer II, 654) 1) Scherz, Spott (mhd.), 2) Hohn, Schimpf (mnl.). Cf. Grimm Reinh. Fuchs S. 275 unten.

Germ. slâpa- (fehlt altn.) der Schlaf.

Germ. râda- (fehlt got.) das râdan in Wort und That; hieraus entwickeln sich die zahlreichen und manigfachen Bedeutungen leicht. Altn. ist das Wort Neutr., mhd. hat es unorgan. Umlaut.

Altn. bágr (Egilss., Cl.); alts. bâg; mhd. bâc (Mhd. W. I, 78) das Hadern, Zanken, der Streit: 1) mit Worten, 2) mit der That. Ahd. besteht ein st. Fem. bâga.

Ahd., mhd. wân (Graff I, 857, Mhd. W. III, 492) opinio, spes. In den übrigen germ. Sprachen ein femin. i-Thema.

Got. grets; altn. grátr (Egilss., Cl.) das Weinen.

Altfr. grêt (R. 783); ahd., mhd. gruoz (Graff IV, 343, Mhd. W. I, 582) ‚das anschreien, anrufen': 1) freundlich: Gruss, Begrüssung, 2) feindlich: Anklage, Aufforderung zum Kampf, der Kampf selbst. Das Wort ist identisch mit dem vorhergehenden, nur von der transitiven Bedeutung der Wurzel gebildet; ahd. ist mit trans. und intr. Bedeutung auch Differenzirung des â in â und ô verknüpft; cf. mhd. grâzen schreien, aufschreien, wüthen von Menschen und Pferden.

Altn. óp (Egilss., Cl.); ags. vôp (Ettm. 131, Grein); alts. wôp; ahd., mhd. wuof (Graff I, 783, Mhd. W. III, 824) Geschrei, Geheul, Wehklagen. Altn. ist das Wort Neutr., mhd. hat es im Plur. unorgan. Umlaut; doch Graff hat schon einmal in den alten Glossen Rb wuafin neben wuafum K.

Altn. hróp (Egilss., Cl.); got. hrops; ahd., mhd. hruof, ruof (Graff IV, 1137, Mhd. W. II_1, 806) 1) das Rufen, das Geschrei, 2) der Ruf. Altn. ist das Wort Neutr., mhd. hat es unorg. Umlaut.

Alts. fluoc (Kl. altn. Denkm. 115); ahd., mhd. fluoh vluoch (Graff III, 758, Mhd. W. III, 355) 1) das Fluchen, Verwünschen, 2) die einzelne Verwünschung, 3) Widerspruch (alts.). Mhd. findet sich Umlaut, der wohl unorganisch ist.

Ahd., mhd. suoh suoch (Graff VI, 85, Mhd. W. II_2, 7) in mehreren Compositis: das Suchen.

Ahd. stuof (Graff VI, 658); alts. stôpo 1) das Schreiten, 2) das einmalige Ausschreiten, der Tritt, 3) das einmalige Ausschreiten concret gefasst, die Stufe an der Leiter. Cf. Schmeller III, 619.

Ahd. ruoh (Graff II, 378); mhd. ruoch (Mhd. W. II_1, 799) das Achthaben, die Bemühung, Sorgfalt. Ahd. kommt das Masc. nur bei Otfr. vor, sonst femin. â-Thema; cf. Kelle Formen- und Lautl. der Spr. Otfr. S. 144. Fick[2] 847.

Mhd. buoz (Mhd. W. I, 281, Lex. I, 389) Besserung,

Hülfe, Abhülfe. Gewöhnlicher ist mhd. das gemeingerm. buoze (st. f.). Cf. J. Schmidt in Kuhns Z. XIX, 283; doch ist das masc. Gen. sicher belegt, s. Lexer. Ein ähnliches Verhältniss besteht bei vorigem Wort; vergl. das folgende.

Ags. fôg (Ettm. 329); mhd. vuoc (Mhd. W. III, 437) 1) das Fügen, Verbinden, 2) das Fügen, Verbinden als eine habituelle Eigenschaft, die Geschicklichkeit. Gewöhnlicher ist im Mhd. das st. Fem., das fürs Ahd. nur belegt ist. Zu Wurzel pak festmachen, fügen, cf. fagra- passend.

Ags. vôl (Ettm. 78); alts. wôl; ahd., mhd. wuol (Graff I, 801, Mhd. W. III, 467) clades, pestis, pernicies. Ursprünglich wohl Fall, Sturz, dann Verderben; zu Wurzel val in vil-van, vol-vere, wal-gôn evertere. Cf. das Denomin. wuoljan wühlen, urwuoljan evertere.

Ags. hlôv (Ettm. 496) mugitus. Zu hlôvan mugire, boare; cf. Kuhn Z. I, 573.

Ahd., mhd. stëc (Graff VI, 625, Mhd. W. II_2, 632) 1) das Steigen, ascensus, 2) Ort, wo man steigt, geht, pons, ponticulus. Ueber ë vergl. Schleicher in Kuhns Z. VII, 224.

Ahd., mhd. grif (Graff IV, 318, Mhd. W. I, 572) 1) das Greifen, 2) das einmalige Zugreifen, der Griff; altfr. bigrip (R. 635) Satzung schliesst sich eng an bigrîpa festsetzen an; altn. grip (Cl.) ist Neutr.

Ahd. snit (Graff VI, 483); mhd. snit (Mhd. W. II_2, 433) 1) Schnitt, Hieb, Streich, 2) Ernte, Erntezeit, 3) Zuschnitt, Form, 4) Schneide, Schärfe; altn. sniđ (Cl. 575) ist Neutr.

Ags. strîđ (Ettm. 746, Grein); ahd., mhd. strît (Graff VI, 747, Mhd. W. II_2, 693); altfr. strîd (R. 1053) das Streiten in Worten und mit der That; altn. stríđ (Egilss., Cl.) ist neutr. a-Stamm; alts. strîd ist i-Stamm wie altlat. stlîti-, jedoch Mascul.

Altn. stígr (Egilss., Cl.); ags. stîg (Grein); ahd., mhd. stîc (Graff VI, 623, Mhd. W. II_2, 631) 1) das Steigen, Einherschreiten (altn.), 2) Ort, wo man geht, Pfad, Weg.

Ags. hleó (Grein); got. hleis Zelt, Hütte. Siehe Anm. 47.

Ahd. steic (Graff VI, 625); mhd. steic (Mhd. W. II_2,

632) 1) das Steigen, 2) speciell das Emporsteigen der Töne (mhd.), 3) der Pfad, Weg.

Ahd. sveib (Graff VI, 855); mhd. sweip, -bes (Mhd. W. II_2, 777) 1) die drehende Bewegung im Kreis, vibratio, 2) die dadurch begrenzte Fläche, 3) der begrenzende Umfang. Cf. altn. svif (n.) a swinging round, veering (Cl. 610).

Altn. sveipr (Egilss., Cl.); ags. svâp (Ettm. 764); ahd. sweif (Graff VI, 901); mhd. sweif (Mhd. W. II_2, 785) 1) eine umschwingende Bewegung, Umschwung, subita conversio, 2) der dadurch gebildete Umkreis, 3) das einen solchen Umschweif bildende Band, Tuch: a) pedules, b) Umschlagetuch, 4) der Umschweife machende Schwanz, Schweif. Siehe Anm. 48.

Westgerm. svait (swêt, swât, sweiz) 1) der Schweiss, 2) das aus den Wunden langsam hervorschweissende Blut. Im Got. fehlt das Wort; altn. ist es unorgan. an-Stamm.

Ahd., mhd. seih, seich (Graff VI, 134, Mhd. W. II_2, 242) 1) das Herabträufeln, Harnen, 2) der Harn.

Altn. leikr (Egilss., Cl.); ags. lâc (Ettm. 184, Grein); ahd. leih (Graff II, 152); mhd. leich (Mhd. W. I, 959) Tanz, Spiel, damit verbundener Chorgesang, Opfer etc.; ags. ist das Wort Neutr., wie sangleih bei Notker; got. ist es i-Stamm gleich saggvs, wohl unorganisch wie im Neuisl.

Ahd. sceit (Graff VI, 437); mhd. scheit (Mhd. W. II_2, 105); alts. skêth (Kl. altn. Denkm. 161); ags. sceâd (Ettm. 688); altfr. skêd (R. 1029) 1) Scheidung, Trennung, Sonderung, 2) Entscheidung, Schlichtung, 3) Scheide; altn. skeiđ (Cl.) ist Neutr. 1) Lauf, Laufbahn, 2) Stück von Raum oder Zeit; die Entwicklung von Bedeutung 1 ist nicht klar. — Fast in allen germ. Sprachen steht daneben ein fem. â-Thema.

Altn. reitr (Egilss., Cl.); ahd., mhd. reiz (Graff II, 559, Mhd. W. II_1, 756) 1) das Reissen, 2) der Riss, Bruch, 3) die Linie (ahd.), 4) die Furche (altn.). Wenn im Altn. neben häufigem reitar, reita einmal reitir und zwei Mal reitu vorkommt, so berechtigt dies nicht, einen u-Stamm anzusetzen, wie bei Fick[2] 882 geschieht; ähnliches Schwanken neben sicherer a-Decl. erscheint in smiđr, vegr, stígr.

Altn. sveimr (Egilss., Cl.); mhd. sweim (Mhd. W. II_2, 793)

1) das schwankende Hin- und Herbewegen, Schwanken, Schweben, der Schwung (mhd.), 2) Lärm, Tumult, Kampfgetümmel (altn.). Vergl. den unorgan. an-Stamm ags. svîma (Ettm. 763); altn. svími; altfr. svîma (R. 1062); nnl. zwîm der Schwindel. Gr. II, 12, Schmeller III, 556.

Ags. þrâf (Ettm. 616) manipulus; ursprünglich das Zusammenraffen, dann soviel man auf einmal mit der Hand zusammenrafft. Cf. sceáf, schoup.

Ahd., mhd. guz (Graff IV, 285, Mhd. W. I, 542) 1) das Giessen, Ergiessen, 2) soviel auf einmal die Kehle hinuntergegossen wird, haustus, Schluck. Cf. drunc.

Altn. flug (neutr., ‚but in old writers usually, if not allways, flugr, m.' Cl. 162); ahd., mhd. fluc (Graff III, 762, Mhd. W. III, 344) 1) volatus, 2) jede schnelle Bewegung, lapsus (ahd.), Flucht (altn.), 3) concret der Flügel.

Ags. lor und forlor (Ettm. 181, Grein); alts. farlor; ahd., mhd. verlor (Graff II, 266, Mhd. W. I, 1033) Verderben, Untergang. Dasselbe Wort ist auch ags. los perditio (Ettm. l. c.); ahd. farlos (Gl. K) idem; altn. los ‚looseness, breaking upp' (Cl.).

Ags. þrut (Ettm. 614); alts. farþrot (Kl. altn. Denkm. 177); ahd., mhd. urdruz (Graff V, 250, Mhd. W. I, 397) ‚das drängen, treiben': 1) die drängende, wogende Volksmenge (ags. fiscþrutas turmae piscium), 2) Bedrängniss, Belästigung. Ahd. drioz, mhd. driez hat dieselbe Bedeutung; daneben ahd. noch ein yân-Stamm druzzî.

Ags. soc (Ettm. 668); ahd. suc? sûc? (Graff V, 135); mhd. sûc und diphthong. souc (Mhd. W. II_2, 724) 1) das Saugen, 2) das Ausgesogene, der Saft. Zu soc, sûc, souc kann man duz, diez, dôz und ähnliche vergleichen.

Ahd., mhd. luc (-ges) (Graff II, 135, Mhd. W. I, 1028) 1) das Lügen, 2) die Lüge.

Ags. dreóg (Ettm. 575) prudentia. Siehe Anm. 49.

Altn. bjúgr (Cl.) die Geschwulst.

Altn. hnjóđr (Cl.) das Tadeln. Zu hnjóđa stossen.

Altn. súgr (Egilss., Cl.) 1) das Saugen, Schlürfen, 2) das daraus entstehende Geräusch, 3) allgemein ein Geräusch, vom

Pfeifen des Windes, 4) poet. das Brausen des Meeres, 5) das Meer.

Ahd. dôz (Graff V, 237); mhd. dôz (Mhd. W. I, 373) Schall, Geräusch; mhd. duz (Mhd. W. I, 373) sowie diez (ibid.) bedeuten dasselbe. Cf. Gr. II, 83 ‚kaum zu scheiden vermag ich dôz und duz (beide vom Rauschen des Wassers, der Wellen, des Sturmes, Donners, der Posaune, Geräusch redender Menschen und singender Vögel)‘.

Got. hlauts; alts. hlôt; ahd. hlôz (Graff IV, 1124); mhd. lôz (Mhd. W. I, 1040) 1) Ausloosung, Verloosung, 2) das Loos, wodurch die Handlung geschieht, 3) das Erlooste, die Erbschaft. Ahd. erscheint einmal Neutr., was im Mhd. vorherrschend ist.

Altn. hlutr (Egilss., Cl.); ags. hlot (Ettm. 494); altfr. hlot (R. 820); ahd. hluz (Graff IV, 1124); mhd. luz (Mhd. W. I, 1040) dieselben Bedeutungen wie vorhergehendes Wort. Siehe Anm. 50.

Ags. heáf und heóf (Ettm. 479, Grein) 1) das Klagen, Jammern, 2) die Klage.

Ags. smeác und smeóc (Ettm. 707, Grein); mhd. smouch (Mhd. W. II_2, 433); nhd. schmauch fumus.

Ags. hleáp (Ettm. 493); alts. hloup (Kl. altn. Denkm. 119); ahd. hlouf (Graff IV, 1119); mhd. louf (Mhd. W. I, 1046) Lauf, Sprung; altn. hlaup (Egilss., Cl.) ist Neutr.; Grein II, 89 belegt aus ags. Poesie nur hlŷp, das mit abgefallenem i, wie öfter, sich als ya-Stamm auffassen lässt; ebenso altfr. hlêp (R. 818).

Ahd., mhd. bôz (Graff III, 232, Mhd. W. I, 191) in anebôz als Instrument, worauf κατ' ἐξοχήν geschlagen wird; dieselbe Anschauung in incus und dem folgenden Worte. Ueber langob. walapauz s. Gesch. d. d. Spr. 695.

Ags. heáv (Ettm. 477) ictus; ags. onheáv; mhd. anehou (Mhd. W. I, 722) der Amboss.

Ahd., mhd. flôz (Graff III, 753, Mhd. W. III, 349) fluxus.

Ahd. touf (Graff V, 386) das Eintauchen, die Taufe; nur bei Otfr. und Williram, sonst â oder yâ-Stamm.

Ahd., mhd. stôz (Graff VI, 735, Mhd. W. II_2, 667) 1) das

Stossen, 2) der Stoss. Der im Mhd. mit Umlaut auftretende Dat. Plur. stœzen neben Nom. Plur. stôze ist angebahnt durch ahd. stôzzim contusionibus.

Ahd., mhd. slouf (Graff VI, 806, Mhd. W. II_2, 406) das schliefen, schlüpfen: in ana-, inslouf was man anschlieft, worein man schlieft; urslouf woraus man schlüpft.

Ahd., mhd. gôz (Graff IV, 285, Mhd. W. I, 541) 1) das Giessen (ûzgôz effusio), 2) speciell der Regenguss. In der Bedeutung fusile, gegossenes Metall ist das Wort mhd. Neutrum.

Ags. þreát (Ettm. 613, Grein); mhd. drôz (Lexer I, 469) 1) das Stossen, Drängen, Drücken, die Last, Beschwerde (mhd.), 2) Verdruss, Widerwille (mhd.), 3) das Gedränge, die drückende, drängende Menge, Schaar, besonders feindliche (ags.).

Germ. bauga- (fehlt got. und fries.) der Ring für Kopf, Arm, Hals; die german. Münzeinheit im Heldenalter. Cf. skrt bhoga 1) Windung, Krümmung, 2) Ring.

Altn. skauf (Cl.); ags. sceáf (Ettm. 694, Grein); ahd., mhd. scoup (Graff VI, 410, Mhd. W. II_2, 167) alles was durch Zusammenschieben entstanden ist, Gebund, Bündel, speciell Garbe, Strohbund, Strohwisch; im Altn., wo das Wort Neutr., der einem solchen Bund ähnliche Fuchsschwanz.

Mhd. strûch (Mhd. W. II_2, 702) das Straucheln, Fallen, der Fehltritt. Zu Wurzel strug in altn. strjúka streichen, gleiten. Siehe Anm. 51.

b) Nach Stamm oder Genus mehr oder weniger unsichere Wörter.

Ahd. duns (Graff V, 197) tractus, ductus. Zu dinsan, got. atþinsan ziehen, nhd. aufge-dunsen.

Ahd. stung (Graff VI, 694) 1) das Stechen, 2) das Resultat desselben, der Punct.

Mhd. dunc (Mhd. W. I, 359) das Bedünken.

Got. qums Ankunft, Wiederkunft.

Ags. stun (Ettm. 735) strepitus; da es zweifelsohne gleich gr. *στόνος* ist, so lässt sich hieraus das a-Thema schliessen Curtius Grundz.[2] No. 220.

Ags. scurf (Ettm. 681); ahd. scorf (Graff VI, 544) das

Kratzen, Jucken, scabies. Zu ags. sceorfan, scearf (Ettm. 681), welches Wort Fick I[3], 811 als germ. Repräsent. nachzutragen ist.

Ahd., mhd. winch, winc (Graff I, 720, Mhd. W. III, 704) nutus.

Mhd. grël, -lles (Mhd. W. I, 573) der Schrei.

Altn. brestr (Egilss., Cl.); ags. berst (Ettm. 286, Grein); mhd. brëst (Mhd. W. I, 256) 1) fragor, 2) das Brechen, Gebrechen an etwas, der Mangel. Neben dem a-Stamm scheint in allen drei Sprachen ein gleichbedeutender i-Stamm zu liegen.

Ags. limp (Ettm. 163) das sich Ereignende, accidens quodvis; mhd. gelimpf (Mhd. W. I, 999) angemessenes Benehmen lässt sich schwer als Compositum von limpf fassen; es setzt gelimpfen voraus.

Mhd. gerinc (Mhd. W. II_1, 714) das Ringen, Bemühen.

Mhd. schrimpf (Mhd. W. II_2, 217) das Ritzen, die Schramme.

Mhd. wint (Mhd. W. III, 682) reflex. das sich Winden, Drehen; trans. das Winden, Drehen in über-, under-, widerwint.

Ags. sveorc (Ettm. 754); mhd. swërc und swarc (Mhd. W. II_2, 815) die Verfinsterung, die Finsterniss.

Altn. klapp (Egilss., Cl.); ahd. chlaph (Graff IV, 556); mhd. klapf (Mhd. W. I, 834, Lexer I, 1596) 1) das Zusammenschlagen, 2) Knall, Krach, 3) verleumderisches Geschwätz, 4) Riss, Spalte. Altn. ist das Wort selten und Neutr.

Ahd., mhd. klanc (Graff IV, 565, Mhd. W. I, 844) 1) Klang von Gesang, Glocken, Musikinstrumenten, 2) das Rauschen, Plätschern des Wassers; ist mhd. Umlaut unorganisch?

Germ. falla- das Fallen, der Sturz (fehlt got.); altn. ist das Wort eben so sicher Neutr., wie ahd. und altfr. Masc.; ags. und alts. ist das Genus unbestimmt; mhd. besteht unorganischer Umlaut, auch das Ahd. bietet einmal den Acc. Plur. falli.

Ahd., mhd. schranc (Graff VI, 582, Mhd. W. II_2, 203) 1) Krümmung, Windung, Biegung, 2) Flechtung, Umschliessung,

Verschränkung, 3) concret Gitter, Zaun, Einfriedigung, 4) der freie Raum innerhalb einer Absperrung, die Schranken, 5) Schrank, spintrum, 6) Windung, Krümmung, moral. genommen: fraus (ahd.). Mhd. lautet der Plur. schranke und schrenke. Siehe Anm. 52.

Ahd., mhd. stant (Graff VI, 607, Mhd. W. II_2, 590) 1) das Stehen, 2) die Lebensstellung eines Menschen.

Ahd., mhd. swanc (Graff VI, 887, Mhd. W. II_2, 805) die schwingende Bewegung, vibratio. Mhd. Nom. Plur. swanke, Dat. Plur. mit swenken; Umlaut unorganisch?

Ahd. ran in anaran (Graff II, 519) impulsus; mhd. ran (Lexer II, 340)· Strom, Fluss. Weder Genus noch Thema ist ersichtlich; Graff räth auf Masculinum.

Mhd. gal (Mhd. W. I, 457) der Gesang,

Mhd. galf (Mhd. W. I, 518) lautes, übermüthiges Geschrei

Mhd. glanz (Mhd. W. I, 548) der Glanz, Schimmer.

Mhd. gral (Mhd. W. I, 573) der Schrei.

Mhd. hal (Mhd. W. I, 685) das Schallen, Tönen.

Mhd. kraz (Mhd. W. I, 877) das Kratzen.

Mhd. qual, wazzerqual (Mhd. W. I, 898, Lexer II, 314) das Aufsprudeln des Wassers.

Ahd., mhd. dampf (Graff V, 141, Mhd. W. I, 331) der Dampf, Rauch.

Mhd. saz (Mhd. W. II_2, 339) das Sitzen.

Mhd. snar, snur (Mhd. W. II_2, 449) 1) das Schnarren, Rauschen, Schmettern, 2) Zwitschern der Vögel.

Mhd. spranz (Mhd. W. II_2, 528) das ‚auf-, auseinanderspringen‘: das sich Spreizen; es ist im Plur. Umlaut belegt; organisch? vergl. ags. sprintan, altn. spretta rumpi.

Mhd. swaz (Mhd. W. II_2, 766) das Schwätzen.

Mhd. swal (-lles) (Mhd. W. II_2, 792) 1) das Anschwellen, der Schwall, 2) die angeschwollene Masse.

Ahd., mhd. swant (Graff VI, 885, Mhd. W. II_2, 799) 1) das Dahinschwinden, 2) die Verwüstung, Zerstörung.

Mhd. trac (Mhd. W. III, 76) das Tragen; in mehreren Compositis.

Mhd. vlans (Mhd. W. III, 336) das Verziehen des Mundes.

Mhd. wan in tagewan (Mhd. W. III, 497) die Arbeit eines Tages, Tagewerk; zu got. vinnan, ahd. winnan.

Mhd. blâs (Mhd. W. I, 201, Lex. I, 297) das Blasen, der Hauch.

Mhd. wâz (Mhd. W. III, 538) das Wehen, Duften; ist der Plur. wæze als organisch anzusehen?

Alts. swôr in antswôr Antwort; ahd., mhd. swuor und eidswuor (Graff VI, 896, Mhd. W. II_2, 773) conjuratio. Grundbedeutung der Wurzel svar ist tönen; skrt svara der Ton.

Mhd. glit (Mhd. W. I, 549) das Ausgleiten.

Ahd. wih (Graff I, 708) oder wîh? wie mhd. (Mhd. W. III, 616) 1) das Wanken, Weichen, 2) das einmalige Wanken, der Moment. Altn. vik (Cl. 705) ist Neutr.

Ahd. trîp (Graff V, 483) nur in Compos.; mhd. trîp (Mhd. W. III, 89) das Treiben, Antreiben. Vergl.: ‚drîf (vel drif) -es, m? febris‘ Ettm. 577.

Ahd., mhd. sic, -ges und gesic (Graff VI, 132, Lex. II, 901) 1) der Herabfall, das Herabträufeln, 2) Ort, wo etwas träufelt. Ettm. 666 hat: ‚sic (sich) -es m? n? sulcus aquarius, lacuna, fossa‘. Altn. sig (Egilss., Cl.) ist Fem. und Neutr. funis demissarius.

Ahd., mhd. slih, slich (Graff VI, 786, Mhd. W. II_2, 398) 1) leises, langsames Gehen, Schleichen, 2) Spur. Wie steht hierzu das lautlich gleiche ahd., mhd. slih, slich coenum, Schlamm?

Mhd. slif (Mhd. W. II_2, 401) 1) intrans. das Gleiten, Schlüpfen, Fallen, 2) transitiv das Schleifen, Glattmachen, die Glätte.

Ahd. smiz (Graff VI, 837) nevum; bismiz contagio, illuvies. Graff setzt Masc. an.

Mhd. schiz (Mhd. W. II_2, 177) nur in beschiz in übertragener Bedeutung: Betrug.

Altn. skítr (Cl.) merda.

Ahd., mhd. glîz (Graff IV, 790, Mhd. W. I, 550) der Glanz.

Alts. flît; altfr. flît (R. 746); mnl. vlijt; ahd., mhd. flîz (Graff III, 780, Mhd. W. III, 352) ‚das Streben‘: 1) Eifer, Wetteifer, 2) Sorgfalt, Fleiss.

Mhd. grîn (Mhd. W. I, 576) lautes Geschrei, Gewieher.

Ags. scîn (Grein); ahd., mhd. scîn, schîn (Graff VI, 510, Mhd. W. II_2, 144) 1) das Scheinen, Strahlen, Glänzen, 2) der äussere Schein im Gegensatz zum Wirklichen, 3) concret das Gespenst.

Mhd. kîp, -bes (Mhd. W. I, 803); mnl. kijf; altn. kíf (Cl.); westerlauwer fries. kîf (R. 871) ist Neutr.; ostfries. tsîve ist st. Fem.; aus mnd. kief (Brem. W. II, 778) erhellt das Genus nicht: das Streiten, Zanken, die Widersetzlichkeit. Cf. D. W. V, 429.

Ags. cîd (Ettm. 390) contentio.

Ahd. smeih (Graff VI, 823) das Streicheln, blanditiae.

Ahd., mhd. screi, schrei (Graff VI, 566, Mhd. W. II_2, 215), auch mhd. schrî (Lexer II, 793) 1) das Schreien, ululatus, 2) der einzeln ausgestossene Schrei.

Ahd., mhd. kreiz (Graff IV, 623, Mhd. W. I, 818) Kreislinie, Umkreis. Zu einer Wurzel skrid drehen, daher 1) Umdrehung, 2) Resultat einer Umdrehung, Kreislinie, Kreis. Cf. D. W. V, 2124, Gr. II, 216; dagegen J. Schmidt Voc. 65, wo obige Etymologie gegeben wird.

Altn. deig (Cl.) Neutr.; got. daigs (a-, i-Thema?); ags. dâg (Ettm. 567) m.? ahd. teic (Graff V, 377); mhd. teic (Mhd. W. III, 19) ‚das kneten': die durch Kneten entstandene Masse, der Teig, farinaria.

Got. mait in bimait; mhd. meiz (Mhd. W. II_1, 132, Lex. I, 2090) das schneiden, hauen: 1) das Beschneiden (got.), 2) Holzschlag, Holzabtrieb (mhd.); cf. Schmeller II, 627. Das got. Wort ist Neutr.; sind die beiden Wörter Bildungen der Einzelsprachen?

Mhd. streich, strîch (Mhd. W. II_2, 687. 688.) 1) das Streichen, 2) der einzelne Schlag.

Mhd. streif (Mhd. W. II_2, 689) Streifzug.

Got. þlauhs die Flucht.

Got. krusts das Knirschen; zu kriustan.

Mhd. biet (Mhd. W. I, 182) das Bieten, Gebieten.

Altn. bútr (Cl. 89); mhd. biez, bûz (Mhd. W. I, 291) 1) das Schlagen, Stossen, 2) das einmalige Schlagen, der Schlag, Schmiss (mhd.), 3) der abgeschlagene Klotz.

Mhd. niez (Mhd. W. II_1, 394) 1) das Geniessen, die Benutzung, 2) der Genuss, den man daraus zieht.

Mhd. schiel (Mhd. W. II_2, 110) abgerissenes Stück, Splitter.

Altfr. klêf (R. 608) in ârklêf Ohrenzerspaltung (ê wie in binêta = alts. biniotan, grêt = alts. griot etc.).

Ahd. rôz (Graff II, 562) fletus, ploratus; mhd. rûz in snabelrûz ein Scheltwort; riez (Mhd. W. II_1, 825) Geräusch, Lärm.

Man kann zweifeln, ob man diese Wörter zu Wurzel rud (ags. reótan, ahd. riozan) oder zu krud (in ags. hrûtan, altn. hrjóta) halten soll; rôz das Weinen, das man am ehesten zu rud stellen möchte, wird gerade hrôz geschrieben im Ahd.; vielleicht sind zwei der Bedeutung nach nahe verwandte Wörter zusammengefallen.

Mhd. kloup in winterkloup (Mhd. W. I, 846) der Winter; kloup bedeutet wohl Vernichtung, Zerstörung, und die durch den Winter verursachte Zerstörung der Natur steht poet. für den Winter selbst.

Germ. haupa- (fehlt got.) 1) Erhöhung, 2) Damm, Haufe, speciell Scheiterhaufe, 3) jeder grosse Vorrath an Dingen, 4) die einen Haufen bildende Menschenmenge, Versammlung, 5) ags. spec. centuria: ‚centurias getalu vel heápas vel hundredu'. Vergl. Joh. Schmidt Vocal. S. 162.

II) Nomina Agentis Masc. Gen., die ihrem etymologischen Werthe nach unbestimmbar sind. Meistentheils sind sie auch in Bezug auf Thema und Genus mehr oder weniger unsicher.

Mhd. zëlt (Mhd. W. III, 869) der sanfte, jedoch rasche Schritt eines Pferdes.

Altn. kjarkr (Egilss., Cl.) virtus, fortitudo, animus constans.

Altn. vegr (Egilss., Cl.) gloria, honor.

Altfr. trek (R. 1093) Zug, Reise. Zu altn. draga lässt es sich lautlich nicht stellen; aus lat. tractus?

Altn. prettr (Cl.); ags. prätt (Ettm. 275) Kniff, List, Schlauheit. Sollte sich dies etymologisch höchst dunkle Wort zu gr. φράζω, ἐ-πέ-φραδ-ον, φράδ-μων klug, listig, φραδή

Verstand, Klugheit stellen? unter Annahme ursprünglicher Tenuis affricata im Anlaut lässt sich lautlich sowie der Bedeutung nach nichts einwenden gegen diese Etymologie.

Ags. hnol (Ettm. 497); ahd. hnol, hnël (Graff IV, 1131); mhd. nol, nël (Mhd. W. II, 330. 406, Lexer II, 52. 99) vertex, culmen, cacumen; mhd. hat nol noch die specielle Bedeutung mons Veneris.

Ahd. spot, -ttes (Graff VI, 327); mhd. spot (Mhd. W. II_2, 578); altn. spottr (Egilss., Cl.) jocus, ludicrum, ridiculum. Das altn. Wort wird wohl aus dem Nd. entlehnt sein, es kommt erst spät vor.

Mhd. smaz, smuz (Mhd. W. II_2, 424. 434) der Kuss. Die Tenuis affricata erklärt sich nach dem oben S. 49 ff. unter lokka- Bemerkten.

Mhd. traz, truz (Mhd. W. III, 84. 85) der Trotz. Cf. Graff V, 480 truzi clientias, Graff V, 548 anabetrucet impetuntur.

Ags. smäc (Ettm. 705); ahd., mhd. smah, smac (Graff VI, 824, Mhd. W. II_2, 416) 1) Geruch: a) activ der Geruchsinn, b) passiv das dadurch Wahrgenommene; 2) Geschmack: a) activ der Geschmacksinn, b) das durch den Geschmacksinn Empfundene.

Mhd. jac in bejac, gejac etc. (Mhd. W. I, 766) wohl ursprünglich wie der â-Stamm jage das Jagen, dann die erjagte Beute, allgemein der Erwerb. Graff denkt an Weiterbildung aus der Wurzel yâ gehen. In den andern germ. Sprachen erscheint nichts Verwandtes.

Got. vamm (Genus und Thema unbestimmt); ags. vom (Ettm. 791, Grein) und alts. vam sind Masc., selten Neutr.; altn. vöm ist â-Stamm: Schandfleck, Sünde. Fick erinnert wie schon Bopp Gloss. Comp.[3] 348 an skrt vam, lat. vomere.

Ags. raps (Ettm. 257) interstitium (wohl aequinoctialis temporis).

Altfr. fad (R. 724) 1) Verminderung, Verringerung, 2) das Beschneiden von Geld. Richthofen verweist auf isl. fæð; dies bedeutet aber unfreundliches Wesen, Kälte und ist wohl aus faviþâ- Wortkargheit entstanden, von fár (fava-) wenig, wortkarg.

Altfr. san (Dat. sanne) (R. 1000) Streit; mit sanna streiten zu got. sunja Wahrheit, sunjis wahr, sunjon rechtfertigen, vertheidigen, entschuldigen?

Got. leva-? (m.? n.?), levi-? Gelegenheit, Veranlassung.

Altfr. skâk in skâkdêde, skâkrâf (R. 1020); ahd. scâh (Graff VI, 411); mhd. schâch (Mhd. W. II_2, 60) Räuberei. Cf. Kuhn Z. III, 430.

Altn. fár (Egilss., Cl.); ags. fær (Ettm. 343, Grein); alts. fâr; mhd. vâr (Mhd. W. III, 265); ahd. und mhd. daneben ein â-Thema fâra, vâre (Graff III, 575, Mhd. W. l. c.); altn. ist das Wort Neutr.: alles plötzlich Kommende, an den Menschen Heranfahrende: Noth, Drangsal, Zorn, Schrecken, Furcht, Ueberfall, Nachstellung, Lauer. Got. liegt das Wort dem mit Secundärsuffix ya gebildeten ferja Nachsteller zu Grunde. Siehe Anm. 53.

Ags. hræc (Ettm. 502) tussis, vomitus, saliva; altn. hráki (Egilss., Cl.) ist unorgan. an-Stamm. Mit hræcan, altn. hrækja spuere zu ahd. racho, hracho der Rachen, rachisôn spuere.

Altn. kárr (Cl.) die wellenförmigen Kräuselungen, Krümmungen des Haares.

Altn. dámr (Cl.) flavour; Cleasby stellt das Wort mit einem perhaps zu ahd. dampf, für das man jedoch altn. þapp erwartet.

Altn. ómr (Cl.); ags. vôm (Ettm. 145, Grein) sonitus, fragor. Daneben in beiden Sprachen an-Stamm; cf. Grimm Andr. und El. S. XXX ff.; Myth.[2] pag. 131.

Altn. óđr (Egilss., Cl.); ags. vôđ (Ettm. 146, Grein) sonus, clamor, cantus. Das Wort hat, wie das Ags. zeigt, mit altn. óđr furiosus nichts zu thun; dies gehört zu ahd. wuot, ags. vôd. Cleasby stellt es zu veitvods; altn. hat es noch die Bedeutungen mind, wit (νοῦς); dies ist aber jedenfalls ein anderes Wort und mit adj. óđr zusammenhängend. Einen beachtenswerthen Versuch, dieses Wort mit dem vorhergehenden zu verbinden, macht Ettmüller, indem er vôhm, vôhđ als Grundformen ansetzt; beide gehörten mit ahd. gawahan, lat. vox etc. zu W. vak tönen, reden. Der Ausfall des h im Ags., Altn. hat Analogien; cf. altn. rán, ags. ræn neben ahd. rahanên etc.

Altn. rómr (Cl.) 1) clamor, strepitus, sonus, 2) acclamatio; cf. Tac. Germ. XI. Egilss. 671 hat sw. Fem.

Mhd. bîl (Mhd. W. I, 123) der Augenblick, wo das gehetzte Wild steht und sich gegen die Hunde zur Wehr setzt. Vergl. Gr. I, 389, II, 71. 1021; D. Wörterb. I, 1376. Hierzu auch altn. bil (Egilss., Cl.) Neutr. ‚a moment, twinkling of an eye'?

Altn. rígr (Egilss., Cl.) 1) Steifheit im Nacken, im Rücken, 2) Kälte im Betragen gegen jemand. Daneben kommt im Reime auf sig einmal rig Neutr. vor; sollte das Wort nicht aus lat. rigor, rigēre entlehnt sein?

Ahd., mhd. kêr (Graff IV, 479, Mhd. W. I, 799) Richtung, Wendung, Um-, Abwendung. Ahd. und mhd. ist auch ein â-Thema kêra, kêre vorhanden.

Altn. geigr (Egilss., Cl.) Schaden, Nachtheil, Verlust. An got. gageigan (sw. v.) gewinnen, faíhugeigo Habsucht lässt sich begrifflich nicht denken.

Mhd. kriec (Mhd. W. I, 879) 1) Anstrengung, Streben nach etwas, 2) Streben gegen etwas, Widerstand, 3) Streit mit Worten, Zwist, Zwietracht, 4) handgreiflicher Streit, 5) Streit mit Waffen, Kampf, Krieg. S. D. Wörterb. V, 2214.

2. DIE NOMINA ACTIONIS NEUTRA.

I) Etymologisch klare Beispiele:

a) Solche, deren Thema sicher ist, nach dem Wurzelvocal geordnet.

Ahd. giwon (Graff I, 870) usus; substant. Adjectiv.

Altn., ags., ahd.; mhd. spor Spur, Fährte. Fick I³, 872, wozu Pott II², 281 über huof zu vergleichen ist.

Got. bistugq der Anstoss.

Ags. trum (Ettm. 545) robur; substant. Adjectiv.

Ags. þun (Ettm. 591) clangor. Dies Wort sowie þunor, donar, tonitru, τόνος haben mit W. tan dehnen nichts gemein, sondern gehören zu skrt tányati erschallen, laut tönen, rauschen, tanayitnu Donnergewölk; die Wurzel ist eine arische Nebenform zu stan und aus ihr entstanden. Cf. P. W. III, 221.

Altn. trođ (Egilss.) pressio, compressio. Zu trođa calcare, ahd. trëtan.

Ags. vin (Ettm. 124, Grein); alts. gewin; ahd. gawin (Graff I, 881); mhd. win und gewin (Mhd. W. III, 712) 1) das Wirken, Arbeiten, 2) der Erwerb, 3) Vortheil, Nutzen. Das Wort ist mhd. Masc., eine Stelle fürs Neutr. bringt Lexer I, 991 bei; ahd. in Gl. Ker. Neutr, in Tegerns. Gl. Masc.

Ags. gët, git in andgët (Ettm. 419, Grein) intellectus; ahd. âgëz (Graff IV, 270) oblivio. Grundbedeutung ist ‚das fassen': das Fassen mit dem Geist. Dass im Altn. das Wort bestand, darf wohl aus getgangr, getspákr gefolgert werden; mhd. besteht ein â-Thema, das in altn. geta unorgan. erweitert ist.

Altn. spiall (Egilss., Cl.) nur im Plur.; ags. spild (Grein) 1) das Verderben, Zerstören, 2) die angerichtete Zerstörung, 3) der Schaden. Ags. ist das Wort an der einen beweisenden Stelle Mascul.

Ahd. kawëp (Graff I, 646) das Weben, die Zusammenfügung.

Ahd., mhd. giwët (Graff I, 739, Mhd. W. III, 774) 1) Verbindung, 2) Joch, Paar von Menschen und Thieren.

Ahd. giwël (Graff I, 794) alles Zusammengeballte, Gewälzte: von den Knäueln einer Schlange, den sich thürmenden Wogenmassen, den andringenden Stürmen.

Ahd. giwër (Graff I, 946); alts. giwër Aufruhr.

Germ. verka- (fehlt got.) 1) das Wirken, Thun, 2) die That. (Gr. ἔργον.)

Germ. verda-, verþa- 1) das werth sein, würdig sein: die Würde, der Preis, 2) Sache von einem gewissen Werth; substantivirtes Adjectiv.

Ags. -veorp (Grein I, 481, II, 717); ahd., mhd. -wërf (Graff I, 1039, Mhd. W. III, 740) nur in Compositis 1) das Werfen, Bringen, 2) das Zusammengebrachte.

Germ. gelda-: 1) Abgabe, Steuer, speciell der Beitrag zu einem Opfer, dann das Opfer selbst (cf. ags. bring holocaustum) und geradezu idolum (ags.), 2) Ersatz, Lohn, Vergeltung, 3) die zur Zahlung benutzte Münze.

Ahd. chnët und kechnët (Graff IV, 581) 1) das Kneten als der Act der Handlung, 2) die Masse, welche sich gestaltet, der Teig.

Mhd. bërc (Mhd. W. I, 59) 1) die Verbergung, 2) Mittel und Ort zum Bergen. Das Wort ist von dem aus germ. Einheit stammenden bërc (m.) als mhd. Neubildung gesondert zu halten.

Germ. þenga- (fehlt got.) viele und leicht erkennbare Bedeutungen, welche aber Grundbedeutung und Ausgangspunct, ist schwer zu sagen. Das Wort stellt sich ungezwungen zur Wurzel tak hauen, zurecht machen, anfügen, ordnen; demnach etwa 1) Gegenstand, Sache, 2) Verhandlung einer Sache, 3) Ort der Verhandlung, 4) die zur Berathung gerichtlicher Verhandlungen berufene Versammlung. Cf. Grimm Rechtsalt. 747.

Altn., ags., alts. sët; ahd., mhd. sëz das sich niederlassen: 1) die Belagerung, 2) Ort, wo man sich niederlässt, a) einmal: Sitz, Sessel, Bank, Lager, b) dauernd: Wohnsitz, Haus, 3) womit oder worauf man sich niederlässt, Gesässe, nates. Mhd. ist sëz öfters Masc.

Germ. spella- Rede, Erzählung, Nachricht, Fabel.

Ags. sprëc (Grein); mhd. sprëch (Mhd. W. II_2, 534) 1) das Sprechen, 2) das Wort, ein einzelner Ausspruch.

Westgerm. smër in bismër (fehlt altfr.) das Besudeln mit Worten, Beschimpfen, der Schimpf. Mit gr. *μύρον* Salbe zu einer Wurzel smar, die mit Suffix va in westgerm. smerva- Salbe, Suffix tra in got. smairþra- Fett, Suffix na in got. smarna- Koth vorliegt.

Got. til; ags. til (Grein); ahd., mhd. zil (Graff V, 658, Mhd. W. III, 881) substant. Adjectiv, daher in den einzelnen Sprachen je nach den Bedeutungen desselben auseinandergehend. Die altn. Präpos. til ist wohl ein Casus dieses Substantivs und nicht mit Cleasby als durch l erweitertes ags. tô, te, ahd. zuo, ze anzusehen; doch ähnlich Gr. III, 257.

Mhd. grim (Mhd. W. I, 573) die Wuth; substant. Adjectiv.

Ags. gerëc (Grein); ahd., mhd. gerëh, gerëch (Graff II, 398, Mhd. W. II, 587) das Wohlbefinden, die gehörige Beschaffenheit, der gute Zustand; substant. Adjectiv.

Got. filh in ana-, ga-, usfilh 1) Empfehlung, Ueberlieferung, 2) das Uebergeben in die Erde, Begräbniss.

Got. faíh der Betrug, die Betrügerei; eigentlich das Fangen, cf. Bauernfängerei und denselben Sprachgebrauch bei capere: sapientis est cavere, ne capiatur; mundus vult decipi, decipiatur.

Ags. gif und eardgif (Grein) 1) das Geben, 2) die Gabe.

Ags. gedeorf (Ettm. 559) Trübsal, Noth, Drangsal; substant. Adjectiv.

Ags. dëlf (Ettm. 559) 1) effossio, 2) fossa.

Ags. spin und inspin (Ettm. 717) opificium netorium.

Ags. bleóh, blioh (Ettm. 311, Grein) 1) die Farbe, 2) Gestalt; substant. Adjectiv.

Altn. rek (Egilss., Cl.); altfr. rech in fortrech (R. 754) 1) das Treiben, Stossen, 2) bildlich die Verfolgung, 3) das umhergeworfene und getriebene Wrak.

Altn. brek (Egilss., Cl.) 1) als Gesetzausdruck betrügliche Erwerbung von Land, 2) im Plur. grillenhafte Bitten der Kinder. Zu dieser Bedeutung vergl. mhd. brëchen in Stellen wie ‚sîn hërze ër dar ûf brach', ‚wande sich mîn wille ie nâch dir brach' (Lex. I, 344).

Altn. skil (Egilss., Cl.) 1) das Spalten, Scheiden, 2) die Unterscheidung, 3) die Fähigkeit zu unterscheiden, zu sondern, Urtheil, Kenntniss.

Altn. kjarf (Cl.) das Bündel. Zu ags. ceorfan secare; ein mhd. kërb (st. m.) der Einschnitt siehe bei Lexer I, 1547 unter kërben.

Altn. kvef (Cl.) a catarrh. Cf. mhd. erquëben ersticken (Haupt Z. V, 239); zu skrt jabh schnappen nach etwas.

Altn. smelt (Cl.) enamelling; substant. Adjectiv.

Altn. svell (Cl.) eigentlich jede durch Anschwellen entstandene Masse, daher das aufgestaute Eis. Cf. mhd. ‚der wëlte breite, lenge, swal' (Mhd. W. II_2, 792).

Altn. hjall (Egilss., Cl.) chatter, talk, tittle-tattle; substant. Adjectiv, das in mhd. hël tönend, laut, ahd. gahël consonans erhalten ist.

Altn. lag (Egilss., Cl.); ags. läg (Ettm. 162); alts. lag;

ahd. lac (Graff II, 96) Ordnung, Bestimmung, Schicksal, Gesetz.

Altn. hald (Egilss., Cl.); ags. geheald (Ettm. 455); mhd. halt (Mhd. W. I. 623) (nur in Compositis) 1) Bewahrung, Beobachtung, 2) Schutz, Schirm, Hilfe, 3) Genuss, Nutzen. Ettm. gibt Masc. an; cf. noch Graff IV, 907 unter kahalt.

Altn. klak (Cl.); mhd. klac (Mhd. W. I, 831) 1) das Bersten, Krachen, 2) der Knall, Krach, 3) Riss, Spalt.

Got. sagqv; altn. sökk (Egilss., Cl.) 1) das Sinken (altn.), 2) der Abend (got.).

Got. andstald das Darreichen, Gewähren.

Altn. val und valr (Egilss., Cl.); ags. väl (Ettm. 76, Grein); ahd. wal (Graff I, 801); mhd. wal (Mhd. W. III, 466) 1) Wahl, Auswahl (cf. ahd. wala Fem.), 2) mit Beschränkung der Begriffssphäre die von Óđinn und Freyja getroffene Auswahl: a) die Todten des Schlachtfeldes, b) die einzelne Leiche. In Bedeutung 2 ist das Wort altn. immer Mascul.; die Etymologie schon bei Wolfram Titur. $105_{,4}$.

Altn. varp (Egilss., Cl.); ags. vearp (Ettm. 105, Grein); ahd., mhd. warf (Graff I, 1039, Mhd. W. III, 740) 1) das Werfen (altn.), 2) der Aufzug beim Gewebe, der Zettel.

Altn. bragđ (Egilss., Cl.); ags. brägd (Ettm. 318) 1) die Schwingung, die schnelle Bewegung (altn.), 2) List, Klugheit (ags., altn.), 3) die Art und Weise des Benehmens, das Aeussere. Ags. ist das Wort Masc.

Altn. hválf, hvólf (Egilss., Cl.); ags. hvalf (Ettm. 512, Grein); ahd., mhd. ist das Wort sw. Masc.; ags. ist das Genus unsicher, einige Stellen könnten für ein Feminin. sprechen: die Wölbung. Das Wort entspricht gr. *κόλπος*, dessen ursprüngliche Bedeutung noch bei Pindar erhalten ist in *αἰθέρος κόλπος* = ags. heofones hvealf. Da es nun im Griech. Masc. ist, im Ahd. ebenfalls, und nach Bugge in Curtius Stud. IV, 333 altschw. gleichfalls hválfr galt, so würde es vielleicht besser unter den Masc. eingereiht; cf. Pott II², 463.

Altn. slag (Egilss., Cl.) 1) das Schlagen, 2) der Schlag, 3) der Kampf, die Niederlage, 4) die Art und Weise. Daneben besteht in den meisten germ. Sprachen ein â-Stamm;

altn. ebenfalls, aber mit der speciellen Bedeutung Saitenspiel.

Ahd., mhd. arc (Graff I, 413, Mhd. W. I, 55) das Böse, Uebel; substant. Adjectiv. Das vom mhd. Wörterb. angegebene Masc. ist falsch, s. Lexer I, 90.

Altn. vađ; ags. väd; ahd. wat 1) der Ort in Flüssen und Meeren, der durchwatbar ist (cf. die Fuhrt), 2) Sund, Meeresarm, weil solche am leichtesten überschritten wurden, 3) Meer überhaupt.

Westgerm. grab alles durch Graben Gebildete: Grube, Loch, Graben. Ostgerm. ist das Wort â-Stamm.

Mhd. gram (Mhd. W. I, 575) Zorn, Unmuth; substant. Adjectiv.

Germ. banna- (fehlt got.) Befehl bei Strafandrohung. Ahd. ist das Wort Masc., mhd. hat es unorgan. Umlaut; auch Graff bietet einmal banni (Nom. Plur.).

Germ. fanga- (fehlt alts.) 1) das Fangen, Fassen, 2) das Umfassen, der Umfang. Ahd. und mhd. in Compos. Masc., fries. immer Masc ; mhd. unorgan. Umlaut.

Ags. mang (Ettm. 216); alts. gimang; mhd. gemanc (Lexer I, 835) 1) Vermischung, Gemenge, 2) ein Haufe von Menschen. Mhd. ist das Wort Masc.; zu Wurzel miç gehörig, die durch Nasalirung in die a-Reihe übergetreten. Joh. Schmidt Voc. S. 65.

Mhd. kranc (Mhd. W. I, 874) 1) Schwäche, Mangel, 2) Schwächung, Schaden, Abbruch.

Altn. far (Egilss., Cl.); ags. fär (Ettm. 531, Grein); ahd., mhd. far (Graff III, 574, Mhd. W. III, 250) 1) das Fahren, Gehen in infär ingressus, oferfär transgressus, 2) Kriegszug, 3) die Art und Weise, wie jemandes Dinge gehen, Lage, Zustand (nur altn.), 4) Ort, wo man fährt, geht, via, 5) wo man über einen Fluss fährt, das Fahr (Otfr.), 6) Hafen, als Ort, wo man hineinfährt (urfar kann sein der Ort, wo man abfährt, oder wo man aus der See ans Land geht), 7) das Mittel, womit man fährt: vehiculum, navis.

Got. dragk; alts. drank; ahd. tranch (Graff V, 538); mhd. tranc (Mhd. W. III, 93) 1) das Trinken, 2) das Getränke, welches getrunken wird. Mhd. kommt schon einige

Male Masc. vor, das nhd. das ursprüngliche Neutr. ganz verdrängt hat.

Altn. skap (Egilss., Cl.); ags. scäp (Ettm. 673, Grein); alts. skap; ahd., mhd. scaf (Graff VI, 450, Mhd. W. II_2, 70) 1) das Schaffen, Anordnen, die Anordnung, 2) im Plur. die vom Geschick getroffene Anordnung, Schicksalsbeschluss, 3) die Lage, Beschaffenheit, in die ein Mensch versetzt ist, 4) die Beschaffenheit der geistigen Fähigkeiten eines Menschen, die Anlagen (nur altn.), 5) das Geschöpf, 6) speciell: verenda, pudenda (nur ags.). Ueber den mannigfachen Wechsel, den dies Wort in Thema, Genus, Bedeutung als zweites Glied eines Compositums erleidet s. Gr. II, 520 ff. Vergl. Anm. 26.

Altn. mak (Cl.); ahd., mhd. gimah, gemach (Graff II, 635, Mhd. W. II_1, 13) 1) Ruhe, Wohlbehagen, Bequemlichkeit, 2) die Langweiligkeit (altn.), 3) Ort, wo man Ruhe findet, Wohnung, Zimmer; substant. Adjectiv mhd. gemach passend, bequem. Analoge Bedeutungsentwicklung hat skrt okas (zu uc) 1) Behagen, Gefallen, 2) Ort des Behagens, Heimwesen, Wohnstätte, Pott III^2, 136; umgekehrte Bedeutungsentwicklung liegt in skrt kshema vor. Vergl. noch Kuhn Z. XII, 107.

Mhd. wal, -lles (Mhd. W. III, 470) das Wogen, Wallen.

Altn. válk (Cl.); ags. vealc, gevealc (Ettm. 78); mhd. walc (Mhd. W. III, 469) 1) das Wälzen, Rollen, 2) das Hin- und Hergeworfenwerden, 3) die Bedrängniss, Noth, 4) das Durchbläuen (mhd.).

Altn. brak; ags. bräc; alts. gabrak; ahd. gabrëh 1) das Brechen, 2) das entstehende Geräusch, Lärm, Getöse (cf. fragor zu frangere), 3) die drängende, lärmende, wogende Volksmenge (alts.).

Alts. swart die Finsterniss; substant. Adjectiv.

Altn. tal (Egilss., Cl.); ags. täl (Ettm. 520); alts. tal 1) Berechnung, Aufzählung, 2) Zahl, 3) Erzählung, Rede überhaupt; substant. Adjectiv tala- passend, richtig. Cf. ags. untäl incommodus, als Substantiv malum.

Alts. wah Böses, Uebel; substant. Adjectiv.

Alts. giwand; ahd. giwant (Graff I, 762) 1) Wendung, 2) Ort, wo eine Sache eine Wendung nimmt, Wendepunct,

Ende, 3) die Wendung, das Wenden, Wanken als habituelle Eigenschaft, der Zweifel. Otfr. hat einmal Acc. Plur. giwanta, also Masc., s. Kelle Formen- und Lautl. der Spr. Otfr. S. 142.

Ags. vräc (Ettm. 150, Grein) Verbannung, Verfolgung, Elend.

Altn., ags. van Fehler, Mangel; substant. Adjectiv.

Altn., ags. bland mixtura, mixtio.

Ags. gäd (Grein) societas; substant. Adjectiv.

Ags. gläd (Grein) die Freude, das Frohsein; substant. Adjectiv.

Altn. hlađ (Cl.); ags. hläd (Ettm. 490) 1) alles regelrecht Aufgeschichtete, die Anhäufung, 2) der Damm, 3) eine Last. Zu hladan congerere, exstruere.

Ags. hvät (Ettm. 510) Anreizung; altn. besteht ein â-Stamm: hvöt.

Ags. gedräg (Ettm. 571, Grein) die Art und Weise des Tragens, das Gebahren, Thun, Treiben.

Ags. ṡcräf (Ettm. 695, Grein); mhd. schraf (Mhd. W. II_2, 216) 1) das Reissen, Bersten, 2) der zerklüftete Fels, die Höhle, Grotte.

Ags. þräc (Ettm. 608) 1) das Drücken, Drängen, der Andrang, 2) der Kampf. Im Altn. kommt ein gleichbedeutender ya-Stamm vor.

Ags. gespan (Ettm. 713, Grein) Verlockung, Verführung; zu spane spôn.

Altn. kall (Egilss., Cl.) 1) das Geschrei, der Ruf, 2) der Zuruf, 3) der Name. Mhd. ein â-Thema gleicher Bedeutung.

Altn. at (Egilss., Cl.) 1) a fight or bait of wild animals, 2) übertragen auf Lebloses: odda at.

Altn. flag (Cl.) der Ort, wo ein Rasenstück ausgestochen ist; hierzu wohl engl. flaw Bruch, Sprung, Riss.

Altn. glamm (Egilss., Cl.) das Tönen, Rauschen, das beim Zusammenstoss von Waffen und dergl. entsteht. Man darf wohl an Wurzel ghram in χρόμος, χρεμίζω denken, wenngleich dieselbe durch germ. gremman regulär reflectirt wird.

Altn. gnat (Egilss., Cl.) 1) das Zusammenstossen, Zusammenschlagen, 2) das dadurch entstehende Geräusch, 3) das Meer als das Rauschen. Ueber die Wurzel siehe Anm. 7.

Altn. grand (Egilss., Cl.) 1) das Aufreiben, Zerreiben, 2) Schaden, Nachtheil, der daraus hervorgeht, 3) Sorge, Kummer als Aufreibung des Geistes. Die Wurzel ist in ags. grindan conterere, molere erhalten.

Altn. hark (Egilss., Cl.) strepitus, clamor, tumultus. Wurzel krag; cf. κράζω, ἔ-κραγ-ον.

Altn. hlam (Egilss., Cl.) clamor, strepitus, sonus; daneben besteht in altn. hlemmr, ags. hlem ein ya-Stamm. Zu einer germ. Wurzel hlam (Ettm. 491) gehörig, welche auf einer westarischen Weiterbildung von W. kal beruht; cf. clam-or.

Altn. happ (Egilss., Cl.) Erfolg, Glück; substant. Adjectiv.

Altn. glap (Cl.) nur im Plur.: Versehen, Irrthum. Bugge in Curt. Stud. IV, 325 stellt es zu gr. βλαβ, arisch glabh (Fick I³, 568), Bezzenberger in Zeitschr. f. d. Phil. V, 358 trennt g-lap.

Altn. hvap (Cl.) in holda-hvap dropical flesh und in hvaplikr dropsylik. Zu hvap keuchen, schwer athmen in got. afhvapnan ersticken; hvap daher das Keuchen: die Wassersucht.

Altn. blak (Cl.) Schlag. Zu lat. fligere, flag-rum, flag-ellum.

Altn. plag (Egilss., Cl.) die Sitte, Art und Weise, Gewohnheit, Manier; zu ahd. pflëgan pflegen.

Altn. rök (Egilss., Cl.) nur im Plur : die Begründung, Entwicklung, der Grund. Ahd. und alts. besteht ein â-Stamm gleicher Bedeutung; zu got. rika, rak wie λόγος zu λέγειν lesen, anhäufen, sammeln.

Altn. skaf (Egilss., Cl.) 1) das Schaben, das Schälen, 2) die als Viehfutter benutzte, abgeschälte Rinde.

Altn. karp (Cl.) das Rühmen, Prahlen; zu einer aus gar rufen, preisen, rühmen determinirten Wurzel gehörend.

Altn. rag (Cl.) a roving about. Zur Wurzel ragh eilen, springen; zweifelhaft jedoch wird diese Etymologie etwas durch den Umstand, dass diese Wurzel, soviel ich sehe, auf westar. Boden bisher nur in der Form lagh belegt ist.

Altn. rak (Cl.) das Aufhäufen, daher das in Wiesen auf Haufen gebrachte Heu; zu got. rikan.

Altn. skark (Cl.) Geräusch, Tumult. Fick I³, 512.

Altn. sköll (Egilss., Cl.) nur im Plur.: Lärm, Geräusch. Dies Wort könnte vielleicht eine Handhabe bieten zur genaueren Sonderung der Dialecte des Altn.; denn skval, skvoll, skal mit den Bedeutungen sermo, loquela, windy, empty talk scheinen mir nur dialect. verschieden.

Altn. skraf (Cl.) a chat, talk.

Altn. skrap (Egilss., Cl.) garrulitas, a tittle-tattle. Dasselbe Wort mit dem vorhergehenden? Fick I³, 813.

Altn. starf (Egilss., Cl.) 1) Arbeit, Geschäfte, 2) Mühe, Verwirrung. Siehe Anm. 54.

Altn. svar (Egilss.. Cl.), andsvar Antwort. Zu Wurzel svar tönen, schwirren; svar ist daher das Reden, andsvar die Gegenrede; cf. Wort und Antwort. Ags. gilt ein â-Stamm gleicher Bedeutung.

Altn. svarf (Egilss., Cl.); ags. svearf und sveorf (Ettm. 754); ahd., mhd. swarp (Graff VI, 897, Mhd. W. II_2, 815) ‚das wischen': 1) das Poliren, Feilen, 2) die beim Poliren der Metalle entstehenden feinen Abfälle, 3) das damit verbundene Geräusch, 4) Geräusch überhaupt, 5) das wirbelnde Hinwegfegen, 6) concret der Strudel, 7) Schaden, Nachtheil, Unterdrückung. Siehe Anm. 55.

Altn. sag (Cl.) der beim Sägen abfallende Staub, das Sägemehl.

Altn. sal (Cl.) die Uebergabe, der Verkauf; ahd. ein â-Stamm salâ- in derselben Bedeutung, germ. ist das Denominat. saljan übergeben, gewähren, verkaufen.

Altn. skak (Cl.) das bei Schwingungen entstehende Geräusch, Geräusch überhaupt.

Germ. lâta- (fehlt ags. und fries.) 1) das Lassen, 2) der Verlust, 3) die Art und Weise, wie sich jemand anlässt, das Benehmen; altn. ist das Wort Neutr., ahd. Masc., sonst Genus unbestimmbar.

Germ. âta- (fehlt got.) 1) esus, 2) cibus; altn. und mhd. sicher Neutr., ahd., alts., fries. unbestimmbar, ags. Mascul.

Ostgerm. nâma- 1) das Nehmen, die Besitznahme, 2) der geistige Erwerb, das Wissen (nur altn.); ags. und ahd. ein â-Thema gleicher Grundbedeutung.

Alts., ahd., mhd. wâr die Wahrheit; substant. Adjectiv.

Got. usmet 1) der Wandel, das Verhalten, 2) der Aufenthalt.

Altn. dráp (Egilss., Cl.) das Treffen, Schlagen, der Mord.

Ags. vôh (Ettm. 145, Grein) 1) die Biegung, Krümmung, 2) der Irrthum, 3) die Verkehrtheit, Schlechtigkeit, Ungerechtigkeit; substant. Adjectiv.

Ags., alts. gôd; ahd., mhd. guot substant. Adjectiv in allen seinen Bedeutungen.

Germ. hôra- (fehlt got.) Hurerei, Ehebruch. Die Etymologie siehe Anm. 9.

Ags. lôh, -ges (Ettm. 177); altfr. lôch, -ges (R. 908); ahd. luoc, -ges (Graff II, 129); mhd. luoc, -ges (Mhd. W. I, 985) ‚das liegen': 1) der Ort, wo man liegt, Ort, Stelle, Aufenthaltsort üherhaupt (ags.), 2) Versammlungsort, Versammlung, Gericht (altfr.), 3) Ort, wo man auf der Lauer liegt, um aufzupassen, Schlupfwinkel, 4) Höhle, Lager des Wildes, 5) Loch, Oeffnung. Siehe Anm. 56.

Altn., ags. blôt 1) das Opfer, 2) das Opferthier; ahd. ist das Wort erhalten in plôzhûs.

Altn. hól (Egilss., Cl.); ags. hôl (Ettm. 488, Grein) 1) sermo, jactabunda garrulitas, 2) calumnia; got. und ahd. in dem Denomin. holon, huoljan. Cf. Bugge in Curt. Stud. IV, 331, Fick I^3, 530; am einfachsten stellt sich das Wort zu Wurzel kal in ahd. halôn etc.

Altn. hót (Cl.) 1) die Drohung, 2) in Composit. der Ausdruck von etwas: vinar-hót Ausdruck der Freundschaft, ástarhót Ausdruck der Liebe; got. ein â-Thema hvota. Mit altn. hvatr, got. gahvatjan zu Wurzel kvad antreiben Fick I^3, 54.

Altn., ags. môt 1) die Begegnung, 2) die feindliche Begegnung, Kampf, denn wo zwei sind, gibts Zweikampf (Wolfd. a $154_{,2}$); daneben im Hildebrandsl. und Md. ein yâ-Thema. Nur wenn man dies Wort von got. gamot, ahd. muoz losreisst, was nicht thunlich, wäre Fick I^3, 170 möglich.

Altn. róg (Egilss., Cl.) 1) Anklage, Beschuldigung, 2) Grund eines Streites, der Zwietracht; got. femin. i-Thema, mhd. ein yâ-Stamm.

Altn. skóð (Egilss., Cl.) 1) der Schaden, 2) das Elend, die Noth, 3) jedes schädliche Ding, 4) speciell telum.

Altn. tróð (Egilss., Cl.); ags. trôd (Ettm. 543) 1) gressus,

2) vestigium. Diese beiden Bedeutungen sind ags., im Altn. hat das Wort die eigenthümliche Bedeutung assulae, scandulae tecti interioris, materia tectoria; ein anderes Wort?

Altn. stóđ (Egilss., Cl.); ags. stôđ (Ettm. 735); ahd. stuot (Graff VI, 652) die Pferdeheerde. Ursprünglich wohl der Ort, wo die Pferde zusammenstanden, dann die versammelte Heerde; nhd. stûte bezeichnet sodann ein einzelnes Thier, speciell das weibliche aus der Heerde. Ueber die Bedeutungsentwicklung siehe Gr. III, 327. Zu der eigenthümlichen Specialisirung der Wurzel vergl. ahd. stîga stabulum porcorum, ovile.

Altn. tóm (Egilss., Cl.) 1) das Freisein, die Musse, 2) der Urlaub; substant. Adjectiv.

Altn. þóf (Egilss., Cl.) 1) das Walken von Kleidern, 2) endlose, ermüdende Anstrengung, Kampf. Wurzel tap Fick I^3, 89.

Altn. rót (Cl.) das Aufwühlen, Herumwerfen. Ettmüller 149 hat: ‚vrôt -es m.? vel -e f.? truncus, elephantis promuscis‘ also Rüssel als der aufwühlende?

Ags. brôc (Ettm. 315) afflictio, die geistige Gebrochenheit.

Ags. gôl (Ettm. 409) cantus, cantilena.

Altn. slit (Egilss., Cl.); ahd. sliz (Graff VI, 878) 1) das Reissen, 2) der entstandene Riss, Spalt; mhd. sliz sowie ags. slite sind masc. ya-Stämme.

Altn. svif (Cl.) a swinging round, veering.

Altn. rit (Cl.); ags. vrit (Ettm. 154, Grein); got. vritaist nach Genus unbestimmbar: 1) das Einritzen, Schreiben, 2) das Eingeritzte: a) Strich, Punct, b) Schrift. Das ahd. riz (Graff II, 558) ist i-Thema.

Altn. spil (Egilss., Cl.); ahd., mhd. spil (Graff VI, 330, Mhd. W. II_2, 499) 1) cantus, carmen, 2) jocus, ludicrum, 3) spectaculum. Gr. II, 524.

Got. vis Meeresstille.

Ags. gerif (Ettm. 265) das an sich reissen: der Raub; zu altn. rífa.

Ags. hrin (Ettm. 506) aedificatio.

Ags. þvin (Ettm. 620) decrescentia.

Altn. bif (Egilss.) 1) die Bewegung, 2) das Meer. Ahd. ein â-Thema.

Altn. bið (Egilss., Cl.) nur im Plur.: das Warten, der Verzug.

Altn. drif (Egilss., Cl.) 1) die schäumende, hochtreibende See, der Sturm, 2) driven snow.

Altn. hnit (Egilss., Cl.) 1) das Stossen, Zusammenstossen, 2) das Kampfgetöse, 3) das Schmieden.

Altn. rið (Cl.) 1) die Drehung, Windung, 2) die sich windende, gewundene Treppe, der Pfad.

Altn. rið (Cl.) 1) Schwingung, Schwung, 2) Gewicht, Wichtigkeit. Zu germ. rîdan, das im Altn. neben der gewöhnlichen Bedeutung die specielle sich hin und her bewegen, schwingen, schwenken entwickelt hat.

Altn. svig (Egilss., Cl.) Krümmung, Biegung.

Altn. svið (Cl.) ein gebackener, gerösteter Schafskopf. Ursprünglich wohl wie das Fem. sviða das Rösten; cf. sauðr der Widder zu sjóða sieden.

Altn. vit (Egilss., Cl.) das Wissen, der Verstand, die Weisheit. Westgerm. besteht ein neutr. ya-Stamm; ist er auch altn. anzunehmen, da i bei kurzsilbigen Stämmen öfters spurlos verschwindet?

Altn. þrif (Egilss., Cl.) 1) das Wachsen, Gedeihen, 2) das Glück, die glückliche Lage.

Altn. drit (Cl.) dirt, espec. of birds.

Got. idveit; ags. edvît (Grein); alts. edvît (Kl. altn. Denkm. 108); ahd. itewîz (Graff I, 1119); mhd. itewîz (Mhd. W. III, 784) Vorwurf, Tadel (dieselbe Anschauung wie in animadversio); das Genus ist got., ags. sicher Neutr., ahd. Masc., mhd. heisst es dër und daz itewîz, ja diu itewîze, also ein â-Thema.

Germ. nîþa- (ostgerm. Neutr., westgerm. Mascul.) jedes Streben nach etwas: 1) Wetteifer, Anstrengung (alts.): ‚nît ist übel, nît ist guot etc.‘ Ulrich von Lichtenstein 292,25 ff., 2) feindliches Streben a) in Gedanken: odium, zelus, invidia, b) in Worten: die Schmähung, Beschimpfung (altn.), c) mit der That: Verfolgung, facinus audax. Zu lat. nîti sich stemmen auf etwas, nach etwas streben: ‚nîtimur in vetitum semper cupimusque negata‘.

Germ. vîga-, vîha- der Kampf; das Genus ist altfr. und bei Otfr. immer Neutr., bei Notker Masc., mhd. Masc. und Neutr., in den übrigen Dialecten nicht bestimmbar. Das Wort fehlt gotisch.

Ags. bîd, onbîd (Ettm. 305); mhd. bît (Mhd. W. I, 174) das Warten, der Verzug.

Mhd. rîs (Lexer II, 455) das Fallen, der Fall in tennrîs, anrîs; dial. bedeutet tennreis das beim Abladen des Wagens in die Tenne fallende Getreide.

Germ. lîba- (fehlt got., wo libains) 1) das Sein, Bleiben, Existiren, das Leben, 2) der lebende Körper, Körper, Leib überhaupt, 3) die Person, 4) das Wehrgeld (altfr.).

Altn., altfr., ahd., mhd. skíđ, skîth, schît ein Stück gespaltenen Holzes.

Ags. rîp (Ettm. 267, Grein) 1) das Reifsein, 2) die Zeit der Reife, die Ernte, 3) die eingeernteten Garben; substant. Adjectiv.

Altn. sík (Egilss., Cl.) lacus, canalis; zu Wurzel sic, sincati: Ort, wo das Wasser zusammenrinnt, träufelt. Ueber das auslautende k vergl. Anm. 5.

Isl. frí (Cl.) Ferien; substant. Adjectiv.

Got. andbeit Tadel; ahd. biz? bîz (Graff III, 230); mhd. biz und bîz (Mhd. W. I, 193) 1) das Beissen, 2) der Biss, 3) das abgebissene Stück, der Bissen. Das Genus schwankt im Ahd. und Mhd. zwischen Neutr. und Masc. Grimm Reinh. Fuchs 105 will unterscheiden zwischen imbiz Mahlzeit und imbîz das bestimmte Stück; dies lässt sich aber, wie er selbst sieht, nicht durchführen; altn. bit (Cl. 63) ist Neutr.

Germ. haita- (fehlt fries.) 1) das Heissen, 2) der Befehl. Das Wort ist ostgerm. Neutr., westgerm. Mascul.

Ags. gâl (Grein); mhd. geil (Lexer I, 796) Lustigkeit, Fröhlichkeit; substant. Adjectiv.

Altn. beit (Cl.); mhd. beiz (Mhd. W. I, 193) 1) Weide, Trift (altn.), 2) Falkenjagd (mhd.). In beiden Sprachen besteht ein â-Thema gleicher Bedeutung daneben.

Mhd. gehei (Mhd. W. I, 647) Brand, Hitze; substant. Adjectiv.

Westgerm. lâđ, lêth, leid substant. Adjectiv in allen seinen Bedeutungen.

Germ. maina- (fehlt got.) Trug, Schaden, Unglück; substant. Adjectiv.

Ags. flâh (Grein) Hinterlist, Schlauheit; substant. Adjectiv.

Ags. brâd (Grein) die Breite; substant. Adjectiv.

Ags. gerâd (Grein) ratio, conditio; substant. Adjectiv.

Altn. heiđ (Egilss., Cl.) Heiterkeit, Klarheit des Himmels; substant. Adjectiv.

Altn. kvein (Egilss., Cl.) Klage, Wehklage. Cf. das got., ags. Denom. qainon, cvânjan.

Altn. reik (Cl.) a strolling, wandering; substant. Adjectiv zu got. vraiqs.

Altn. sein (Egilss., Cl.) Trägheit, Verzug; substant. Adjectiv.

Germ. luka- (fehlt alts.) A) 1) das Verschliessen, der Verschluss (ags.), 2) concret: Schloss, Riegel, Deckel einer Kiste (ags., altfr., altn.), 3) metaph.: Ende, Schluss (þat er kvæđis lok), 4) das Verschlossene, Abgeschlossene: a) Gefängniss, b) Schafstall (ags., mhd.); B) 1) das Aufschliessen, Oeffnen (got.), 2) das öffnende Schloss, der Riegel, 3) das Geöffnete: Loch im Schilde, Oeffnung, Höhle, 4) metaph. der Ausweg (mhd.). Zu W. luk biegen: 1) zubiegen, schliessen, 2) aufbiegen, öffnen. Cf. Anm. 18, und zu der doppelten Bedeutung der Wurzel mhd. rîsen.

Altn. þrot (Egilss., Cl.) Mangel, Armuth. Zu þrjóta, das im Altn. aus der Bedeutung bedrängen, hinderlich, im Wege sein die Bedeutungen verhindert sein, etwas nicht können, einer Sache nicht gewachsen sein, deficere entwickelte.

Ahd., mhd. rot (Graff II, 484, Mhd. W. II_1, 768, Lexer II, 502) aerugo, ferrugo, rubigo. Von derselben Wurzel rudh röthen mit Suffix ta ist das gleichbedeutende rost gebildet. — Das Wort ist alts., ags. in dem Denominat. rotôn, rotjan erhalten.

Ags. strod (Ettm. 747) fraus; gehört lautlich zu ags. strûdan spoliari, vastare, ahd. strutjan, mhd. strüten exterminari.

Got. dulg; altn. dólg (Egilss., Cl.); ags. dolg (Ettm. 561, Grein); altfr. dolch, dulg (R. 689); ahd. tolc (Graff V, 420) 1) die Gesinnung zu schädigen, die Feindschaft, 2) die Beschädigung, die Wunde, 3) die Schuld. Otfr. gebraucht das Wort als Masc.

Ags. snot, gesnot (Ettm. 710) mucus.

Altn. hrođ (Egilss.) Verwüstung, Plünderung; zu hrjóđa.

Altn. skop und skaup (Egilss., Cl.) Scherz, Kurzweil; altfr. schoff (R. 1032) Spott; ahd. scof (Graff VI, 454) nubilar vel poesis, commentum, ludicrum; mhd. schof (Mhd. W. II_2, 75) Erdichtung. Siehe Anm. 5.

Germ. buda- (fehlt got.) 1) activ die Einladung, Aufforderung, 2) passiv das was geboten wird: a) das was angeboten wird, b) was befohlen wird.

Germ. luba- (fehlt got.) 1) Zustimmung, Lob, 2) Erlaubniss. Mit liubs, laubs zu Wurzel lubh: es bezeichnet den Ausdruck des Wohlgefallens.

Ags. gecrod in hlôđ-, liudgecrod (Ettm. 400, Grein); mhd. krot (Mhd. W. I, 888) ‚das drängen‘: 1) Belästigung, Bedrängniss, Kummer (mhd.), 2) das Gedränge von Menschen, Schilden, 3) die dichte, sich drängende Menschenmenge, turba confertissima. Zu ags. creódan drängen.

Altn. los (Cl.); ags. los (Ettm. 181) 1) das Lossein, 2) der Verlust, Schaden.

Altn. lot (Egilss.); ags. lot (Ettm. 194) 1) das Sichneigen, Beugen (altn.), 2) Heuchelei, Verstellung, Betrug (ags.).

Altn. klof (Egilss., Cl.) der Spalt, speciell divisura natium.

Altn. brot (Egilss., Cl.); ags. brot (Ettm. 325) 1) das Brechen, 2) Verletzung, Ueberschreitung der Gesetze (nur im Plur.), 3) der Bruch, 4) das Abgebrochene: a) Stücke gescheiterter Schiffe, zerschlagener Waffen, b) Fragment eines Gedichts, 5) das beim Brechen entstehende Geräusch: ‚a shallow place in a river, a firth, where the stream breaks and widens‘.

Altn., ags., altfr. sođ, sod 1) das Sieden, Kochen, 2) die Brühe, in der Fleisch gekocht wurde.

Altn. log (Egilss., Cl.) 1) das Leuchten, die Flamme,

2) der Leuchterstock. Nhd. das Licht hat dieselben Bedeutungen.

Altn. rof (Egilss., Cl.) 1) das Brechen, die Auflösung, 2) die Umstossung, Aufhebung eines Urtheilspruches.

Altn. rođ (Egilss., Cl.) 1) das Röthen, 2) a fish's skin (from the reddish colour). Man vergl. mhd. rôt die rothe Farbe, rôte (sw. m.) ein röthlicher Fisch (Mhd. W. II_2, 770. 772).

Altn. ruđ (Cl.); ahd. rod (Graff II, 489) umgerodetes Land novale. Zu mhd. rieten; mit dh determinirt aus Wurzel ru in lat. ruere.

Altn. sog (Egilss., Cl.) 1) das Saugen, Einsaugen in den Compos. ađ-, ûtsog Ebbe und Fluth, 2) der Ort, wo das Wasser eingesogen wird oder ausströmt, Meeresarm, 3) das eingesogene Bodenwasser im Kiel, 4) der Kiel selbst.

Altn. not (Cl.) der Nutzen.

Altn. rot (Cl.) Gehirnerschütterung in Folge eines Schlages, Betäubung, Ohnmacht. Das Wort gehört zu derselben Wurzel ru wie ruđ; dieselbe bedeutet im Skrt auch zerschlagen, zerschmettern; vergl. áruta-hanu Beiname Indras. Da mir ein Kṛtsuffix da unbekannt ist, so ist determinirte Wurzel anzunehmen.

Germ. bûa- (fehlt got., altfr.) A) von der transit. Bedeutung der Wurzel: 1) das Bauen, die Bestellung des Ackers, 2) der Ertrag, die Einnahme des bestellten Gutes, 3) das bestellte Feld, Acker, Gut; B) von der intrans. Bedeutung: 1) das Wohnen, habitatio, 2) Ort, wo man wohnt, Haus und Hof. — Mhd. kommt das Masc. neben dem Neutr. vor.

Got. hrûk das Krähen. Das Genus ist unbestimmt, aber das Neutr. ist wohl sicher, da fast alle got. Abstracta dieses Genus haben; cf. Bopp Vergl. Gr. III, §. 912.

Altn. saup (Cl.); ahd. sauf (Graff VI, 172), sûf (Graff VI, 171); mhd. sûf (Mhd. W. II_2, 720) 1) das Einschlürfen, 2) die Brühe.

Got. galiug 1) das Lügen, die Lüge, 2) das Götzenbild, der Götze.

Westgerm. leob, das Liebe, Angenehme, Erfreuliche, die Freude; substant. Adjectiv.

Ags. teóg (Ettm. 532); altfr. tiuh, tiug (R. 1086); ahd., mhd. ziuh, ziuc (Graff V, 611, Mhd. W. III, 917) 1) das Ziehen, captura, piscatio, 2) das Geräthe, besonders Kampfgeräthe, 3) die Reisigen, die gerüstete Schaar (vergl. nhd. der Zug: eine bestimmte Anzahl beim Militair), 4) Beweis, Zeugniss, 5) Zeuge.

Ags. beót (Ettm. 303, Grein) 1) die Drohung, 2) die mit Drohungen verbundene Trotzrede vor dem Kampf, 3) da hiermit zugleich ein Versprechen verknüpft war, das Versprechen. Zu derselben Wurzel wie beátan, altn. bauta, ahd. bôzan.

Altn. fjúk (Egilss., Cl.) das Schneegestöber. Zu fjúka, fauk schneien.

Altn. scrúf (Egilss., Cl.) Garben-, Heuhaufen. Zu nd. schrûwen, schrôf, schrowen, mhd. schrûben (sw. v.) (Lexer II, 806).

Ahd., mhd. trouf (Graff V, 530, Mhd. W. III, 102) und dachtrouf der Ort, wo das Wasser zusammenträufelt, compluvium; auch schon Masc. wie nhd. immer.

Altn. þrá (Egilss., Cl.) animi pertinacia; substant. Adjectiv þrár (þrava-) pertinax. Ein â-Thema mit etwas abweichender Bedeutung in den meisten germ. Sprachen þravâ-, drawâ-.

Mhd. gôz (Mhd. W. I, 542) 1) der Metallguss, 2) das gegossene Gefäss, Bild.

Ags. seáv (Ettm. 662); ahd. sou (Graff VI, 63) der Saft. Zu Wurzel su auspressen (só-ma). Das Wort entspricht skrt savá 1) (m.) Kelterung, Pressung des Soma, 2) (n.) der Saft der Blumen; auch ahd. besteht das Masc.: soua succos neben daz sou.

Altn. strá (Egilss., Cl.); ags. strav, streá, streáv (Ettm. 742); ahd., mhd. strou, -ouwes und strô, -ôwes (Graff VI, 759, Mhd. W. II_2, 699) 1) das Streuen, die Streu, 2) das Stroh.

Alts. orlôf; ahd. urloup (Graff II, 76); mhd. urloup (Mhd. W. I, 1017) die Erlaubniss. Mhd. auch st. Masc.; wohl substant. Adjectiv, vergl. got. galaubs.

Mhd. rôt (Mhd. W. II_1, 770) das Roth, die rothe Farbe; substant. Adjectiv.

Ags. leás (Grein) fallacia, mendacium; substant. Adjectiv.

Altfr. tauw, tow (R. 1065) 1) Werkzeug, Geräthe, 2) speciell Schiffsgeräthe, Seil, Thau. Cf. ahd. gazauua suppellex und ziuh, das von der mit k determinirten Wurzel gebildet ist.

Altn. raus (Egilss., Cl.) ‚big, loud talk'. Zu Wurzel rus, aus arisch ru schreien, brüllen determinirt.

Germ. raufa-, rauba- (fehlt got.) 1) das Rauben, Plündern, 2) der Raub, die Beute überhaupt, 3) die im Kampfe gemachte Beute, die geraubte Rüstung, die Brünne, 4) allgemein: vestis. Ahd., mhd. ist das Wort Masc., hat mhd. sogar unorgan. Umlaut. Grimm Rechtsalt. 635: ‚die Grundbedeutung scheint keine andere zu sein als vestis' kann ich nicht beistimmen. Grein (II, 373) folgt ihm und gibt als erste Bedeutung ein farbloses vestimentum, Robe; allein man vergleiche die dort citirten Stellen Vald. 2^{20}, Ex. 586. 212, Byrhtn. 161, und die Unmöglichkeit einer solchen Bedeutungsentwicklung ist evident. Den Uebergang von 2 zu 3 illustriren trefflich Stellen wie Hildebrandslied 55—57, 60—62.

b) Nach Thema unsichere Wörter.

Got. brahv das Blinken, Flimmern; brahv augins Augenblick, eigentlich das Aufleuchten des Auges. Cf. altn. augabragđ. Zu skrt bhrâç flimmern, blinken, mhd. brëhen glänzen.

Got. soþ die Sättigung.

Ags. svôl (Ettm. 766, Grein) Hitze. Cf. svôlađ aestus cauma, ahd. swuoli schwül. Fick I^3, 842.

Altn. svik (Egilss., Cl.); ags. svic (Ettm. 762); ahd., mhd. swih, swîh (Graff VI, 869, Mhd. W. II_2, 784) das im Stiche lassen, der Trug, die Falschheit. Ahd. a- und i-Thema, Masc. und Neutr.; dialect. lässt sich nicht sondern: Tatian hat Nom. Plur. âswîhha, Dat. Plur. âswihhin und Acc. Plur. allu âswih.

Got. frius die Kälte; zu friusan.

Ags. dreás (Grein) das Fallen, der Fall.

II) Etymologisch dunkle, meist auch nach Thema oder Genus zweifelhafte Beispiele.

Altn. skrum (Egilss., Cl.) das Prahlen.

Altn. skref (Cl.) 1) das Schreiten, 2) der Schritt.

Altn. slen (Cl.) die Trägheit.

Ags. bräs (Ettm. 316) procacitas. Hierzu wohl mhd. bras (Lexer I, 341) der Schmaus, da Völlerei und Uebermuth häufig sprachlich in einander übergehen; auch altn. brass (Cl., Egilss.) der Koch? von letzterem ausgehend liesse sich an Wurzel brad (in brâtan) denken; aus braḍ-ta- wie glas (aus ghrad-ta-) zu glad; got. unveis, unvis zu vid (vaid-ta-, vid-ta-); ags. gnîs zu gnîdan?

Altn. svađ (Egilss., Cl.) locus lubricus; ags. sväđ (Grein) vestigium. Hierzu wohl auch mhd. swadem (Mhd. W. II_2, 759) die Reihe, worin das abgemähte Gras liegt.

Altn. grap? gráp (Egilss. 266 kurzes a, Cl. 212 langes á) procella. Nur poetisch.

Altn. kland (Cl.) ‚calumny, molestation'. Cleasby denkt an *σκάνδαλον*.

Altn. skart (Cl.) show, finery.

Altn. þrap (Egilss., Cl.) sermo, garrulitas.

Altn. flim und flimt (Egilss., Cl.) Schmähung und Schmähgedicht.

Altn. ráđ; ags. rêd; ahd. rôt in dagráđ, dagrêd, tagarôt. An blosse Ableitung kann nicht gut gedacht werden; ein Zusammenhang mit alts. râdur, ags. rôdor, râdor liegt klar vor. Rôt, rêd: rôdor = got. dôgs: ags. dôgor = altn. hljóđ: hleóđor = ags. hrêđ: altn. hróđor, d. h. das eine ist a-, das andere as-Thema. Cf. Gr. II, 75. 253. 525, Myth.[2] 709. 738.

Altn. án (Egilss.) negotium, occupatio, labor. Cf. anna (sw. v.) und önn (f.) labor.

Altn. káf (Cl.) ‚a stirring about'.

Altn. stát (Cl.) ‚prudishness'.

Altn. hóf (Egilss., Cl.) das Maass, die Mässigung. Vergl. got. ga-hob-ains. Zu westgerm. Fem. hôbâ-? (Gr. II, 9) oder zu haban ‚das an sich halten'?

Altn. hrós (Cl.) das Lob.

Ags. ôr (Ettm. 41, Grein) 1) Anfang, Ursprung, 2) Spitze.

Altn. róf (Egilss.) longa series. Nur in Compos. wie óróf, samn-róf, mál-róf.

Ags. gefic (Grein) fraus. Zu ags. fâcn fraus, dolus. Fick I^3, 675.

Altn., ags. grid (Egilss., Cl.) Friede, Sicherheit, Waffenstillstand. Das Wort kommt im Ags. nur in Byrhtn. und Saxenchr. je einmal vor; Cleasby schliesst daher wohl mit Recht auf Entlehnung aus dem Altn.

Altn. skí (Egilss., Cl.) Gaukelei, Täuschung. Darf man an Wurzel ski scheinen, schimmern in skeirs, skeima, skîn etc. denken?

Altn. víl (Egilss., Cl.) Kummer, Schmerz, Unglück. Cf. ags. vîlbec (Grein II, 705) rivus lamentationum vel sollicitudinis.

Germ. rîma- (fehlt got.; ahd. einmal hrîm [Graff II, 806] verschrieben)? 1) Reihe, Zahl, 2) Reimzeile (nur mhd.), 3) Erzählung (altfr.). Ahd., mhd. ist das Wort Masc. gegen die andern germ. Sprachen. Wackernagel stellt es zu got. rikan, was höchst unwahrscheinlich ist; Schmeller III, 86 trennt das mhd. Wort von dem gleichlautenden der andern Dialecte und lässt es aus rhythmus entstehen. Fick I^3, 737.

Got avi-liud der Dank. Beim ersten Theil lässt sich mit Leo Meyer an skrt av denken; gehört liud zu dem seiner Herkunft nach dunkeln liuþa- Lied? Gr. I^3, 239 wird im Gegensatz zu Gr. I^2, 204 Note alts. ôlât hierher gezogen.

Altn. húm (Egilss., Cl.) 1) die Dämmerung, das Zwielicht, 2) die See, von ihrer dunkeln Farbe.

3. BEGRIFFSÜBERGÄNGE.

Mannigfach und nicht auf bestimmte Regeln zu bringen sind die Schattirungen des figürlichen Gebrauchs der Abstracta. Innerhalb derselben Sphäre tritt Verengung und Erweiterung des Begriffs ein; die Bedeutung wird geschwächt oder gesteigert oft mehr nur für unser Gefühl als für den sprachlichen Ausdruck. Es finden Uebergänge von der sinnlichen in die geistige Welt statt, innerhalb der geistigen Sphäre selbst machen sich sofort Schattirungen und Uebertragungen von einem geistigen Gebiet auf das andere fühlbar.

Nicht minder mannigfach sind bei den Abstractis die Uebergänge der Bedeutung ins Concrete. Von diesen beiden Kategorien wird im Folgenden gehandelt; zwischen Mascul. und Neutris wird kein Unterschied gemacht, da das Genus etwas Secundäres und mit seinem mannigfachen Wechsel in den einzelnen germanischen Sprachen kein irgendwie erkennbarer Bedeutungswechsel verknüpft ist.

A) Bedeutungsübergänge im Gebiete des Abstracten.

1) Es folgt hier eine Anzahl von Beispielen, die man als reine Abstracta bezeichnen kann; sie drücken den Verbalzustand als eine Thätigkeit aus und sind die Grundlage aller weiteren Bedeutungsentwickelung. Es werden aus den auf S. 116—155 zur Darstellung gekommenen Wörtern diejenigen zusammengestellt, bei denen diese erste und ursprüngliche Bedeutung wirklich belegt und nicht, wie öfters geschehen, nach Analogie vorausgesetzt ist.

Sie bezeichnen bei activen Verben die Vollbringung, Ausführung der Handlung, z. B. vanc; bei passiven oder intransitiven Verben den Eintritt eines Zustandes, z. B. wanc. Der Zustand kann temporär sein, z. B. bei wanc, wenn es das Zurückweichen bezeichnet; er kann habituell sein, z. B. bei wanc, wenn es die Befähigung, die Neigung zum Wanken bezeichnet, wenn also âne wanc in der Bedeutung von âne zwîvel, âne untriuwe steht, wobei freilich hier noch eine Uebertragung in die geistige Sphäre hinzugekommen ist.

Diese Bedeutungen gehen aber wie natürlich bei den einzelnen Wörtern so in einander über, dass es kaum thunlich war, innerhalb dieser ersten Unterabtheilung noch einmal zu sondern. An einer solchen haarscharfen Spaltung der Begriffe hindert auch oft, dass die verschiedenen Wörterbücher nicht in dem Grade Unterstützung bieten, als man wünschen könnte und muss. Graff hat für einzelne Schriftsteller gar nichts gethan, und wie vielerlei und weit von einander abgehende Bedeutungen kann ein lateinisches Wort haben, das er oder Ettmüller als Uebersetzung bieten, wenn man nicht in den Zusammenhang blicken kann. Bei Ettmüller kommt noch hinzu, dass er sehr viele Wörter nur durch das trübe Medium eines Somner (1659), Benson (1701), Lye (1772) kennt, dass er selbst so schlechtes Latein bietet, dass man unzählige Male zum Du Cange greifen muss und da noch öfters im Stiche gelassen wird.

Ahd. wanch das Wanken; mhd. winc das Wanken; altn. val das Wählen; germ. ganga- das Gehen; ahd. klaf das Zusammenstossen in anachlaf; mhd. klanc das Klingen; mhd. hanc das Hängen; altn., mhd. fáng, vanc das Fangen (piscatura, venatio, captura); mhd. val das Fallen; mhd. danc das Denken (diu blîbnisse dankis reliquiae cogitationis Mhd. W. I, 351), ags. foreþanc, ahd. foradanch das Vorherdenken; ahd. spalt divisio; mhd. schal sonitus, Geräusch; mhd. schranc Biegung, Windung; mhd. swanc schwingende Bewegung, vibratio; altn. lag das Legen, Anordnen, orđa lag dispositio verborum; ahd. anaran das Anlaufen; altn. hald a hold, fastening; mhd. klac das Bersten, Brechen; mhd. klam das Zusammenziehen; mhd. krach das Krachen; mhd. dranc das Drängen; mhd. snar das Rauschen; swal das Anschwellen; altn. sökk das Sinken; altn. bragđ das Schwingen, die schwingende Bewegung; ags. fät das Gehen, Reisen; westgerm. sang das Singen; ags. stäp das Einherschreiten; altn. hvall die Wölbung; mhd. swanc das Schwanken, die schwingende Bewegung; mhd. win und gewin das Arbeiten, Mühen; ags. sîđ das Gehen, Reisen; altn. brestr das Krachen; ags. drinc das Trinken; ags. scurf das Jucken; ags. stun das Tönen; sleps, slæp, slâf das Schlafen; mhd. lâz das Lassen; mhd. rât das Rathen; grets, grátr das Weinen; ahd. âz das Essen, esus; ahd. wuof das Schreien, Klagen; ahd. hruof das Rufen; ahd., mhd. fluoh das Verwünschen; ags. fôg junctura, commissura; ags. hlôv mugitus; mhd. wîch das Weichen; mhd. grif das Greifen; mhd. biz das Beissen; ahd. trîp das Treiben, Antreiben; mhd. slich das Schleichen; ahd. sliz ruptura; mhd. slif das Gleiten, Fallen; mhd. snit das Schneiden; altn. rit das Schreiben und die Befähigung dazu; mhd, schîn das Scheinen, die Helligkeit; mhd. strît das Kämpfen, Streiten; mhd. wîc das Kämpfen; mhd. heiz das Heissen; ahd. sweib vibratio; mhd. sweif die schwingende Bewegung; ahd. seih minctura; ahd. screi das Schreien, ululatus; mhd. scheit das Scheiden; mhd. guz das Giessen, Ergiessen; mhd. lôz das Loosen; altn. flugr das Fliegen, volatus; mhd. dôz, diez, das diezen; agz. loc das Verschliessen; mhd. sûc das Saugen; mhd. bû die Bebauung, Bestellung des Ackers; got. hrûk das Krähen; ags. heáf das Wehklagen; altn. súgr das Saugen; mhd. stôz das Stossen; mhd. roup das Rauben, Plündern; ags. fär das Fahren, Gehen, Reisen; ahd. tranch das Trinken; altn. skap das Anordnen; ags. bland das Mischen; altn. gnat das Zusammenstossen, Zusammenschlagen; altn. skaf das Schälen; ahd. sûf das Einschlürfen, Saufen; altn. verk das Wirken, Thun; mhd. sëz das sich Niederlassen; mhd. sprëch das Sprechen; ags. dëlf effossio; ags. spin das Spinnen; altn. skóð das Schaden; ags. trôd das Gehen; altn. þóf das Walken; altn. bif das Beben, die bebende Bewegung; altn. rið die Drehung, Windung; ags. crod das Drängen, das Gedränge; altn. brot das Brechen; altn. rof die Auflösung.

2. Abstracta, bei denen die Handlung auf einmal eingeschränkt wird.

Mhd. wanc das einmalige Wanken, das Winken, in ougewanc; ahd. winch nutus; alts. gang der Schritt; mhd. schal der Ton; mhd. swanc der Wurf, der Fechterstreich; got. brahv das einmalige Aufflackern in brahv augins; altn. bragð das einmalige Schwingen, Zucken in augabragð; ags. fät der Schritt; ags. stäp, ahd. staph der Schritt; mhd. grël der Schrei; altn. fretr, ags. feort das einmalige freta, feortan; ahd., mhd. drunc haustus (quantum uno potu bibitur Gr. III, 465); mhd. ruof der Ruf; ahd., mhd. fluoh eine einzeln ausgestossene Verwünschung, der Fluch; ahd. wîh das einmalige wîhhan, momentum; mhd. grif der Griff; mhd. biz der Biss; mhd. sweif die einmalige umschwingende Bewegung, der Umschwung; mhd. schrei der Schrei; ahd. guz das einmalige Hinuntergiessen in die Kehle, haustus; mhd. biuz, bûz der Schlag, Schmiss, Stoss; ags. heáv ictus; mhd. stôz der Stoss; ags. sprëc das Wort; ahd. bot das Gebot.

3) **Abstracta**, welche die Wirkung oder Folge einer Thätigkeit ausdrücken; sie bezeichnen also theils das Vollbrachte, theils das aus der Handlung sich ergebende Product.

Ahd. wanch flexus als Folge des Zurückweichens oder Ausbiegens nach einer Seite; mhd. klaf das beim Zusammenstossen entstehende Geräusch, der Knall, Krach; ahd. fal das beim Fallen entstehende Geräusch, fragor, der durchs Fallen hervorgerufene Tod, der Untergang; ags. þanc, mhd. danc arbitrium, voluntas als der aus Ueberlegen und Nachdenken hervorgegangene Entschluss; mhd. schal das beim Schallen entstehende Getöse; mhd. schranc die durch Biegungen, Krümmungen entstandene Einschliessung; mhd. klac das beim Brechen entstehende Gekrach, altn. klak übertragen das Gezwitscher der Vögel; ags. þrang, mhd. dranc das in Folge des Drängens entstehende Gedränge, der Lärm dabei; mhd. swant die Verwüstung, Zerstörung; mhd. walt und gewalt das Ansehen, auctoritas; ags. hvealf die Wölbung; ahd. gawin fructus, lucrum, quaestus; ags. bërst der Schaden, Verlust, mhd. brëst der Mangel; ags. bring das Opfer als dargebrachtes; ags. sving der zugefügte Schlag; mhd. sturz der durch einen raschen Umschwung herbeigeführte Fall; altn. lát der Verlust; mhd. rât die Lehre, die man aus einem Rathe ziehen kann, die Hilfe, Unterstützung, die uns derselbe gewährt; ahd., mhd. fluoh das Herabgewünschte, imprecatum; mhd. slif die durch Schleifen hervorgerufene Glätte; mhd. heiz der gegebene Befehl, das Versprechen; mhd. sweif der Kreis, Umkreis, in Folge einer umschwingenden Bewegung entstanden; mhd. diez der beim Rauschen des Wassers entstehende Schall; altn. súgr das Brausen des Windes, eigentlich das beim Einsaugen entstehende Geräusch; altn. skap die Anordnung, Bestimmung; altn. brak Geräusch, Gekrach, Lärm, wie er beim Brechen gehört wird (cf. fragor zu frangere); altn., ags. bland die durch Mischen hervorgerufene Vermengung, Unordnung; altn. gnat das beim Zusammenschlagen von Waffen gehörte Geräusch; altn. verk die That; altn. skóð der Schaden; altn. boð der Auftrag; altn., ags. los der Verlust, Schaden; altn. brot Geräusch beim Brechen, Geräusch überhaupt.

4) Abstracta, bei denen ein Uebergang aus sinnlicher in geistige Sphäre stattgefunden hat.

Mhd. wanc der Zweifel, die Untreue: eigentlich der Zustand des Wankens als habituelle Eigenschaft gefasst mit Uebertragung in das moralische Gebiet; altn. hángr die Schwierigkeit; mhd. hanc das Geneigtsein zu etwas; altn. fáng die Gelegenheit; altn., mhd. fal, val die Sünde, das Vergehen, das Fallen auf moralischem Gebiet; ahd. schranc der Betrug; mhd. stant die Lebenslage eines Menschen; mhd. swanc eine plötzlich kommende Vision, Offenbarung, ein plötzlich kommender Einfall, Scherz; altn. hald die respectvolle Beobachtung, die Verehrung; mhd. klam die Bedrängung, die Noth; mhd. dranc die Beengung, Bedrängung, Noth; mhd. saz die Art und Weise wie etwas sitzt, die Lage, Einrichtung; mhd. spranz das sich Spreizen, Zieren, der Hochmuth; altn. bragđ die Art und Weise des Benehmens, Betragens, die Handlungsweise (vergl. den Studentenausdruck sich schwingen = sich betragen, benehmen); ahd. sin sensus; mhd. widerwint die Widerwärtigkeit; ags. andgit das Fassen mit dem Geist, intellectus; ahd. âgëz oblivio; mhd. lâz die Art und Weise des Benehmens, wie sich jemand anlässt; mhd. vuoc die Geschicklichkeit, eigentlich die Fähigkeit zu fügen, zu ordnen; mhd. slich Schleichweg, Kniff; ahd., mhd. swih, swîh Betrug, Falschheit; mhd. schîn die Art und Weise wie etwas zur Erscheinung kommt, das Benehmen; altn. lok 1) Ende, Untergang, 2) Ausweg, Rettung; ags. þrut Bedrängniss, Noth; mhd. drôz Last, Beschwerde; altn. vegr die Art und Weise wie man fährt; altn. far die Art und Weise wie jemandes Dinge gehen, seine Lage, sein Zustand; altn. válk die Bedrängniss, eigentlich das Hin- und Hergeworfenwerden; alts., ahd. gewant der Zweifel; ags. gedräg das Gebahren, Betragen, Thun uud Treiben; ags., alts., ahd. bismër Beschimpfung, der Schimpf; got. faíh der Betrug, die Betrügerei; altn. skil Urtheil, Kenntniss, eigentlich die Fähigkeit zu unterscheiden, zu sondern; altn. þóf endlose, ermüdende Anstrengung; ags. brôc afflictio; mhd. krot Belästigung, Bedrängniss, Kummer; altn. brot Verletzung, Uebertretung der Gesetze; altn. rof die

Widerrufung, Ungültigkeitserklärung eines gesprochenen Urtheils.

Bei den folgenden drei Wörtern findet gewissermassen eine Verwechslung zwischen Subject und Object statt; der Unterschied zwischen Activität und Passivität wird aufgehoben:

Mhd. smac 1) der wahrnehmende Geruchsinn, 2) der wahrgenommene Geruch, 3) der Geschmacksinn, 4) der von Dingen ausgehende Geschmack; ahd., mhd. stanc 1) der Geruchsinn, 2) der wahrgenommene Geruch; mhd. wâz 1) Geruchsinn (ër verliuset wâz und smac), 2) Duft, Geruch (süezen wâz gëben).

5) Unter dieser Abtheilung sollen noch einmal diejenigen neutralen Abstracta zusammengestellt werden, die oben substantivirte Adjectiva genannt wurden. Sie bezeichnen entweder die Summe der Dinge, welchen die Eigenschaft zukommt, oder diese selbst.

Mhd. arc das Böse, Uebel; mhd. gram der Zorn, Unmuth; mhd. grim Wuth; mhd. kranc Schwäche, Mangel, Unvollkommenheit; mhd. gemach Ruhe, Bequemlichkeit, Wohlbehagen; alts. swart die Finsterniss; alts. wah Böses, Uebel; altn., ags. tal, täl das Zutreffen, Passen: Berechnung, Aufzählung, Erzählung; ags. van Mangel, Fehler; ags. gäd societas; ags. gläd das Fröhlichsein, die Freude; altn. happ das Glück; germ. verþa- der Werth, die Würde, der Preis; got., ags. til, ahd., mhd. zil: got. Grund, Ursache, ags. die Vortrefflichkeit einer Sache, ahd., mhd. das Ziel; ags. gerëc, ahd., mhd. gerëh das Wohlbefinden, die gehörige Beschaffenheit, der gute Zustand; ags. gedeorf Trübsal, Drangsal; ags. bleóh die Farbe; altn. smelt enamelling: altn. hjal talk, tittle-tattle; ahd. giwon usus; altn., ags., ahd., mhd. hol das Hohlsein; ags. trum die Stärke; alts., ahd., mhd. wâr die Wahrheit; ags., alts. gôd in allen Bedeutungen des Adjectivs; ags. vôh perversitas, pravitas, iniquitas; altn. tóm das Freisein, die Musse, der Urlaub; altn. frí die Ferien; ags. gâl, mhd. geil Lustigkeit, Fröhlichkeit; mhd. gehei Hitze, Brand; ags. lâđ, alts. lêđ, mhd. leit Schmerz, Kummer, Widerwärtigkeit etc.; germ.

maina- (ausgen. got.) Trug, Schaden, Unglück; ags. flâh Hinterlist, Schlauheit; ags. brâd die Breite; ags. gerâd ratio, conditio; altn. heiđ Glanz, Klarheit; altn. sein der Verzug; altn. reik strolling, wandering; mhd. rôt das Roth, die rothe Farbe; ags. leás fallacia, mendacium.

B. Concreta durch Bedeutungsübertragungen aus Abstracten hervorgegangen; sie bezeichnen:

1) Das Material, den Stoff, wie es Jacobi nennt, in dem sich die Handlung vollzieht; sie sind die verkörperte, gleichsam erstarrte Handlung, also nahe verwandt mit den Nom. Agentis.

Ahd., mhd. umbihanc umhängende Gardine, Vorhang, Teppich; got. faurahah dasselbe; mhd. anehanc der Thau; altn. fáng tunica; mhd. schranc Gitter, Zaun; mhd. ran der Strom, Fluss; mhd. wazzerqual der Sprudel; altn. hvammr Thal, locus depressus, concavus ac rotundus, gramine vestitus, die verkörperte Krümmung; altn. hválf das Gewölbe, die gewölbte Decke; altn. hvall der Hügel als der Stoff, der die Wölbung bildet; mhd. sweif das einen Umschweif bildende Band oder Tuch; baugr, beág, pouc der Ring als materielle Windung; altn. riđ die sich windende Treppe, der gewundene Pfad.

2) Der concrete Gegenstand, an dem die Handlung sich vollzieht oder der aus der vollbrachten Handlung hervorgeht, wird durch das Nomen der Handlung bezeichnet. Beide Kategorien gehen häufig in einander über, oder fallen thatsächlich zusammen, so dass es nicht thunlich schien, sie zu sondern. Die zweite Art, die genetische Bezeichnung, ist uns aus dem Nhd. sehr geläufig in Wörtern wie Schöpfung = Welt, Vollendung = Vollkommenheit u. s. w. (Vgl. Imelmann Schillers Künstler S. 21.)

Altn. valr, ags. väl, ahd., mhd. wal der in Folge der Wahl Óđins zum Tode bestimmte Krieger und auch der Todte des Schlachtfeldes; ags. gang die Spur; mhd. klaf Spalte, Riss, abgerissenes Felsstück; ahd. umbihang das Zelt, das durch

Herumhängen von Tüchern gebildet wird; altn. fáng alles Eingefangene sowohl durch piscatura als auch venatio: praeda, victus, cibaria; mhd. spalt 1) Ritze, Spalte, 2) das Abgespaltene; mhd. schranc 1) der abgesperrte Raum beim Turnier, die Schranken, 2) der Schrank, scrinium; mhd. kraz die Spur, die ein scharrendes Ross hinterlässt; ahd. chrampf corona. labium entstanden durch das Krümmen von Metallen und anderen Gegenständen; mhd. spranz der Spalt als das Resultat des auseinander Springens; mhd. swal die angeschwollene Masse; mhd. valz die Fuge, die durch Ueber- oder Ineinanderlegen zweier Flächen entsteht; mhd. vlans der verzogene Mund; ags. stäp, ahd. stapf die Spur, die beim Gehen entsteht; altn. brestr der Spalt, Riss; mhd. schraf der zerklüftete Fels; ahd. tolc die Wunde als zugefügte Beschädigung; ahd. stung punctum; altn. grátr die Thräne; alts. ât, ahd., mhd. âz die Speise; mhd. biz das abgebissene Stück, der Bissen; mhd. slich die Spur; altn. slit, mhd. sliz der Riss, Spalt; altn. rit, ags. vrit, got. vrit 1) der eingeritzte Punct, 2) eine ganze Schrift; svât, svêt, sweiz die Schweisstropfen und das aus den Wunden schwitzende Blut; mhd. seich Harn, urina; daigs, teic die durch Kneten sich gestaltende Masse; hlauts, hlôz, lôz 1) das durchs Loos Erlangte, 2) das väterliche Erbe, da wohl dasselbe zu gleichen Theilen verloost wurde; altn. lok 1) ein verschlossener Raum: Gefängniss, Schafstall, 2) geöffneter Raum: Oeffnung, Höhle, Loch; mhd. sûc und souc der Saft; mhd. bû der bebaute Boden und der aus demselben gezogene Ertrag; altn. bútr der Klotz; raup, reáf, roup die geraubte Beute, besonders die im Kampfe erbeutete Brünne, das Kleid überhaupt; ags. þrâf manipulus als das mit der Hand zusammengeraffte; sceáf, skoup der durch Zusammenraffen von Getreide entstehende Bund, die Garbe; westgerm. grab, graf Graben, Grube, Loch; ahd., mhd. tranc das was getrunken wird, das Getränke; ags. skäp, ahd. scaf das Erschaffene, das Geschöpf; altn. skaf die abgeschälte Rinde, in Norwegen das Viehfutter; altn. rak das in Wiesen aufgehäufte Heu; ahd., mhd. sûf, souf die eingeschlürfte Brühe; ahd. kawët alles zu einem Paar Verbundene, von Menschen, Ochsen etc.;

ahd. chnët die durch Kneten, Formen sich gestaltende Masse; ags. dëlf der Graben; altn. svell die aufgestaute Eismasse, ags. trôd die Spur; altn. drit dirt, espec. of birds; altn., altfr., ahd., mhd. skíđ, skîth, schît Stück gespaltenen Holzes; altn. brot die Trümmer von zerschellten Schiffen, zerschlagenen Waffen; altn. klof der Spalt.

3) Concret gewordene Abstracta, die dazu dienen, den Ort zu bezeichnen, wo die im Verbum liegende Handlung sich ausübt, ausgeübt wird, oder wohin sich die Thätigkeit richtet.

Mhd. wanc der Weg, der zurück oder zur Seite führt, ahd. sinuamen; mhd. wal das Schlachtfeld, ags. steht in dieser Bedeutung välsteóv; ganga- 1) Ort, wo man geht, Strasse, Weg (got.), Spazierort, deambulacrum (ahd.), 2) wohin man geht, a privy (altn.), latrina (ahd.), Cloake, Abtritt (Lexer I, 735); mhd. bann der Bezirk, in welchem jemand das Bannen zusteht; altn. hald der Gewahrsam; mhd. behalt Aufenthaltsort; mhd. saz der Sitz; mhd. swant der Ort, wo etwas geschwunden ist, speciell die Stelle, wo der Wald ausgehauen, verschwunden ist (Vergl. Graff VI, 685 ‚in loco qui dicitur swant'), analog bezeichnet riute das Ausreuten und den Ort, wo der Wald ausgereutet ist; altn. vald das Reich, die Herrschaft: es ist eigentlich der Bezirk, in welchem jemand das valda zusteht (Vergl. bann); altn. sökk Thal, Grube; ist das Wort nicht besser unter 1 als die concrete Senkung aufzufassen? alts., ags., ahd. sîđ, sind der Weg, der Pfad, wo man geht; ahd. stëc pons, ponticulus; ahd. trinch das Gelage, convivium; mhd. slich der Ort, wo einer schleicht; mhd. slif der Ort, wo man kann slîfende werden; got. hleis, ags. hleó Zelt, Hütte als Ort, wo man Schutz sucht; mhd. meiz Ort, wo das Holz abgeschlagen worden ist, der Holzschlag; mhd. bû Haus und Hof als Ort, wo man bûwet; ahd. anebôz Amboss, worauf geschlagen wird; ags. onheáv, mhd. anehou Amboss; mhd. trouf compluvium als Ort, wo das Regenwasser zusammenträufelt; ahd. inslouf indumentum, in das man schlüpft; ahd. urslouf exuviae; altn. far, ags. fär 1) Ort, wo man fährt, geht: via, speciell wo man überfährt: Fähre, Fuhrt,

2) wohin man einfährt: Hafen; mhd. gëmach Ort, wo man Ruhe, Bequemlichkeit findet; altn. flag Ort, wo der Rasen ausgestochen ist; ahd., mhd. sëz 1) Ort, wo man sich einmal niederlässt: Sessel, Bank, Sitz, 2) wo man dauernde Niederlassung hat: Wohnsitz, Wohnort, 3) worauf oder womit man sich niederlässt: nates; ahd., mhd. luoc Ort, wo man auf der Lauer liegt, Schlupfwinkel, Hinterhalt, Loch, Höhle; altn., ags., altfr. sođ, sod die Brühe, worin man Fleisch siedet oder solches gesotten ward.

4) Abstracta den concreten Gegenstand bezeichnend, wodurch der Verbalzustand veranlasst wird. Diese Kategorie berührt sich aufs Engste mit den Beispielen unter 2, streift andererseits auch nahe an die Nomina Agentis heran.

Mhd. schal in ‚ich bin mîner vîende ein schal' der Gegenstand, der ein Schallen, Spotten hervorruft; mhd. glaz der Kahlkopf; altn. hald im Plur. die Handhaben; ags., mhd. clam, klam die Fessel (kann auch zu 2 als Resultat des Zusammenziehens gezogen werden); mhd. krach der Riss, Spalt, der Krachen verursacht; ags. sîđ der Reisezweck, die Botschaft, der Grund des sîđan; mhd. schimpf das Spiel, besonders das Kampfspiel, das Scherz veranlasst; altn., ags. harmr, hearm der Harm, Gram bewirkende Schaden, damnum, res noxia; mhd. sweif der Schwingungen machende Schwanz; ahd. undarskeid das Komma, das aus skeidan hervorgegangen ist und selbst wieder scheidet; germ. hlauta- das Loos; mhd. diez der Strudel, bei dem ein diezen entsteht (Lex. I, 431); ags. fär Vehikel zum Fahren, Wagen, Schiff; altn. skóđ der Schaden hervorrufende Gegenstand, speciell telum.

5) Ein Nomen Actionis wird geradezu für eine handelnde Person oder einen sonst irgendwie thätig zu denkenden Gegenstand gesetzt.

Mhd. anehanc soviel als Knecht: ‚unde hete iegelicher zwêne anehenge oder zwêne knëhte'; altn. fáng die umfangende Brust, umschliessenden Arme, mhd. vanc von Maria: ‚rôse âne dorn, ein vanc dër iemer wërden wunne schouwe'; mhd. schal die lärmende Menge: ‚zwelf hundirt schilde brâht er zô dëme schalle‘ (Lex. II, 637); mhd. vürstant der Bürge; nhd. vorstand der Beistand; ags. þrang die lärmende, drängende Menge; mhd. spranz der Geck (eigentlich das sich Spreizen, Zieren); mhd. widersaz der Feind: Parzival heist ‚dër valschheit, schanden, lüge widersaz‘ (das Wort bedeutet 1) Widerstand, Widersetzlichkeit, 2) Feindseligkeit, 3) die personificirte Feindseligkeit); mhd. swant der Zerstörer, Vernichter: ‚der valschheit swant‘ heist Parzival; mhd. vlans ein Scheltwort: der verzogene Mund; altn. svarkr a proud, haughty woman: das personificirte Keifen; altn. dunn Haufe, Schaar, speciell 10 Mann (Lärm, Getöse); mhd. rât die berathende Versammlung und ein einzelner aus derselben: ein Rath; mhd. grif die Kralle, Klaue des Adlers; mhd. leitvertrîp: die Frauen werden poetisch der Männer leitvertrîp genannt, cf. hierzu Grimm Reinh. Fuchs S. 366: ‚alsô ist mit den wîben, diu mannen leit vertrîben‘; mhd. grîn 1) der Rachen in hellegrîn, 2) Name eines Hundes (Lex. I, 1086): das Wort bezeichnet das grînen, lautes Geschrei; fränk. schîn, schein der Mond (Gr. III, 391, Anm. 3); ags. scîn das Gespenst, eigentlich der Schein im Gegensatz zum Wirklichen, Reellen; ags. hleó protector, tutor, Fürst (vergl. ags. helm, eodor Scyldinga der Fürst der Schildinge); mhd. vluc der Flügel; altn. lok das Schloss als schliessendes und öffnendes; ags. þrut die drängende Menge; altn. skrjóðr der Lumpenkerl (eigentlich der Fetzen); altn. súgr das Meer (eigentlich das beim Saugen entstehende Geräusch, dann das Brausen); ags. þreát die Schaar, besonders die drängende, feindliche; alts. gibrak die laute Volksmenge; altn. gnat das Meer als das Tosen, die Brandung; altn. bif das Meer als das Beben, das Wogen; altn. drif die schäumende, hochtreibende See; ags. crod die drängende Menge.

Die Wörter dieser Kategorie sind gröstentheils altn., ags., mhd. Poesie entnommen, und es ist nicht unwahrscheinlich, dass noch das eine oder andere altn. Appellativ, das ich unter den Nom. Agentis mit etymol. unbekannter Bedeutung behandelt habe, weil jede Handhabe zur nähern Bestimmung fehlte, unter diese Kategorie gehört. Derselbe metaphorische Trieb der Sprache, den man an diesen Beispielen beobachten kann, zeigt sich auch sonst noch, so z. B. in der Verwendung von abstracten Wörtern zu Appellativen wie Minna, Triuwa, Wunna, Thryđ, Veleda etc. Cf. Müllenhoff Zur Runenlehre S. 55, in Haupts Z. XIV, 216; Tobler in der Zeitschrift für Völkerps. u. Sprachw. I, 373.

C) ZUR GESCHICHTE DES PRIMÄRSUFFIXES A.

Es ist nicht unwichtig, ehe zur Erwägung der einzelnen Fragen übergegangen wird, die hier zur Behandlung kommen müssen, einen Rückblick auf die Zahlenverhältnisse der verschiedenen Kategorien der mit Suffix a gebildeten Wörter zu werfen. Zahlen dienen häufig, wie Curtius sagt, bei sprachlichen Untersuchungen zu bestimmterer, besserer Veranschaulichung und sind die am lautesten sprechenden Beweise für und wider aufgestellte Behauptungen und Hypothesen. Das folgende Schema mag das numerische Verhältniss veranschaulichen; zugleich wird es auch noch einmal einen genauen Einblick in die Anordnung des voraufgehenden Theils der Untersuchung gewähren.

Primärsuffix a. 1288 Beispiele.

A. Nomina Agentis; 827 Beisp. (S. 27—115).
- 1. Masculina; 313 Beisp. (S. 27—65).
  - I. Etymologisch klare Beisp. 128 (S. 27—46).
    - α) Wurzel intransitiv; 65 Beisp. (S. 28—36).
      - a) nach Thema und Genus sicher; 58 Beisp. (S. 28—35).
      - b) nach Thema oder Genus zweifelhaft; 7 Beisp. (S. 35—36).
    - β) Wurzel transitiv; 63 Beisp. (S. 36—46).
      - a) Nach Thema und Genus sicher; 56 Beisp. (S. 36—45).
      - b) Nach Thema oder Genus zweifelhaft; 7 Beisp. (S. 45—46).
  - II. Etymologisch dunkle Appellativa; 185 Beisp. (S. 46 bis 65).
- 2. Neutra; 175 Beisp. (S. 65—85).

I. Etymologisch klare Wörter 74 (S. 65—76).
α) Wurzel intransitiv; 34 Beisp. (S. 65—71).
β) Wurzel transitiv; 40 Beisp. (S. 71—76).
II. Etymologisch dunkle Appellativa; 101 Beisp. (S. 76 bis 85).
3. Adjectiva; 339 Beisp. (S. 85—115).
α) Die Wurzel ist transitiv; 97 Beisp. (S. 86—94).
a) In Bedeutung eines Partic. Präs. Act.; 20 Beisp. (S. 86—88).
b) Passivisch; 77 Beisp. (S. 88—94).
β) Die Wurzel ist intransitiv; 93 Beisp. (S. 95—102).
a) In Bedeutung eines Partic. Präs.; 79 Beisp. (S. 95—101).
b) In Bedeutung eines Partic. Perf.; 14 Beisp. (S. 101—102).
γ) Etymologisch dunkle Adjectiva; 149 Beisp. (S. 102 bis 114).
B. Nomina Actionis; 461 Beisp. (S. 116—155).
1. Masculina; 210 Beisp. (S. 116—135).
I. Etymologisch klare Beisp. 180 (S. 116—132).
a) Nach Thema und Genus sicher; 108 Beisp. (S. 116—127).
b) Nach Genus oder Thema zweifelhaft; 73 Beisp. (S. 127—132).
II. Etymologisch dunkle Wörter 29 (S. 132—135).
2. Neutra; 251 Beisp. (S. 135—155).
I. Etymologisch klare Beisp. 226 (S. 135—153).
a) Thema sicher; 220 Beisp. (S. 135—153).
b) Thema oder Genus zweifelhaft; 6 Beisp. (S. 153).
II. Etymologisch dunkle Wörter 25 (S. 153—155).

Es stehen somit 827 Nomina Agentis 461 Nomina Act. gegenüber. Ganz anders aber gestaltet sich das Verhältniss, wenn wir die ihrer Etymologie nach dunklen Wörter, die nur nach ihrer objectiven Bedeutung der einen oder andern Kategorie untergeordnet wurden, von beiden Seiten in Abzug bringen. Das Verhältniss der Nom. Agent. zu den Nom. Act. ist dann wie 392 zu 407. Beachten wir ferner, dass unter diesen 392 Nom. Agentis sich 190 Nom. Adject. befinden und dass diese, sowie sie äusserlich durch eine fast unüberbrückbare Kluft, die Flexion, von dem Nom. substant. geschieden sind, sich auch innerlich als eine von dem Nom. subst. geschiedene Kategorie für das germ. Sprachgefühl herausgebildet hatten: so stehen nach Abzug dieser Adjectiva noch 202 Nom. Agent. subst. neben 407 Nom. Actionis substant. Sieht man weiterhin diese 202 übrig bleibenden Nom. subst., die als etymologisch klar bezeichnet wurden, etwas näher an, so ergibt sich, dass ungefähr nur 120 aus germ. Sprachmitteln deutbar sind, die übrigen nur mit Hinzunahme der verwandten Sprachen. Von diesen 120 Beispielen ist wiederum der geringste Theil der Art, dass sie in lebendigem Zusammenhang mit gebräuchlichen Wurzeln stehen, umgeben von einer Schaar näherer und entfernterer Verwandten. Bei den meisten besteht das Verhältniss, dass sie nur mit Hinzunahme der einen oder andern oder gar mehrerer altgerm. Sprachen klar werden. So ist z. B. das altn. slápr ohne Hinzunahme des got. slepan, ahd. slâffan undeutbar; altn. skinn die Haut erklärt sich nur durch ahd. scindan, mhd. schinden. Alle Wörter der Art sind vom Standpuncte éines der altgerm. Sprachstämme ebenso zu betrachten wie volfa- oder hôra- vom Germ. überhaupt, d. h. sie müssen in Abzug kommen, wenn wir die Frage aufwerfen: bei welchen Nom. Agent. oder Appellativis war der Faden, der die ursprüngliche Bedeutung des eine characteristische Eigenschaft hervorhebenden Nom. Agent. mit dem jetzt durch dasselbe als Appellativ hervorgerufenen Totaleindruck verknüpfte, noch nicht abgerissen? bei welchen war noch ein Gefühl vorhanden für die Zugehörigkeit zu einem starken Verbum? Werden alle die Wörter, bei denen dies nicht der Fall war, von jenen 120 übrig gebliebenen Beispielen in Abrechnung gebracht, so braucht man nicht bis zu einem halben Grosshundert zu zählen, um die noch wirklich gefühlten Nom. Agent. zusammen zu rechnen.

Halten wir dies Ergebniss mit der Thatsache zusammen, dass es 827 Wörter mit Suffix a gebildet im Germ. gibt, die wir theils wegen ihrer erkannten Etymologie, theils wegen ihrer objectiven Bedeutung glaubten als Nomina Agent. bezeichnen zu müssen, so ergibt sich als untrügliches Resultat: die Fähigkeit mit Suffix a Nomina Agentis zu bilden ist den german. Sprachen in der Periode, in der sie uns in ihrer Entwicklung zuerst entgegen treten, vollständig abhanden gekommen. Es dauern nur die aus einer frühern Periode als Erbtheil überkommenen Wörter fort und diese noch nicht immer unbeschädigt, wie wir sehen werden.

Das eben gewonnene Resultat ist ganz und gar nichts Neues, sondern wohl hinlänglich bekannt, aber es wird sich jetzt anschaulicher darstellen. Auch konnte schon J. Grimm dieses Verhältniss beider Wortkategorien nicht entgehen. ‚Eine Verschiedenheit — sagt er Gramm. III, 496 — scheint aber darin begründet, dass den meisten abstracten Substantiven fortlebende, deutliche Verba zur Seite stehen, den sinnlichen hingegen längst verlorene und dunkle Stämme unterliegen. Zwischen den Abstractis und ihren Stämmen ist daher noch eine rege Wechselwirkung der Bedeutung anzunehmen, die, wie mich dünkt, auf Bestimmung und Bewahrung des Genus Einfluss üben musste. Die sinnlichen Substantiva stehen gewöhnlich mehr isolirt, ihre Abkunft aus dem erloschenen Verbo ist in der Regel beinahe ganz ungefühlt.‘

Welcher Ersatz erwuchs nun dem Germanischen für den Abgang der Fähigkeit zu solchen Bildungen, die in verwandten arischen Sprachen üppig fortwucherten? Welchem Suffix, das ursprünglich Nomina gleicher Kategorie bildete, gelang es thatsächlich über Suffix a in seiner Verwendung zur Bildung von Nom. Agent. so die Oberhand zu gewinnen, dass es dasselbe nicht nur aus seinem lebendigen Gebrauch verdrängte, sondern auch historisch feststehende, mit Suffix a gebildete Wörter in jüngeren Sprachperioden immer mehr zu sich herüberzog? Der letzterwähnte Vorgang giebt uns Antwort auf diese Fragen.

Betrachten wir die germ. Sprachen den urverwandten arischen gegenüber, so machen wir folgende Beobachtungen:

Dem Skrt tala ‚1) Fläche, Fussboden, 2) Handfläche, Fussohle, 3) die unter einem Gegenstand ausgebreitete Fläche,

Stelle überhaupt' entspricht ahd. ein Stamm dilan- planca, tabula parietis, area (Graff V, 133). Den früheren a-Stamm fürs Germanische verbürgt ausserdem noch das aus demselben mittels Secundärsuffix ya gebildete Collectiv ags. þile, þill; ahd. dili; altn. þili stipes, tabulatum.

Dem skrt çvaçura, altb. qaçura, gr. ἑκυρό-, lat. socero- entspricht got. svaíhran-, während im ahd. suëhur, suëher, mhd. swëher der a-Stammauslaut bewahrt ist.

Skrt aṅsa, gr. ὦμο-, lat. umero- entspricht got. amsan-Schulter.

Skrt çaça (das zweite palatale ç wohl aus dental. wie öfter): ahd. hasan- (Graff IV, 1049).

Gr. πηνίς Faden, Gewebe; lat. panno- Tuch: got., ags. fanan- Zeug, Tuch, Fahne.

Gr. -φονο- in πατροφόνο- etc.: ags. bonan- in brôđor-, ealdorbonan- etc. (Grein I, 75).

Gr. -φορο- in σακεσ-, οἰνοφόρο-; lat. -fero- in signifero- etc.: ags. boran- in sveord-, væpen-, ræsboran- etc. (Grein I, 132); ahd. poran- in khumpalborun cohortes (Graff III, 157); Gr. II, 487.

Skrt dama in arindama etc.; gr. δαμο- in ἱπποδάμο-: ags. taman- domitor (Ettm. 525).

Skrt ṛça, altn. elga-: ahd. ëlahan-.

Skrt kapâla Hirnschale, Schädel: ags. heáfolan- Kopf.

Gr. πῶλο- Fohlen, junges Pferd: got., altn., ags., ahd., mhd. folan-.

Altbaktr. qara Wunde (Justi 88) und ahd. swëran- dolor, sanies, tabies, aegrotatio zeigen zwar dasselbe Verhältniss, jedoch ist es mir wahrscheinlicher, dass beide Wörter im Sonderleben beider Sprachen entstanden sind.

Schon bei diesen wenigen Beispielen konnten wir beobachten, dass während im ahd. ëlahan- Suffix an an Stelle des ursprünglichen Suffixes a getreten war, das alte Verhältniss im altn. elgr bewahrt blieb; ebenso wurde das zwar mit einem andern Suffix gebildete, aber auf a auslautende Thema svakura- im Got. zu svaíhran- erweitert, während es im Ahd. sich noch ursprünglich zeigt.

Sehen wir von Uebereinstimmung mit verwandten Sprachen ab und betrachten die germanischen unter sich, so häufen sich die Beispiele dieser Art.

Ahd. houschric locusta, matoschrëches locustae: houschrëcho locusta (Graff VI, 575).

Ahd. chlep gluten: chlëbo idem (Graff IV, 546).

Ahd., mhd. swil callus: ahd. swilo idem (Graff VI, 872).

Ags. finc (Ettm. 349): ahd. finco, distilfincho fringillus (Graff III, 527).

Ahd. smah, gesmah sapor: smacho, gesmacho sapor (Graff VI, 825).

Altn. grípr (Egilss. 273); ahd. grîf: ahd. grîfo (Graff IV, 319). Es ist wohl das lat. gryps, grypus mit Anlehnung an germ. grîpan.

Altn. brunnr (Egilss., Cl.): got. brunna; ags. brunna (Ettm. 290); alts. brunno; altfr. burna (R. 676); ahd. brunno (Graff III, 310).

Germ. daga-: altn. eindagi (Cl. 120); ags. ândaga (Grein I, 182); alts. êndago; ahd. kipurti-, endidago (Graff V, 358); Gr. II, 489.

Altn. svanr (Egilss., Cl.); ahd. swan: ahd. swano (Graff VI, 879).

Ags. stäp (Ettm. 725); ahd. stapf: ahd. stapfo (Graff VI, 656).

Ahd. ûfsëz eques: anasëzzo assessor (Graff VI, 302).

Altn. skarfr (Egilss., Cl.): ahd. scharbo (Graff VI, 541); mhd. scharbe (Lexer II, 662).

Altn. hrókr (Egilss., Cl.); ags. hrôc (Ettm. 506); ahd. hruoh: ahd. hruocho Kropfgans (Graff IV, 1150).

Altn. snakr (Egilss., Cl.): ags. snaca (Ettm. 709).

Altn. már, Plur. mávar (Egilss., Cl.); ags. mæv (Grein II, 228): ahd. mâwo in dem Namen Mâwinheim (Graff II, 890).

Altn. svelgr (Egilss., Cl.); mhd. swëlch (Mhd. W. II_2, 791): ahd. swëlho (Graff VI, 876).

Ags. ham (Ettm. 446): westgerm. haman-.

Altn. faldr (Egilss., Cl.); ags. feald (Ettm. 337): ahd. faldo (Graff III, 514).

Ahd., mhd. hac (Graff IV, 761, Mhd. W. I, 605); ags. häc (Ettm. 446): ags. haga (Grein II, 5); altn. hagi (Egilss., Cl.).

Altfr. let (R. 894); ahd. laz (Graff II, 297): ags. lata (Ettm. 167).

Ags. scär, scear (Ettm. 679); ahd. scar: ahd. scaro (Graff VI, 527).

Ags. helf (Ettm. 447); ahd. halp (Graff IV, 891): ags. hielfa (l. c.); ahd. halbo.

Altn. kólfr (Cl., Egilss.): ahd. cholpo (Graff IV, 392).

Ahd. kamb; altn. kambr; ags. comb; alts. kamb: ahd. kambo (Graff IV, 403); mhd. kambe (Mhd. W. I, 783).

Ahd. scraz (Graff VI, 577): nd. scrato (Graff l. c.); altn. scrati (Egilss.).

Ahd. hnah (Graff IV, 1126): ags. hnaca; altn. hnaki (Egilss., Cl.).

Ags. stär (Ettm. 726): altn. stari (Egilss., Cl.).

Altn., ags. smiđ; ahd., mhd. smid, smit: got. smiþa.

Got. þius; ags. þeóv: ags. þeóva.

Altn. hlutr: hluti (Egilss., Cl.).

Altn. múgr: múgi (Cl.) Menge, Volkshaufe.

Altn. eimr ignis: eimi (Egilss.).

Ahd. stah (Graff VI, 636): ags. staca (Ettm. 728).

An allen diesen Beispielen sehen wir deutlich, wie Themen, ursprünglich mit Suffix a gebildet und als solche historisch noch in derselben oder einer nahe stehenden germanischen Sprache uns entgegentretend, ihren Stammesausgang unorganisch zu an erweitern.

Die Erscheinung ist von mehr als einer Seite her merkwürdig. Durch den ganzen germanischen Sprachstamm geht das Bestreben, die consonantisch auslautenden Nominalthemen zu vocalischen zu erweitern. So besitzt das Germanische keine ursprünglich consonantischen Adjectivstämme mehr wie sie das Skrt, Gr., Lat. in Fülle haben; seine alten as-Themen hat es durch a erweitert; von reinen Wurzelnom. hat es nur spärliche Reste erhalten (Z. Gesch. d. d. Spr. S. 439 ff.); die Participia auf ant erweitern ihr Thema mit a oder ya; die Verwandtschaftsnamen auf tar erweitern — freilich nicht ohne Analoga im Skrt und Griech. (Bopp Vergl. Gr. III, §. 905) — ihre Themen durch u. Diesem Trieb der Sprache steht der eben aufgezeigte Vorgang durchaus entgegen.

Weiter ist auffallend, dass während für alle aufgezählten Erweiterungen consonantischer Themen zu vocalischen die Beweggründe sich unschwer ergeben, man bei der Fortbildung der masc. a-Themen sich fast vergebens nach solchen umsieht. Einen Ausgangspunct muss es gegeben haben. Sucht man nach einem analogen Vorgange in den germanischen Sprachen, so verfällt man zunächst auf die feminin. ân-Themen. Für sie hat es Scherer Z. Gesch. d. d. Spr. S. 428 ff. höchst wahrscheinlich gemacht, dass vom Genetiv Plur. auf -ânâm die Folgerung eines ân-Stammes ausging. Im Ostarischen liegen aber nicht nur von Stämmen auf â Gen. Plur. mit dem Casussuffix -nâm vor, sondern auch von denen auf a, und wie zu jenem ostarischen Genet. auf -nâm von â-Themen die westgerm. ahd. gëbôno, alts. gëbôno, ags. gifena, altfr. jefena stimmen, so bietet zu einem ostarisch. Genet. auf -nâm von einem â-Thema das Ags. sein dagena, godena (Grein I, 182. 518), und in ausgedehntem Maasse das Nordhumbrische: fiskana, knëhtana und fürs Neutr. bodana, wordana (Heyne Kurze Laut- und Flexionl. S. 288). Derselbe Genetiv auf -nâm findet sich auch im Westfriesischen: degana (R. 685), eggena, igna (R. 699): Heyne Laut- und Flexionsl. S. 300. Sind diese Genetive von a-Themen wirklich bewahrtes, altes Sprachgut und nicht etwa durch Formübertragung aus dem Femininum, oder gar aus den an-Stämmen, der sogenannten schwachen Declination eingedrungen, was fürs Westfries. höchst wahrscheinlich wird, da es neben Genet. Plur. degana die Nom. Plur. degan, êthan, keningan etc. bietet, so reichen sie immer noch nicht hin, um die an-Stämme zu erklären. Der Einwand, dass wir keine an-, sondern ân-Themen zu erwarten hätten da der Genet. Plur. von devá, çíva, devânâm, çívânâm lautet, wäre hinfällig; denn ein Blick auf das Altbaktr., wo die Verlängerung noch facultativ ist, lehrt, dass wir es darin nicht einmal mit einer ostarischen, sondern mit einer specifisch sanskritischen Erscheinung zu thun haben. Ein anderer Umstand macht jene Erklärung unzureichend: die Bildung femininischer ân-Themen ist eine für jedes â-Thema facultative Erscheinung, die an-Stämme aber sind aus einer bestimmten Kategorie von a-Stämmen weitergebildet, aus den Nom. Agentis und ersetzen nur das Suffix a, insofern es Nom. Agent. bildet; erst in einer verhältnissmässig späten Periode beginnen sie sich auch aus den Nom. Actionis zu recrutiren.

Die arische Ursprache besass nun zweifelsohne masculine Nomina Agentis auf Suffix an (Bopp Vergl. Gr. III, §. 925, Schleicher Comp. §. 221). Man könnte daher geneigt sein, in dem übereinstimmenden Genet. Plur. dieser und der a-Themen den Grund zu suchen, dass nur Nom. Agent. auf a von der Weiterbildung ergriffen wurden. Aber damit er den Ausgangspunct zu einer so weitreichenden Erscheinung bilden konnte, mussten jene an-Themen entweder in ansehnlicher Zahl vorhanden gewesen sein, oder die vorhandenen Beispiele wenigstens zu den gebräuchlichsten Wörtern gehören. Dies ist nun, soweit ich sehe, eben nicht der Fall. Als arisch lassen sich wohl nur folgende erweisen: 1) skr. takshan, gr. *τέκτον-*, 2) skr. ukshan, germ. uhsan-, 3) altb. arshan, gr. *ἄρσεν-*, *ἄῤῥεν-* (Bopps sowie Justis Vergleichung des altb. mit skr. vṛshan ist abzuweisen; zu dem altb. sowie griech. Worte stellt sich im Skr. wurzelhaft ṛsha-bha Stier), 4) skr. râjan, lat. regon- (lat. regon- folgt aus dem mit Secundärsuffix a gebildeten regnum; auch aus regina? s. Corssen Voc. I, 202; Orient u. Occ. I, 282). Es kommt noch hinzu, dass die Genet. Plur., die den alleinigen Ausgangspunct hätten bilden können, thatsächlich nicht stimmen. Von einem talanâm, amsanâm stand uksnâm ab; denn auf Grund jener wunderbaren Uebereinstimmung des ostgerm. auhsne, oxna mit skrt ukshnâm kann man Bopp Vergl. Gr. III, §. 924 nicht beistimmen, wenn er in gr. *σκηπόνων*, *αἰθόνων* das Ursprüngliche erblickt; vergl. noch got. abne; altn. gumna, bragna, flotna, gotna, skatna (Wimmer Altn. Gr. §. $64_{,3}$).

Vollständig klar ist demnach noch keineswegs, von wo aus jene unorganische Erweiterung ursprünglicher a-Themen ihren Impuls bekam. Vielleicht gelingt es später in einem anderen Zusammenhange der Lösung näher zu kommen; an der Thatsache lässt sich kaum zweifeln trotz Benfey in Orient u. Occid.

I, 271. 283, Leo Meyer Got. Spr. §. 354; s. J. Schmidt in Kuhns Z. XIX, 293.

Hier ist der Ort, um darauf hinzuweisen, dass auch bei den neutralen Appellat. auf Suffix a das Germanische den Ansatz machte, sie zu neutralen an-Stämmen zu erweitern; aber die Neigung erlahmte gleich im Anfang. Als german. neutrale an-Stämme darf man folgende ansehen: vatan-, hertan-, augan-, ausan-; die beiden ersten waren sicher arisch. Das Gotische bietet nun neben dem neutr. a-Stamm daúra- einen solchen an-Stamm in auga-daúran-, neben dem mit Suffix na gebildeten kaúrn Frucht, Weizen ein kaúrno Korn, Körnchen; und wie es den männlichen Stamm magula- neben magu- (Masc.) zum männlichen an-Stamm magulan- erweiterte, so ursprüngliches barnila- neben barna- zu einem neutr. barnilan- (Nom. barnilo). Dem mascul. gajukan- (Nom. gajuka) steht ein neutrales gajukan- (Nom. gajuko) gleicher Bedeutung zur Seite, jedenfalls nicht ohne Einfluss des neutralen juk. Altn. stellt sich hierher biuga (Neutr.) die Bratwurst (Cl. 66); zu got. daúra- und daúran- vergleicht sich viđbein und viđbeina (Egilss. 703) Schlüsselbein. Analog wie gajuka und gajuko verhält sich das Masc. heimr und der neutr. an-Stamm heima (Cl. 249), leikr Spiel und leika Spielzeug, Puppe (Cl. 382); hnođ extremitas clavi tundendo rotunda (Egilss. 369) vergleiche mit hnođa Knäuel (Cl. 277). Dasselbe Verhältniss wie gajuka und gajuko haben sími Seil (Egilss. 706) und síma (Cl. 532) idem, ökli Knöchel (Egilss. 619) und ökla (Cl. 762); das ahd. anchal (Graff I, 344) bietet in enkilin talas (Acc. Plur.) eine erweiterte Form, die aber als Masc. zu fassen ist. Der Umstand, dass die Erweiterung der neutr. a-Stämme durch n nicht durchdrang, hat, wie sich weiter unten ergeben wird, noch eine andere Erscheinung zur Folge.

Durch die immer mehr um sich greifende, unorganische Erweiterung der masc. a-Themen der Nom. Agent. wurde allmälich auch jede weitere Bildung dieser Art mit Suffix a abgeschnitten. An seine Stelle trat vollständig Suffix an, so dass es unrichtig wäre, bei diesen Neubildungen von einem unorganischen Ausweichen eines a-Stammes zu sprechen. Ein solcher hat bei ihnen nie bestanden.

Ich meine Wörter wie got. faúragagga der Vorsteher; got. staua der Richter; got., altn., ahd., mhd. aran- der Adler; got. aha der Sinn, Verstand; got. liuta der Heuchler (zu altn. lúta, ags. leótan sich neigen); got. nuta der Fänger, Fischer; got. skula der Schuldner; got. ufarsvara der Meineidige; got. vilva der Räuber.

Es ist mir nicht möglich eine vollständige Sammlung der auf germ. Boden mit Suffix an gebildeten Nom. Agentis zu geben. Ihre Zahl würde bei weitem die der oben behandelten Nom. Agent. und Appellat. auf Suffix a übertreffen. Zudem sind diese Bildungen so selbständig geworden, dass sie in einer germanischen Stammbildungslehre eine gesonderte Behandlung, wenn auch im Anschluss an Suffix a, verdienen. Sammlungen solcher mit Suffix an gebildeten Wörter finden sich bei Leo Meyer Got. Spr. §. 354; Gr. I, 607. 624. 637. 645. 649. 661; Graff II, 919; Haupt Z. XVIII, 208. Auf letztere werde ich weiter unten zurückkommen. An Vollständigkeit fehlt, von Leo Meyer fürs Gotische abgesehen, bei allen Sammlungen noch sehr viel.

Nachdem auf diese Weise die zahlreichen Subst. Nomina Agentis und Appellat. auf Suffix a verschwunden oder doch auf den Aussterbeetat gestellt waren, ging die Sprache weiter und übertrug diese Stammerweiterung auf alle Concreta, deren Suffix auf a auslautete. So sahen wir oben svaíhra- zu svaíhran- werden; Suffix ya wurde yan: got. afetja, arbinumja, fauragaggja, bihaitja wie fauragagga und ahd. heizzo, ags. hâta; Suffix ra, la wurde ran, lan: got. magula, svaíhra etc.

Wohl einen Augenblick der Betrachtung werth ist, zu sehen, welches Schicksal den an-Stämmen in der weitern Entwicklung des oberdeutschen Sprachstammes, im Mhd. und Nhd. widerfuhr. Wie mächtig sie den ganzen germ. Sprachstamm überfluthet hatten, auch ihnen war eine Grenze gesteckt, und wie sie an Stelle der a-Bildungen getreten waren, so wurden sie, im Mhd. noch nebenher geduldet, im Nhd. vollständig durch eine andere Bildung verdrängt. Wo sie noch bestehen, sind sie ebenso wie die übrig gebliebenen a-Themen unverstandene, historische Reste. An ihre Stelle ist im Mhd. ære, im Nhd. er in lebendigen Gebrauch getreten.

Das Gotische sowie die übrigen altgerm. Sprachen kennen das Suffix arya, dessen Herkunft noch im Dunkeln liegt, als Secundärsuffix. Es bildet Appellativa, welche die Person bezeichnen, die sich mit dem beschäftigt, was das Grundwort ausdrückt. So got. bokareis Schriftgelehrter, motareis Zöllner; ahd. scâhheri latro, fiskari piscator, prievari librarius; ags. fugelere auceps, huntere venator; altn. dómari judex, skapari creator. Die Verwendung des Suffixes ist im Gotischen noch auf wenige Wörter beschränkt (Leo Meyer Got. Spr. §. 274, Gr. II, 125); auch die übrigen germ. Sprachen mit Ausnahme des hochdeutschen Sprachstammes machen keinen allzu häufigen Gebrauch von ihm. Im Ahd. aber (vergl. Gr. II, 125 bis 128) erstrecken sich diese Bildungen schon über ein sehr weites Gebiet und stehen häufig ganz gleichbedeutend neben Nom. Agent. mit Suffix an gebildet; so haltari, bihaltari neben halto in burchalto; scrîbari neben scrîbo; wartari: warto; hëlfari: hëlfo; abanëmare: abanëmo; rûnari: rûno; suahhari: suohho; trinkari: trinko; troumsceidari: troumsceido.

Das Secundärsuffix arya bekam ganz den Anschein eines primären Suffixes, das Nom. Agent. bildet, und Bopp Vergl. Gr. III, §. 961 scheidet wirklich ein Primärsuffix arya Nom. Agent. bildend von dem Secundärsuffix. Schon der Umstand, dass Bildungen ersterer Art im Gotischen ganz fehlen, muss hieran zweifelhaft machen. Sodann gibt es unter den Beispielen der übrigen altgerm. Sprachen und des Ahd. in seiner ältesten Periode kein einziges, das dazu zwänge. Allmälich jedoch bildete das Suffix auch Nom. Agentis direct aus Verbis und besonders aus éiner Kategorie, den von Adjectiven abstammenden schwachen Verbis, welche das theilhaftig machen mit der Eigenschaft bezeichnen (Jacobi Beitr. z. d. Gr. 134); so von wîhjan: wîhari; irlôsjan: irlôsari; rihtjan: rihtari; wuotjan: wuotari etc. Vergl. Jacobi Unters. S. 48.

Im Mhd. erscheint noch êhalte, doch nur in Rechtsdenkm., Stadtrechten etc. (Lexer I, 574), aber wie häufig haltære, halter (Mhd. W. I, 623, Lexer I, 1160). Für den an-Stamm schrîban- vermögen mhd. Wörterb. (II_2, 209) und Lexer (II, 794) nur noch drei Beispiele aufzutreiben, aber man sehe schrîbære, schrîber. Vergebens sucht man im Mhd. nach einem trinke, suoche etc. Zwar besteht immer noch eine stattliche Anzahl von an-Stämmen, aber was Gr. III, 496 von den alten überkommenen a-Themen fürs Germanische sagt, das gilt in vollem Maasse für die an-Stämme des Mhd.: eine rege Wechselwirkung zwischen den Wurzeln, d. h. den Verben und ihnen fehlt ganz. Es kommt hinzu: die meisten noch bestehenden an-Stämme sind keine eigentlichen an-Themen, sondern die unorganischen Erweiterungen der alten a-Themen; sie waren fest gewurzelt und unausrottbar, während jene an-Stämme ebenso spurlos wieder verschwanden, wie sie aufgetaucht waren.

Denn sehen wir uns in der nhd. Sprache um, was wir noch von jenen german. Neubildungen besitzen, welche Wörter noch als Nom. Agent. lebendig gefühlt werden. Wohl hat sich ein Theil gerettet dadurch, dass das n in den Nominativ eindrang, und das Wort im Singul. starke Flexion annahm — sie wurden also ana-Stämme —: der bogen, der tropfen; oder indem sie ihr n überall aufgaben und zu a-Stämmen wurden: herzog, spross etc. Aber sind dies noch lebendig gefühlte Nom. Agentis, sind tropfen, herzog für unser Sprachbewusstsein etwas mehr als Appellativa? An Stelle eines halto trat ein halter; so walto: walter; slago: schläger; trago: träger; skafeo: schöpfer; widarsahho: widersacher; hloufo: läufer; hornblâso: hornbläser; gëbo: geber; brëhho: brecher; ëzzo: esser; trincho: trinker; swëlcho: schwelger; springo: springer etc. Daher lautet Gr. I, 704_5 die Regel einfach: ‚Die aus Verbis stammenden mhd. schwachen Mascul. nehmen meist (doch nicht alle) im Nhd. die starke Form er an.‘

Eine Geschichte des Suffixes a Nomina Agentis bildend würde für den hochdeutschen Ast des germanischen Sprachstammes in grossen Zügen geschrieben sich zusammenfassen lassen in: 1) arische Periode Suffix a, 2) germanische Periode Suffix an, 3) hochdeutsche Periode Suffix arya. Ein in altn.

Poesie erhaltenes allvaldr, sowie Eigennamen wie Ariowaldus, Chattualdus repräsentiren die erste Periode; ein altn. allvaldi, ags. ealvealda, alts. alowaldo, ahd. alwalto die zweite; ein mhd. alwalter, sowie nhd. verwalter die dritte Periode.

Der Grund, warum die Bildungen mit Suffix arya, anfangs nur secundär, jene primären an-Themen ganz aus lebendiger Verwendung verdrängten und lahm legten und selbst das Ansehen primärer Bildungen annahmen, liegt, weil der Vorgang in historische Zeit fällt, klarer vor als der oben erwogene analoge. Das Element α, das beide Formen a und b gemeinsam haben (s. Z. Gesch. d. d. Spr. S. 473), ist hier die Bedeutung: beide Suffixe bilden Nomina Agentis. Es fragt sich nun, welches Moment denen auf arya das Uebergewicht verschaffte.

In jüngeren Epochen der Sprachgeschichte tritt immer das Bestreben zu Tage, innere, geistige Unterschiede auch sinnlich zu bezeichnen für das an Schärfe mehr und mehr abnehmende Sprachgefühl. Wir sahen nun oben, wie jene weitgreifende, fast alle Appellativa des Germanischen mit sich reissende Weiterbildung von den mit Suffix a gebildeten Nom. Agent. ausging und dann erst missverstanden die andern Suffixe ra, la, ta, ya etc., Nomina gleicher Kategorie bildend, ergriff. Hierbei blieb die Sprache nicht stehen; auch ursprüngliche Nomina Actionis, sobald sie nur einen Uebergang zum Concreten zeigten, ergriff sie. Hierher gehören Fälle wie ahd. stapho gradus, vestigia gegenüber staph ascensus, ags. stäp incessus; alts. stôpo der Tritt, die Fussspur verglichen mit ahd. stuof; ags. hvealfa heofenes im Boëthius, während im Beóvulf ‚under heofenes hvealf'; der Unterschied bei diesem letzten Beispiel ist wohl der, dass man bei heofenes hvealfa an das ‚Himmelsgewölbe', bei heofenes hvealf an des ‚Himmels Wölbung' dachte; jenes ist Prosa, dieses Poesie. So kann man zweifeln, ob dem got. gataúra Riss ein Nom. Agentis zu Grunde liegt. Sicher ursprüngliche Nom. Actionis sind ags. steorfa, alts. sterbo, ahd. sterbo das Sterben, mansterbo Seuche; ags. drinca potus, ondrinca potatio neben drinc. Sowohl der Bedeutung als des Suffixes halber (s. Jacobi Unters.

S. 26 ff.) gehören noch hierher ahd. wahsamo fructus, glîzemo nitor; alts. scîmo splendor; ahd. pronado das Brennen, Jucken, jukido das Jucken, swërado dolor, stëchido das Seitenstechen, ërrido error, holodo foramen (vergl. Bopp Vergl. Gr. III, §. 832). Die Beispiele lassen sich noch häufen; man hat nur in Gr. I an den oben citirten Stellen einen Blick zu werfen.

Auf diese Weise wurde ein äusseres Unterscheidungsmittel zwischen Nom. Agentis und Nom. Actionis, das die Sprache geschaffen hatte, allmälich fast ganz verwischt. Ist der Schluss berechtigt, dass der Trieb, diese beiden Kategorien vor dem äusseren Zusammenfallen zu bewahren, dem Suffix arya zu seinem Uebergewicht und zu dem allmälichen Verdrängen des Suffixes an als eines lebendigen Wortbildungssuffixes mit verholfen habe? Ist dann die weitere Folgerung etwa nicht zu kühn, dass auch schon in jener früheren Periode der Trieb nach äusserlicher Differenzirung mit gewirkt habe, das Nom. Agent. bildende Suffix a aus dem Gebrauche zu verdrängen?

Die oben ausgesprochene und wie ich glaube bewiesene Behauptung, dass den germanischen Sprachen in der Periode, in der sie uns entgegen treten, die Fähigkeit Nomina Agentis mit Suffix a zu bilden abgehe, oder doch nur in ihren letzten Zuckungen sich hier und da noch zeige, erleidet eine Ausnahme für eine bestimmte Kategorie von Nom. Agentis in der altn. Poesie. Aus dem Sanskṛt, Griech., Lat. ist die Gattung der Nom. Agentis, die nur in Zusammensetzung als zweites Glied von Tatpurusha-Compositis vorkommen (vergl. -dama, -δαμος, -dicus, -ficus, -cubus, -fer, -ger) hinlänglich bekannt; im Germanischen hat man sie bis jetzt immer vermisst und auch Jacobi Unters. S. 24 rechnet sie zu den Einbussen, die das Germanische durch den Uebertritt seiner Nom. Agent. auf a in die an-Stämme erlitten. Sie sind oben S. 41 ff. in zahlreichen Beispielen und üppig wuchernd aus altn. Poesie nachgewiesen worden. Es ist, wie schon bemerkt, ein beachtenswerthes Beispiel, wie eine in der Prosa abgestorbene Bildung in der Poesie bewahrt wird, ja neuen Aufschwung nimmt.

Interessant ist es natürlich zu sehen, was zunächst die altn. Prosa und dann die germ. Sprachen überhaupt ihnen zur Seite stellen. In der Poesie erscheint valdr einige Male als Simplex und in 17 Compositis; daneben stellt die Prosa als Simplex nur valdi und in Compositis ebenfalls mit Ausnahme von allvaldr (Cl. 675). Die übrigen germ. Sprachen haben ags. eala-, onvealda, alts. alowaldo, ahd. al-, ana-, lant-, sig-, mundwalto, also ohne Ausnahme an-Stämme. Die vielen ahd. Eigennamen auf -valdus, -aldus (Gr. II, 433, Graff I, 813 ff.) müssen als poet. Bildungen gelten. Wenn nun in altn. Prosa allvaldr erscheint, so kann dies auf Einfluss der Poesie beruhen, das Wort wurde aber auch vielleicht, mehr als ähnliche Composita, wie ein Begriff, wie Appellativ gefühlt. Ausserdem ist noch ein Punct nicht ausser Acht zu lassen. Viele altn. Prosawerke beruhen nachweislich auf alten Liedern, und es nimmt nicht Wunder, wenn in ihnen der Poesie eigene Wortformen stehen geblieben sind.

Nicht ganz vermochte sich auch die Poesie dem alles überfluthenden Strom der an-Bildungen zu entziehen. Neben elbjóđr, regnbjóđr hat sie auch elbođi, regnbođi; ausserdem eld-, fáng-, hald-, hyrbođi; neben fólkvaldr ein fólkvaldi. In einem andern Zusammenhang wird weiter unten diese Erscheinung genauerer Betrachtung unterworfen werden.

Zu altn. -haldr bietet das Ahd. ein buohhalto, êhalto; dem altn. -verkr (gr. *-ἐργός* in *εὐ-εργός* etc.) entspricht ein wurcho in stein-, eitarwurcho. Kurz, sieht man von altn. Poesie ab, so erscheint diese Kategorie, wenn der zweite Theil noch als Nom. Agent. gefühlt wurde, nur als an-Stamm; vergl. ahd. bogotrago arcitenens, êatrago legifer, goldtrago annularis, unnuzitrago nugigerulus, swërttrago spatarius; alts. trëu-, wârlogo; ags., alts., altfr. sago, saga in êo-, fora-, wârsago. Aber die Beispiele der in einer früheren Periode ebenso geläufigen Bildung wie im Griech., Lat. sind auch aus der Prosa nicht ganz verschwunden; hierher dürfen wir rechnen ahd. moltwërf, hou-, matoschrëh, ahd., mhd. halsbërc; ags. bânbeorgas Beinschienen.

Das Nhd. hat im lebendigen Gebrauch auch hier nur

Suffix er. Vergl. Gr. II, 445: ‚Accusativbegriff hat das erste Wort einer Menge von Zusammensetzungen, in deren zweitem Wort ein den Accusativ regierendes Verbum lebt. Es sind meistens handelnde Personen: z. B. Landbauer, Minnesänger, Weintrinker, Geschichtschreiber; in der alten Sprache gewöhnlich schwache Masculina.‘

Neben den bis jetzt behandelten Nom. Agent. und Appellat. gibt es noch eine zweite Kategorie von Wörtern, die in verwandten Sprachen Suffix a zeigen, im Germanischen aber unorganische an-Themen.

Es wurde früher darauf hingewiesen, dass zwischen Nom. Substant. und Adject. der Kategorie nach kein Unterschied ursprünglich bestand, wie ihn auch die indischen Grammatiker noch nicht kennen, und z. B. das Petersb. W. in bewusster Annäherung an sie zum Theil hat fallen lassen. Bildete sich nun auch in späteren Perioden ein gefühlter Unterschied der Kategorie heraus, so blieb doch das ursprüngliche Verhältniss in so fern gewahrt, dass in den verwandten Sprachen jedes Adjectiv mit Hinweglassung des Substantivs, dem es attribuirt worden wäre, substantivisch konnte verwendet werden. Im Germanischen lag das Verhältniss in so fern schon anders, als das Adjectiv zum grössten Theil sich pronominaler Flexion zugewendet hatte. Die Nomina Agent. masculina und die Appellat. waren an-Stämme geworden oder hielten sich nur noch verkümmert und zurückgedrängt. Wurde nun ein Adjectiv appellativisch verwendet, so war es natürlich, dass es sich nach dem Vorgange dieser Appellativa zum an-Stamm erweiterte. Hierher gehören Beispiele wie got. blinda der Blinde, unhulþa der Teufel, galeika Miteinverleibter, gajuka Genosse, liuta Heuchler, gasinþa Reisegefährte, þarba Dürftiger, veiha Priester, dvala Narr, unvita Unwissender, fullavita Vollkommener; alts. lêđo der Teufel, im Plur. die höllischen Geister; alts. gimaco, ags. gemaca, ahd. gimahho Genosse; ags. blanca equus candidus; ags. cempa, altn. kappi der Kämpfer; ahd. wuoto in gotewuoto tyrannus, hirnwuoto freneticus; ags. flota, altn. floti nauta etc. Von diesem Puncte aus lässt sich einzig und allein die bestimmte Adjectivdeclination des Germanischen begreifen (s. Z. Gesch. d. d. Spr. S. 423), nicht ist dieselbe, wie Jacobi Unters. S. 25 will, herbeizuziehen, um diese substantiv. an-Stämme zu erklären.

Dass aber der Uebertritt der als Nom. Agent. und Appell. verwendeten a-Themen in die Reihe der an-Stämme vorangehen musste, ja die Ursache war, dass die mascul. substantivirten Adject. ebenfalls an-Stämme wurden, erhellt evident aus einer andern Erscheinung. Neben den als Appellativa mascul. Generis verwendeten Adjectiven kommen auch solche als Appellativa neutr. Generis gebrauchte vor: sie bleiben a-Stämme; und warum? weil ihnen die Analogie fehlte, von der jene fortgerissen wurden; denn wir haben oben gesehen, wie der Versuch, die Nom. Agent. neutr. Generis zu an-Stämmen zu erweitern, fast im Keime erstickte. So haben wir die Erscheinung, dass aus einem Adjectiv fluta- fliessend, schwimmend das Masc. ags., altn. flutan- Kahn, Boot als schwimmendes, der Schiffer, aber das Neutr. ags., altn. fluta- Fluth als fliessende, strömende, Fett als auf dem Wasser beim Kochen schwimmend hervorging. Aus dem Adjectiv hverba- (got. hvairbs, altn. hverfr, ags. gehveorf) kommt der mascul. an-Stamm hverban-: ags. hveorfa verticillum, vertigo, ahd. hvërbo vorago, gurges, vertex, aber der neutr. a-Stamm hverba-: ags. hveorf das Glied. Hierher gehören þeorf, quek etc.; siehe Seite 76.

Wie wir oben fanden, erhielt die altn. Poesie die Bildung von Nom. Agent. mit Suffix a, wenigstens einer bestimmten Gattung derselben, die im Germanischen lahm gelegt war, lebendig; sie tritt auch hier wieder recht characteristisch in eine Sonderstellung: sie substantivirt Adjective zu Appellativis mascul. Generis, ohne sie zu an-Stämmen zu erweitern. Die Beispiele sind Seite 33—35 aufgezählt; in altn. Prosa kommt keins derselben vor: von skjálgr, glaðr, gnarr, þrjótr bemerkt Cleasby ausdrücklich, dass sie nur poetisch sind, die andern führt er als Substantiva gar nicht auf. Dem blakkr steht ein ags. blanca, blonca gegenüber.

Dass aber auch hierin die Poesie nicht ganz dem mächtigen Einfluss der an-Bildungen entgehen konnte, wie auch bei der Seite 181 ff. besprochenen Sonderstellung beobachtet werden konnte, dafür zeugen freki 1) lupus, 2) ignis (Egilss. 200) — cf. got. friks in faihufriks, altn. frekr, ags. frëc, ahd. frëh, mhd. vrëch —; geri 1) lupus Odinis, 2) corvus (Egilss. 234); neben Surtr (aus svartr) liegt einmal der Genetiv Surta in Vaþrúđnism. 50, wie neben den mit anderen Suffixen gebildeten Suttungr, Biörn, Örn die Nominative Suttungi, Biarni, Arni erscheinen.

Ausser den bis jetzt betrachteten Suffixen an und arya ist dem lebensunfähig gewordenen, Nomin. Agent. bildenden Suffix a noch ein anderes Substitut erwachsen in dem Suffix la; es ist nicht so mächtig wie die bis jetzt betrachteten, verdient aber doch Beachtung, die man ihm bisher versagt hat.

Neben ahd. stapho locusta, houwistapho locusta erscheint staphal locusta, houwistaphal locusta (Graff VI, 657); neben stampf pilum ein stempfil pilum (Graff VI, 684).

Am deutlichsten erhellt die begriffliche Identität der Bildungen mit Suffix a, an, arya, la aus ahd. hou-, matoschrëh locusta: haber-, heuwiscrëco locusta: heuscrëchil locusta (Graff VI, 575); hierzu noch scrëcari in ubarscrëchari.

Ahd. slago, slaho interfector; ags. slaga idem: ahd. slahari interfector, hamarslagari malleator: ahd. slegil percussorium, tribule; ags. slegel plectrum (Graff VI, 775. 781. 782).

Ahd. scafeo, scaffo creator, conditor: scafari creator, conditor: êoskefil legislator (Graff VI, 453).

Ahd. hefo fermentum: hevil fermentum (Graff IV, 828); altn. hefill substant. verb. agent. ab hefja qui tollit (Egilss. 307, Cl. 245).

Got. fauragagga: ahd. bigangari: fuozgengil (Graff IV, 1104).

Ahd. lubistëcco: lubistëchal, lubistikil libusticum (Graff II, 82).

Ahd. huotari: huotil custos (Graff IV, 803. 804).

Ahd. meizo und steinmeizo latomus: meizil und steinmeizil latomus (Graff II, 911. 912); altn. meitill bezeichnet das thätige Werkzeug, wie die Beobachtung sich häufig machen lässt, dass der Mensch, das was er thut, auf das Werkzeug überträgt. Auf dieser Belebung des Leblosen beruht die ganze Erscheinung, dass die Wörter für Werkzeuge gewöhnlich Nomina Agentis sind. Vergl. Jacobi Unters. S. 49.

Wie nun in alle auf a auslautenden Wörter an eindringt und daneben arya sich zeigt, so auch la; mit Suffix ta aus Wurzel var bedecken, umschliessen, wahren ist gebildet varta- Wahrer, Hüter:

Got. dauravards Thürhüter; ahd. turiwart idem: ahd. turiwarto neben ê-, fëho-, griez-, tuga-, hova-, kirih-, hellowarto: ahd. turiwartari neben wartari custos und anawartari: ahd. turwartil neben wartal und stërrowartal astrologus (Graff I, 955 ff.).

Man vergleiche noch ahd. foragoumo procurator und buohgoumil bibliothecarius.

Suffix la, aus ra entstanden, ist sowohl primär wie secundär im arischen Sprachstamme sehr verbreitet: primär Nomina Agentis bildend, secundär Appellativa und Adjectiva; s. Bopp Vergl. Gr. III, §. 938. 939, Schleicher Comp. §. 220, Jacobi Unters. S. 34 ff. Zu des letztern Darstellung ist jedoch zu bemerken, dass er nur mit dem Gr. II, 98 ff. gesammelten Materiale arbeitet und auch hier nach Belieben auswählt; sodann rächt sich besonders die Vernachlässigung der strengen Sonderung zwischen primären und secundären Bildungen. — Im Nhd. ist Suffix la aus dem lebendigen Gebrauche verschwunden.

Es erübrigt jetzt noch das Verhalten derjenigen a-Themen der Nomina Agent., die vor dem Uebertritt in die an-Stämme geschützt blieben, zu anderen Themen zu berücksichtigen. Dies leitet zugleich über zur Betrachtung des Schicksals, das dem Suffix a Nom. Action. bildend widerfuhr.

Germanisch dagas, dagan, sowie balgis, balgin wurden nach der Wirkung der Auslautgesetze regelmässig zu dags, dag; balgs, balg. Hiervon ausgehend haben die germanischen Sprachen mit Ausnahme des Altnord. den Genet. und Dat. Singularis der masc. i-Themen nach den a-Themen gestaltet.

Scherer Z. Gesch. d. d. Spr. 422 sucht zwar den Dativ got. balga zu rechtfertigen durch balgay-i: balga-i: balga, was lautlich allerdings möglich (vergl. balge aus balgay-âm: balga-âm: balgâm: balge), aber wegen anstayi: anstai und weil wir für den Genetiv immerhin Formübertragung annehmen müssen, schwerlich richtig ist. Sind schon in germanischer Zeit mit der vorhin erwähnten Ausnahme die i-Themen in die Declination der a-Stämme im Singular übergetreten, so gelang es ihnen in dem Sonderleben einzelner germanischer Sprachen dafür die a-Stämme im Plur. mehr oder weniger zu sich herüberzuziehen.

Selbstverständlich kann nur von den Mascul. die Rede sein: eine adjectivische i- und u-Declination hat nur das Gotische in spärlichen Resten; neutrale i- und u-Themen sind in den arischen Sprachen überhaupt selten (Bopp Vergl. Gr. III, §. 922. 923); neutrale i-Themen kennt bekanntlich speciell das Germanische gar nicht mehr; der neutr. u-Stamm fehu-, geht in jüngeren Perioden ganz in die Declination der a-Stämme über. Es bleiben also nur die Masc. übrig.

Im Ags. und Altfr. haben nun schon in sehr früher Zeit die numerisch weit überwiegenden a-Stämme auch bei den Mascul. so zerstörend auf die i- und u-Stämme gewirkt, dass sich deren ursprüngliche Declination aus den erhaltenen Trümmern, selbst mit Hinzunahme verwandter germanischer Sprachen, nur mit Mühe bestimmen lässt. Von einem Ausweichen der a-Stämme kann demnach in diesen beiden Sprachen keine Rede sein; selbstverständlich aber auch ebenso wenig von Sicherheit über den Stammesauslaut, wenn die anderen germanischen Sprachen uns im Stiche lassen; man muss thatsächlich diese Wörter als mit Suffix a gebildet betrachten.

Viel reinlicher sind a- und i-Stämme im Plur. gesondert im Alts. und Ahd., während die wenigen u-Themen in einzelnen Casus in die eine oder andere Declination hinüberschwanken.

Im Altn. haben sich, vom Got. abgesehen, die u-Stämme am besten erhalten; die i-Stämme, in zwei Classen gespalten, sogar im Vorzug vor allen anderen german. Sprachen dem

Einfluss der a-Themen sich zu entziehen gewusst (Z. Gesch. d. d. Spr. S. 420 ff.).

In den spätern Perioden des Ahd. haben sich sowohl die a und u im Plur. der a-Stämme, als die î und i der i-Stämme zu e geschwächt, nachdem letztere zuvor noch Umlaut im Stamme bei den dazu fähigen Vocalen hervorgerufen. Das Gefühl, dass tages, tage das Organische, balges, balge unorganisch sei, hatte man nicht; das einfache Factum war: a- und i-Stämme declinirten im Singular gleich, im Plur. stimmten die Endungen, frühere i-Stämme mit umlautsfähigem Wurzelvocal zeigten Umlaut. Dieser Umlaut findet sich nun im Mhd. auch bei einer grossen Zahl von Wörtern, die uns durch ältere Perioden des hochdeutschen Sprachastes oder andere germanische Sprachen sicher als a-Stämme documentirt sind. Es sind demnach a-Stämme in die Flexion der i-Stämme getreten.

Welches war nun der Grund, dass, von den übrigen germanischen Sprachen abgesehen, wo dieser Uebertritt ausser Ags. und Altfr. nirgends ganz fehlt, aber doch nur sporadisch auftritt, in den späteren Perioden des Ahd. dieser unorganische Umlaut in grösserm Maassstabe begann, im Mhd. schon eine stattliche Zahl von Wörtern ergriff und im Nhd. endlich zum Wortbildungsprincip geworden ist? Das zahlreichere Vorkommen oder der häufigere Gebrauch der i-Stämme kann diese Erscheinung nicht bewirkt haben; denn hier hat gerade das Umgekehrte statt. Irre ich nicht, so lag dieselbe Ursache zu Grunde, die schon oben herbeigezogen wurde, um das Verschwinden der an-Stämme und das Ueberhandnehmen der Themen auf arya mit zu erklären: das Bestreben jüngerer Epochen innere Unterschiede möglichst greifbar für das abgestumpfte Sprachgefühl zu bezeichnen. Der Unterschied zwischen Singular und Plural konnte, wenn man nicht zu gewaltsameren Mitteln seine Zuflucht nehmen wollte, kaum wirksamer veranschaulicht werden, als durch den im Plural eintretenden Umlaut.

Es folgen nun die a-Themen, bei denen Uebertritt in die Declination der i-Themen feststeht. Zuerst die Nomina Agentis.

Altn. hvalr der Wallfisch declinirt vollständig als a-Thema; im Neuisl. gilt hvalir, hvali im Plur. (Cl. 295).

Im Singul. als a-Stämme, im Plur. als a- und i-Stämme decliniren altn. valr Falke, marr Ross, dalr Thal und stafr Stab; letzteres Wort ist im Got. ganz zu den i-Stämmen im Plur. übergetreten, westgerm. ist nur a-Stamm belegt, mhd. findet in einigen Compositis sogar Erweiterung zu einem an-Thema statt und nur einmal erscheint Umlaut in vûststeben (Mhd. W. II_2, 595).

Ebenfalls vollständig als a-Thema flectirt altn. smiđr; daneben Nom. Plur. smiđir, Acc. smiđi und smiđu.

Altn. lundr Hain zeigt bei vollständiger a-Flexion den Genetiv Sing. in -ar; ebenso skógr Wald und eiđr Eid.

Altn. elgr Elennthier hat neben gewöhnlichem Genetiv elgs einige Male elgjar.

Altn. dagr zeigt im Dat. Sing. Umlaut degi, der wohl durch das aus a geschwächte i hervorgerufen wurde; freilich das einzige Beispiel, während das aus a entstandene u regelmässig Umlaut bewirkt (Z. Gesch. d. d. Spr. S. 416); es lässt sich vergleichen, wenn ahd. scedin damno (Denkm. IV, 3_7), nemin (Denkm. LIX, $4_{,3}$, Isidor IIIa, 17) erscheint. (Vergl. Weinhold Bair. Gr. S. 354, Z. Gesch. d. d. Spr. S. 436.) Der Eigenname Dagr hat im Dat. Dag.

Wenn völlr und westgerm. walda- (alts. waldôs, ahd. walda) identisch sind, kann man zweifeln, ob nicht im Altn. das ursprüngliche Verhältniss gewahrt ist und im Westgerm. unorg. a-Stamm vorliegt. Ebenso steht neben got., ahd., ags. swamma- ein altn. svöppr, für das alle Casus eines u-Stammes belegt sind; dänisch heisst das Wort svamp.

Altn. svanr, dessen a-Thema durch ahd. swan, swano, skrt ˌsvana, lat. sonus Ton sicher gestellt ist, folgt im Plur. ganz den i-Themen; dasselbe Verhältniss zeigen hamr Hülle, gramr Kriegsanführer, falr Schaft am Spiess.

Mhd. swam weicht im Plur. entweder in an-Stamm aus, swammen oder hat swäm; doch Graff VI, 878 bietet schon Nom. Sing. protswamme flangus, hantswamme boletus; mit Eindringen des n in den Nom. bairisch ‚der Schwammen‘ Schmeller III, 536.

Zu rant umbo belegt Graff (II, 531) randim; im Mhd. erscheint noch rande neben rende im Plur.

Der mhd. Plur. krüege ist schon durch Otfrids chruagi angebahnt, neben dem andere Quellen noch chruaga bieten.

Von napf ist ahd. Gen. Plur. napho und dreimal Accus. napfa belegt; daneben naphi, napfe, nepfe (Graff II, 1130); mhd. Umlaut.

Neben zwanzig beweisenden Stellen für Thema skalka- hat Graff einmal scalchin, scalchi (Graff VI, 481); mhd. Umlaut.

In folgenden durchs Ahd. sowie andere germanische Sprachen sicher belegten a-Stämmen hat das Mhd. im Plur. Umlaut: slunt (Mhd. W. II_2, 403), valt (Mhd. W. III, 231), kar (Lexer I, 1516), hals (Lexer I, 1154).

In einigen Beispielen ist der a-Stamm nur durch andere germ. Sprachen gesichert, indem das Ahd. keine beweisenden Stellen bietet: mhd. huof (Mhd. W. I, 646), bûch (Lexer I, 376).

Wenn Lexer I, 1182 zu dem Neutr. hâr einen Plur. hær neben hærer beibringt, so ist derselbe wohl als hærr aus hærer aufzufassen.

Die Fälle, in denen der Stamm wegen Mangel an beweisenden Formen oder aus sonstigen Gründen überhaupt unsicher ist, sind zu ersehen aus meiner Darstellung auf Seite 35 ff., 45 ff., 61 ff.

Häufiger zeigt sich der Uebergang von a- in i-Themen bei Nom. Actionis; auch für sie musste oben eine theilweise Erweiterung zu an-Stämmen constatirt werden, jedoch fand sich dieselbe selten bei Wörtern, die als wirkliche Nom. Actionis gefühlt wurden. Eben sahen wir, wie swamm im Mhd. im Plur. entweder sich zum an-Stamm erweiterte oder in die i-Declination übertrat; dasselbe Verhältniss zeigte stap. Weiterhin lässt sich die Beobachtung machen, dass ein mhd. Nom. Actionis, wenn es concreten Sinn bekommt und deshalb eines Plur. fähig wird, entweder die unorganische Erweiterung zeigt oder, was nur bei umlautsfähigen Vocalen der Wurzel sichtbar, in die i-Flexion übertritt, nur in den selteneren Fällen a-Thema bleibt.

Altn. sowie westgerm. sind als a-Stämme sicher bezeugt sanga-, laika-; das Got. bietet die Casus laikins, saggvins, saggvim; ebenso flectirt das Neuisl. leikr als i-Thema.

Neben got. vegos erscheint vegim; durchs ahd. wâgi, wâkim (Graff I, 663) wird ein Schwanken in germ. Periode bei diesem Worte wahrscheinlich gemacht; alts. bietet Gen. Plur. wâgo; altn. ist das Wort ebenfalls a-Thema.

Altn. hlutr hat gewöhnlich i-Declination; aber der belegte Nomin. hlotr, worin das o auf Brechung durch folgendes a beruht, sowie der alte Nom. Plur. hlotar beweisen das a-Thema. Im Acc. Plur. kommt auch hlutu vor.

Altn. brestr (mhd. brëst und brëste) hat im Plur. brestir, bresti; brestu in den ältesten Denkmälern; ist etwa, da fürs Mhd. Herbort von Fritzl. ein brist bietet, Ettm. byrst in Klammer hat, ein i-Stamm neben a-Stamm anzunehmen? Da Suffix i Abstracta ähnlicher Bedeutung wie Suffix a in den arischen Sprachen bildet, kann dies nicht auffallen; sicher ist so ahd., mhd. zoga- und zugi- (Nom. zoc und zuc); altn., ags. flota-: ahd. fluzi-; altn. sloka-: mhd. sluki-; altn. Neutr. svella-: Masc. svelli-. Siehe Anm. 27.

Altn. vegr declinirt wie in den übrigen germ. Sprachen vollständig als a-Stamm; daneben Plur. Nom. vegir, Acc. vegi, vegu, Genet. Sing. vegar.

Altn. reitr hat neben Plur. reitar, reita zweimal in Grág. Acc. Plur. reitu.

Altn. stígr hat in alten Denkmälern Plur. stígar, stíga; in jüngerem Gebrauch ist stígir, stígu.

Altn. prettr hat neben prettar, wozu ags. prattas stimmt, neuisl. im Nom. prettir, Acc. prettu (Cl. 379).

Allen diesen Wörtern ist eine auffallende Erscheinung gemeinsam: sie zeigen nämlich im Acc. Plur. u neben i, also scheinbar in diesem Casus Uebertritt in die u-Flexion; dasselbe Verhältniss fand statt bei smiđr. Ein solcher Uebertritt ist sehr unwahrscheinlich, da nicht abzusehen ist, woher er seinen Impuls bekommen hat. Im Anzeiger f. d. Alterth. I, 12 habe ich diese Accus. Plur. in -u als organische Entwicklung aus germ. -ans zu erweisen gesucht.

Für das Thema ganga- bieten, von den übrigen germ. Sprachen abgesehen, die ahd. Plur. ganga, gangon sichere Belege; daneben kommen aber auch die Formen gangi, gengi, gengin vor (Graff IV, 99); im Mhd. ist der Umlaut Regel (Mhd. W. I, 479).

Neben dem dreimal vorkommenden Plur. falla belegt Graff ein falli (III, 1402); mhd. is der Umlaut durchgedrungen.

Einem wuafum steht wuafin gegenüber (Graff I, 783); mhd. wuof zeigt Umlaut; altn., ags., alts. ist sicher a-Thema.

Neben stanka, stankum hat Graff VI, 697 schon stenkhe, stenke; im Mhd. besteht immer Umlaut (Mhd. W. II_2, 641).

Für Thema banna- hat Graff III, 124 zwei Belege; daneben aber panne und panni; mhd. immer Umlaut (Mhd. W. I, 86).

In dem Thema rouba- überwiegen im Mhd. noch die unumgelauteten Formen (Lexer II, 516).

Zu dem durch andere germ. Sprachen gesicherten a-Stamme swarpa- bietet die St. Galler Handschrift der sogenannten Gl. Ker. swarpun, die Reichen. swarpim, die Par. swepim.

In folgenden durchs Ahd. sowie andere germ. Sprachen sicher belegten a-Themen hat das Mhd. im Plur. Umlaut: rât (Mhd. W. II_1, 563), wunsc (Mhd. W. III, 829), wanc (Mhd. W. III, 705); louf (Lexer I, 1966); vluoch (Mhd. W. III, 753); guz (Lexer I, 1128); sturz (Mhd. W. II_2, 805).

In folgenden Wörtern ist der a-Stamm nur aus den verwandten germ. Sprachen belegt, indem die Wörter entweder in den erhaltenen Resten des Ahd. fehlen oder beweisende Casus nicht erhalten sind: ruof (Lexer II, 546); vluc (Mhd. W. III, 374); swanc (Mhd. W. II_2, 805).

Die Fälle, in denen der Stamm überhaupt unsicher ist wegen Mangel an beweisenden Casus, sind ersichtlich aus S. 127—132.

Im Nhd. ist, wie schon bemerkt, der Umlaut vollständig zum Wortbildungsprincip geworden bei allen des Umlauts fähigen Wörtern; als Ausnahmen werden Gr. I, 695 aufgezählt: âl, arm, hâg, tâg, halm, hund, luchs, schûh, laut.

Wer aber Gelegenheit findet, in einer Gegend, deren Dialect dem Md. sehr zuneigt und des Umlauts häufig entbehrt, wo ihn die Schriftsprache hat, ein hochdeutsches Gespräch zu führen mit einem desselben ungewohnten Manne, der kann sich von den länger werdenden Dägen, den reifenden Hälmen etc. erzählen lassen. Solche Beispiele sind ein deutlicher Beweis, dass es für das weniger feingebildete Sprachgefühl eigentlich nur der Umlaut ist, der den Plur. macht. Im Nhd. ist daher, von tâg, hâg, schûh abgesehen, von keinem Masc., mag sein Plural belegt sein oder nicht, bestimmbar, ob es mit Suffix a oder i gebildet ist.

Werfen wir jetzt einen Blick auf das Genus der mit Suffix a gebildeten Wörter. Es sondern sich wieder scharf Nom. Agentis und Nom. Actionis von einander ab.

Bei den ersteren ist fast kein Schwanken im Genus zwischen den einzelnen germanischen Sprachen zu verzeichnen: sie sind altes, der Etymologie nach meist unverstandenes Erbtheil einer früheren Periode und darum einem solchen Wechsel weniger ausgesetzt; sind als Masc. meistens Appellativa für lebendige Wesen; sie schwanken dazu von den neuen an-Bildungen fortgerissen selbst in die an-Themen; wenn einmal ein solches Schwanken eingetreten war, konnte von einem Wechsel des Genus aus Masc. ins Neutr. begreiflicherweise keine Rede sein. Wir finden daher auch nur in Wörtern, bei denen die beiden letzten Bedingungen nicht Platz greifen, ein theilweises Schwanken: so erscheint trôr das aus den Wunden triefende Blut im Mhd. einmal als Neutr.; rouh im Ahd. einmal als Neutr.; tou ist ahd. und mhd. als Masc. und Neutr. gebräuchlich; dal ist ags., alts. immer, ahd., mhd. gewöhnlich Neutr., altn. jedoch Masc., wie ahd. bei Otfried, mhd. bei Jeroschin; twërc ist im Mhd. Neutr., aber sicher nur unter Einfluss des mit Secundärsuffix a gebildeten getwërc.*) Die Fälle, in denen

*) Vergl. noch altn. bjarg S. 36; spjót S. 55; vé S. 58; reip S. 59; mhd. hac S. 39; schar S. 39; ahd. wëlf S. 46; tuoh S. 55; ahd., mhd. îs S. 58.

Unbestimmtheit des Genus bei Nom. Agent. überhaupt herrscht, sind aus meiner Anordnung leicht ersichtlich.

Anders ist das Verhältniss bei den Nom. Abstractis. Welches Genus kam den mit Suffix a gebildeten Abstractis wohl ursprünglich zu?

Ohne in allgemeine Theorien über das grammat. Geschlecht hier einzugehen, lässt sich, wie mich dünkt, eine ziemlich sichere Antwort finden, wenn wir fragen: welche Suffixe sind überhaupt im Arischen Abstracta bildend und welches Genus zeigen die durch sie gebildeten Wörter?

Als primäre Suffixe, welche Abstracta formiren, lassen sich hauptsächlich ausser Suffix a die Suffixe ana, as, is; â, i, ti, ni, yâ als arisch nachweisen. Die mit ana, as, is gebildeten Nom. Actionis sind durchgängig Neutra (s. Bopp Vergl. Gr. III, §. 930. 932—936; Klein. Skrtgr. §. 575, 9. 13. 31). Die durch die Suffixe â, i, ti, ni, yâ gebildeten sind Feminina (s. Bopp Vergl. Gr. III, §. 921. 922. 841—843. 865. 840. 892; Klein. Skrtgr. §. 575, 15. 22. 48. 58. 64). — Es gibt kein Secundärsuffix, welches Abstracta Masc. Generis bildet.

Es wird wohl kaum mehr angezweifelt, dass das Genus neutr. eine spätere Schöpfung des arischen Sprachgeistes ist als der Gegensatz zwischen Masc. und Femin.; erst nachdem dieser Gegensatz bestand, lösten sich, wie die Formen zeigen, die Neutr. von den Masc. los. Wenn wir nun sehen, wie die nur zu Abstractbildungen benutzten Suffixe durchgängig Wörter neutr. Gener. bilden, kann es dann zweifelhaft sein, welches Genus den Abstractis auf Suffix a zugetheilt wurde, als sich jene beiden in Suffix a vereinigten Bedeutungen des Nom. Agentis und Nom. Act. als zwei Kategorien herausbildeten? Dem Unlebendigen, rein Begrifflichen, dem Geschlechtlosen, mithin dem den Nom. Agent. gegenüber Todten kam sicher das Genus neutr. zu. Wenn nun der überlieferte Zustand der Sprachen hiermit nicht mehr völlig übereinstimmt, so müssen wir die Frage aufwerfen, woher es kommt, dass nicht überall, wo das natürliche Geschlecht aufhört, ja sogar nicht bei den Abstractis, das Genus neutr. steht.

Anziehend und mit vielen Belegen illustrirend hat Pott in

Kuhns Z. II, 101 ff. gezeigt, dass der metaphorische Trieb der Sprache dahin treibt, die von ihr ursprünglich selbst gesetzten Unterschiede des Leblosen und Lebendigen wieder aufzuheben. Als eine Wirkung dieses Triebes ist es zu betrachten, wenn eine grosse Zahl der mit Suffix a gebildeten Abstracta in das männliche Geschlecht übergetreten ist. Die Bewegung fing wohl an bei solchen Wörtern, die neben abstractem Gebrauch überwiegend in concretem Sinne verwendet wurden. Waren diese einmal von jenem Trieb der Verlebendigung und Verpersönlichung, wie ihn Pott nennt, ergriffen, so ist nicht zu verwundern, wenn die Sprache weiter ging und Substantiva ergriff, Abstracta, bei denen an Geschlechtlichkeit nicht im entferntesten, nicht einmal im Bilde zu denken ist; er wurde sogar in einigen Aesten des arischen Sprachstammes so mächtig, dass in ihren Töchtersprachen das neutr. Geschlecht ganz verschwand und grösstentheils dem Masc. Platz machte; so im Prâkṛt, in den romanischen Sprachen; auch das Lett. hat das Neutr. ganz verloren, das Lit. nur noch Reste im Adject und Pronom. erhalten.

Der Vorgang, wie er hier angenommen wird, lässt sich recht schlagend an einem Beispiel aus den germanischen Sprachen nachweisen. Altn. besteht val (Egilss. 841, Cl. 674) Neutr. electus, delectus; ags. väl (Ettm. 76, Grein II, 644) Neutr. 1) die im Kampfe gefallenen Krieger, 2) der einzelne Todte des Schlachtfeldes, 3) das mit Leichen bedeckte Schlachtfeld; ahd. wal (Graff I, 801) ist dem Genus nach unbestimmt; mhd. wal (Mhd. W. III, 466) das Schlachtfeld hat am angeführten Orte zwanzig beweisende Stellen fürs Neutr., zwei fürs Masc.; der Hergang ist klar: vala- war Gen. neutr. und bedeutete das Wählen, die Auswahl; so noch das altn. Neutr. val. Noch in germ. Einheit wurde die Begriffssphäre des Wortes beschränkt auf die von Óđinn und Freyja, respect. den Valkyrjar getroffene Wahl. Bald war das vordere Glied in der Reihe der Begriffsentwicklung vergessen, indem das Wort als Abstractum verloren ging wie im Westgermanischen, oder es befand sich das letzte mit dem ersten in keinem klaren Zusammenhang mehr wie im Altn., da vala- concret

1) die zum Tode Erlesenen, 2) die von demselben Betroffenen, 3) die einzelne Leiche bezeichnete. Das Disharmonische zwischen Bedeutung und Form musste besonders im Altn. hervortreten, wo die Masc. und Neutr. sich im Nom. Singul. sowie im Nom. und Acc. Plur. gegen die westgerm. Sprachen scharf von einander abhoben: das Wort wurde Masculinum. Demselben Streben, aus dem das männliche Geschlecht von valr hervorging, ist es zuzuschreiben, wenn Ulfilas sagt barnilona þanzei, Otfrid thiz kind, thër blindêr ward giboranêr; wenn wîp vom weiblichen Pronomen gefolgt wird, ja sogar das Adject. im Feminin. sich zugesellt (Gr. IV, 267 ff.).

Es kann daher nicht auffallend erscheinen, wenn zwischen einzelnen germanischen Sprachen, ja öfters innerhalb einer einzelnen sich ein Schwanken des Genus zeigt, auch wo sich nicht so bestimmt der Grund nachweisen lässt. Aber gerade das Schwanken bestätigt aufs Neue, dass das neutr. Geschlecht diesen Wörtern ursprünglich zukam; denn in einer Anzahl von Fällen sind es Got. und Altn., die, wie sie sonst alterthümliches Gut oft besser bewahrt haben, auch hier im ursprünglichen Verhältniss gegen das Westgerm. das neutr. Genus zeigen:

Ostgerm. hait, heit Neutr.: westgerm. hêt, hât, heiz Masc. (fehlt altfr.) S. 148; ostgerm. neiþ, níđ Neutr.: westgerm. Masc. S. 147; ostgerm. hwarf (fehlt got.) Neutr.: westgerm. Masc. S. 118; altn. ráđ Neutr.: westgerm. Masc. S. 121; altn. óp Neutr.: westgerm. wôp, wuof Masc. (fehlt altfr.) S. 122; altn. hróp Neutr.: got. hrops, ahd., mhd. ruof Masc. S. 122; altn. stríđ Neutr.: westgerm. Masc. S. 123; altn. skeiđ Neutr.: westgerm. Masc. S. 124; altn. hlaup Neutr.: westgerm. Masc. S. 126; altn. fall Neutr.: westgerm. Masc. S. 128; altn. klapp Neutr.: ahd., mhd. Masc. S. 128; ahd. vik Neutr.: ahd., mhd. wih, wîh S. 130; altn. skauf Neutr.: ags., ahd., mhd. Masc. S. 127; altn. spjall Neutr.: ags. spild Masc. S. 136; altn. kjarf Neutr.: mhd. kërb Masc. S. 138; altn. bragđ Neutr.: ags. brägđ Masc. S. 137; altn. grip, sniđ Neutr.: ahd., mhd. Masc. S. 123.

Es folgen nun noch die übrigen Wörter, bei denen im Westgermanischen selbst Schwanken bemerkbar.

Mhd. kommt neben dër spalt auch daz spalt vor S. 119, neben dër dranc einmal daz dranc S. 120.

Ahd. sang ist immer Neutr., mhd. zuweilen, in den übrigen germanischen Sprachen ist das Wort Masc., got. sogar in i-Declination ausgewichen S. 121.

Ags. lâc ist Neutr., ebenso sangleih bei Notker, sonst ist das Wort, soweit belegt, Masc., got. sogar i-Stamm S. 124.

Ahd. hlôz ist einige Male Neutr., mhd. lôz vorherrschend; got., alts. ist das Wort Masc. S. 126.

Got. mait in bimait Neutr.: mhd. meiz Masc. S. 131.

Otfrid gebraucht dolg als Masc., sonst im Ahd. und den übrigen germanischen Sprachen ist das Wort Neutr. S. 150.

Mhd. sëz ist öfters Masc. neben Neutr., letzteres Genus nur altn., ags., alts., ahd. S. 137.

Mhd. tranc einige Male Masc. neben Neutr., wie ags., alts., ahd. immer S. 140.

Altn. lát Neutr., ahd., mhd. Masc., got., alts. unbestimmbar S. 144.

Altn. át, mhd. âz sind Neutra, ags. ist das Wort Masc.; ahd., altfr. ist Geschlecht unbestimmbar S. 144.

Got. idveit ist Neutr., ebenso das ags. Wort; ahd. gilt Masc., mhd. Masc. und Neutr. S. 147.

Vîg ist altn. und bei Otfrid Neutr., bei Notker Masc., mhd. Masc. und Neutr. S. 148.

Got. beit ist Neutr.; ahd., mhd. bîz, biz Masc. und Neutr. S. 148.

Mhd. trouf, dachtrouf ist Masc. und Neutr. S. 152. — Ahd. sou ist Masc. und Neutr.; ags. seáv nur Neutr. S. 152. — Mhd. urloup Masc. und Neutr. S. 152; ahd. swîh Masc. und Neutr. bei demselben Schriftsteller Tat. S. 153. — Ahd., mhd. roup Masc.; altn., ags., altfr. das Wort Neutr. S. 153. — Altn. kíf, westerlauer fries. kîf Neutr.; mhd. kîf, mnl. kjif Masc. S. 131.

Deutlich tritt das Ostgerm., speciell das Altn. in einen Gegensatz zu den westgerm. Sprachen; es verdiente noch eine eingehendere Untersuchung, wie sich die neunord. Sprachen verhalten; fürs Neuisl. mag angemerkt werden, dass es an

Stelle der Neutr. róg und drit die Masc. rógr und dritr gesetzt hat. Siehe Cleasby s. v.

Klar scheint demnach, dass alle Nom. Action. auf Suffix a, sofern sich irgendwie noch ein Schwanken zwischen Masc. und Neutr. zeigte, unter den Neutr. aufzuführen waren. Dies ist oben aus verschiedenen anderen Gründen, die aber wohl fallen müssen, nicht immer geschehen; ich möchte daher jetzt folgende Wörter, die den Mascul. (S. 116—132) untergeordnet sind, zu den Neutr. stellen (S. 134—153): hwarf, spalt, dranc, sang, ráđ, óp, hróp, grip, sniđ, stríđ, leikr, skeiđ, hlaup, klapp, fall, vik, kîp, mait, hlauta-, skauf.

Was die äussere Form der Wörter betrifft, so ist die Frage aufzuwerfen, ob nicht für die verschiedenen Kategorien bei Antritt des Suffixes a der Wurzelvocal eine verschiedene Behandlung erfahre, ob sich etwa eine Regel über den Ablaut in der Wurzelsilbe ergebe.

Selbstverständlich können hierbei nur die etymologisch klaren, nach Thema gesicherten Beispiele in Betracht kommen, und unter diesen sind aus hinlänglich bekannten Gründen die aus i- und u-Wurzeln gebildeten vorzugsweise zu berücksichtigen. Rechnen wir von den Substantiven Nom. Agent. diejenigen ab, welche wir glaubten als substant. Adject. bezeichnen zu dürfen, sowie die S. 41 ff. behandelten, nur am Ende von Compositis erscheinenden Wörter, denen gleich noch eine weitere Betrachtung zugewendet wird, so stellt sich das Bild des Ablauts folgendermassen dar:

A) Nom. Agent. substant. 141.

I) Wurzelvocal a: 93 Beispiele.

a) mit ungesteig. Vocal 86 { zu ë gefärbt 26, bewahrt 52, zu o gefärbt 8;

b) mit gesteig. Vocal 7 { zu ê gefärbt 4, zu ô gefärbt 3.

II) Wurzelvocal i: 14 Beispiele.

a) mit ungesteig. Voal 8;

b) mit gesteig. Vocal 6.

III) Wurzelvocal u: 34 Beispiele.
a) mit reinem Vocal 11;
b) mit gesteig. Vocal 23 { eu: 10, au: 13.

B) Nom. Agent. adject. 190.
I) Wurzelvocal a: 124 Beispiele.
a) mit ungesteig. Vocal 106 { zu ë gefärbt 33, bewahrt 59, zu o gefärbt 14;
b) mit gesteig. Vocal 18 { zu ê gefärbt 8, zu ô gefärbt 10.
II) Wurzelvocal i: 31 Beispiele.
a) mit ungesteig. Vocal 5;
b) mit gesteig. Vocal 26 { ei 7, ai 19.
III) Wurzelvocal u: 35 Beispiele.
a) mit ungesteig. Vocal 3;
b) mit gesteig. Vocal 32 { eu 15, au 17.

C) Nomina Actionis 328.
I) Wurzelvocal a: 200 Beispiele.
a) mit ungesteig. Vocal 161 { zu ë gefärbt 49, erhalten 97, zu o gefärbt 15;
b) mit gesteig. Vocal 39 { zu ê gefärbt 11, zu ô gefärbt 28.
II) Wurzelvocal i: 59 Beispiele.
a) mit ungesteig. Vocal 22;
b) mit gesteig. Vocal 37 { ei 14, ai 23.
III) Wurzelvocal u: 69 Beispiele.
a) mit ungesteig. Vocal 30;
b) mit gesteig. Vocal 40 { eu 12, au 27.

Wir haben in der Einleitung gesehen, wie für das Sanskṛt die Regel aufgestellt wird, dass Suffix a betont mit reinem Wurzelvocal Nom. Agent., unbetont mit Guṇirung des Wurzelvocals Nom. Action. bildet; haben aber auch dort vom speciellen Standpunct des Altindischen ihre Unrichtigkeit respect. Unursprünglichkeit nachgewiesen. Auch aus dem germ. Sprachaste erhält sie nicht die geringste Stütze, wie ein Blick auf die eben gegebene Darstellung zeigt. Hier wie dort finden wir die Adjectiva, die als Nom. Agent. ungesteigerten Wurzelvocal zeigen sollten, schwanken; ja wie im Skrt die Adjectiva geradezu in überwiegender Zahl gesteigerten Wurzelvocal zeigen, so haben von den 66 germ. Beispielen aus i- und u-Wurzeln 58 gesteigerten Vocal. In den Nom. Agent. von a-Wurzeln, bei denen 86 mit reinem Wurzelvocal 7 mit gesteigertem gegenüberstehen, könnte man geneigt sein, eine Bestätigung der obigen Regel zu finden; aber es ist zu beachten, dass die grössere Hälfte derselben von Wurzeln mit auslautender Doppelconsonanz kommt, bei der bekanntlich Steigerung des a nicht möglich ist, respect. vom Grundvocal sich nicht unterscheidet. Zudem zeigt sich dasselbe Verhältniss (161 : 39) bei den Nom. Action. gleicher Wurzeln. Vorausgreifend kann ich auch bemerken, dass die ein und derselben Kategorie angehörigen Nom. Abstr. auf Suffix â dieselbe Regellosigkeit des Ablauts zeigen. Derselbe ist fürs Germanische kein Wortbildungsprincip in dem Sinne, dass durch ihn bestimmte Kategorien der Bedeutung geschaffen würden. Ebenso wenig war im Altarischen der Wechsel zwischen Grundvocal und Steigerung ursprünglich an sich wortbildend, bedeutungsvoll, gleich dem Wechsel der semitischen Vocale. Wo dies der Fall zu sein scheint, sind es vielmehr die ihn hervorrufenden äusseren Anlässe: s. Bopp Vergl. Gr. I, S. 197; Pott bei Ersch und Gruber I, 62, 441 a.

Jacobi Unters. S. 15 stellt eine Regel auf für die mit Suffix a gebildeten Masculina. ‚Gehört die Wurzel des Verbi einer der drei vollständigen Ablautreihen kurzer Vocale (a, i, u) an, d. h. den Conjugationsclassen 8, 9, 10, 11, 12: so haben die Masc. 1. Declinat. entweder den Laut des Präsens (i oder ë; iu oder io; ei oder î) oder den des Präteriti Singul. (a; au oder ô; ai oder ei). Der Vocal a des Stammes hat ursprünglich einen Vocal von gleichem Gewicht in der Wurzel verlangt.‘

Vorerst ist festzuhalten, dass Jacobi auf nicht hinreichendem Materiale fusst, dass er nach Stammesauslaut unsichere, ja, wie andere germ. Sprachen zeigen, geradezu unrichtige Wörter herbeizieht. Seine Regel ist unter dem Drucke zweier unrichtiger Anschauungen entstanden. Jacobi war beeinflusst durch die Meinung, dass der Ablaut im Nomen durch ein begriffliches Band an den im Verbum gefesselt sei und durch seine Theorie des Ablauts. Er ist schon bei der geringen Zahl seiner Beispiele, um die Regel aufrecht zu erhalten, zu Gewaltthätigkeiten gezwungen. So muss er die beiden Wörter slunt und brunnr, die so sicher a-Themen sind, wie kaum ein drittes germ. Wort, sicherer als alle Beispiele, auf welchen er seine Regel aufbaut, als Ausnahmen bezeichnen (Untersuch. S. 17 Anm.). Ahd. wunsc, das ihm wegen des u ebenfalls unbequem ist, möchte er in wun-(i)-sc zerlegen, d. h. in Stamm wuni mit Secundärbildung sk; aber das Wort ist, wie altind. vancchâ zeigt, sicher arisch und neben eisca und forsca ein Beweis, dass auch das Germanische, ehe es sich aus dem Schoosse der arischen Einheit losriss, die Präsensbildung mit sk besass. Zudem beweist uns das altn. Óski, Beiname Óđins, ósk (st. f.) evident, dass die Färbung des a zu u, wegen deren Jacobi das Wort gern los sein möchte, westgermanisch ist: ahd. wunsc, ags. vûsc; fürs Germanische haben wir vonsk anzusetzen, woraus altn. Óski, ósk.

Die Unrichtigkeit der Regel lässt sich auch gut durch die Gegenprobe zeigen; da es eine stattliche Anzahl von Wörtern gibt, die ihrem Ablaute nach, der Regel gemäss, Suffix a zeigen müssten, aber sicher i bieten. Doch dies würde mich hier zu weit abführen: durch das oben vollständig dargelegte Material fällt seine Regel von selbst. Beachtenswerth daran ist vor allem, dass sie keinen Unterschied zwischen Nom. Agentis und Nom. Actionis macht.

Noch von einer andern Seite ist vor kurzem der Versuch gemacht worden, den in dieser Arbeit behandelten germ. Wörtern feste Regeln des Ablauts abzugewinnen. In der Zeitschrift für deutsch. Alterth. XVIII, 161 ff. ist eine nachgelassene Arbeit Amelungs ‚Ueber den Ursprung der deutschen

A-Vocale‘ erschienen. Wie in seiner frühern Schrift ‚Die Bildung der Tempusstämme durch Vocalsteigerung im Deutschen‘ Berlin 1871, steht er in dieser Untersuchung ganz in der Anschauung Schleichers von einer zweifachen Steigerung der Vocale in den arischen Sprachen. Er sieht diese Theorie, für welche nirgends öffentlich ein Beweis geliefert worden und die jetzt als beseitigt betrachtet werden darf, als bewiesen an und sucht dem Wechsel der drei Laute in jeder Reihe einen Bedeutungsunterschied unterzuschieben. Es ist hier nicht der Ort auf die neue Arbeit einzugehen; nur die beiden Regeln kommen in Betracht, die er S. 207 und 208 für die Nominalbildung gefunden haben will: 1) ‚ganz derselben Regel folgen‘ — d. h. es zeigen regelmässig den schwächsten unter denjenigen Vocalen, die in den Tempusstämmen des Stammverbums zum Vorschein kommen — die aus stark conjugirenden Verben auf einfaches a oder i abgeleiteten männlichen Nomina Actionis; wo solche Masc. einen andern Vocal zeigen, sind es keine Nom. Actionis, sondern Concreta wie sagqs Abend, skauts Schooss; ahd. dwanc (frenum), gôz (fusile), boug (torques); während z. B. stunch (olfactus) das reine Nom. Action. ist, bedeutet stanch odoramentum; aber freilich kann die Bedeutung der des Nom. Actionis oft recht nahe kommen, wie etwa in strît; hier wird jedoch das Nomen wohl älter sein als das zugehörige starke Verbum.‘

2) ‚Folgen derselben Ablautsregel die aus stark conjugirenden Verben abgeleiteten männlichen Nom. Agent. auf an; nicht immer die weiblichen auf ân wie got. rinno torrens.‘

Fassen wir zuerst Regel 1 ins Auge; sie ist von mehr als einer Seite merkwürdig. Sie schlägt dem geradezu ins Gesicht, was man bis jetzt fürs Sanskṛt als fast durchgängige Regel ansah bei Bildung mit Suffix a, was Scherer Z. G. d. d. Spr. S. 331 für arische Ursprache annimmt: die Nomina Actionis sollen reinen Wurzelvocal und die Nom. Agent. gesteigerten zeigen. Weiter ist merkwürdig, dass die mit Suffix a und i gebildeten Wörter einfach zusammengeworfen werden. Welcher Beweis wird beigebracht? aus dem Got. und Ahd. werden nach Belieben 75 Nomina Actionis a u s g e w ä h l t, welche in der That der fingirten Regel entsprechen. Etwas über 30 sind a-Themen, die übrigen i-Stämme: damit soll die Regel bewiesen sein! als einzige Ausnahme kennt Amelung, wie es scheint, nur meinswuor; die Gegenprobe hat er wohl nicht gemacht, ob noch alle übrigen Wörter sich als Nom. Agentis erklären lassen. Einer Widerlegung bedarf die Regel weiter nicht; die in der vorliegenden Arbeit zusammengestellten Thatsachen sprechen laut genug.

Was Regel 2 betrifft, so sollen die Nom. Agentis auf an den leichtesten Wurzelvocal zeigen. Ein wunderbares Verhältniss! Während die Nom. Agent. auf a, deren Nachkommen und Vertreter die auf an sind, nach Regel 1 gesteigerten Vocal haben, findet bei ihnen das Gegentheil statt. Fast sollte man glauben, es sei das, was das Suffix an äusserm Umfang gewonnen, dem Vocale der Wurzel abgezogen worden. Auch hier beschränkt sich Amelung mit seinen Belegen ausschliesslich auf eine Auswahl aus dem Got. und Ahd.; ein Blick ins Ahd. oder eine andere altgerm. Sprache wird uns aber sofort auch andere Beispiele liefern. Ausser Betracht zu lassen sind alle die an-Stämme, die von reduplicirenden Verben herkommen, da sie nur einen Vocal in der Nominalbildung zeigen können, also halto, walto, hloufo, heizo etc. Zieht man diese von den Beispielen bei Amelung ab, so bleiben noch 39 übrig. Ich glaube nun die Unzulänglichkeit der Regel nicht besser zeigen zu können, als wenn ich ihnen eben so viele Beispiele gegenüberstelle, die einen andern Vocal, als den durch die Regel verlangten zeigen.

Ad I) ahd. biogan: biogo; ahd. diozan: diozo; ahd. giozan: giozo (ags. geóta, âgeóta); ahd. hliozan: hliozo; ags. hreóđan: hreóđa; ags. beódan: beáda; altn. brûsa: ags. breósa; ahd. sciozan: mhd. schieze.

Ad 2) ahd. lîban: leibo; ahd. lîban: lîbo (ags. lîfa, oferlîfa); ahd. lîdan: foralîdo; ahd. lîtan: leito (femin. leita); Wurz. hrid: ahd. rîdo tremor*); ahd. rîtan: reito auriga; ahd. scrîban:

*) Die Wurzel hrid schütteln folgt aus altn. hríđ, ags. hrîđ (â-Thema) 1) Sturm, Schneegestöber, 2) heftiger Andrang, 3) Plur. Fieber-

scrîbo; ahd. slîhhan: slîhho, inslîhho; sleihho; ags. vîgan: vîga; ags. vîsan: vîsa; ags. vrîđan: vrîđa; ags. flîtan: flîta; ags. grîpan: grîpa; ags. rîpan: rîpa; ahd. bîzan: mhd. bîze; mhd. schînen: schîne; ags. vîta, gevîta testis (cf. got. veidvods, ags. vîtega, ahd. wîzago Prophet).

Ad 3) got. sakan: ahd. suohho; uobo colonus, lant-, christuobo; buozo.

Ad 5) got. ligan: ahd. analago infestus, lëberlago uterinus; ahd. skëran: skaro; got. sitan: ahd. ûzsazzo; ebansâzo, himilsâzo; ahd. slingan: slango; ahd. springan: sprango (dies folgt aus dem movirten Femin. howesspranga locusta); ags. timan: tama.

Dass von einer ‚allgemeinen durchgreifenden Regel, der die Art des Ablauts unterworfen', nicht die Rede sein kann, liegt auf der Hand. Dies éine ist zuzugeben: durch die germanischen Sprachen geht die Neigung, die neuen an-Themen mit dem schwächsten Vocal, der in den Tempusstämmen zum Vorschein kommt, zu bilden. Denn wenn es mir auch möglich war, den von Amelung für diese Neigung beigebrachten Beispielen ebenso viele gegenüberzustellen, die ihr widersprechen, so würden doch bei einer genauen Durchmusterung des ganzen germanischen Sprachschatzes seine Beispiele sehr vervielfältigt werden, während die widerstrebenden wohl wenig Zuwachs mehr erhielten. Dass das, was Amelung Regel nennt, eine wirkliche Neigung der germ. Sprachen in einer bestimmten Periode war, folgt auch noch aus einer andern interessanten Erscheinung. Es gibt nämlich eine bestimmt abgegrenzte Kategorie der Nom. Agentis masc. Gener., die einer festen Regel des Ablauts unterliegen: die auf S. 41 ff. behandelten Nomin. der altn. Poesie, die nur als zweites Glied von Tatpurushas erscheinen, zeigen ohne Ausnahme den Vocal des Präsensstammes. Daneben kommen auch in altn. Poesie, worauf schon früher hingewiesen, an-Stämme vor, die nur in Prosa

anfall; ags. hriđ und hriđe, ahd. rito, mhd. rite Fieber; ags. hriđel, ahd. ritera Sieb; ags. hriđrjan, ahd. ritarôn cribrare. Von einer Form ‚krit' aus sind alle Lautverhältnisse regelmässig.

erscheinen und diese zeigen dann regelmässig den von Amelung geforderten Vocal. Also neben eldbjóđr, regnbjóđr stehen eldbođi, regnbođi; ausserdem hald-, hold-, hríđ, hyr-, veđerbođi; zu örbjóđr ist der Eigenname Örbođa zu vergleichen; neben gras-, griđ-, hælbítr erscheint böl-, kvern-, leggbiti; mit hringdrífr gleichbedeutend ist hringdrifi; ebenso auđbrjótr: auđbroti, hringbrjótr: hringbroti, vellbrjótr: vellbroti; ausserdem kommt noch vor baug-, eld-, men-, seimbroti. Ausser atriđi neben atríđr gehören hierher ball-, blakk-, hlór-, mundriđi und die movirten femin. kveld-, merk-, mun-, myrk-, túnriđa.

Bei -verkr: -verki, -(v)rekr: -(v)reki, -valdr: -valdi und ähnlichen fehlt der Unterschied, da der Präsensstamm bei ihnen zugleich der Tempusstamm ist, der den schwächsten Wurzelvocal zeigt.

So viel wüsste ich für jetzt zur Geschichte des Primärsuffixes a zu sagen. Das Bewusstsein wird man wohl mit mir gewonnen haben: eine reinliche, bis in die einzelnen Details gehende Geschichte des Suffixes a lässt sich in manchen Partien nicht schreiben, wenn man nicht zugleich über das vollständige Material für die Suffixe i, u, ya verfügt; denn wie gefährlich es ist, mit unvollständigem Material zu arbeiten, hat die Untersuchung öfters gelehrt. Eine Geschichte der vier Suffixe a, i, u, ya wird einen der interessantesten und lehrreichsten Abschnitte in einer germ. Stammbildungslehre ausmachen.

II. SECUNDÄRSUFFIX A.

Der Unterschied zwischen primären und secundären Suffixen wurde oben Seite 23 berührt. Diese tiefgreifende Verschiedenheit hat, wie ebenfalls schon bemerkt, bei den Forschern, die vom esoterischen Standpuncte aus die germanische Stammbildung oder einige Partien derselben behandelten, keine Berücksichtigung gefunden; auch Jacobi vernachlässigt sie, obwohl gelegentlich bei ihm denominative Nomina in Gegensatz zu anderen gebracht werden. Bopp hat jedoch in seiner Wortbildungslehre (Vergl. Gramm. Band III) eine Reihe der in den verwandten Sprachen gebräuchlichen Secundärsuffixe fürs Germanisehe angenommen und erwiesen: Secundärsuffix tâ §. 826; tâti §. 830; tva §. 831; na §. 835; anyâ §. 838 etc.; aber bei dem in allen arischen Sprachen, besonders aber den ostarischen weit verbreiteten und hier besonders in Betracht kommenden Secundärsuffix a (§. 918 ff.) wird nicht der geringste Versuch gemacht, dasselbe im Germanischen nachzuweisen. Es wäre nun höchst sonderbar, wenn weit seltenere Secundärsuffixe in den germ. Sprachen Spuren zurückgelassen hätten, sei es auch nur in einem Beispiel wie tva in got. þivadv (ntr.) Knechtschaft, und dagegen das gebräuchliche Suffix a spurlos verschwunden oder vielmehr nie dagewesen wäre.

Freilich von Seiten der äussern Gestalt der Wörter, von der Bopp wie natürlich ausgeht, lässt sich im Germanischen einem Secundärsuffix a kaum beikommen: das vocalische Auslautgesetz hat ihm dasselbe Schicksal bereitet wie dem primären Suffix a. Um zur Aufstellung jenes Secundärsuffixes zu gelangen, müssen andere Gesichtspuncte in Betracht kommen. Wir müssen fragen: in welchen Bedeutungen kommt dasselbe in verwandten Sprachen zur Anwendung? lassen sich fürs Germanische nicht etwa ganze Reihen von Wörtern nachweisen, in denen, freilich ohne irgend welches äussere Anzeichen, dieselben Begriffswandlungen vorliegen? ist es nicht gestattet oder vielmehr geboten, wenn es solche gibt, in allen diesen Fällen von Secundärsuffix a zu sprechen? Auch folgendes Verhältniss bietet öfters willkommene Handhabe, um über das Vorhandensein des fraglichen Suffixes zu entscheiden. ‚Secundärsuffix ya hat alle Bedeutungen des Suffixes a', sagt Bopp Skrtgr. §. 584_{59}, und dies lässt sich fürs Ostarische durch zahlreiche Fälle evident zeigen. Es verhält sich also z. B. çâuklya: çúkla = çâucá: çucí oder dhâumya: dhûma = vâsishṭhá: vásishṭha. Secundärsuffix ya liegt im Germanischen deutlich in verschiedenen Bedeutungen vor; bietet sich nun dasselbe Verhältniss dar, wie in den beiden Beispielen aus dem Skrt, d. h. sind a-Stamm und mit Secundärsuffix abgeleiteter ya-Stamm deutlich vorhanden, finden sich zwei a-Stämme functionell in demselben Verhältniss ohne morphologischen Unterschied, so ist es, wie mich dünkt, nicht nur gestattet, sondern geboten von Secundärsuffix a zu sprechen.

Es darf jedoch, ehe ich zur Darlegung der Resultate übergehe, welche die nach solchen Gesichtspuncten geführte Untersuchung geliefert hat, nicht übergangen werden, dass der Versuch gemacht worden ist, Secundärsuffix a wenigstens an einem Beispiel dem Germanischen zuzusprechen: ‚Wegen der mit Suffix a verbundenen Steigerung des Wurzelvocals gehört aber sicher hierher der got. Stamm -doga- in fidur-doga- (N. Sg. Masc. fidurdogs viertägig) zu Stamm daga-‘. Schleicher Compend. §. 216; vergl. Bopp Vergl. Gr. III, S. 365. Den äussern Umstand, dass dem dags ein -dogs zur Seite steht, findet Schleicher zwingend, ein Secundärsuffix a zu statuiren. Wenn diese Vocalsteigerung das alleinige Kennzeichen sein sollte, so müsste in vielen Fällen das fragliche Suffix angenommen werden. So stehen völlig gleichbedeutend neben einander ahd. stëc, stîc, steic; stëga, stîga, steiga; altn. flugr und flaugr; ags. vracu, got. vraka und ags. vræc; mhd. biz und bîz; strîch und streich; duz und dôz, dioz; þrut, druz, driez; soc, sûc, souc; skop, skaup; bid, bîd etc. Oft stehen ferner in urverwandten Sprachen Wörter gleicher Bedeutung in dem nämlichen Verhältniss, z. B. nâman, nomen, got. namo. Schleichers Annahme eines Secundärsuffixes a in -dogs neben dags ging aus dem Bestreben hervor, recht viele Stützen zu bekommen für seine Ansicht von einer doppelten Steigerung im Arischen. Sie ist als beseitigt zu betrachten auch bei seinen treuesten Schülern, s. Joh. Schmidt Voc. S. 145.

I) Secundärsuffix a bildet im Germanischen Collectiva und zwar neutr. Gener., wie leicht erklärbar. Wenn nämlich eine Mehrheit von Gegenständen in eine einheitliche Vorstellung gefasst wird ohne Festhalten an der discreten Menge von Einzelgegenständen, dann muss in ihr der Geschlechtsunterschied zurücktreten. Daher findet sich bei allen Collectiva bildenden Suffixen fast ausschliesslich oder doch mit Vorliebe Genus neutr. Siehe Pott Gramm. Geschl. bei Ersch und Gruber LXII, 418 ff.; fürs Sanskṛt ist zu vergleichen Bopp Skrtgr. §. 584, 1_3; Vergl. Gr. III, §. 918, 4; fürs Griech. hat auffallender Weise Bopp diese Bildung nicht nachzuweisen vermocht und doch ist sie ihm nicht fremd; wenigstens verhält *ἄστρον* Sternbild, Gestirn sich zu *ἀστέρες* wie skrt ângâram zu Plur. angârâs. Pott II², 676 ff.

Germ. lauba- das Laub. Dieser Stamm ist in allen germanischen Sprachen Neutr. und bezeichnet den Collectivbegriff Laub; nur fürs Gotische setzen die Wörterbücher ‚laufs st. m. Laub, Blatt' an. Das Wort kommt nun vor Marc. XI, 13 ‚*καὶ ἰδὼν συκῆν ἀπὸ μακρόθεν ἔχουσαν φύλλα, καὶ ἐλθὼν ἐπ' αὐτὴν οὐδὲν εὗρεν εἰ μὴ φύλλα*'; Marc. XIII, 28 ‚*ὅταν ἐκφυῇ τὰ φύλλα*'. Diese Stellen gibt Ulfilas: ‚jah gasaíhvands smakkabagm faírraþro habandan lauf; jah qimands at imma ni vaíht bigat ana imma niba lauf; þan uskeinand laubos'. Es springt sofort in die Augen laubos: lauf = *ἀστέρες*: *ἄστρον* = angârâs: ângârám etc., und die Annahme eines got. laufs (Masc.) Blatt und eines Collectivs lauf (Neutr.) Laub, mit Secundärsuffix a aus jenem gebildet, lässt sich kaum abweisen. Wenn in jüngeren germanischen Sprachen, wie ahd., mnl. wiederum das Collectivum laub in der Bedeutung folium, *φύλλον* vorkommt mit Plur. laubir folia, *φύλλα,* so haben wir dieselbe Erscheinung wie in nhd. Frauenzimmer und ähnlichen Wörtern. Allein ich glaube sogar fürs Ahd. eine Stelle anführen zu können, die schlagend beweist, dass das Verhältniss, wie es bei Tatian und anderen erscheint und welches das Nhd. wieder aufgegeben hat, auf getrübtem Sprachgefühl beruht. Der Vocabularius sancti Galli hat: ‚arbores pouma, ligna witu, silva holz, ermis walt, radix wurza, scorzia rinta, ramos estî, surculus zuî, folia laup, folius plat (Quellen und Forsch. III, 71). Dass dem Glossator das Colleetivum laup dem Plur. pletir gleichkam, liegt auf der Hand.

Germ. bôkâ- (Fem.) Buchstabe: bôka- (Neutr.) eine Sammlung von Schriftzeichen, Schrift, Buch, Brief.

Gehen wir vom Gotischen aus: 2. Cor. III, 6 sowie Römer VII, 6 wird *γράμμα* Buchstabe mit boka gegeben; Luc. III, 4 *ἐν βιβλίῳ* mit in bokom, 2. Thessal. III, 14 *διὰ τῆς ἐπιστολῆς* mit þaírh þos bokos.

Bôkâ- war nun, wie verwandte Sprachen und ahd. puahha ausweisen, Name eines Baumes. Dann wurde es wohl für eine einzelne virga, von einer solchen frugifera arbor entnommen, angewandt, auf die man Runen ritzte: ein mit Runen beritzter Zweig. Eine grössere schriftliche Aufzeichnung, etwa jene tres surculi Tac. Germ. X (cf. Saxo Gramm. III, 52: ‚litteras ligno insculptas secum portarunt'), konnte entweder durch den Plur. bôkôs gegeben werden oder durch ein Collectivum bôka-: ersteres war, wie wir sahen, im Gotischen der Fall; letzteres findet im Ahd. statt: buahha ist fagus, buohstap ist littera, character, buoh Neutr. litterae, libellum, volumen (Graff VI, 611, III, 32). Die übrigen germanischen Dialecte stimmen insoweit, dass sie für littera bókstab, bókstafr etc. anwenden; alts. bedeutet bôk auch Schrift, Buch; altn. und ags. trat Verwirrung ein: neben bôkâ-, bôka- (Neutr.) besteht noch mit Suffix ya bôkya- (Neutr.), und diese drei Themen vermengen sich

Dass in ahd. buoh Secundärsuffix a vorliegt, ist klar, wird aber durch Folgendes noch evidenter. Got. mel bedeutet Zeichen, Merkmal; um nun Schrift auszudrücken, verwendet Ulfilas entweder den Plural mela (Marc. XII, 24, Luc. IV, 21, Joh. V, 47) wie bokos (interessant ist, dass Marc. IV, 24 eine Randglosse bokos bietet, der Text mela), oder den collectiven ya-Stamm melya- im Singular. Offenbar trat in diesem Falle Secundärsuffix ya statt a ein, weil ein mit Suffix a gebildetes Collectivum sich nicht unterschieden hätte von dem ursprünglichen Worte, das schon Neutr. war. Wir haben also got. melya-: mela- = bôka-: bôkâ. Siehe Seite 206. — Ganz wie im Gotischen bedeutet auch buky im Altslov. im Singular Buchstab, im Plural bukŭvi Brief. Bei griech. *βιβλίον* bemerken unsere Lexica ‚Büchlein, aber meist ohne Deminutivbedeutung'. Natürlich, es ist Collectivum zu *ἡ βίβλος* Bast der Papyrusstaude und bezeichnet eine Sammlung solcher *βίβλοι*, ein Buch, das ja zuweilen auch Büchlein sein kann. Demnach *ἡ βίβλος : τὸ βιβλίον* = bôkâ- : bôka-.

Altn. limr Glied, Zweig (Stamm limu-); mit dem Plural limar Zweige wird gleichbedeutend gebraucht lim (Neutr.) Gezweig (Egilss. 519, Cl. 389, Wimmer Altn. Gramm. §. 50, §. 33A,a, §. 34a).

Got. gaman (Neutr.) 1) Gemeinschaft, κοινωνία; eigentlich die Gesammtheit der einzelnen mans, 2) ein Einzelner aus dieser Gesammtheit: Mitmensch, Genoss, Gesell.

Altn. liđ die Summe der Gefolgsleute (liđar): 1) copiae, milites, 2) homines, 3) coetus, concilium, conventus. Liđar: liđ = alts. gesîđos: gesîđi.

Ahd. gitwërch 1) das Gezwerg, pigmei, eridei, 2) ein einzelner Zwerg; mhd. hat getwërc immer Bedeutung 2, übertrug aber sein Genus auf das Grundwort, das als altn. dvergr, ags. dveorg Mascul. ist.

Es folgt nun eine Reihe von Wörtern, in denen neben einem Masc. oder Fem. das collect. Neutr. steht und die Summe der Handlungen oder die öftere Ausübung derselben ausdrückt und auch den Ort bezeichnet, wo die Handlung gewöhnlich zu geschehen pflegt.

Ags. väsc (Fem.) das Waschen, lotio: geväsc (Neutr.) das Gewäsche: daher die Brandung des Meeres und der Ort der Brandung (Ettm. 83).

Ahd. fëhta (Graff III, 445); ags. feoht (Ettm. 340) pugna, agon: ahd. gefëht; ags. gefeoht Neutr. eine Summe einzelner Kämpfe; daher entweder das Gefecht als Summe mehrerer Einzelkämpfe oder gewöhnlicher bellum, bellum civile als Summe einzelner Treffen; so ist ags. oferfeoht (Fem.) victoria, aber ûtgefeoht (Neutr.) bellum exterum.

Ahd. wërra (Graff I, 945) scandalum: ahd. giwër, alts. giwër seditio, Aufruhr; ags. verre, vyrre ist mit Secundärsuffix ya gebildet (Ettm. 106).

Got. flahta; mhd. vlëhte (Mhd. W. III, 342) die Haarflechte: das ahd. Collectivum gaflëht (Graff III, 771) nur an zwei Stellen vorkommend wird mit plecta gegeben, was freilich auch eine einzelne Flechte bedeuten kann; nhd. die Flechte und das Geflecht.

Ahd. drësca (Graff V, 267) tritura: gidrësc (Neutr.) wird

an den wenigen Stellen zwar ebenfalls mit tritura glossirt, war aber zweifelsohne eigentlich collectiv wie gefëht, gaflëht; got. þrask (Neutr.) Dreschtenne als der Ort, wo die Handlung sich häufig vollzieht. Das a in got. þrask verhält sich zu ahd. drësca umgekehrt wie flahta zu ahd. gaflëht.

Ags. spange (Ettm. 713); ahd. spanga (Graff VI, 349); mhd. spange (Mhd. W. II_2, 479) eine einzelne Spange, fibula: ags. gespong (Neutr.) das Gespänge, vinculum (Ettm. 713, Grein I, 466). Mhd. spenge, gespenge hat Secundärsuffix ya.

Ags. hrôf (Masc.) das Dach, die Decke (Ettm. 506, Grein): altn. hróf (Neutr.) bezeichnet den Ort, wo die Schiffe gebaut werden (Egilss., Cl.), also eine weite, bedachtę Fläche, das Gedäch.

Ahd. swëro (Masc.) dolor, sanies: gaswër (Neutr.) ulcus (Graff VI, 889) das Geschwür.

Ahd. swil, swilo callus: geswil (Neutr.) cutis spissata (Graff VI, 872).

Ahd. eli-poro (Masc.) alienigena: gipor proles, suboles, stirps, propago (Graff III, 157).

Ags. sveorc, svorc (Masc.) caligo, nubes; dieselbe Bedeutung wird freilich auch für gesveorc, ahd. giswërk, kaswork (Graff VI, 897) gegeben: sveorc (Masc.) bezeichnete jedoch ursprünglich die verfinsternde Wolke; gesveorc (Neutr.) das Gewölk. Diese collective Bedeutung fühlt man noch deutlich in ‚thuo thie nëƀal tiskrêd, that giswërk warđ thuo teswungan‘ (Hêland 5634).

Ags. svinc (Masc.) Arbeit, Mühe: gesvinc (Neutr.) die von allen Seiten hereinbrechenden Mühen, Noth, Drangsal, tribulatio (Ettm. 756, Grein).

Mhd. twër (Fem.) 1) Quere, 2) Seitenwind (eigentlich Hinderniss, Hemmniss): ags. giþvër (Ettm. 618); ahd. githwor (Graff V, 298); mhd. getwër (Mhd. W. III, 465) confusio, Mischung.

Es liegt zu sehr auf der Hand, als dass ich nöthig hätte ausführlich darauf hinzuweisen, wie gross die Schwierigkeiten sind, die bei den eben behandelten Wörtern in Betracht kommen. Fürs Ahd. stehen so häufig nur die Glossen zu

Gebote mit ihrer vieldeutigen lateinischen Version. Es kommt hinzu, dass mit Suffix â Abstracta gebildet werden, die concret werden können und Wörter dieser Art neutr. Generis werden auch mit Suffix a gebildet. Oefters liegen in einer altgermanischen Sprache feminines â-Thema und neutrales a-Thema sicher gleichberechtigt nebeneinander wie etwa femininer i-Stamm und neutraler a-Stamm. Ich will im Folgenden eine Zusammenstellung solcher nebeneinander liegenden Stämme geben, soweit meine Sammlungen reichen. An einem andern Orte fand sich keine passende Gelegenheit, und die Erscheinung hat doch immer so viel Wichtigkeit, dass sie beachtet zu werden verdient.

Ags. täl; alts. tal: ags. talu; alts. tala; altfr. tale Zahl, Summe, Anzahl, Reihe. Ags. vräc: ags. vracu; got. vraka; ahd. rahha Verfolgung, Verbannung, Rache. Ags. hvät: altn. hvöt Anreizung. Ags. þräc: ags. þracu robur, fortitudo, impetus. Ags. svääd: ags. svadu; altn. svada (sw. f.) vestigium. Altn. kal clamor: mhd. kalle (Fem.) Rede, Geschwätz. Altn. rök (Neutr. Plur.): ags. racu; ahd. rahha Entwicklung, Auseinanderlegung 1) Entwicklung der Dinge (altn.), 2) Entwicklung einer Sache, Erzählung (ags., ahd.). Altn. svar, andsvar: ags. andsvaru Antwort. Altn. tad Zerbröcklung, Dung: altn. tada (sw. f.); ahd. zata, zota uba, fimbria, villus; nhd. zote. Altn. sal: ahd. sala rechtliche Uebergabe, Verkauf. Ags. gët; ahd. âgëz: altn. geta (sw. f.); ags. gite; mhd. âgëz (st. f.). Ags. bëd; ahd., mhd. bët: ahd., mhd. bëta Bitte, Gebet. Got. faíh: bifaíhô Uebervortheilung, Betrug. Ags. gif: germ. gebâ- Gabe, Geschenk. Altn. kjarf Bündel: mhd. kërbe 1) Kerbholz, 2) Einschnitt. Altn., ags., ahd., mhd. hol hohler Raum, Höhle: altn. hola (unorg. ân-Stamm) Höhle, Loch. Altn. torf Rasen, Torfscholle: ags. torf (Femin.); ahd. zurba; altn. torfa (ân-Thema). Ostgerm. nâma- das Nehmen: westgerm. nâmâ- (fehlt alts. und altfr.). Ahd. luoc specus, cubile: luoga idem; mhd. ebenso. Altn. hót: got. hvota Drohung. Altn. bif motus: ahd. biba tremor; cf. ërdbiba terrae motus. Ags. bîd; mhd. bît: ahd. bîta; mhd. bîte Verzug, Erwartung. Altn. beit pasturage; mhd. beiz Falkenjagd: beize idem. Ahd. spreid: ahd. spreide frutices, sarmentum, arbutus. Mhd. mûl: ahd. mûla Schnabel, Maul, Mund.

Um nichts unberücksichtigt zu lassen, was hierher gezogen werden könnte, folge jetzt noch ein sehr zweifelhafter Punct.

,Mehrere Wörter haben ein doppeltes Geschlecht, wobei das Neutrum dazu dient, die Species, das Masculinum oder Femininum, um das einzelne Individuum zu bezeichnen. Auf diese Art ist mereghem das Vogelgeschlecht, mereghô der einzelne Vogel, naçu die Gesammtheit der Naçus, naçus der einzelne Dämon dieses Namens.' Spiegel Altbaktr. Gr. §. 241.

,Wo ein Masculinum oder Femininum zugleich als Neutrum in der Sprache vorkommt, da bedeutet das letztere öfters die Gattung. So steht neben dem weiblichen drukhs ein gleichnamiges Neutrum als Inbegriff aller Wesen dieser Gattung'. Ibid. §. 100.

Die von Spiegel fürs Altb. beschriebene Erscheinung lässt sich auch im Germanischen beobachten:

Ahd. rêh (Graff II, 385) caprea, capreolus ist Neutr.; mhd. rêh (Mhd. W. II_1, 588) ebenso.

Altn. rá (Cl. 485) ist Fem.; ags. râh (Ettm. 259) caprea id.; daneben noch ân-Thema ræge caprea.

Ags. râha capreolus; ahd. rêho capreolus sind unorgan. masc. a-Stämme. — Wir haben also fürs Germanische das Masc. raiha- Rehbock, Fem. raihâ- Rehgeiss und Neutr. raihadie Gattung, das Rehgeschlecht, daher sowohl capreolus als caprea (ahd.).

Dem lit. párszas, lat. porcus, ags. ferh, fearh (Masc.) steht ahd., mhd. farh, varch (Graff III, 682, Mhd. W. III, 272) als Neutrum gegenüber. Ist es ebenfalls hierher zu ziehen? zu beachten ist, dass das Wort im Ahd. immer mit porcellus glossirt wird, also ein junges Thier, bei dem es auf Bezeichnung des Geschlechts nicht ankommt.

Darf ferner an das in allen germanischen Sprachen, soweit belegt, dastehende Neutrum wîba- erinnert werden? ursprünglich das Frauengeschlecht und dann erst wieder die einzelnen Individuen desselben? vergl. Frauenzimmer und lauba- bei Tatian und im Mnl. (S. 208).

Es ist noch die Frage zu berücksichtigen, ob in dem Neutrum rêh Secundärsuffix a vorliegt, oder ob hier nicht vielmehr der blosse Genuswechsel es ist, in dem der collective Character liegt. Die Sache scheint sofort dadurch entschieden, dass in naçu kein Suffix a vorliegt. Aber in dem Material, das Justi bietet S. 169, kann ich ein Neutrum naçu nirgends entdecken. Auch neben einem weiblichen drukhs hat er kein Neutrum; vielmehr bietet er den Acc. Singul. Fem. collectiv gebraucht. Dies ist erklärlich: druj ist Wurzelnomen Actionis, also Trug, Beschädigung, was concret sowohl ein einzelnes Wesen als die Gattung bezeichnen kann. Vergl. skrt druh P. W. III, 812. Das Characteristische, was mereghem: mereghô; raiha- (m.) und raihâ- (f.): raiha- (n.), sowie áçva Ross, áçvâ Stute: âcvá (n.) Pferdeheerde; kapota (m.) Taube: kâpotá Taubenschwarm gemeinsam haben, ist die Aufhebung des Geschlechtsunterschiedes geschlechtlicher Individuen; in beiden Fällen drückt das Neutrum eine Summe gleichartiger Individuen derselben Gattung aus. — Jedoch mögen diese und ähnliche Beispiele, die sich noch finden sollten, immerhin als zweifelhaft bezeichnet werden.

II) Secundärsuffix a bildet Adjectiva und Appellativa, die in den verschiedensten Beziehungen zum Grundwort stehen können. Aus dem Sanskṛt hierher gehörige Beispiele sind âçvá equinus von áçva Pferd, sâmvatsará jährlich, als Substantiv der Astrolog von saṁvatsara Jahr; aus dem Lateinischen die Adjective honôrus von honos, decôrus von decor. Bopp Skrtgr. §. 584, 1_4, Vergl. Gramm. III, §. 918, 5.

Zu dem femin. â-Thema farvâ- besteht ahd. der Adjectivstamm farwa-: farauuiu aureus flos und mit wola farawero hûti cute amoena (Graff III, 700); mhd. var (Mhd. W. III, 237) bezieht sich nicht bloss auf die Farbe, sondern auch auf das Aussehen, die Beschaffenheit; ags. fearo (Ettm 343) coloratus, ornatus.

Von germ. skalka- Knecht, Diener, Mensch von niedriger Herkunft, Gesinnung kommt das mhd. Adjectiv schalc hinterlistig, boshaft (Lex. II, 641); mnl. scalc gemein, arglistig. Dem Nhd. mit seinem abgestumpfteren Sprachgefühl genügten diese Bildungen nicht, es griff zu einem greifbareren Secundärsuffix und bildete farbig, schalkig mit Secundärsuffix ka; diese Wörter können aber wieder mit beweisen, dass oben Secundärsuffix a anzunehmen ist.

Von altn. gríma unorgan. ân-Stamm (Egilss. 271, Cl. 216) eine Art Hüte, die zugleich den obern Theil des Gesichtes mit bedeckten, kommt das Adj. Grímr Beiname Óđins, der eine solche gríma trägt. Das Vorhandensein des in Frage kommenden Suffixes wird wieder durch ein anderes Wort evident bewiesen. Neben Grímr erscheint nämlich in ganz gleicher Bedeutung als Beiname Óđins Grím-nir. Secundärsuffix nya, das eine Krystallisirung aus den beiden Suffixen na und ya ist, kommt in altn. Namen oft vor: Andhrím-nir, Draup-nir, Eikþyr-nir, Faf-nir, Falhof-nir, Fiöl-nir, Fiör-nir, Fúl-nir, Hoddrop-nir, Hróđvit-nir, Mođsog-nir, Of-nir, Reif-nir, Salgof-nir, Skír-nir, Skíđblađ-nir.

Zu dem â-Thema altn. tál; ahd. zâla etc. Betrug, Hinterlist gehört altn. táll (Egilss. 809) fallax, dolosus.

Von got. paida; alts. pêda; ags. pâd; ahd. pfeit kommt ags. Adject. pâd (Ettm. 273) vestimentis indutus, ornatus; nnd. peit (Brem. W. III, 303) sauber und nett gekleidet, im Sonntagsschmuck.

Von germ. taina- (fehlt alts.) Zweig, Ruthe, Stab kommt das ags. Adjectiv tân verzweigt (Ettm. 538, Grein).

Von germ. lauba- (m.) Blatt kommt das ahd. loup (Graff II, 65) nemorosus. Wie von skrt açvá mit Suffix a das Collectivum âçvá und das Adjectivum âçvá herstammt, so auch von germ. lauba- (m.) das ahd. Collectivum loup und Adjectivum loup.

Von germ. kamba- Kamm, crista kommt altn. kambr (Egilss. 455) der Hahn als der mit einem Kamme versehene, cristatus.

Altn. síkr (Egilss., Cl.) salmo lavaretus gehört zu sík (Neutr.) See, Teich, Ort, wo das Wasser zusammensickert.

Altfr. lîf (R. 900) lebendig zu lîf Leib, Leben.

Altn., ags., ahd. gor (Neutr.) der Koth von Menschen und Thieren. Die beliebte Zusammenstellung mit jësan, die begrifflich schon schwierig, ist lautlich unmöglich: wohl findet alts., ahd., mhd. ein Uebergang der tönenden Spirans j in den Explosivlaut g statt, aber nur vor i; das Wort ist ausserdem germanisch und müsste von jësan abstammend im altn. or lauten (Gr. I², 322). Fick I³, 581 stellt es zu dem durch Skrt, Gr., Lat., Lit. gesicherten gharâ- Darm als Darminhalt, Mist; dann ist natürlich Secundärbildung anzunehmen (Egilss., Cl., Ettm. 428, Grein, Graff IV, 326).

Ags. bôl (Ettm. 277) dormitorium; altn. ból (Egilss., Cl.) eine Ansiedlung, Farm, praedium in Norwegen; im Isländischen Lagerstätte, Schlafstätte von Menschen und Thieren. Ettmüller erinnert an mhd. buole, das Weigand I, 192 zu dem dunklen φιλεῖν schwerlich richtig stellt. Sollte buole zu bôl gehören, so wäre Secundärbildung anzunehmen: der zu derselben bôl Gehörige; es ist also nach der doppelten Bedeutung des Wortes 1) concubinarius (Diefenbach Nov. Gloss. S. 19 unter amasius), 2) Verwandter. Ein ahd. Eigenname Buolo bei Graff III, 97.

In allen arischen Sprachen lässt sich die Beobachtung machen, dass in jüngeren Perioden ganze Reihen von Wörtern erscheinen, die deutlich mit einem gebräuchlichen Secundärsuffix weiter gebildet sind, aber in ihrer Verwendung nicht die geringste Verschiedenheit mehr vom Grundwort zeigen. Zu solcher Bedeutungslosigkeit ist im Skrt z. B. das mit Secundärsuffix a in vielen Wörtern sich berührende Suffix ka herabgesunken; neben bâla Knabe besteht gleichbedeutend bâlaká, ebenso putrá: pútraka Sohn, kupá: kûpaka Höhle, Grube, kṛta: kṛtaka gemacht, uda: udaka Wasser, bhîru: bhîruka furchtsam; schon im Veda erscheinen árbha und arbhaká gleichbedeutend, beide mit dem Gegensatz mahát; ebenso pṛthustu: pṛthustuka breite Haarflechten habend, ein Simplex stu existirt nicht mehr, sondern nur stuka; patra und patraka zeigen als Simplex noch Verschiedenheit, werden aber am

Ende von Compositis gleichbedeutend gebraucht. Diese Neigung der indischen Schriftsprache hat im Prâkṛt so um sich gegriffen, dass fast jedes vocalisch auslautende Nominalthema mit Secundärsuffix ka weitergebildet erscheint ohne irgend welche Aenderung der Bedeutung; also statt hasta erscheint hatthaa (aus hastaka, da jeder tonlose Verschlusslaut zwischen Vocalen tönend wird oder ausfällt), artha: atthaa; gata: gadaa; Indra: Indaa; pota: podaa; guru: garua etc. Auch das Germanische liefert hierher Beispiele: got. broþrahans Marc. XII, 20 = broþrjus; dem skrt patra entspricht ags. fiđer Feder, Flügel; dem patraka ahd. fëdarah, mhd. vëdrach.

Zu derselben Bedeutungslosigkeit wie Suffix ka im Skrt neben einem noch recht intensiven, characterisirenden Gebrauch wie in Wörtern gleich vătsaka eine Menge Kälber von vatsá Kalb etc. (Bopp Skrtgr. §. 584_2) ist auch Secundärsuffix a im Germanischen schon zum Theil in früher Zeit herabgesunken. Die hiervon betroffenen Wörter, die gewöhnlich mit der Bemerkung ‚weitergebildet' abgefertigt werden, sind folgende:

Die alten Nom. Actionis auf -as. Vergl. tejas, çrávas, κλέϝος, ψεῦδος, γένος, genus (Bopp Vergl. Gr. III, §. 932 bis 937): hatis-a-: got. hatis, altn. hatr (Gen. hatrs); seges-a-: got. sigis, altn. sigr, ags. sigor = skrt sahas, altbaktr. hazaṅh; baris-a-: altn. barr (Masc.), got. in barizeins; agis-a-: got. agis, ahd. egis im Plur. egiso (Graff I, 104), ferner in ags. egeslîc, alts. egislîk; mit weiterer unorgan. Erweiterung des a-Themas durch n in ags. egesa, alts. egiso, ahd. ekiso = skrt aṅhas, altbaktr. ãnzaṅh, gr. ἄχος; digis-a-: got. gadigis Gebilde, Werk = lat. figos in figûr-a (zu û vergl. angôr-is = aṅhas-as, fulgôr-is = bhargas-as, bhrâjas-as, φλέγεσος); riqisa-: got. riqis, altn. rökr = skrt rájas (Bopp Vergl. Gr. III, §. 932), griech. ἔ-ρεβος? Grassmann in Kuhns Z. IX, 28, Leo Meyer ibid. VI, 29; þêvis-a-: got. gaþevis Diener, Knecht; aus þehvis = τέκος wie þegn = τέκνον? vergl. oben Seite 55; skaþisa-: got. skaþis Schaden; rimis-a-: got. rimis Ruhe zu Wurzel ram stillstehen, verweilen; das griech. Adjectivum νω-λεμές (Benfey Gr. Wurzelw. II, 10) verhält sich zu dem durchs Germanische vorausgesetzten rámas = ψευδές: ψεῦδος, ved. tavás: skrt távas; ved. tarás: skrt táras etc.; svartis-a-: got. svartis Schwärze, Tinte; so Codex A zu II. Cor. 2, 3, während Codex B mit Secundärsuffix la svartizl bietet; ahs-a-, ahis-a-: got. ahs, ahd. ahir Aehre; ais-a-: got. ais Erz, Geld, altn. eir Kupfer, ags. ær, ahd., mhd. êr; zu skrt ayas; hais-a-: got. hais die Fackel, zu Wurzel ḳi brennen Fick I[3], 59, Grundform war ḳayas; þeihs-a-: got. þeihs die Zeit; veihsa-: got. veihs Flecken; vergl. skrt veça, gr. *οἶκος*, lat. vîcus: ähnlich stehen Nom. Actionis auf as und a neben einander in got. hatis und hat, ahd. haz; got. hais und ahd. hei, gehei; got. ahs, ahd. ahir und ahd. ah Hülse; fahsa-: altn. fax Mähne des Pferdes, ags. feax, alts. fahs, ahd. fahs, mhd. vahs Haar, Haupthaar = gr. *πέκος* Fell, *πόκας* Schur; hugs-a-: got. hugs (Genet. hugsis) Landgut, Feld; tebas-a-: ags. tiber, tifer, ahd. zëbar 1) Opfer, 2) Opferthier; zu dap zertheilen, zutheilen? lautlich entspricht *δέπας* der Becher, ursprünglich bedeutete es wie das germanische Wort nur das Zugetheilte, dann das zugetheilte Mass Wein, endlich ein eine solche Quantität enthaltendes Gefäss. Ganz dieselbe Bedeutungsentwicklung zeigt das nhd. Wort das mass.

Es würde hier zu weit führen, wenn ich die Neutra der germanischen Sprachen, bei denen ir im Plural erscheint, darauf prüfen wollte, welche es organisch haben, aber aus irregeleitetem Sprachgefühl im Singular wegwarfen, und bei welchen es Wortbildungssuffix ist.

Der Unterschied, der in den hier behandelten Neutris hervortritt zwischen hatis, sigis, baris, agis, gadigis, riqis, þevis, skaþis, svartis, rimis und ahs, ais, hais, þeihs, veihs, hugs gibt uns ein Mittel an die Hand zur näheren Bestimmung der Zeit, in der die Weiterbildung mit Suffix a geschah: es war zur Zeit der Wirkung des vocal. Auslautsgesetzes. Weitergebildet vor der Wirkung jenes Gesetzes waren wohl hatis, agis, digis, þevis, skaþis, rimis, svartis; es schwankten noch sigis: sigr, baris: barr, riqis: rökr, ahir: ahs; nach der Wirkung des Gesetzes trat das Suffix an bei ais, hais, veihs, hugs, fahs. Letztere Beispiele sind interessant; sie geben uns einen schlagenden Beweis, wie ein oder zwei Casus das Muster abgeben können, nach dem sich ein ganzes Paradigma gestaltet. Das Neutrum áyas musste germ. decliniren Singular áyas, áyas-as, áyas-i (Locat.) oder áyas-ai (Dat.), áyas; Plural áyas-a, áyas-ân, áyas-amis, áyas-a. Wirkte auf diese Formen das vocal. Auslautsgesetz, so wurde Nomin. und Acc. Sing. zu ais (wie anstais aus anstayas) und nach ihnen bildeten sich die übrigen Casus.*)

Es verdient Beachtung, dass auch im Skrt die Neigung sich zeigt, die as-Stämme mit Secundärsuffix a weiter zu bilden.

Gr. ϝέτος Jahr, lat. vetus, vetus-tus: skrt vatsa (m.) Jahr, was wohl aus vatas-a (vergl. vat in samvat); neben járas das Altwerden, die Gebrechlichkeit erscheint Thema jaras-a- schon im ved. Acc. jarásam; ferner ist der secundäre Stamm im Skrt im Avyayîbhâva nur gebräuchlich (P. W. III, 52); wie tamas Finsterniss, Dunkel: so tamas-a (Masc. und Neutr.) Finsterniss; zu dem aus griech. εὐ- διέσ-τερος, εὐ-διές-τατος zu erschliessendem arischen dívas Tag bietet das skrt divas-a (Masc. und Neutr.) Tag; neben sáhas Gewalt, Macht steht sâhas-a (Neutr.) Gewaltthat, Gewaltthätigkeit; vedisch besteht schon áv-as Förderung, Hülfe, Labung und avas-á Labung, Nahrung, Zehrung.

Die Sanskṛtbeispiele geben uns aber auch einen Wink, wie die Weiterbildung ursprünglich zu fassen ist: tamas-a bedeutet 1) zum tamas gehörig, dunkelfarbig, dann 2) die Finsterniss, das Dunkel; sâhasa ist als Adjectiv ein Beiname Agnis, 2) Substantiv Gewaltthat. So entstandene Wörter gaben das Muster ab für zahlreichere Weiterbildungen.

Bedeutungslose Stammerweiterung mit Suffix a müssen wir ferner für die neutralen an-Stämme im Nom., Acc., Dat. Plur. annehmen mit Ausnahme der ahd. Plur. auga, hërza (Graff I, 122, IV, 1045) Z. Gesch. d. d. Spr. S. 432.

Die beiden arischen Wörter naman- und vadan- haben im Altn. diese Weiterbildung auch im Sing. erfahren: nafn, vatn.

*) Ueber anderweitige Weiterbildung der as-Themen handele ich Anzeiger für d. Alterth. I, 113 ff.

Ahd. wazzar ist mit gr. ὕδωρ verglichen gleichfalls weitergebildet.

In germ. kneva- Knie (aus knav-a) liegt ebenfalls Secundärsuffix vor gegenüber skrt jânu, gr. γόνυ, lat. genu; der Auswurf des a zeigt altb. zhnu, skrt abhi-jnu, pra-jnu ebenfalls.

Dasselbe Verhältniss zeigt Stamm treva- Baum.

Ebenso erweitern im Ostgerm. die Participia auf and im Masc. und Neutr. ihren Stamm mit a; die westgermanischen Sprachen lassen dafür Suffix ya eintreten.

III) ‚Secundärsuffix a bildet im Skrt abstracte Neutra, z. B. sâuhṛdá und sâuhârdá Freundschaft von suhṛd Freund, yâuvaná Jugend von yúvan jung, çâucá Reinheit von çucí rein, lâghavá Leichtigkeit von laghú leicht.‘ Bopp Skrtgr. §. 584, I, 2, Vergl. Gramm. III, §. 918, 3.

Diese Abstracta bezeichnen entweder eine Summe von Eigenschaften, wie sâuhârda den Inbegriff alles dessen ausdrückt, wodurch Freunde dasselbe sind, oder eine von einer Vielheit von Gegenständen abstrahirte und zu einem selbständigen Begriffe zusammengefasste Eigenschaft wie çâucá. Soviel ich sehe, hat man diese Kategorie noch für keine andere westarische Sprache nachgewiesen; auch bin ich zweifelhaft, ob mir dasselbe im Germanischen gelingen wird; die Erwägungen, die ich angestellt habe, will ich wenigstens nicht zurückhalten. Seite 161—162 sind einige über 30 abstracte Neutra zusammengestellt worden, die man gewöhnlich als substantivirte Adjectiva zu bezeichnen pflegt. Diesen Terminus habe ich beibehalten; aber es ist die Frage aufzuwerfen, ob sie nicht mit den erwähnten abstracten Neutris des Sanskṛt der Kategorie nach identisch sind. So bezeichnet mhd. daz arc die Summe der Eigenschaften, die in dem Adjectiv arc liegen; ags. gläd hilaritas, gaudium drückt ebenso den Zustand des Fröhlichseins aus wie yâuvaná den des Jungseins.

Von Seiten der äussern Form lässt sich den germanischen Wörtern nichts anhaben, wodurch meine Vermuthung eine Stütze bekäme. Welche Secundärsuffixe verwendet das Germanische, von dem jetzt noch zweifelhaften Suffix a abgesehen, zur Abstractbildung? hauptsächlich ya zur Bildung neutraler Abstracta (Schleicher Comp. §. 217, Bopp Vergl. Gr. III, §. 896), yâ und tâ für feminine Abstracta (Bopp l. c. §. 896. §. 826).

Wenn nun das Ahd. neben Adjectiv arc avarus, tenax, parcus, pravus, vitiosus hat: 1) argida ignavia, hebitudo (Fem. mit Suffix tâ), 2) argî avaritia (Fem. mit Suffix yâ) (altn. ergi Schlechtigkeit), 3) arc nequitia, malum; sind wir dann nicht gezwungen, auch in arc (Neutr.) Secundärsuffix anzunehmen, obwohl äusserlich nichts dafür zu sprechen scheint?

Auch im Skrt ist die Erscheinung ganz gewöhnlich, dass von einem Grundwort mehrere Abstracta neben einander liegen, die dann die Sprache wie bei obigem Beispiel zu feineren Nüancirungen benutzt. Häufig aber sind diese Abstracta auch völlig gleichbedeutend, so die mit Suffix tva gebildeten Neutra und die Feminina auf tâ, so dass die indischen Commentatoren jedes Abstractum auf tâ in ihrem Text durch ein solches auf tva erklären und umgekehrt. Wenn uns ein ähnliches Verhältniss der Suffixe im Germanischen öfters begegnet, kann dies nicht Wunder nehmen.

So bezeichnet ags. gläd (Neutr.) hilaritas wie altn. gleđi (Stamm gladyâ-); mhd. rôt (Neutr.) (Lexer II, 503) und rœte, ahd. rôtî die rothe Farbe, rubido, rubor; mhd. geil (Neutr.) und geile, ahd. geilî (Fem.) Lustigkeit, Fröhlichkeit.

Das germanische Adjectiv hails, das ursprünglich ya-Thema = skrt kalya (Z. Gesch. d. d. Spr. S. 472) war, erscheint nach Epenthese des ya immer als a-Stamm. Auf dasselbe gehen folgende Secundärbildungen zurück: 1) got. unhaili (neutr. Stamm unhailya-) das Nichtheilsein, 2) ahd. heilî, ags. hælu, alts. hêlî das Heilsein, Gesundsein (Stamm hailyâ-), 3) ahd. heil (neutr. Stamm haila-). Altn. besteht ein heill als Neutr. und Fem. (s. Cl.) mit den Genet. heills und heillar; diese für den Augenblick etwas sonderbaren Formen erklären sich so: aus den Grundformen 1) hailya- und 2) hailyâward, ehe die vorwärtswirkende Assimilation des j eintrat, durch Consonantumlaut heilla- und heillâ, woraus regulär (wie orđ giöf aus vorđa-, gefâ-) heill (Neutr.) und heill (Fem.) entstand.

Zu dem Adjectiv won, giwon hat das Ahd. folgende Abstractbildungen: 1) kiwon (Neutr.) usus, 2) kiwonî consuetudo, 3) kiwonida, mhd. gewonde usus, consuetudo (Graff I, 870 ff.).

Von dem Adjectiv hol 1) hüllend, bergend, 2) hohl, ausgehöhlt kommen folgende Secundärbildungen vor: 1) holî cavea, tegumentum (Suffix yâ), 2) holodo foramen, cloaca (Suffix tva, Bopp Vergl. Gr. III, §. 832), 3) hol cavea, concavum, conclave (Suffix a).

Zu ahd. liob gratus, carus, dilectus, optatus gehören: 1) liubî gratia, amor, dilectio, affectus (Suffix yâ), 2) liob gratia, carum, bonum (Suffix a).

Wenn aus got. galeiks ähnlich mittels Secundärsuffix ya galeiki Aehnlichkeit gebildet wird und aus anþarleiks anders, verschieden mit yâ anþarleikei Verschiedenheit, so müssen wir in sildaleik (Neutr.) Staunen, Verwunderung eine Bildung mit Secundärsuffix a aus einem sildaleiks suchen.

Dies sind Erwägungen, die ich nicht zurückhalten wollte; ob wir wirklich berechtigt sind, in diesen Bildungen von einem Secundärsuffix a zu sprechen, will ich nicht entscheiden; vieles spricht dafür.

IV) ‚Suffix a bildet ferner Patronymica und Gentilia z. B. Vâsishṭhá der Nachkomme von Vásishṭha, dâuhitra Sohn der Tochter. In nächster Beziehung stehen die Benennungen der Früchte nach den Namen der Bäume und Pflanzen, wovon sie erzeugt sind; sie sind sämmtlich Neutra, z. B. âçvatthá die Frucht des açvattha.‘ Bopp Skrtgr. §. 584, 1, Vergl. Gr. III, §. 919.

Hierzu weiss ich aus dem Germanischen nur ein Beispiel beizubringen: krimgot. ada bei Busbecq (Haupt Z. I, 358, Müllenhoff ibid. XII, 396); altn. egg (Egilss., Cl.); ags. äg (Ettm. 17, Grein); alts. ei (Kl. altn. Denkm. 108); ahd. ei, Plur. eigir (Graff I, 59); mhd. ei (Mhd. W. I, 413) das Ei. Das Wort ist nebst gr. ᾠόν, lat. ôvum mit Secundärsuffix a von avi- Vogel gebildet: Nachkomme, Frucht des Vogels.

Benfey Gr. Wurzelw. I, 21 ff. Die Grundform ist avyám, woraus sich die dialectischen Verschiedenheiten des Germanischen erklären lassen.

Ein Bedenken bleibt: vor den Taddhitasuffixen werden die Endvocale a, â, i, î der Grundwörter gewöhnlich abgeworfen (Bopp Skrtgr. §. 582); doch es kommen in allen arischen Sprachen Ausnahmen vor; aus dem Germanischen erwähne ich, dass z. B. mahteigs nur aus mahti-agas Erklärung findet (Schleicher Comp. §. 111, 2). Immerhin ist die Möglichkeit vorhanden, dass Suffix ya vorliegt, wie Bopp Vergl. Gr. III, §. 911 fürs Griechische annimmt.

V) nehme ich Secundärsuffix a im Germanischen an für eine Reihe von Wörtern, zusammengesetzte Adjective, die den Besitzer dessen ausdrücken, was die einzelnen Theile der Zusammensetzung bezeichnen, d. h. die Adjective sind possessive Composita, die von den indischen Grammatikern mit Erhebung eines einzelnen Beispiels zum Namen der ganzen Classe bahuvrîhi (viel Reis besitzend) genannt werden. Das letzte Glied dieser Composita ist immer ein Substantiv oder substantivisch gefasstes Adjectiv, der erste Theil jede andere Wortkategorie ausser Verb und Conjunction. Siehe Bopp Vergl. Gr. III, §. 976 ff.

1) an-Stämme treten in die beschriebene Composition ein; sie werfen ihr Suffix ab und nehmen Secundärsuffix a an.

Germ. h e r t a n- (altbaktr. zarezdan) herz: got. armahaírta- im Nom. Plur. armahaírtaí; hrainja-hairta- im Acc. Plur. hrainja-haírtans; háuhhaírta- im Nom. Sing. háuhaírts und Nom. Plur. háuhhaírtaí; ags. blîđheort der ein fröhliches Herz hat; ceald-, gram-, hât-, hâh-, mild-, riht-, rûm-, sam-, stear-, vulfheort; alts. gram-, gêlhërt; ahd. a-, ur-, ga-, arma-, milt-, rëht-, wuotenhërz.

Diese Stämme sind die nothwendige Voraussetzung für die Abstracta auf yâ und tâ wie got. armahaírtei und armahaírtiþa, háuhhaírtei; ahd. armherzî und armherzîn etc.

Got. a h a n- Verstand; hiervon in Composition inahs verständig.

Got. viljan- der Wille: got. gaviljis mit dem Willen, einmüthig; silbaviljis nach eignem Willen; cf. skrt svayámprabha, gr. αὐτόβουλος, αὐτόδικος.

In diesen Fällen mit Grimm Gr. II, 503 und den Wörterbüchern ein nirgends belegtes Adjectiv haírts, hërz etc. anzusetzen, dessen Bedeutung mir unverständlich ist, geht ebensowenig an, als wie im Skrt aus dvimurdhá zweiköpfig ein Adjectiv murdhá köpfig zu erschliessen, oder im Griechischen aus ἄναιμος unblutig ein αἱμος blutig, was in ὅμαιμος und αὔθαιμος geradezu absurd wäre.

Wenn in aneherzinen vecordem (Graff IV, 1045) kein Irrthum vorliegt, so haben wir dieselbe Erscheinung wie in gr. μελάνυδρος εὔϋδρος, ὁμόπατρος, lat. multigenerus, multicolorus, multilaterus, d. h. Suffix a trat direct an das vorliegende Wortthema an.

Wie wir im Verlaufe der Untersuchung schon öfter beobachtet, bestand neben Secundärsuffix a gleichbedeutend Suffix ya; es kann daher nicht auffallen, wenn ahd. neben urhërz ein urhirzi, neben ungahërz ein unkihërze begegnet. Unter den eben aus dem Ahd. angeführten Beispielen für Secundärsuffix a mag auch noch der eine oder andere ya-Stamm stecken, da solche im Ahd. bei Adjectiven kaum zu erkennen sind, wenn nicht Nom. Sing. in unflectirter Form belegt ist (Gr. I², 726).

Der Stamm augan- zeigt als zweites Glied der Bahuvrîhicomposita nur Suffix ya im Ahd.: urougi, einougi; sûrouggêr mit Consonantumlaut, der den wenigen Beispielen fürs Adjectiv Gr. I², 727 hinzuzufügen ist (Graff I, 123).

2) Die femininen Themen auf â werfen dasselbe ab und lassen Suffix a antreten.

Got. unhveils keinen Verzug habend, unablässig: zu hveila Zeit, Weile.

Von dem altn. lund (Thema lundâ-) Sinn erscheinen folgende Composita: gióflundr (Egilss. 246) einen zum Geben geneigten Sinn habend; báglundr (Egilss. 34) rauhen Sinnes; göfuglundr (Egilss. 258) gebenden Sinnes; hríðlundr (Egilss. 400) stürmischen Sinnes; stríðlundr harten, feindlichen Sinn habend; lævilundr (Egilss. 513) einen zum Truge geneigten Sinn habend.

Interessant ist giöflundr, weil ihm ein Tatpurusha giöflund (Fem.) Sinn zum Geben zur Seite steht; das Verhältniss ist also wie im Skrt zwischen âçleheccha- (Bahuvrîhi) und âçlehecchâ- (Tatpurusha). — Wie der Stamm haírtan- im Ahd. in der fraglichen Composition Suffix ya neben a zeigte, so auch lund im Altn.: arflyndr Verlangen nach dem Erbe habend; bráðlyndr schnellen, klugen Sinns; hvatlyndr muthigen Sinnes, tapfer etc.

Got. paida, alts. pêda, ags. pâd hemdähnliches Kleidungsstück, Rock: ags. salupâd, salovigpâd veste furva indutus (Grein II, 388); ags. hasupâd vestem fulvocineream habens (Grein II, 15).

Germ. sebjâ- Sippe, Verwandtschaft: got. unsibjis gottlos, übelthäterisch; eigentlich sippelós, aus der Sippe gestossen.

Got. faírina (Fem.) Schuld, Vergehen: got. usfaírinan- (unorgan. Erweiterung des secundären a-Themas) ohne Schuld, schuldlos.

Germ. sorgâ- cura: ahd. ursorg (Graff VI, 275) securus.

Ahd. farawa Farbe: ahd. alvarawaz gimâli omnicolor pictura; rôt-, misse-, bluọt-, snêovarawêr; goldvarawaz (Graff III, 700); letzteres verhält sich zu dem Tatpurusha goldfarawa = altn. giöflundr: giöflund.

Ags. sôm (Fem.) Eintracht: ags. gesôm mit der Eintracht vereint, einträchtig (Ettm. 627, Grein I, 456).

Altn. leit (Fem.) 1) das Spähen, 2) der Blick (das Thema vlaitâ- liegt auch dem got. vlaiton blicken, spähen zu Grunde): altn. bláleitr (Egilss. 60) bleichen Blick habend; altn. háleitr (Egilss. 290) 1) hohen Blickes, 2) ausgezeichnet; altn. kámleitr (Egilss. 455) schmutziges Aussehen habend; frán-, grum-, hvass-, im-, mis-, sám-, skírleitr.

3) Die i- und u-Stämme werfen ihren Stammesauslaut ab und Secundärsuffix a tritt an.

Ostgerm. vêni- Hoffnung: got. usvenan- (unorgan. Erweiterung des secundären Themas) hoffnungslos, nicht hoffend; ags. orvêna id.; ags. unvên (Grein II, 629) keine Hoffnung habend; altfr. urwên (R. 1117) hoffnungslos; unwên (R. 1107) unverhofft; ahd. urwânaz (Graff I, 859) hoffnungslos.

Germ. vliti- 1) das Blicken, 2) das Aussehen, 3) die Farbe: altn. dögglitr (Egilss. 101) die Farbe des Thaues habend; altn. jarplitr (Egilss. 447) dunkle Farbe habend.

Germ. liþu- Glied: got. usliþan (unorgan. Erweiterung des secundären Themas) der Gichtbrüchige; eigentlich aus den Gliedern, Gelenken seiend, d. h. unfähig, sie zu gebrauchen.

Germ. fôtu- der Fuss: ags. scâf-fôt (Ettm. 692) curvis pedibus. Im Ahd. tritt Suffix ya an: fiorfuoȥi, feorfuaȥȥeo (Graff III, 736)

Das Thema handu- zeigt im Gotischen ya-Stamm in Acc. laus-handjan der leere Hände hat (Marc. 12, 3); ebenso im Ahd. in ainheint, einhendêr (Graff IV, 971).

Im Gotischen tritt der masc. u-Stamm vintru- in Bahuvrîhicomposition und bildet tvalibvintrus zwölf Winter habend, zwölfjährig: es ist also kein Suffix angetreten. Dies veranlasst uns zu der Frage, wie sich die verwandten arischen Sprachen zu der bis jetzt betrachteten Erscheinung stellen.

‚Das schliessende Substantiv erleidet keine andere Veränderung, als die, welche die Heraustretung aus seinem eigenthümlichen Geschlechte nothwendig macht, und es unterscheidet sich meistens entweder gar nicht oder nur durch die Declination von seinem isolirten Gebrauch.‘ So Bopp Skrtgr. §. 596 fürs Sanskrt.

Ist also das betreffende Wort ein masc. oder neutr. ya-Stamm, so erleidet er äusserlich keine Veränderung, er declinirt, wie die indischen Grammatiker sagen, tṛshu statt früher puṅsi oder klîve; ein femin. â-Thema kürzt scheinbar blos sein â und declinirt ebenso. Ein i- oder u-Thema in Possessivcomposition declinirt einfach wie die Adjective auf i und u z. B. suçakti. Substantiva auf î, û, âi, o, âu decliniren als Communia und verkürzen fürs Neutr. den Vocal, also bahurâi, bahurí; bahugo, bahugú (Pâṇini I_2, 47). — Consonantisch endigende Nomina decliniren in Gener. cmn., nur die auf n ausgehenden haben im Femin. î, d. h. yâ. Siehe Bopp Skrtgr. §. 219—222. Dasselbe zeigt im Ganzen und Grossen auch das Griechische und Lateinische. Siehe Bopp Vergl. Gr. III, §. 976—982.

Aber es fehlt auch nicht an Ausnahmen schon im Skrt. Die i-Stämme sakhi- Freund, aṅguli- Ring, nâbhi- Nabel, râtri- Nacht haben in Bahuvrîhicomposition sakha-, aṅgula-, nâbha-, ratra-.

Die neutr. Stämme auf i akshi-, sakthi-, neben denen in den schwächsten Casus an-Stämme bestehen akshan, sakthan, haben in fraglicher Composition aksha, saktha (Pâṇini V, $4_{,113}$); Beispiele geben die Scholien zu Pâṇini VI, $2_{,198}$. Dagegen hat das Altbaktr. noch den i-Stamm: khshvasashi sechsäugig (Justi 97), jedoch das lit. akìs in ketùr-akis vieräugig (Schleicher Lit. Gr. S. 142) muss nach der allgemeinen Regel Lit. Gr. §. 57 als ya-Thema gefasst werden.

Der neutr. an-Stamm mûrdhan Kopf wird gewöhnlich nach obiger Regel behandelt; ausgenommen sind jedoch dvi- und trimûrdhá (Pâṇini V, $4_{,115}$) und maṇibhûshitamûrdhá ein mit Edelsteinen geschmücktes Haupt habend (Mhbh. XIII, 895).

Âtman bietet Çakunt. $41_{,2}$ in Bahuvrîhicomposition dâhâtmaka brennbares Gemüth habend; also Secundärsuffix ka.

Jaras hat in Bahuvrîhicomposition jarasa neben jaras.

Der feminine i-Stamm bhûmi Erde, Boden wird gewöhnlich der allgemeinen Regel gemäss wie suçakti behandelt; ein Vârtika zu Pâṇini V, $4_{,75}$ führt als Ausnahmen an kṛshnabhûmá, paṇḍabhûmá, dvibhûmá, tribhûmá.

Statt jânu, jnu erscheint jna arbiträr in ûrdhvajna u. s. (Benfey Vollständ. Sanskritgr. §. 670, 4).

Der feminine û-Stamm bhrû, griech. ὀφρύς, wird in einer Reihe von Compositis nach der allgemeinen Regel verwendet; aber neben Fem. vivartikabhrûs erscheint vâmabhruvâ, neben mehreren Beispielen für Masc. bhrûs ein asitabhruvas (P. W. V, 412); es ist also facultative Erweiterung durch Suffix a eingetreten.

In einer Reihe von Fällen, die Benfey Vollständ. Sanskrtgr.

§. 671 aufführt, tritt Secundärsuffix ka theils nothwendig, theils arbiträr an.

In viel weiterem Umfang lassen sich Weiterbildungen im Altbaktrischen beobachten:

ithyêjaṅh- (n.) Vergänglichkeit, Alter wird in Bahuvrîhi mit a zu aithyêjaṅha- unvergänglich. Aus qareçtât- das Essen wird anuharectâta- ohne Essen, nicht essend. Aus kehrp-, kerep- Körper, Gestalt wird açpôkehrpa- Rosses Gestalt habend; cf. Schleicher Comp. §. 216. Aus vîç- Haus, Familie wird evîça- keinen Hausstand habend. Mit ap- Wasser bilden sich tacatapa- strömendes, fliessendes Wasser habend; nyâpa- stromabwärts, frââpa- stromaufwärts: eigentlich herab-, hinauffliessendes Wasser habend. Mit arsti- = skrt ṛshṭí- Speer, Lanze ist gebildet daregha-arstaya- langschaftig. Aus gâo- Hand bildet sich dareghôgava- langhändig. Aus paêçaṅh = skrt peças- Gestalt, Schmuck kommt çtehrpaêçaṅha- Sternenschmuck habend. Andere Beispiele sehe man bei Justi §. 315.

Bei jenem im Skrt facultativ weitergebildeten bhrû hat das Griechische das alte Verhältniss gewahrt: εὐ-, μελανο-, κυαν-, λεύκοφρυς etc.; aber neben πολύδακρυς erscheint πολυδάκρυος; ἰχθύς hat in besagter Composition πολυίχθυος; neben nach älterer Art gebildetem πολυαίμων findet sich πολύαιμος, ὅμαιμος, αὔθαιμος; während Homer noch εὔτριχες ἵπποι bietet, bildet der Verfasser von Hymnus XVIII ψαφορότριχος; an Stelle von ἀμβλώψ, βλοσυρώψ treten häufiger ἀμβλωπός, βλοσυρωπός; dieselbe Stammeserweiterung finden wir in λευκοχρώματος (zu Stamm χρωματ-), ὄπατρος (Schleicher Comp. §. 216), πολύθηρος etc. Allmälich werden die Verwandtschaftsnamen auf tar in Possessivcomposition zu τρο-, die Wörter auf mat, vat etc. hängen Suffix a entweder an das Thema wie λευκοχρώματος oder werfen at ab und fügen das Suffix a an wie χρυσό-στομος (Thema στοματ-).

Grosse Ausbeute werden wir im Lateinischen nicht erwarten können wegen seiner geringen Fähigkeit zu componiren. Neben altem multigener finden wir jüngeres multigenerus; ebenso steht dem multicolor ein multicolorus zur

Seite; versicolor erscheint sehr oft, ganz spät daneben versicolorus und versicolorius; sonor, latus Seite (Stamm latas-, later-) haben in dem in Frage kommenden Falle multisonorus, multilaterus.

Im Lit. tritt bei jedem Worte, das zweites Glied besagter Composition wird, sein Suffix mag sein welches es will, Weiterbildung mit ya ein: ketùrkampis viereckig (Thema kampa-Winkel). Schleicher Lit. Gr. §. 57, Bopp Vergl. Gr. III, §. 978.

Welches ist nun der Grund dieser Erscheinung, dass im Sanskṛt und den ältesten Perioden des Griechischen und Lateinischen selten, dann auch hier immer mehr um sich greifend, im Altbaktrischen häufiger, im Litauischen und Germanischen fast regelmässig in Bahuvrîhicomposition das schliessende Glied mit einem secundären Suffix versehen wird? Justi, der mit Recht in diesem Vorgang ein Merkmal der von ihm mit 3 bezeichneten Stufe des Verfalls der echten Zusammensetzung sieht, sagt treffend: ‚Die Sprache verliert nach und nach die Kraft, solche Zusammensetzungen mit Substantiven im zweiten Gliede zu begreifen, sie wird gewissermassen denkscheu und macht sich dadurch die Sache bequem, dass sie das Verhältniss durch ein an sich überflüssiges Suffix andeuten lässt.' Zusammens. der Nomina. Marburg 1861 S. 51. Es liegt auf der Hand, dies Verfahren musste um so mehr um sich greifen, je mehr man solche Composita als einen Begriff, ein Wort fasste und die ursprüngliche Bedeutung beider Theile vergass, sobald also mahâ-bâhu weniger bedeutete grosse Arme habend, als nur ein anderer Ausdruck für nar war.

Bekanntlich ist das Sanskṛt hiervon am weitesten entfernt; seine Wörterbücher führen, da die Composition noch unbeschränkt ist, solche Composita nur in höchst seltenen Fällen auf. Ganz anders stellen sich die westarischen Sprachen: hier sind diese Composita gröstentheils als ein Ganzes gefühlt, theilweise Erbe aus einer frühern Periode und in den einzelnen Theilen, wie z. B. in vielen Eigennamen, nicht mehr verstanden. Composita wie bâhyodyânasthitaharaçirascandrikâdhautaharmyâ Meghadûta 7, die einen ganzen Mandâkrânta füllen und die jede Seite eines indischen Dramas zeigt, sind selbst dem hierin im Griechischen am weitesten gehenden Aristophanes unmöglich, wie viel mehr Wortungeheuer wie die berüchtigten in dem Mâlatîmâdhava des Bhavabhûti, die 54 Silben enthalten.

Fürs Germanische ist noch ein weiterer bedeutender Umstand hinzuzuziehen. Hat es schon seine consonantischen Substantivstämme bis auf einige Reste mit a weitergebildet (vergl. S. 216 ff.), so ist eine consonantische Adjectivdeclination, wie sie im Ostarischen und in einzelnen westarischen Sprachen in voller Blüte steht, ihm unbekannt geworden. Es kommt noch hinzu, dass seine unbestimmte Adjectivdeclination sich von der substantivischen total verschieden gestaltet hat und pronominaler Flexion gefolgt ist. Dies war von bedeutendem Einfluss auf die Gestaltung des letzten Gliedes der Possessivcomposita. Das einzige Beispiel ursprünglicher Bildung ist nur noch in got. tvalib-vintrus erhalten. Wie nun in den übrigen germanischen Sprachen das got. Verhältniss hardus: hardjana geschwunden ist, so bietet auch das Ags. den Nom. seofenvintre, also ya-Thema.

Bei einem a- oder ya-Stamm geht nun aber wie im Sanskṛt und mehreren anderen arischen Sprachen keine äussere Veränderung vor, und man könnte desshalb geneigt sein, hier vom Antritt eines Suffixes a im Germanischen abzusehen. Aber die Sache liegt doch fürs Germanische etwas anders. Es tritt uns, wie schon bemerkt, jedes Compositum solcher Art als ein untrennbares Wort entgegen und diese veränderte Stellung wird auch durch eine formelle Aenderung am Worte bezeichnet, es tritt aus seiner Declination heraus. Wie im Sanskṛt der veränderte Accent die Bahuvrîhi von den Tatpurusha und Karmadhâraya schied (vergl. priyabhâryầ und priyábhâryâ), so ähnlich formell im Germanischen die Declination giöflundr: giöflund; keskiorđr: keskiorđ; goldfarawêr: goldfarawa. Wenn nun, wie wir sahen, an Stelle eines an-, â-, i-, u-Stammes in possessiver Composition a oder ya trat und dadurch erst der Composition der adjectivische Sinn verliehen ward, so müssen wir auch bei a-Stämmen, wo äusserlich der

Antritt des Suffixes a nicht erkennbar ist, von demselben sprechen. In dieser Annahme treffe ich vollständig mit Miklosich zusammen, der in altslov. Bildungen wie bezbogŭ (qui sine deo est), bezbradŭ (bartlos), bogoglasŭ (Gottes Stimme habend), vlŭkodlakŭ (die Gestalt eines Wolfes habend) Secundärsuffix a sucht (Denkschriften der Wiener Academ. B. IX); doch siehe Schleicher Compend. §. 216. Folgendes mag auch noch zur Stütze dieser Ansicht dienen. In allen germanischen Sprachen ist das Thema vorda- sicher neutr. a-Stamm. Das Alts., das seine a- und ya-Stämme so rein sondert wie ausser Got. keine andere germanische Sprache, bietet mit ihm folgende Possessivcomposita: Nom. Plur. ênwurdie (Monac.), ênwurdia (Cott.), Acc. Sing. slîđwurdean kuning. Secundärsuffix ya liegt deutlich vor; sollten wir etwa in got. lausavaúrdaí die Schwätzer, liugnavaúrde der Lügner, ubilvaúrds der Lästerer kein Suffix a annehmen, weil wir es nicht mit den Händen greifen können?

Es kann meine Absicht keineswegs sein, im Folgenden eine vollständige Behandlung der Possessivcomposita zu liefern; dazu fehlt es mir einerseits am Material, sodann kommt die Frage besser in der Compositionslehre der germanischen Sprachen zur Behandlung. Es sollen nur noch einzelne characteristische Beispiele berührt werden, besonders solche, die bisher zu Missverständnissen Anlass gaben.

-leiks: ein solches Adjectiv wird fürs Germanische nicht nur Gr. II, 567, sondern auch in den meisten Wörterbüchern angenommen. Aber abgesehen davon, dass es nirgends belegt ist, wie will man mit der angenommenen Bedeutung durchkommen? soll got. liubaleiks etwa dem Geliebten gleich bedeuten, sildaleiks dem Seltenen ähnlich, ibnaleiks dem Ebenen gleich, daher selbst ‚gleich'? wo sind solche Substantive im Germanischen, wie sie für das erste Glied dieser Tatpurusha angenommen werden müssten in grösster Anzahl? wie erklärt sich samaleiks? als Dvandva: gleich und ähnlich? wie anþarleiks, svaleiks?

Alle Schwierigkeiten schwinden, wenn wir in ihnen Bahuvrîhicomposita suchen, deren letztes Glied der neutr. Stamm leika- Körper, Leib, Gestalt ist. Liubaleiks ist ‚der einen lieblichen Körper hat' (cf. prîyárûpa); sildaleiks ‚der eine ungewöhnliche, seltene Gestalt hat' (cf. adṛshṭárûpa); anþarleiks ‚der eine andere Gestalt hat' (anyárûpa, ἀλλόμορφος); svaleiks ‚der so eine Gestalt hat', ein solcher (tatharûpa, tathavidha, evamvidha etc.); galeiks ‚der die Gestalt gleichsam mit einem andern gemein hat', sein Doppelgänger ist. Für galeiks hat das Gotische eine interessante Stelle Luc. VII, 31 ‚hve nu galeiko þans mans þis kunjis jah hve sijaina galeikai?' ‚mit wem gebe ich den Männern des Geschlechts gleiche Gestalt, mit wem sind sie gleiches Aussehen habend?' (vergl. sarûpa, sadṛç, σύμμορφος, conformis).

Mit Annahme von Bahuvrîhicomposition kommt man im Gotischen aufs schönste aus; eine solche für jedes germanische Wort auf -lîc, -ligr, -lich anzunehmen, ist ebenso unmöglich wie für jedes nhd. auf -heit, -tum Tatpurusha- oder Karmadhârayabildung. Das Wort ist häufig bedeutungslose Ableitungssilbe.

Aber schon längst wird man mir entgegenhalten, dass ja im Altn. ein Adjectiv líkr 1) similis, 2) verisimilis, 3) utilis, conveniens (Egilss. 528) belegt ist, ebenso im Altfr. lîk (R. 901). Ich könnte mich auf Gr. II, 735. 750 berufen, wo fürs Altn. líkr, engl. like der Abfall eines g, da altn. häufiger glíkr vorkommt, bestimmt angenommen wird, was um so schwerer wiegen muss, da man Grimm nicht zutrauen wird, er habe das Adjectiv leika- wegschaffen wollen, weil es ihm unbequem war. Es kommt hinzu, dass, wie Cleasby zeigt, öfters glíkr der Allitteration wegen zu setzen ist, wo die Handschriften líkr bieten. Altfr. erscheint die Partikel ga am gewöhnlichsten in der Form e-, i- (R. 838); es finden sich Wörter, wo auch diese flüchtigen Laute sicher weggefallen sind; vergl. mêne gegenüber dem gamains, gimeini etc. der übrigen germanischen Sprachen. Es ist daher nicht unwahrscheinlich, dass ein sehr gebräuchliches elîk dasselbe Schicksal hatte.

Es liegt aber noch eine andere Möglichkeit der Erklärung

vor. Schon Scherer Z. G. d. d. Spr. 371 setzt altn. líkr dem lit. lygùs gleich; dies lygùs ist nun wie die von Joh. Schmidt Beiträge IV, 257 ff. behandelten Adjective auf -ùs ein ya-Stamm. Ein germanisch adjectivischer ya-Stamm leikja- mit Secundärsuffix ya von leika- Körper, Gestalt lässt sich im Altn. und Fries. von den a-Stämmen nicht unterscheiden, und so wird der Stamm leikja-, gleichbedeutend mit galeika-, begünstigt durch die in beiden Sprachen ohnehin starke Neigung, die Partikel ga abzuwerfen, die Oberhand gewonnen haben. In ags. gelîceast (Rieger Ags. Leseb. S. 268), Superlat. zu gelîc, mag das verschwundene Thema leikja- seinen Stammesauslaut auf den a-Stamm übertragen haben. Ferner bietet die alts. Beichte das Adv. hlûttarlîkjo (Denkm. LXXII, 44). Vergl. Joh. Schmidt Vocal. 89.

Germ. môda- geistige Erregtheit, Muth, Zorn, Lust, Entschluss, Absicht: altn. el-, fet-, heipt-, hjaldr-, hug-, hvat-, víg-móđr-; ags. 1) acol-, ân-, blîđ-, deór-, dreórig-, eád-, eáđ-, gâl-, glädmôdr (Grein II, 258), 2) eáđ-, ge-, viđer-, ungemêde (Grein II, 229); alts. 1) ërlôs obermôda (Hêland 3993. 5298), slîđmuoda man (Hêl. Cott. 5694), 2) obermôdie man (Hêl. 4171 Mon., Cott. hat obermuodiga), slîđmuodean sebon (Hêl. Cott. 4266) slîđmuoddia man (Hêl. Cott. 3695), 3) ërl obarmôdig (Hêl. 775), slîđmôdig man (Hêl. 5249); ahd. 1) deo-, ëban-, frô-, heiz-, hôhmuoti, 2) deo-, ëban-, frô-, heiz, hôhmuotig (Graff II, 684 ff.).

Diese Wörter zeigen uns, wie die auch in vielen anderen Puncten sich berührenden Secundärsuffixe a, ya, ka unterschiedslos verwendet werden. Zweifeln könnte man, ob in obermôdig, ubarmuotig etc. wirklich besagte Composition vorliegt, und nicht vielmehr diese Wörter als Karmadhâraya zu fassen seien aus ubar etc. und dem mit Suffix ka aus muot gebildeten Adjectiv: got. modags, ahd. muotig etc. Letzteres möchte ich entschieden verneinen; schon im Skrt nehmen die Bahuvrîhi ganz nach Belieben noch Suffix ka an, z. B. vyûḍhoras-ka, bahubhartṛka, nirarthaka etc. Bopp Skrtgr. §. 597, Benfey Vollständige Skrtgr. §. 671. So entspricht dem ahd. Bahuvrîhi un-namig das altpers. a-nâmaka-; beide Composita sind natürlich im Sonderleben entstanden. Ein fernerer Grund weiter unten.

Mhd. gelâz (Mhd. W. I, 953) das Benehmen, Gebahren: altn. göfuglátr ein gebendes Benehmen habend, Beiname des Fürsten; hreinlátr reines, keusches Benehmen habend; keskilátr fröhliches Benehmen habend; so noch óđ-, rakk-, rekki-, ríki-, síđ-, sneri-, stór-, þarf-, marg-, naumlátr. Ein Adjectiv látr ist selbstverständlich nicht anzunehmen, wie bei Cleasby 378 und XXXIV geschieht.

Germ. falþa- die Falte (nur altn., ags., ahd.): got. ain-, fidur-, manag-, taíhuntaíhundfalþs; altn. einfaldr, margfaldr etc.; ags. ân-, manig-, seofen-, þreófeald etc.; alts. ên-, manag-, tëhanfald; altfr. ên-, twi-, thri-, monechfald etc.; ahd. ein-, manag-, fior-, fimf-, zëhanzugfalt etc.

Wenn Heyne (Ulfilas S. 289) ein Adjectiv -falþs (fältig?) ansetzt, so ist dies ebenso irrig, als wenn man aus *καλλίκομος*, multicomus ein Adjectiv *-κομος*, -comus etwa ‚haarig' erschliessen wollte; sein -falþei ibid., aus ainfalþei gefolgert, ist ebenso unrichtig, wie ein griech. *-νοια* aus *ἄ-νοια* wäre.

Das Nhd. vermehrt seine Bahuvrîhi, insofern sie adjectivisch verwendet werden, alle ohne Ausnahme um Suffix ka; ohne dasselbe erscheinen sie nur substantivirt. Ein Einfalt ist also ein einfältiger Mensch, ein Viereck eine viereckige Figur.

Nhd. dreifältig nun z. B. ist ein von dreifaltig verschiedenes Wort. Worin liegt der Unterschied? ein Adjectiv fältig gibt es nicht, wohl aber faltig: in allen zusammengesetzten Adjectiven, die auf Bahuvrîhicomposition beruhen, hat der zu i geschwächte Stammesauslaut Umlaut gewirkt; in denen, die Karmadhâraya sind (hier also Zahlwort und Adjectiv faltig), keinen. Hierdurch wird auch die Frage entschieden, ob ahd. ubarmuotig etc. Bahuvrîhi- oder Karmadhârayacompositum ist.

SUFFIX Â.

1. EINLEITENDES; ZUR GESCHICHTE DES SUFFIXES Â.

Jacobi Untersuchungen S. 18 versucht es, den Unterschied des dreifachen grammatischen Geschlechts der arischen Sprachen zu bestimmen. Die Masculina bezeichnen ihm das Subject der Thätigkeit, von dem die Handlung ausgeht; in ihnen sind ausgedrückt die Grundbedeutungen der Unmittelbarkeit und Activität: ‚ein Gegensatz zu ihnen entsteht, wenn man die Thätigkeit von dem äussern Verlaufe der That, wie von dem handelnden Subjecte absondert und im eigentlichen Sinne abstract denkt; und wenn die Aufmerksamkeit dem Endpunct der Bewegung zugewandt und dieser als das Object der Thätigkeit aufgefasst wird. Diese beiden Grundbedeutungen der Reflexion und Passivität gehören dem Femininum an. Zum Masculinum und Femininum verhält sich dann das Neutrum, wie zum Activum und Passivum das Medium. Es vermittelt nur, indem es die Bestimmungen beider Seiten vereint und dadurch gleichsam aufhebt.‘

Es muss wirklich Wunder nehmen, wie Jacobi, der wenige Seiten weiter auf unübertreffliche Weise den oft seltsamen Sprüngen der Bedeutungen nachgeht, allen Ernstes solche Abstractionen vorbringen konnte. Das Ganze ist nur eine Anwendung der drei Kantschen Kategorien der Ursache, Wirkung und Wechselwirkung auf das dreifache Genus. Hierin steht er völlig unter dem Banne der sogenannten allgemeinen Grammatik, die noch bis zur Mitte unseres Jahrhunderts von dem Wahne befangen war, mit solch allgemeinen logischen Kategorien lasse sich in der Sprache etwas ausrichten.

Auf dasselbe kommt im Grunde die Ansicht von Mohr hinaus, wenn er zwischen ‚thun, leiden, thun-leiden' scheidet und durch das active, sonst sogenannte masc. Genus das Wirkliche bezeichnet findet, welches sich als Träger eines Thuns; durch das passive, sonst sogenannte feminine Genus, das Wirkliche, welches sich als Träger eines Leidens; durch das activ-passive, sonst sogenannte neutr. Genus das Wirkliche, welches sich als Träger eines Thun-Leidens darstellt.' Siehe Pott Gramm. Geschlecht bei Ersch und Gruber, Hall. Encykl. I, 62, 394 ff.

Tritt jemand wirklich an die Sprache heran, so findet er nichts, was solchen Voraussetzungen und Annahmen Stütze gewähren könnte. Jene drei Kategorien einmal als den nicht nur idealen, sondern auch ursprünglichen Zustand des arischen Sprachstammes zugegeben, wie war es möglich, dass die Sprache in einen ihrer ursprünglichen Bestimmung total unähnlichen Zustand gerathen konnte? Es kommt hinzu, dass von der speculativen Grammatik als bewiesen angenommen wird, dass das dreifache Genus etwas Nothwendiges und mit der Sprache zugleich Erschaffenes sei. Beides ist, wie sicher nachgewiesen werden kann, ebensowenig der Fall, als das zu hinkenden Vergleichen so sehr gemissbrauchte dreifache Genus Verbi etwas Ursprüngliches ist.

Wenden wir uns einem concreten Fall, dem Suffix â zu; durch Betrachtung desselben wird es uns vielleicht gelingen, etwas mehr Licht auch auf die allgemeinen Fragen zu werfen.

Suffix â ist in allen arischen Sprachen Kennzeichen des Femininums, nicht aber, wie häufig ungenau gesagt und irrthümlich geglaubt wird, Grund, dass die mit ihm behafteten Wörter Feminina sind. Die beiden Kategorien des Masculinums und Femininums bildeten sich erst heraus, als die Wörter auf a und â schon längst bestanden; das Neutrum löste sich dann später, wie durch die Formen evident bewiesen wird, aus dem Masculinum heraus. Der einzige Weg nun, um auf den Grund zu kommen, warum die Wörter auf â Feminina sind, ist, dass wir die beiden Kategorien der Wörter, die den Stammesausgang â zeigen, genau sondern. Sie sind grundverschieden: die einen sind Nom. Agentis, Bezeichnungen für belebte Wesen fem. Generis oder als solche personificirte Dinge und stehen neben Nom. Agent. auf Suffix a, Bezeichnungen für belebte Wesen masc. Generis; die anderen Wörter mit Stammesausgang â sind Abstracta. Bei denen ersterer Kategorie kann von einem primären Suffix â nicht die Rede sein, sie werden nicht direct aus den constituirenden Elementen der Sprache gebildet, sondern haben gebildete Wörter zur Voraussetzung. Wirklich mit einem Suffix â aus der Wurzel gebildet sind die Abstracta. Es fragt sich nun, ob für die Wörter ersterer Art ein Secundärsuffix â, ein sogenanntes Motionssuffix â anzunehmen sei: dadurch würde die Frage, der wir näher kommen wollen, nur weiter hinausgeschoben.

Dass von Wörtern wie açvá: açvâ; vrká: vṛkâ açvá und vṛká die primären sind, unterliegt keinem Zweifel; sie sind Nom. Agentis, Nom. Adjectiva ursprünglich, wie wir früher sahen, und bezeichneten demnach etwa ‚rennend, zerreissend'. Drückten sie substantivisch das rennende, das zerreissende Thier aus: wie verfuhr man wohl, um bei ihnen den in der ganzen belebten Natur hervortretenden Gegensatz des Männlichen und Weiblichen zu bezeichnen? Offenbar ging man am natürlichsten von den gegebenen Themen — für jene Periode Wörter — aus und fixirte sie für das eine der beiden Geschlechter, um sodann von ihnen aus durch ein Merkmal, das hinreichte den sexualen Unterschied zu bezeichnen, aber gleichwohl nicht so stark war, dass es die Einheit der Gattung aufgehoben hätte, das andere zu unterscheiden. Für welches Geschlecht wohl das primäre Thema fixirt wurde, könnte uns, auch wenn die Form der Themen es nicht zeigte, kaum zweifelhaft erscheinen. Dem männlichen Geschlecht, dem praedominirenden, vorzugsweise thätigen und wirkenden wurde das ursprüngliche Thema bestimmt. Der diakritische Punct nun, um mich eines Pottschen Ausdrucks zu bedienen, der angewandt wurde, um den sexuellen Unterschied zur äusseren Darstellung zu bringen, ist die Verlängerung des Stammauslauts. Hinter dieser Länge des â z. B. açvâ, vṛkâ etc. wurde man und wird man nicht müde, symbolische und mystische Bedeutung zu suchen. So findet Pott den Grund hergenommen von der Aufgetriebenheit eines hoffnungsreichen Mutterschosses (Ersch und Gruber I, $62_{,400}$); an einem andern Orte nennt er â geradezu das ‚geschwängerte a‘ (Doppelung S. 16); ein galanter Franzose sieht mit Bezug auf die â-Themen im Femininum ‚le plus gracieux des genres‘ (Amédée de Caix de St. Aymour: la lange latine étudiée dans l'unité Indo-Européenne Paris 1868 S. 156); wahrscheinlich schwebten ihm anmuthige Frauengestalten vor, deren Reize er auf das Suffix übertrug. Wirklich ernsthafte Betrachtungen werden angestellt von Scherer Z. G. d. d. Spr. S. 333: es wird â als Ausdruck der Schwäche und Unselbständigkeit gefasst. Aber welches â? das Abstracta bildende Suffix â? dies kann nimmermehr der Fall sein; denn inwiefern hätten diese Abstracta auf â mehr Schwäche als die auf Suffix a. Alle diese Deutungen, seien sie symbolisch oder mystisch, gehen aus dem einen Grundirrthum hervor, als sei das Suffix â der Grund, wesshalb die Wörter Feminina sind und nicht vielmehr für uns bloss ein Kennzeichen.

Lassen wir die Abstracta noch einen Augenblick bei Seite, so ist in Wörtern wie çivâ, açvâ etc. für mich die Länge des â gegenüber ihrer Kürze weiter nichts als jener diakritische Punct, d. h. eine rein lautliche aus blossem Trieb und Bedürfniss nach Differenzirung hervorgegangene Erscheinung ohne jede symbolische Bedeutung. Dehnung eines Vocals gilt auch sonst noch ursprünglicher Kürze gegenüber als Mittel zur Differenzirung, wie Pott in seiner ‚Doppelung‘ an vielen Stellen zeigt; vergl. noch Ersch und Gruber I, 62. 406. 438. Rein lautliche Dehnungen zeigen auch manche Flexionsendungen des Femininums; so hat dasselbe neben der an consonant. Stämmen mit dem Masculinum allein gebräuchlichen Endung ăs an vocalisch schliessenden gewöhnlich âs; ist dort das Dativsuffix e (ai), so hier âi.

An dem Verhältniss von Wörtern wie çiva: civâ, açva: açvâ ging der Sprache der Begriff des Geschlechts auf, aus ihnen bildeten sich jene ursprünglich nicht vorhandenen Kategorien heraus. Aber wie verhält es sich mit den mit Suffix â gebildeten Abstracten? Scherer Z. Gesch. d. d. Spr. S. 334 wirft die Frage auf: ‚wie werden die Feminina auf â zu Abstractis‘? ich kehre sie um: wie werden die Abstracta auf â zu Femininis und nicht etwa zu Neutris wie so viele andere? weil sie mit jenen, um mich des geläufigen Ausdrucks zu bedienen, movirten Wörtern auf â lautlich zusammenfielen.

Besteht die vorgetragene Ansicht zn Rechte, so erhält noch eine andere Erscheinung ihre Erklärung. Während das Nominativsuffix s den Masculinis und Femininis auf gleiche Weise dient, fehlt es den Femininis auf â. Begreiflicher Weise, wenn wir nur die beiden Kategorien der Wörter auf â sondern. ‚Das s ist klärlich nicht bloss Subjectszeichen, sondern ein Determinativ, wodurch der gegebene Begriff als Glied einer bestimmten Kategorie von Wörtern hingestellt wird‘, sagt Scherer Z. Gesch. d. d. Spr. S. 319; dies unterschreibe ich vollständig, ebenso den Satz: ‚die Wörter auf â bedürfen eines weitern Determinativs nicht mehr, ihr Stammauslaut â ist ihnen Determinativ genug‘, jedoch mit der Beschränkung, dass unter den Wörtern auf â ursprünglich nur die movirten Nom. Agentis zu verstehen sind. Sie waren der Kategorie nach deutlich genug geschieden und bedurften jenes Determinativs des Lebendigen dem todten Neutrum gegenüber nicht mehr; sie zogen auch die mit Suffix â gebildeten Abstracta nach sich.

Es erhellt, dass bei Behandlung des Suffixes â die Nom. Agentis auf Stammesausgang â nicht weiter in Betracht kommen. Da sie aber einerseits oben bei Suffix a nicht zur Behandlung gekommen sind, anderseits im weitern Verlauf der Sprachgeschichte ihr Schicksal mit den viel zahlreicheren Abstracten auf Suffix â Hand in Hand geht, so finden sie unten am Schluss ihre Berücksichtigung.

Uebrig ist noch, nach dem Ursprung des Suffixes â zu fragen: Scherer Z. Gesch. d. d. Spr. S. 334 fasst es als Locativsuffix und die Themen auf â als erstarrte Locative. So viel ich sehe, ist eine andere Erklärung noch nicht gegeben und wohl schwerlich möglich: hier wollen freilich die sonst überall aushelfenden Pronomina nicht mehr ziehen. Hierdurch erhält aber auch die l. c. vorgetragene Ansicht über Suffix a eine kräftige Stütze, ja sie wird für den, der sich an solche letzte Fragen überhaupt heranwagt, für die Themen auf â zur Evidenz erhoben.

An diese einleitenden, allgemeinen Betrachtungen möge sich anschliessen, was zur Geschichte des Suffixes â im Germanischen zu sagen ist, da sich diese Fragen von Erörterungen, die der Darstellung des Gebrauchs vorausgehen müssen, nicht reinlich ablösen lassen.

Ebenso wie die masc. a-Themen erweitern auch die â-Stämme ihren Stammesauslaut durch n. Es gibt im Ahd. z. B. fast kein Wort mit Stammesausgang â, das nicht neben den Casus von einem â-Stamm auch solche von einem ân-Stamm zeigte, und je jünger unsere ahd. Denkmäler sind, desto häufiger werden die letzteren. Von einem Nebeneinanderliegen zweier gleichbedeutenden Suffixe kann keine Rede sein, da zu den ân-Stämmen Entsprechendes in den urverwandten Sprachen nicht zu finden ist, oder wenn dies, wie im Lateinischen bei den Suffixen yâ und tyâ der Fall ist, ebenso deutliche Fortbildung vorliegt. Unter Vorgang von Bopp Vergl. Gr. III, 379 hat Scherer Z. Gesch. d. d. Spr. S. 428 ff. diese sogenannten schwachen Feminina als Weiterbildung alter â-Themen zu erweisen gesucht und den Genet. Plur. auf ânâm als denjenigen Casus bezeichnet, von dem die Folgerung eines Stammes auf ân ausging. Vorab wird man sich bei dieser Erklärung beruhigen müssen.

Es wird ebendaselbst S. 429 (vergl. auch J. Schmidt in Kuhns Z. XIX, 295 ff.) die Erscheinung herbeigezogen, dass manchen â-Themen verwandter Sprachen im Germanischen ân-Stämme entsprechen. Zu den dort gegebenen Beispielen tuggo, viduvo, qino, daúro, tila, mizdo lassen sich noch mehrere fügen:

Lat. gŭla: ags. ceole (Ettm. 381, Grein); ahd. chëla (Graff IV, 384); mhd. kële (Mhd. W. I, 794) Kehle, Speiseröhre, Schlund. Zu Wurzel gar verschlingen aus einem Nom. Agent. gala- movirt. Cf. skrt gala Kehle, Hals.

Derselben Wurzel entsprossen ist die Intensivbildung lat. gür-güla: ahd. quërchëla (Graff l. c.); vergl. skrt gargara Strudel, Schlund, gr. γέργερος idem; γοργύρη unterirdisches Gefängniss, Wasserleitung, Cloake.

Gr. ἑλίκη Weide: ahd. salaha (Graff VI, 189); das ags. sealh (Ettm. 624) zeigt das â-Thema unerweitert.

Skrt galdâ das Abgiessen, Abseihen, Abfliessen des Soma: altn. kelda (Egilss., Gl.) Quelle, Abfluss. Zu Wurzel gal herabfallen; cf. Curt. Grundz.[2] No. 637. Genau entspricht ahd. quëlla (Graff IV, 655), mhd. quëlle (Lex. II, 321) Quelle, dessen ll wohl nur durch Anlehnung an quëllan, qual aus ld entstanden ist; das ll in quëllan ist aus lj zu erklären; quëllan (qualjan): βάλλω (βαλjω) = fallan (faljan): πάλλω (παλjω).

Gr. φονή Mord, Ermordung: ahd. bana (Graff III, 126) homicidium.

Gr. τιτθή: ahd. tutta (Graff V, 382) Mutterbrust, Amme als die Säugende; aus τιτθός, ahd. tutto movirt.

Gr. ἑκυρά = got. svaíhro.

Lat. vespa, lit. vapsà: ahd. wafsa (Graff I, 788); Fick I[3], 769.

Zu skrt diçâ wohin man zeigt, Himmelsgegend, gr. δίκη Weisung, Recht kann man vergleichen ahd. zeiga demonstratio, dessen unerweiterter â-Stamm noch in forezeiga praesignationes (Graff V, 590) erscheint.

Skrt mahilâ Frau, Weib: got. mavilo, ags. meóvle (Grein) mit Motionssuffix aus *maghala = got. magulà. Anders urtheilt über das Skrtwort Bopp Skrtgr. §. 575, 29.

Gr. κλίνη Lehne, Sessel: ahd. hlina reclinatorium, cancella mit abweichender Quantität des Wurzelvocals.

Gr. στεῖρα die unfruchtbare Frau: got. stáiro; arische Grundform ist staryâ, woraus auch skrt starî die junge Kuh.

Ahd. chiulla, kiula (Graff IV, 387) Tasche, Beutel, pera stellt sich zu gr. γύλιος der lange und schmale, geflochtene Tornister der Soldaten.

Skrt snushâ Schwiegertochter: ahd. snora, snura (Graff VI, 850); ags. snoru (Ettm. 710) ist noch â-Stamm.

Skrt sajjâ Rüstung: ags. sërce (Ettm. 632, Grein); sajj

ist aus sasj entstanden, siehe Bopp Skrtgr. §. 110, 6, Gloss. Comp.[3] 282, b.

Zu skrt ambâlâ, ambâ Mutter vergleicht Fick I[3], 18 altn. Embla die Ahnin des Menschengeschlechts.

Zu lat. avus der Grossvater vergleiche got. avo die Grossmutter.

Noch ist zu bemerken, dass zu dem Z. Gesch. d. d. Spr. S. 429 angeführten tuggo nicht nur die Kl. altnd. Denkm. einen Acc. Plur. tunga liefern, sondern auch im Ahd. erweiterte und unerweiterte Formen sich die Wage halten (Graff V, 681).

Ein Verzeichniss von ahd. Wörtern, die zwischen â- und ân-Stamm schwanken, findet man bei Graff II, 927; jedoch ist dasselbe sehr weit von Vollständigkeit entfernt.

Es wären nun alle germanischen Wörter, bei denen sich auch keine Spur mehr eines â-Stammes findet, sondern nur das erweiterte Thema, als â-Stämme zu behandeln. Leider liess ich mich anfangs bei meinen Excerpten von anderen Gesichtspuncten leiten und vermag daher nur für Got. und Altn. solche absolut vollständig zu geben. Berücksichtigt man aber, dass im weitern Verlauf jedes Wort als â-Stamm behandelt wird, das nur ein einziges Mal in irgend einer germanischen Sprache dies Thema unerweitert zeigt, so wird die Zahl der fehlenden Wörter eine äusserst geringe sein.

In allen westgermanischen Sprachen sowie im Gotischen können, wie schon bemerkt, bei jedem Worte Casus des unerweiterten und erweiterten Stammes nebeneinander liegen. Anders verhält sich das Altn.; nirgends finden wir ein Schwanken: entweder besteht der â-Stamm unverkümmert, oder der ân-Stamm hat ganz seine Stelle eingenommen; dass beide nebeneinander vorkommen, ist selten und dann mit einer, wenn auch leisen Bedeutungsdifferenz verbunden. Dies hängt aufs engste zusammen mit der Gestaltung der Declination der â- und ân-Stämme im Altnord. Nachdem einmal die Paradigmata giöf, giafar, giöfu, giöf; giafar, giafa, giöfum, giafa und anderseits gata, götu, götu, götu; götur, gatna, götum, götur nach nord. Lautgesetzen entstanden waren, konnten so leicht keine Uebergänge mehr stattfinden. Die Sprache entschied sich für die eine oder andere Abwandelung. Dafür sind die altn. â-Themen einem andern Schwanken unterworfen, das den übrigen germanischen Sprachen total fremd ist: im Nomin. und Acc. Plur. fahren die meisten regellos umher zwischen a- und i-Declination. Damit dies möglich wurde, musste eine andere Formübertragung vor sich gegangen sein: die i-Stämme waren mit Ausnahme der beiden erwähnten Casus ganz der â-Declination anheimgefallen. Der Stamm ansti- declinirte also óst, ástar, óst(u), óst; ástir, ásta, óstum, ásti; der Stamm várâ- ebenso, nur im Nom. Plur. várar, Acc. Plur. vára. Nachdem so jedes Gefühl für Stammverschiedenheit geschwunden war, konnte es nicht ausbleiben, dass wenn von óst gebildet wurde ástir, auch vór zu einem várir verführte. So finden wir denn bei einer Anzahl sicherer a-Themen unterschiedslos im Plur. ir, i neben ar, a; z. B. flaug, reiđ, skól, taug, bör, dvöl, för, gjöf, sök, þörf etc., nur sind ir und i immer jünger als ar und a. Andere ebenso sichere â-Themen zeigen nur mehr ir, i, z. B. hjölp, leiđ, sorg, stund etc. Je jünger die Quellen werden, desto mehr nehmen die ir, i zu, um im Neuisl. fast ganz die alten Plurale auf ar, a zu verdrängen.

Dass aber bei völliger Gleichheit der Paradigmen bis auf die besagten Casus und bei der ursprünglich bei weitem grösseren Zahl der Endungen ar, a nichtsdestoweniger ir, i die Oberhand bekamen, beruht wohl zweifelsohne auf demselben Bestreben, das wir schon öfters zu beobachten Gelegenheit fanden, functionell Verschiedenes auch äusserlich zu sondern: ein giafar konnte doni und dona, ein giafa donorum und dona bedeuten; traten giafir, giafi ein, so schwand diese Zweideutigkeit. Hinzu kam wohl noch, dass durch die Wahl der Endungen ir, i eine gewisse Eintönigkeit vermieden wurde.

2. DER GEBRAUCH VON SUFFIX Â.

Bei der nun folgenden Darstellung des Gebrauchs von Suffix â Nomina Act. bildend gehen voran die etymologisch klaren Beispiele. Von einem Zweifel über Genus kann natürlich keine Rede sein. Unsicher kann der Stammesauslaut sein bei Wörtern, die nur im Altn. vorkommen. Sodann schliessen sich die ihrem etymologischen Werthe nach dunklen Beispiele an. Bei manchen derselben kann man, insofern sie nur concreten Gebrauch zeigen, schwanken, ob nicht movirte a-Stämme anzunehmen sind. Die Bedeutungen werden bei den einzelnen Wörtern angegeben und ihre Uebergänge kurz vermittelt, wo es nöthig schien, um dann unter 3 zu Kategorien zusammengefasst wie früher noch einmal veranschaulicht zu werden.

A) Etymologisch klare Wörter nach innerem Wurzelvocal geordnet:

Got. gabruka das Abgebrochene, der Brocken.

Got. vulva der Raub.

Got. usvaúrpa 1) Auswurf, Frühgeburt, 2) Verwerfung, Verstossung.

Alts. hulpa (Kl. altnd. Denkm. 129); ahd. hulfa (Graff IV, 922) die Hülfe.

Ags. huđ (Ettm. 469, Grein); ahd. herihunta (Graff IV, 965) die Beute. Zu got. hinþan; got. hunþ (Acc. Sing.) kann masc., neutr. a-Thema, masc., fem. i-Stamm sein; ebensowenig ist altfr. hende in hende and bende Gefängniss und Bande genau bestimmbar. Pott IV^2, 118.

Altn. scor (Egilss., Cl.); ags. scoru (Ettm. 680); ahd. scora (Graff VI, 535); mhd. scor (Mhd. W. II$_2$, 195) 1) Schnitt, Einschnitt (altn., ags.), 2) Spalt, Felsspalt, Kluft (altn.), 3) Abtheilung, Schaar, speciell 20 Mann (ags., altn.), 4) Werkzeug zum scëran: a) Hacke, Karst (ahd., mhd.), b) Schaufel, Spaten (mhd.); an letztere Bedeutung schliesst sich auch das got. ân-Thema vinþiskaúro Worfschaufel an.

Ags. studu (Ettm. 734) postis, destina, clavis, columna. Cf. ahd. gastudjan statuere, fundare; altn. stođ Stütze, Säule hat im Plural stoðr und steðr, ist also u-Thema (Wimmer Altn. Gramm. §. 58d).

Ags. trodu (Ettm. 543, Grein); ahd. trota (Graff V, 522) 1) Schritt, Spur, 2) Kelter, Weinkelter.

Ahd. giwona (Graff I, 870); mhd. wone (Mhd. W. III, 803) Gewohnheit, Umgang, Gebrauch.

Ahd. kunna (Graff IV, 412) scientia.

Ahd. bulga (Graff III, 107) 1) lederner Ranzen, 2) Korb, Truhe.

Ahd. sulza (Graff VI, 220) Salzwasser, Sole, Salzlache.

Ahd. stulla (Graff VI, 676) hora, momentum; Gr. II, 57.

Ahd. urbora (Graff III, 157); mhd. urbor (Mhd. W. I, 151) 1) das Land, das eine Rente erbirt, 2) die Rente, die erborn wird, 3) Gewinn, Nutzen überhaupt.

Ahd. borga (Graff III, 177); mhd. borge (Mhd. W. I, 164) der Aufschub; ahd. borga kommt nur ein Mal vor in der Bedeutung observatio.

Mhd. dol (Mhd. W. I, 377) das Ertragen, leidendes Verhalten gegen irgend eine Einwirkung.

Mhd. don (Mhd. W. I, 381) Spannung; gedon Belästigung, Beschwerde; vergl. skrt tâna, gr. τόνος.

Altn. hrund (Egilss.) 1) bellona, ministra Odinis, 2) femina. Das Wort ist, zu hrinda stossen gehörig, ursprünglich wohl Nom. Actionis ‚der Kampf‘ (cf. ags. gûðr = skrt ghâta, Grundform beider ghanta-), dann persönlich wie Hilde, Thryð etc., worüber Müllenhoff in Haupts Z. XIV, 216, Zur Runenl. S. 55 handelt.

Altn. for (Cl.) ein Abzugsgraben, Canal, Wasserablauf.

Altn. ósk (Egilss., Cl.) der Wunsch. Dieses â-Thema entspricht dem skrt vancchâ, während in den übrigen germanischen Sprachen ein masc. a-Stamm sich findet, der auch altn. Óski zu Grunde liegt.

Ahd. forsca (Graff III, 697); mhd. vorsche (Mhd. W. III, 388) Forschung, Frage. Das Wort entspricht ostarischem pṛcchâ, pereçka.

Germ. gebâ- die Gabe, das Geschenk, die Gunstbezeugung.

Germ. bedâ- Gebet, Bitte, Befehl (fehlt altn. und ags., in letzterm ein yâ(n)-Stamm).

Got. vida Fessel in kunavida; zu Wurzel vadh umwinden, binden, es bezeichnet die concrete Windung, Band.

Got. gabinda; ahd. binda (Graff III, 136); mhd. binde (Mhd. W. I, 131) 1) Binde, Band, 2) Verband.

Ostgerm. vinna und vinnân- 1) Mühe, Arbeit, 2) Schmerz, Leiden.

Got. lita Heuchelei, Verstellung. Siehe Anm. 57.

Got. gaírda Gürtel: die verkörperte Umwindung, Umgürtung.

Westgerm. fëhta Kampf, Streit.

Germ. helpa- (fehlt got.) Hülfe, Unterstützung, Rettung, Erlösung.

Ags. lesu (Ettm. 159) collectio, oraculum, numen.

Ags. fëlh und fealh (Ettm. 347); ahd. fëlga (Graff III, 505); mhd. vëlge (Mhd. W. III, 215) 1) Biegung, Krümmung, 2) jede körperliche Biegung, speciell Radschiene.

Ags. teoh (Ettm. 532, Grein); mhd. zëche (Mhd. W. III, 859) 1) Ordnung, Reihenfolge (mhd.), 2) eine Gesellschaft, in der der Becher der Reihenfolge nach kreist (mhd.), 3) eine Gesellschaft, die zu gemeinsamem Essen und Trinken oder sonstigen Zwecken Geld zusammenlegt, 4) der Ort der Zusammenkunft (mhd.), 5) die versammelten Personen (mhd.), Haufe, Schaar überhaupt (ags.), 6) das Zusammengelegte, 7) was der Wirth für einen solchen Schmaus berechnet, 8) der Schmaus selbst. Siehe Anm. 58.

Ags. þelu (Grein) pavimentum vel tabulatum. Zu Wurzel tal, vergl. skrt tala, gr. τηλία.

Ags. þegu (Grein) acceptio; in vielen Compositis. Zu altn. þiggja, þá, þágu accipere.

Ags. hlimm und unorgan. hlimme (Grein) torrens; eigentlich das Tosen, Brausen.

Ahd. chëda (Graff IV, 648) dictio; widarchëda contradictio.

Altn. björg (Egilss., Cl.); ahd. bërga (Graff III, 174); mhd. bërge (Mhd. W. I, 161) 1) Schutz, Sicherheit, Hülfe,

2) Lebensunterhalt (altn.), 3) Beute, aus welcher derselbe oft bestand.

Ahd. brësta (Graff III, 274) 1) Mangel, 2) Nachtheil, Schaden.

Ahd. dëcha (Graff V, 103) Decke (? jâ-St. deccha = decchî?).

Ahd. drëska (Graff V, 265) tritura.

Ahd. scërra (Graff VI, 538); mhd. schërre (Mhd. W. II_2, 163) Scharreisen, Scharre, Striegel.

Ahd. herisëȥȥa (Graff VI, 303) obsidio (? -sezza? jâ-St.).

Ahd. spëha (Graff VI, 324); mhd. spëhe (Mhd. W. II_2, 496) 1) prüfendes Schauen, Erforschung, Kundschaftung, 2) was geschaut wird, 3) persönlich der Kundschafter.

Ahd. scëra (Graff VI, 527); mhd. schëre, schër (Mhd. W. II_2, 150, Lexer II, 706): das Schneiden, Scheeren, daher 1) abgetheiltes Stück Land, Wiese, 2) zerschnittener, zerklüfteter Fels, Klippe, Schere, 3) Werkzeug zum Schneiden, die Scheere.

Ahd. smërza (Graff VI, 835); mhd. smërze (Mhd. W. II_2, 431) das Schmerzen; daneben ein unorgan. erweitertes Nom. Action. mit Suffix a.

Ahd. swëda (Graff VI, 871) Dampf, Qualm. Zu swëdan brennen, schwälen; vergl. mhd. swadem.

Ahd. sëha (Graff VI, 123); mhd. sëhe (Mhd. W. II_2, 281) 1) das Sehen, Schauen, 2) Sehkraft, 3) Pupille.

Ags. vërre (Ettm. 105, unorgan. ân-Stamm); ahd. wërra (Graff I, 945); mhd. wërre (Mhd. W. III, 747) 1) Verwirrung, Verwicklung (mhd.), scandalum (ahd.), 2) alles was hindert, stört, 3) Verdruss, Aergerniss, 4) Zwietracht.

Mhd. quël (Mhd. W. I, 897) Beklemmung, Marter, Qual.

Mhd. gëlfe (Mhd. W. I, 518) Glanz, Pracht; eine Uebertragung von Ton auf Farbe.

Mhd. hëbe (Mhd. W. I, 646) das Heben.

Mhd. hëlle (Mhd. W. I, 685) in ëbengehëlle Uebereinstimmung; missehëlle Misshelligkeit.

Mhd. pflëge (Mhd. W. II_1, 503, Lexer II, 251) 1) Thun und Treiben, Gewohnheit, Sitte, 2) liebende Besorgung, Fürsorge, Obhut, 3) Leitung, Aufsicht, Gewalt, 4) Amts-, Herrschaftsbezirk, 5) persönlich Aufseher.

Mhd. linge (Mhd. W. I, 1001) das vorwärts Gelangen, der gute Erfolg.

Mhd. schëme (Mhd. W. II_2, 133, Lexer II, 697) Scham, Beschämung.

Mhd. twër (Mhd. W. III, 166) 1) Quere, 2) Seitenwind.

Mhd. twërhe (Mhd. W. III, 167) 1) die Quere, 2) bildlich das Ende.

Altn. brigđ (Egilss., Cl.) 1) Unbeständigkeit, 2) Feindschaft, Zwist, 3) jus retrahendi.

Altn. gjöll (Egilss., Cl.) 1) der Ton, das Tosen, 2) Fluss in Nifelheim, 3) poet. der Fluss. Vergl. ags. hlimm.

Altn. miöt (Egilss., Cl.); ahd. mëȥȥa in widarmëzza (Graff II, 899) das Mass; ahd. widarmëzza bedeutet das Gleichniss, weil damit eine Sache gleichsam gemessen, bestimmt wird.

Got. graba; altn. gröf (Egilss., Cl.); ahd. graba (Graff IV, 306); mhd. grabe (Mhd. W. I, 562) 1) Graben, Grube, Loch, 2) speciell das Grab, sepulcrum (altn.), 3) Werkzeug zum Graben, Spaten, Hacke, Karst.

Got. vraka; ags. vracu (Ettm. 150, Grein) 1) Verfolgung, Verbannung, 2) Rache, Strafe, Elend, Qual.

Got. faþa; ags. fađu (Ettm. 334) 1) Umfassung, 2) Zaun. Mit altn. fađmr Umfassung, alts. fađmôs die ausgebreiteten Hände zu Wurzel pat ausbreiten. Ags. fađu ‚amita' ist wohl kosend zu fassen.

Germ. karâ- (fehlt altn. und altfr.) 1) Klage, Wehklage, 2) Leid, Sorge, Kummer.

Germ. markâ- ‚das streifen' 1) Rand, Grenze, 2) das abgrenzende Land, Grenzland, speciell Wald, 3) das abgegrenzte Land, der Bezirk, 4) Grenze, Ziel, Ende, 5) jedes Zeichen, signum, nota, 6) das mit einem solchen Zeichen versehene Geldstück.

Got. þarba; ags. þearf (Ettm. 582, Grein); ahd. darba (Graff V, 215) 1) Bedürfniss, Nothdurft, 2) Mangel an etwas, Entbehrung, 3) Noth, Bedrängniss, 4) Hülfe, Rettung, Heil als das, was man bedarf und hat.

Altfr. bare (R. 618) 1) Klage, Vorgericht, 2) Schandegleich. Siehe Anm. 59.

Ags. lagu (Ettm. 161, Grein) lex, traditio; alts. widarlaga das, was man entgegen legt, was sich vergleichen lässt; ahd. furilaga (Graff II, 94) Vertheidigung.

Westgerm. nara (fehlt altfr.) 1) Nahrung, Unterhaltung, 2) concret Speise und Trank, 3) Erhaltung, Rettung.

Altn. kvöl und köl (Egilss., Cl.); ags. cvealu (Ettm. 401, Grein); alts. quala; ahd. quala (Graff IV, 653); mhd. qual (Mhd. W. I, 898) 1) Pein, Qual, Marter, 2) Vernichtung, Mord (ags., alts.).

Germ. sakâ- (fehlt got.) 1) Streit, Feindschaft, Verfolgung, 2) Streit vor Gericht, Rechtshandel, 3) Schuld, Verbrechen als Gegenstand des Rechtshandels, 4) Ding, Gegenstand überhaupt.

Germ. skamâ- (fehlt got. und altfr.) das ‚sich bedecken': 1) Scham, Beschämung, Scheu, 2) Schmach, Schande, 3) Spott, Hohn.

Germ. skarâ- (fehlt got.) 1) das Schneiden a) der Haare (ags.), b) des Getreides (mhd.), Schnitt, Ernte, 2) Ertrag, Einkünfte, 3) das Zugeschnittene, Auferlegte, speciell Schaarwerk, Frohndienst, 4) der durch Schneiden entstandene Theil, die Abtheilung a) Kriegshaufe, cohors, legio, b) zusammengehörige Menschenmenge. Von diesen Bedeutungen des westgermanischen Wortes steht das altn. eigenthümlich ab: 1) Rand, Ende, 2) die Fugen in den Schiffsplanken, 3) eine Bänke- oder Sitzreihe, 4) das Haar als das geschorene (‚probably from being cut so as to make a rim round the head'. Cleasby.).

Ags. þracu (Ettm. 608, Grein); alts. thraka das ‚drücken, drängen': 1) Andrang, Gedränge von Menschen, 2) Kampf, 3) Anfechtung des Gemüthes, Bedrängung durch Schmerz und Kummer.

Germ. varâ- (fehlt got.) 1) Hut, Schutz, 2) geschützter Ort, Hafen zum Landen (altn.), 3) Acht, Aufmerksamkeit.

Alts. klaga (Kl. altn. Denkm. 134); ahd. chlaga (Graff IV, 548); mhd. klage (Mhd. W. I, 832) 1) der hörbare Ausdruck eines Schmerzgefühls, 2) Klage vor Gericht als das

Geschrei, womit man den Beschädiger anschuldigt, 3) Gegenstand, Inhalt einer solchen Klage, 4) die Klagen hervorrufende Noth, das Leid. Fick I[3], 72.

Ags. racu (Ettm. 253, Grein); alts. raka (Kl. altn. Denkm. 154); ahd. rahha (Graff II, 372); mhd. rache (Lex. II, 331) 1) Entwicklung, Auseinandersetzung, 2) die entwickelte res, causa, fabula, 3) der Grund, die Ursache.

Ags. väsc (Ettm. 82); ahd. wasca (Graff I, 1081); mhd. wasche (Mhd. W. III, 533) 1) das Waschen, Baden, 2) der Ort, wo man sich wäscht, badet, das Bad, 3) was gewaschen wird, die Wäsche.

Ags. varu (Ettm. 96, Grein) 1) Ansiedlung, Niederlassung, Ort, wa man wohnt, 2) im Plural concret die Ansiedler, die Bewohner. Siehe Anm. 60.

Ags. nôđ (Ettm. 249, Grein) aus nanđâ- 1) Kühnheit, Muth, 2) kühne That. Das st. Verb. ist erhalten in ahd. ginindan, ginand.

Altn. för (Egilss., Cl.); ags. faru (Ettm. 331, Grein); altfr. fare, fere (R. 733); ahd. fara (Graff III, 573); mhd. var (Mhd. W. III, 250) 1) das Fahren, die Fahrt, 2) der Kriegszug, kriegerische Expedition, 3) soweit man in einem Tage fährt, Tagereise, Tag, 4) Ort, wo man fährt, Weg, Fahrweg, Fahrwasser, 5) wie man fährt, Betragen, Benehmen, Verfahren, 6) alles was man auf der Fahrt mit sich führt, fahrende Habe, 7) der fahrende Zug, Haufe selbst, 8) die zusammenreisende Familie, der Stamm (ags. und langob.).

Ags. feald (Ettm. 337); altn. falda (Egilss., Cl.); mhd. valte (Mhd. W. III, 231) 1) Falte, 2) Windung, 3) Winkel, Ecke, 4) was man faltet, Tuch zum Einschlagen guter Kleider, Umschlagetuch um den Kopf (altn.), 5) das Eingeschlagene, der Verschluss jeder Art.

Ags. fall (Ettm. 337); ahd. falla (Graff III, 464); mhd. valle (Mhd. W. III, 223) die Falle, Mausefalle.

Ags. hvealf (Grein) convexitas.

Ags. daru (Ettm. 559, Grein); ahd. tara (Graff V, 438) 1) die Verletzung, Beschädigung, 2) der Schaden.

Altn. saga (Cl.); ags. sagu (Ettm. 623, Grein); ahd. saga

(Graff VI, 106); mhd. sage (Mhd. W. II_2, 14, Lexer II, 570) 1) das Sprechen, 2) die Fähigkeit zum Sprechen, Sprache, 3) Rede, Aussage, Erzählung, 4) das Gerücht, 5) gerichtliche Aussage, Zeugniss.

Altn. slög (Egilss.); ags. slagu (Grein); alts. slaga; ahd. slaga (Graff VI, 773); mhd. slage und slâ (Mhd. W. II_2, 385) 1) das Schlagen, 2) der einmalige Schlag, ictus oculi, 3) Wegspur von Menschen und Thieren, besonders den Hufen der Pferde, 4) Fährte, Weg überhaupt, 5) Holzschlag, 6) Schaden, Unglück, 7) Werkzeug zum Schlagen, Hammer, Bengel.

Ags. sealf (Ettm. 629); alts. salba; ahd. salpa (Graff VI, 191); mhd. salbe (Mhd. W. II_2, 41) 1) das Salben, die Salbung, 2) die Salbe.

Ags. sand (Ettm. 642, Grein) 1) das Senden, Schicken, 2) ein Gang bei Tische, 3) concret Bote: däg bið dryhtenes sond; Grein setzt unnöthiger Weise ein Masculinum an.

Altn. spönn (Egilss., Cl.); ahd. spanna (Graff VI, 347); mhd. spanne (Mhd. W. II_2, 482) 1) eine Spanne, das Mass der ausgebreiteten Hand, 2) die ausgebreitete Hand.

Ags. spanu (Ettm. 713) mamma, ubera; altn. speni, ahd. spunî (Grundform spanjâ) dasselbe.

Ags. stand (Ettm. 725); ahd. stanta (Graff VI, 697) alveus, statarius, orca, cadus, cupella. Gefässe werden öfters vom Stehen benannt; mehrere Belege dafür hat gesammelt Pott III^2, 322; man füge noch hinzu gr. στάμνος, ahd. stoup.

Ags. stacu (Ettm. 728); altfr. stake (R. 1044) stipes, sudes, paxillus; stacu ist das Stechen concret wie ahd. stĕchunga (Graff VI, 637) auch stimulus, aculeus concret. Ebenso

Altn. stöng (Egilss., Cl.); ahd. stanga (Graff VI, 693); mhd. stange (Mhd. W. II_2, 640) die Stange.

Ags. stalu (Ettm. 730); ahd. stala (Graff VI, 669); mhd. stal (Mhd. W. II_2, 636) 1) der Diebstahl, 2) das Gestohlene. Das mhd. Wörterbuch setzt stâl an, dies müsste ags. stæl lauten; sodann spricht dagegen die beständige Apokope des e im Mhd., was bei tonlosem e, wenn nicht unerhört, doch selten ist. Gr. I^2, 674.

Ags. svaru (Ettm. 749, Grein) das Reden, Sprechen; andsvaru die Antwort.

Ags. stapu (Grein) incessus, gressus.

Altn. löt (Cl.) das Abrathen, Widerrathen; ags. latu in vordlatu retardatio verbi (Grein).

Ahd. wahha (Graff I, 674) das Wachen, die Schlaflosigkeit.

Ahd. wanta (Graff I, 761) die Wendung; anawanta versura.

Mhd. jage (Mhd. W. I, 767) 1) die Jagd, 2) Verfolgung des Feindes.

Ahd. haba (Graff IV, 738); mhd. habe (Mhd. W. I, 601) 1) das Haben, die Habe, Eigenthum, Besitz, 2) woran man etwas hat oder hält, Anhalt, Stütze, 3) das was etwas hält oder woran etwas gehalten wird, Griff, Henkel. 4) Ort zum Halten oder Bergen, 5) Ort, wo die Schiffe gehalten werden, Hafen.

Altn. hömm (Cl.); ags. hamm (Ettm. 466); ahd. hamma (Graff IV, 945) 1) die Krümmung, 2) die Krümmung des Knies, 3) der Hinterbug, 4) Dickbein, Schenkel beim Pferd. Aus hamfa, hamba zu Wurzel kamp biegen = καμπή.

Mhd. klambe, klamme (Mhd. W. I, 892) 1) Beklemmung, Klemme, 2) Fessel, Klammer, 3) Bergspalte, Schlucht.

Ahd. hwarba (Graff IV, 1235) das Wenden, die Bewegung überhaupt.

Mhd. hage (Mhd. W. I, 608) das Behagen, Wohlgefallen; Grundbedeutung ist das Passen.

Ahd. falga (Graff III, 500) occasio, opportunitas. Die Bedeutungsentwicklung aus Wurzel falh, falg ist nicht ganz klar.

Altn. tröđ (Egilss., Cl.); alts. trada; ahd. trata (Graff V, 522); mhd. trate (Mhd. W. III, 100) 1) Tritt, Spur, 2) Weg, 3) der Theil einer Feldflur, welcher unbebaut ist und dem Viehtrieb offen bleibt, Brachfeld, 4) Gehege, Hürde, worin die Schafe über Nacht liegen (isl.).

Altn. sala (Cl.); ahd. sala (Graff VI, 176); mhd. sale (Mhd. W. II_2, 33) rechtskräftige Uebergabe, Verkauf. Neben dem ân-Thema im Altn. ein neutr. a-Stamm.

Altn. spöng (Egilss., Cl.); ags. spange (Ettm. 713, Grein); ahd. spanga (Graff VI, 439); mhd. spange (Mhd. W. II_2, 479) sera, seracula; eigentlich die Zusammenschnürung concret. Zu gr. σφιγγω schnüren, zusammenbinden; über gr. i als Vertreter eines ursprünglichen a Curt. Grundz.[2] 641 ff.

Ahd. scalta (Gråff VI, 485) Ruderstange; zu scaltan lenken, steuern.

Ahd. stata (Graff VI, 642); mhd. state (Mhd. W. II_2, 604) 1) Ort, Stelle, Standort, 2) Umstände, Lage, Verhältnisse, 3) günstige Umstände, Gelegenheit.

Mhd. spalte (Mhd. W. II_2, 476) die Spalte.

Ahd. waga (Graff I, 661); mhd. wage (Mhd. W. III, 641) die Bewegung.

Altn. völ (Egilss.); ahd. wala (Graff I, 838); mhd. wal (Mhd. W. III, 464) 1) die Wahl, die Auswahl, 2) das Ausgewählteste, das Beste, 3) die Wahl etwas zu thun oder zu lassen, freie Selbstbestimmung, 4) die Art und Weise, wie sich etwas zeigt.

Ahd. hlancha (Graff II, 222); mhd. lanke (Mhd. W. I, 934); nhd. flanke (aus dem Romanischen wieder aufgenommen) Lende, Seite, Hüfte, Weichen, die Stelle, wo der Körper sich biegt. Grundbedeutung ist Biegung, Krümmung (Gesch. d. d. Spr. S. 349). Vergl. oben S. 47 unter hlinc.

Mhd. nage (Mhd. W. II_1, 296) das Nagen.

Altn. dvöl (Egilss., Cl.) das sich Aufhalten, der Verzug.

Altn. göll (Egilss.) 1) sonitus, vox, 2) pugna, proelium.

Altn. hlömm (Egilss., Cl.) 1) Getön, Ton, 2) ein mit Geräusch verbundener Schlag. Zu ags. hlimman clangere, sonare.

Altn. hvöt (Egilss., Cl.) Antreibung, Anfeuerung.

Altn. kvöð (Egilss., Cl.) 1) der Befehl, 2) das Anbefohlene; in der Rechtsprache bezeichnet es eine Vorladung von den Nachbarn.

Altn. löð (Egilss., Cl.); ags. laðu (Grein); mhd. lade (Lexer I, 1810) 1) Einladung, 2) Gastfreundschaft.

Altn. hlaða (Egilss., Cl.); mhd. lade (Mhd. W. I, 926)

ursprünglich Ort, wohin etwas abgeladen, gelegt wird 1) Scheune (altn.), 2) Kasten, Behälter (mhd.).

Altn. röđ (Egilss., Cl.) 1) Reihe, Ordnung, 2) eine Reihe von Bänken. Zu Wurzel rat in got. raþjan.

Altn. möl (Egilss.) Kieseln, Kieselbett eines Baches.

Altn. snöp (Cl.) das einmalige Zuschnappen, Beissen.

Germ. bârâ- (fehlt got.) Instrument zum Tragen, Bahre; altn. speciell die Welle, die Flut. In allen germ. Sprachen unorgan. ân- neben â-Stamm.

Germ. nâđâ- (fehlt got. und ags.) 1) das sich Niederlassen, die Ruhe, der Frieden (altn., mhd.), 2) Neigung, Gunst, Gnade. Benecke zu Iwein 646.

Westgerm. sprâka 1) das Sprechen, 2) die Fähigkeit zu sprechen, Sprache, 3) das Gesprochene, die Rede, 4) die Unterredung, Verhandlung, Berathschlagung, 5) Gerichtsverhandlung, Urtheilsspruch.

Westgerm. wrâka 1) Verfolgung, 2) Strafe, Rache.

Westgerm. wâga (fehlt altfr.) 1) das Wiegen, libratio, 2) die Wage, libra, 3) das wägende Gewicht, pondus.

Ags. nâm (Ettm. 240, Grein); ahd. nâma (Graff II, 1073); mhd. nâme (Mhd. W. II_1, 369) 1) das Nehmen, die Beraubung, 2) das Empfangene, das Geschenk. Ostgerm. nâma- ist Neutr.

Altn. brák (Egilss., Cl.); ags. bræc (Ettm. 163); ahd. brâhha (Graff III, 268); mhd. brâche (Mhd. W. I, 244) 1) Umbrechung des Bodens nach der Ernte, 2) umgebrochen liegendes, unbesätes Land. Das altn. Wort bezeichnet ein Gerberwerkzeug, das dazu dient, die Felle weich und geschmeidig zu machen.

Ags. þrâg (Ettm. 608, Grein) 1) cursus, 2) decursus vel temporis spatium, ordo vel status rerum, conditio. Mit got. þragjan laufen zu τρέχω; altn. þræll (aus þragl), ahd. dregil ist der Läufer = τρόχιλος Strandläufer.

Altn. vár (Egilss., Cl.); ags. vær (Ettm. 649); ahd. wâra (Graff I, 920) 1) Sicherheit, Bewahrung, 2) Bündniss, Versprechen, Treue; altn. nur im Plural; siehe Müllenhoff in Haupts Z. XVI, 148.

Ahd. **bâga** (Graff III, 23) contentio, conflictus.

Ahd. **frâha**, frâga (Graff III, 815); mhd. vrâge (Mhd. W. III, 390) quaestio, inquisitio, problema.

Ahd. **twâla** (Graff V, 552); mhd. twâle (Mhd. W. III, 161) Aufenthalt, Verzug.

Altn. **lág** (Egilss., Cl.); ahd. lâga (Graff II, 94); mhd. lâge (Mhd. W. I, 994, Lexer I, 1812) 1) Legung, Lage, 2) lauerndes Liegen, Nachstellung, Hinterhalt, 3) Lebensverhältniss, Beschaffenheit, Art und Weise, 4) Ort des Liegens, Waarenlager. Das altn. Wort, wohl im Sonderleben der nord. Sprachen entstanden, bedeutet 1) einen gefällt daliegenden Baum, 2) einen tiefliegenden Ort.

Ahd. **mâza** (Graff II, 902); mhd. mâze (Mhd. W. II, 203) 1) eine abgegrenzte, abgemessene Ausdehnung in Raum und Zeit, Gewicht, Kraft, 2) das Masshalten, die Mässigung, anstandsvolle Bescheidenheit.

Mhd. **bâr** (Mhd. W. I, 145) die Art und Weise, wie sich etwas zeigt.

Altn. **gáfa** (Cl.); mhd. gâbe (Mhd. W. I, 508) 1) Gabe, Geschenk, 2) Uebergabe, Vergabung, 3) Abgabe.

Altn. **sát** (Cl.); ahd. sâzza (Graff VI, 309); mhd. sâze (Mhd. W. II_2, 339) 1) das sich Setzen, Niederlassen, 2) Ort, wo man sitzt oder sich setzt: a) Sitz, Wohnsitz, b) Rastort, c) Hinterhalt, Lauer, Nachstellung, 3) Lage, Stellung, in der sich etwas befindet, Lebensweise, Einrichtung.

Altn. **ár** (Egilss., Cl.); ags. âr (Grein); engl. oar Werkzeug zum Rudern, Ruder. Fick I^3, 495.

Germ. **grôfâ-**, grôbâ- die Grube.

Germ. **bôtâ-** 1) Abhilfe, Besserung, Heilung, Schadenersatz, 2) Vortheil, Nutzen; altn. im Plural u-Declination.

Got. **hvota**; ags. hvôt (Ettm. 570) Drohung; altn. hót ist neutr. a-Stamm.

Ags. **sôc** (Ettm. 622); ahd. suohha (Graff VI, 86); mhd. suoche (Mhd. W. II_2, 8) 1) das Suchen, die Untersuchung (ahd., mhd.), 2) das Recht der Untersuchung, juris dicendi potestas (ags.); aus got. sokareis der Forscher darf wohl ein sôkâ- erschlossen werden.

Ags. fôr (Ettm. 383, Grein); ahd. fuora (Graff III, 597); mhd. vuore (Mhd. W. III, 263) 1) Fahren, Fahrt, Reise, 2) alles was man auf der Reise mit sich führt, 3) speciell die Lebensmittel, Nahrung, 4) das Verfahren, die Lebensweise.

Ags. hôd (Ettm. 450); altfr. hôde, hûde (R. 830); ahd. huota (Graff IV, 803); mhd. huote (Mhd. W. I, 730) 1) die Schaden verhindernde Aufsicht nnd Vorsicht, 2) Schutz, Vormundschaft. Zu skrt cat verbergen, bergen.

Ags. hlôđ (Ettm. 490, Grein); altfr. hlôth (R. 820); alts. hlôtha (Kl. altn. Denkm. 125); mhd. luot (Mhd. W. I, 926. 1033) 1) Last, Masse, Haufe, 2) Menge, Schaar, Bande, 3) im Ags. speciell eine Schaar von 7—35 Dieben, 4) praeda (alts.); das mhd. Wörterbuch ist rathlos.

Westgerm. hrôra (fehlt altfr.) 1) Bewegung, Aufregung, 2) Bewegung im Magen, Durchfall, Ruhr, 3) Bewegung, Erhebung im Staate, Aufruhr, 4) die Berührung, daher Nähe, 5) weidmännisch die Meute. Siehe Müllenhoff in Haupts Z. XI, 262 ff.

Ahd. hôra (Graff IV, 1011); mhd. huore (Mhd. W. I, 729) adulterium, prostibulum. Siehe Anm. 9.

Mhd. gruoze (Mhd. W. I, 583) Anrede, Gruss; häufiger ist das Nom. Actionis mit Suffix a.

Ahd. luoga (Graff II, 129) das Lager, die Höhle des Löwen; gebräuchlicher ist der neutr. a-Stamm. Siehe S. 145 und Anm. 56.

Ahd. ruohha (Graff II, 377); mhd. ruoche (Mhd. W. II_1, 798) 1) Acht, Bedacht, Besorgung, Sorgfalt, 2) Sorge, Bekümmerniss; ahd. und mhd. daneben masc. a-Thema, jedoch im Ahd. auf Otfried beschränkt. Das Wort war germ. wie rœkja, rêcan, rôkean, ruohhjan bezeugen.

Ahd. muoza (Graff II, 907); mhd. muoze (Mhd. W. II_1, 271) das ‚Raum finden‘: 1) gegebene freie Zeit, Musse, 2) Bequemlichkeit, Unthätigkeit.

Ahd. fuoga (Graff III, 424) in hîfuoga; mhd. vuoge (Mhd. W. III, 349) 1) das Fügen, ins Werk setzen, 2) die Stelle, wo zwei Theile aneinander gefügt sind, 3) Fähigkeit zum Fügen, Geschicklichkeit, Kunstfertigkeit, 4) Wohlanständigkeit, 5) sich fügende, passende Gelegenheit. Daneben ags., mhd. masc. a-Stamm, und ahd., mhd. ein yâ-Stamm.

Mhd. schuofe (Mhd. W. II_2, 66) Gefäss zum Schöpfen, Wassereimer. Zu schepfen.

Altn. skóf (Cl.) die Kruste auf dem Boden von Pfannen oder Kesseln. Zu skafa als das Schabsel.

Altn. dróg (Egilss.) 1) onus, 2) zona, fascia; Bedeutung 2 auch in álmdróg, ýrdróg nervus arcûs. Siehe Anm. 61.

Altn. ór (Egilss., Cl.) nur im Plural órar Anfälle von Raserei; vergl. das Adj. œri rasend. Zu skrt ar, ṛnomi treiben, erregen: die geistige Erregung; vergl. altn. arna rennen, gehen, fahren, Denom. aus einem Part. ar-na- derselben Wurzel.

Germ. vikâ- (fehlt alts. und altfr.) die Woche. Das Wort ist ostgerm. nur ân-Stamm; zu Wurzel vik weichen; über ë im Ahd. siehe Schleicher in Kuhns Z. XI, 250, Anzeiger f. d. Alterth. I, 99 ff.

Ags. hnitu (Ettm. 497); ahd. niz (Graff II, 1107); mhd, niz (Lexer II, 98) das Lausei, die Nisse. Zu ags. hnîtan. altn. hníta: das Jucken, Stechen; in niz des Ahd. haben wir keinen i-Stamm zu suchen, sondern den regulären Nom. Sing. der â-Themen; siehe Z. Gesch. d. d. Spr. 424, Joh. Schmidt in Kuhns Z. XIX, 283, Quell. und Forsch. III, 93. Evident wird es vollends dadurch, dass mhd. noch der erweiterte â-Stamm nizze von Lexer belegt wird.

Ahd. biba (Graff III, 21); mhd. bibe (Mhd. W. I, 114) das Beben, Zittern: hierzu altn. bifa, iđbifa (Egilss. 53) sermo?

Ahd. zila (Graff V, 658) studium. Fick I^3, 106.

Ahd. stëga (Graff VI, 625) 1) das Aufsteigen, 2) Ort des Aufsteigens, Stiege.

Mhd. swëbe (Mhd. W. II_2, 777) die Schwebe.

Ags. clîf (Ettm. 394); ahd. klîba (Graff IV, 546) die Klette als das concrete Kleben; daran schliesst sich auch wohl mhd. klîbe (Lexer I, 1622) das Empfängniss.

Ags. snîđ (Ettm. 712); ahd. snîta (Graff VI, 843); mhd. snîde (Mhd. W. II_2, 442) 1) das Schneiden, nur im Ahd. in snîta incisio, umbisnîta peripsima, 2) das Abgeschnittene, bucella, 3) der schneidende Theil der Werkzeuge, namentlich der Waffen, 4) Säge (ags.).

Ahd. bîta (Graff III, 64); mhd. bîte, bît (Lex. I, 286) das Stillehalten, Verweilen, Zögern.

Got. sleiþa Schaden. Zu skrt sridh verletzen? Fick I^3, 265.

Ags. flît in sundflît (Grein); ahd. flîzza (Graff III, 780) Eifer, Anstrengung, Wetteifer; alts., altfr., ahd., mhd. ein masc. a-Thema gleicher Bedeutung; siehe S. 130.

Ags. stîg (Ettm. 740, Grein); ahd. stîga (Graff VI, 624); mhd. stiege (Mhd. W. II_2, 633) 1) das Steigen, Gehen, 2) Ort, wo man geht, Weg, Pfad, 3) Stufe, Treppe, Leiter. Ist

Ags. stîge (Ettm. 741); altfr. stîge (R. 1049); nd. stîge (Brem. W. IV, 1035); ahd. stîga (Graff l. c.) 1) hara, porcile, ovile, caula (ags., ahd.), 2) eine Anzahl von 20 dasselbe Wort? stîge der Ort, wohin die Thiere sich zur Ruhe begeben, wie stuot der Ort, wo die Pferde stehen?

Ags. frigu (Grein) amor.

Ahd. îla (Graff I, 231); mhd. île (Mhd. W. I, 747) Eifer, Eile. Zu skrt îr sich in Bewegung setzen.

Ahd. smîda (Graff VI, 827) das Metall als das geglättete, geschmiedete.

Ahd. rîsa (Graff II, 540); mhd. rîse (Mhd. W. II_1, 726, Lex. II, 458) 1) das Fallen, Herabfallen nur in loup-, niderrîse, 2) die Wasser-, Stein-, Holzrinne an einem Berge (mhd.), 3) eine Art herabfallender Schleier (ahd., mhd.).

Mhd. schîze (Mhd. W. II_2, 177) Durchfall, Diarrhoe.

Ahd. sîha (Graff VI, 134); mhd. sîhe (Mhd. W. II_2, 286) die Seihe, cola.

Ahd. spîha (Graff VI, 365); mhd. spîe (Mhd. W. II_2, 513) 1) das Erbrechen, 2) der Speichel.

Mhd. swîche, geswîche (Mhd. W. II_2, 784) 1) Abgang, Verlust, 2) Falschheit, Berückung.

Mhd. glîze (Mhd. W. I, 550) Glanz.

Mhd. brîse (Mhd. W. I, 255) Einfassung, Einschnürung an Kleidungsstücken. Zu brîsen st. V.

Altn. drîf (Egilss.) tempestas; drífa (Egilss., Cl.) 1) Schneefall, mit Schnee untermischter Regen, 2) Kampfsturm.

Ahd. scîba (Graff VI, 407); mhd. schîbe (Mhd. W. II_2, 96) Scheibe, Kreis, Kugel, Rad.

Altn. hlíf (Egilss., Cl.) 1) der Schutz, besonders der vom Schilde etc. gewährte, 2) im Plural Schutzwaffen.

Got. staiga; ahd. steiga (Graff VI, 625); mhd. steige (Mhd. W. II_2, 632) 1) das Aufsteigen, 2) Steig, Pfad, steile Fahrstrasse.

Westgerm. lêra, lâra 1) Lehre, Anweisung, Unterweisung, Unterricht, 2) Anordnung, Fügung, Befehl, 3) Weisheit, Wissenschaft. Dass das Wort auch ostgerm. bestand, zeigt got. laisareis der Lehrer.

Ahd. leisa (Graff II, 251); mhd. leise (Mhd. W. I, 961) 1) Spur, Geleis, 2) eine Spur frischgefallenen Schnees. Siehe Anm. 62.

Westgerm. êra, âra 1) das Ansehen, der Glanz, die Herrlichkeit, Ehre, 2) Unterstütznng, Schutz, 3) Gabe, Geschenk, Lohn. Mit got. ais-tan, lat. aes-timare zu skrt ish sich nach etwas in Bewegung setzen, suchen, aufsuchen, anerkennen, ansehen.

Alts. frêsa; ahd. freisa (Graff III, 830); mhd. vreise (Mhd. W. III, 398) 1) Versuchung, 2) Gefahr, Gefährdung, 3) was Gefahr und Verderben bringt, Drangsal. Zu got. fraisan.

Alts. geheita (Kl. altn. Denkm. 123); ahd. antheizza (Graff IV, 1087); mhd. heize (Mhd. W. I, 660) das Versprechen, Gelübde.

Altn. leiđ (Egilss., Cl.); ags. lâđ (Ettm. 190, Grein); altfr. lêde (R. 888); ahd. leita (Graff II, 187); mhd. leite (Mhd. W. I, 976) 1) Gang, Reise, 2) Kriegszug, 3) Ort, wo man geht, Weg, Heerstrasse; altn. speciell das Meer, da leiđ auch expeditio bellica maritima bedeutet, 4) Leitung, Führung, 5) Leite, Beweisführung mit Eideshelfern (altfr., ags.), 6) ein Canal, der Wasser abführt, 7) das Purgiren, die Abführung, 8) eine Leite, Fuhre, Wagenladung Holzes, 9) Tonne, Fass zum Fortführen einer Flüssigkeit, 10) Lebensunterhalt, Getreide (ags.), ahd. heist diess lîbleita.

Altn. reiđ (Egilss., Cl.); ags. râd (Ettm. 265, Grein); ahd.

reita (Graff II, 478); mhd. reite (Mhd. W. II_1, 743) 1) das Reiten, 2) Fahrt, Reise, 3) Kriegszug, kriegerischer Angriff, 4) Vehikel zur Fortbewegung: a) Wagen, b) Schiff (altn.), 5) Name einer Rune.

Ags. râv (Ettm. 266) mit Spirantenwechsel statt râh; ahd. rîga (Graff II, 430); mhd. rîhe (Mhd. W. II_1, 702) 1) Aufreihung, Reihe, Linie, Ordnung, 2) Rinne, Abzugsgraben (mhd.). Zu ahd., ags. rîgan; cf. Fick I^3, 195.

Altn. beita (Egilss., Cl.); ags. bât (Ettm. 305); ahd. beiza (Graff III, 231); mhd. beize (Mhd. W. I, 193) 1) das Beissen, concret beissende Flüssigkeit, Beize (ahd., mhd.), 2) das was gebissen wird, Speise, Köder (altn., ags.), 3) Falkenjagd (mhd.). Wohl ursprünglich dasselbe Wort ist altn. beit (Egilss., Cl.) ‚a plate of metal mounted on the brim'; es war also die Stelle an den Hörnern, wo man gleichsam in sie biss.

Germ. laibâ- (fehlt altfr.) das Uebrig-, Zurückgelassene, Erbe, Erbstück.

Altn. sceiđir (Cl.) nur Plural mit unorgan. Uebertritt in i-Declination; ags. sceâđ (Ettm. 687, Grein); ahd. sceida (Graff VI, 439); mhd. scheide (Mhd. W. II_2, 106, Lexer II, 685) 1) Scheidung, Trennung, Abschied, 2) Unterscheidung, Sonderung, 3) Grenzscheide, Grenze, 4) Scheide des Schwertes, vagina.

Altn. greip (Egilss., Cl.); ags. grâp (Ettm. 445, Grein); ahd. greifa (Graff IV, 319) 1) die zum Greifen ausgebreitete Hand, 2) die Hand überhaupt, 3) der Zwischenraum zwischen den Fingern bei der ausgebreiteten Hand, 4) Hacke, Karst (ahd.), wohl wegen der Aehnlichkeit der beiden auseinanderstehenden Zinken mit der ausgebreiteten Hand.

Ags. âsce (Ettm. 68); altfr. âske (R. 612); ahd. eisca (Graff I, 493) Forderung, Frage. Mit skrt icchâ aus dem Präsensstamme der Wurzel is.

Ahd. flêha (Graff III, 756); mhd. vlêhe (Mhd. W. III, 339) das Flehen, die dringende, demüthige Bitte. Zu got. þláihan.

Ahd. sleifa (Graff VI, 810); mhd. sleife (Mhd. W. II_2, 401) 1) das Schleifen, 2) Schleife, Schlitten, 3) die durch

Schleifen des Holzes entstandene Spur, der Weg. Dasselbe Wort ist wohl altn. sleif (Cl.) ‚a wooden ladle to stir with‘.

Altn. sneiđ (Cl.); ahd. sneida (Graff VI, 844); mhd. sneite (Mhd. W. II_2, 442) 1) abgeschnittenes Stück, Bissen (altn.); ahd. nur in âsneita sarmentum, 2) durch den Wald gehauener Weg.

Altn. reisa (Egilss., Cl.); ahd. reisa (Graff II, 542); mhd. reise (Mhd. W. II_1, 663) Aufbruch, Zug, Reise, besonders Heer- und Kriegszug. Cleasby vermuthet für Altn. Entlehnung aus dem Deutschen, da das Wort erst gegen Ende des XIV. Jahrhunderts erscheint und jetzt noch ganz selten ist.

Mhd. neige (Mhd. W. II_1, 153) 1) Neigung, Senkung, 2) Tiefe.

Altn. dreif (Egilss., Cl.) die Zerstreuung.

Altn. kleif (Egilss., Cl.) ein Bergrücken mit ‚aufsteigenden‘ Klippen. Zu klífa.

Altn. leit (Egilss., Cl.) 1) das Suchen, die Aufspürung, 2) ein kriegerisches Unternehmen.

Altn. skreiđ (Cl.) eine bewegliche Fischmenge; skríđa wird besonders vom Kriechen und Krabbeln der Thiere gebraucht, daher bedeutet skreiđ ursprünglich das ‚Gekrabbel‘: dies wurde concret gefasst.

Ags. lufu (Ettm. 175, Grein); ahd. lupa, môtluba (Graff II, 57) Liebe, Zuneigung; got. lubo in broþralubo Bruderliebe.

Ags. notu (Ettm. 247) Genuss, Vortheil.

Ahd. chora (Graff IV, 519); mhd. kor (Mhd. W. I, 830) Prüfung, Versuch.

Ahd. bînisûga (Graff VI, 135); mhd. bînsûge (Mhd. W. II_2, 724) thymus, eine Pflanzenart, deren Blütensaft besonders von Bienen gesogen wird.

Mhd. zoge (Mhd. W. III, 935) das Ziehen: in den Compos. gezoge, nôtzoge, ûʒzoge.

Altn. dros (Egilss., Cl.) der fallende Regen; álmadros der Pfeil.

Got. jiuka; ags. geóc (Ettm. 430, Grein) Kampf, Streit,

Kühnheit, kühne That. Zu Wurzel yug verbinden; der Kampf ist ein aneinander gerathen. Cf. skrt abhiyuj angreifen, abhiyugvan Gegner, abhiyuj Angreifer; yu-g ist aus yu determinirt wie yu-dh, welches nur in der Bedeutung kämpfen gebräuchlich ist.

Ags. lûcu (Ettm. 193) clausura, urbs; altn. lúka (Cl.) 1) a hollow hand, 2) the lid in the opening of a loft; alle drei Bedeutungen lassen sich auf den Begriff ‚Verschluss' concret gefasst zurückführen.

Ags. hreóv (Ettm. 505, Grein); ahd. hriuwa (Graff IV, 1144); mhd. riuwe (Mhd. W. II_1, 751) Schmerz, Trauer, Kummer, Verdruss.

Mhd. vlieze (Mhd. W. III, 349); mnl. vliet Strömung, Fluss.

Mhd. kamerrûze (Mhd. W. II_1, 825, Lex. I, 1503) spöttische Benennung der Kammerfrau; rûze ist Nom. Act. zu Wurzel rud.

Got. triggva; altn. trú und trúa (Egilss., Cl.); ags. treóv (Ettm. 547, Grein); altfr. triuwe (R. 1094); alts. trëwa; ahd. triuwa (Graff V, 466); mhd. triuwe (Mhd. W. III, 107) 1) Treue, Glauben, Zuverlässigkeit, 2) Vertrag, Bündniss, 3) Glaube im kirchlichen Sinne, Religion (altn.). Zu Wurzel dhrû feststehen; die lautlichen Schwierigkeiten beseitigt Bezzenberger bei Zacher Zeitschr. f. d. Phil. V, 360.

Ags. leáf (Ettm. 174, Grein); mhd. loube (Mhd. W. I, 1017) Erlaubniss. Dagegen ist alts. orlôf, ahd., mhd. urloup a-Thema, S. 152; ahd. galauba (Graff II, 71) fides, symbolum ist ebenso sicher â-Thema als in den übrigen germanischen Sprachen unorgan. erweiterter masc. a-Stamm vorliegt.

Altn. taug (Egilss., Cl.); ags. teág (Grein) 1) Zügel, Schnur, Band, Tau, 2) Sehne.

Altn. þraut (Egilss., Cl.); ags. þreát (Grein); engl. threat 1) Drangsal, Noth, 2) harte, anstrengende Arbeit. Die ursprüngliche Bedeutung der germanischen Wurzel þrut war drängen, stossen, so noch lat. trûdere. Da das ags. Wort nur an einer für Thema nichts beweisenden Stelle vorkommt, und der altn. Plural þrautir sowohl auf organischen als unorganischen i-Stamm weisen kann, so muss der Stammesausgang unsicher bleiben.

Altn. þrá (Egilss., Cl.); ags. þreá (Ettm. 614, Grein); ahd. drôa (Graff V, 245), drawa (Graff V, 246); mhd. drô und drouwe (Mhd. W. I, 398) 1) das Drängen, Quälen mit Worten, comminatio, increpatio, invectio, 2) mit der That, Marter, Qual; ags., altn. daneben neutr. a-Stamm; mhd. masc. a-Stamm. Siehe Anm. 63.

Ags. sceáv (Ettm. 685); ahd. scou (Graff VI, 556); mhd. schouwe (Mhd. W. II_2, 200) 1) suchendes, prüfendes Schauen, 2) Besichtigung, Prüfung Seitens der Obrigkeit, 3) Ort, wo dies geschieht, 4) das Anschauen, der Anblick, 5) das was gesehen wird, der Anblick, den etwas gewährt, Aussehen, Gestalt. Da im Mhd. noch ein seltener masc. a-Stamm erscheint, so zieht man am besten die wenigen ahd. Stellen ebenfalls dahin.

Ahd. toufa (Graff V, 387) die Taufe; daneben masc. a- und fem. yâ-Stamm; mhd. toufe (Mhd. W. III, 58) kann ahd. toufa und toufî entsprechen.

Ahd. zawa (Graff VI, 713) tinctura. Zu gr. δεύω benetzen, befeuchten. Pott III^2, 910.

Ahd. zawa, gizawa (Graff VI, 713) Geräth. Mit altfr. tow, ahd. zawên, got. taujan zu Wurzel du gehen, fortgehen, treiben, fördern. Pott III^2, 905, Fick I^3, 624.

Mhd. sloufe (Mhd. W. II_2, 406) 1) was man anzieht, namentlich die Bekleidung, in die ein kleines Kind gewickelt wird, 2) Erbsenschote.

Mhd. stroufe (Mhd. W. II_2, 697) 1) Bestreifung, 2) Verletzung, Schaden, Verlust.

Altn. braut (Egilss., Cl.) der durch Felsen, Wälder, unwegsame Orte gebrochene Weg; wohl unterschieden von vegr, stígr. Zu brjóta wie ital. rotta (aus via rupta) zu rumpere, strâta zu sternere.

Altn. flaug (Egilss., Cl.) 1) das Fliegen, 2) die Flucht.

Altn. há (Egilss., Cl.) Grundform havâ- 1) das Hauen, Schlagen, Kampf, Schlacht, 2) das Nachgras, der Grummet, während hey = got. havi, ahd. hawi das erste Gras, Heu bedeutet, 3) die gegerbte Haut von Thieren, 4) begrenzter, abgesteckter Raum, þinghá Dingstätte, weil sie wohl durch einen Verhau, Verschlag abgegrenzt war. Das Wort sowie seine Bedeutungsentwicklung ist von Cleasby total missverstanden. Ahd. hauwa (Graff IV, 707); mhd. houwe (Mhd. W. I, 722) Haue, Hacke.

Altn. klauf (Egilss., Cl.) Spaltung, Trennung: 1) grammatisch Asyndeton, 2) Spaltung zwischen den Zehen, 3) die Klaue, 4) das Klauenvieh.

Altn. kló (Egilss., Cl.); ags. clavu und clâ (Ettm. 391, Grein); ahd. chlôa, klava (Graff IV, 541); mhd. klâ, klâwe (Mhd. W. I, 831) 1) Klaue, Kralle, 2) Huf des Hornviehes, 3) Hornvieh. Altn. im Nom. Plur. Umlaut wie scó etc., also unorgan. Uebertritt in die i-Declination. klavâ- ist die concrete Zusammenziehung, Zusammenkrallung. Ueber Wurzel glu siehe S. 76.

Altn. laut (Egilss., Cl.) ein niedrig gelegener Ort. Zu lûta inclinare; vergl. neige auf S. 261.

Altn. rauf (Egilsr., Cl.) Riss, Kluft, Spalte.

Altn. gá (Cl.) erscheint in hundgá das Bellen, Gebell; goðgá Gotteslästerung. Zu altn. geyja, gó.

Es folgen nun die ostgermanischen Wörter, die hierher gehörend nur mehr den erweiterten Stamm zeigen und denen auch im Westgermanischen, falls sie vorkommen, kein â-Stamm zur Seite steht. Vergl. S. 242.

Altn. ḍuna (Egilss., Cl.) tosendes, donnerähnliches Geräusch. Mit altn. dynja, ags. dynjan zu skrt dhvan tönen.

Altn. orka (Egilss., Cl.) 1) Kraft, Fähigkeit zum Wirken, 2) aufgetragene Arbeit, Beschäftigung.

Got. vruggo die Schlinge, die verkörperte Umschlingung oder Würgung.

Altn. eta (Egilss., Cl.) 1) das Essen, Fressen, 2) die Speise, Futter, 3) die Krippe.

Altn. geta (Egilss., Cl.) das Erreichen, Erfassen: 1) alimentum, cibus, esca, 2) geistig die Vermuthung.

Altn. lega (Egilss., Cl.) 1) das zu Bette liegen, 2) das Bett, Lager.

Got. brinno Fieber; ahd. brinna (Graff III, 309) frixura; mhd. brënne (Lexer I, 349) Feuer, Flamme.

Got. rinno; altn. renna (Egils., Cl.); ahd. rinna (Graff II, 519); mhd. rinne (Mhd. W. II_1, 718) 1) das Rennen, Laufen (altn.), 2) Ort, wo das Wasser läuft, canalis, cataracta (ahd., mhd.), 3) Giessbach (got.), Wasserfluss, Quell (mhd.).

Got. trigo Traurigkeit, Sorge; altn. tregi, ags. trëga sind Nom. Act. mit Suffix a unorgan. erweitert.

Altn. afa (Egilss., Cl.) 1) übermässige Kraft, Fülle, 2) Uebermuth. Mit altn. afl Kraft, ahd. abalôn satagere etc. verwandt. Fick I^3, 490.

Altn. fara (Egilss.) amnis.

Altn. þaga (Egilss.) acceptio. Zu þiggja, þá, þágum accipere.

Altn. þaga (Cl.) das Schweigen.

Altn. kváma, koma (Egilss., Cl.) 1) die Ankunft, 2) die Rückkehr.

Altn. áta (Egilss., Cl.) 1) das Essen als Handlung, 2) das was gegessen wird, Speise.

Altn. drápa (Egilss., Cl.) ein Lobgedicht. ‚The word is probably derived from drepa, to strike i. e. to strike the cords of an instrument.‘ Cleasby s. v.

Altn. gáta (Cl.) 1) Muthmassung, Vermuthung, 2) Räthsel.

Altn. tróða (Egilss., Cl.) pertica.

Altn. blika (Egilss., Cl.) 1) helle Wolken als Vorboten des Sturmes, 2) Blitz.

Altn. sviða (Egilss., Cl.) 1) das Brennen, Sengen, 2) poet. die Lanze. Zu svíða urere.

Altn. blíða (Egilss., Cl.) Freundlichkeit, Sanftmuth.

Altn. kvíða (Egilss., Cl.) Bekümmerniss, Sorge.

Altn. skína (Egilss.); ahd. skîna (Graff VI, 510) 1) lux, splendor (altn.), 2) manifestatio (ahd.).

Altn. leige (Egilss., Cl.) 1) das Leihen, Miethen, die Miethe, 2) Lohn, Sold. Zu got. leihvan, Wurzel rik.

Altn. sleita (Egilss., Cl.) 1) jurgium, altercatio, 2) cunctatio, tergiversatio.

Got. reiro 1) Zittern, Schreck, 2) Erdbeben. Fick I[3], 193.

Altn. sveipa (Egilss., Cl.) praecinctorium, quali utuntur opifices, coqui: die concrete Umschlingung, der Umwurf.

Altn. reiða (Egilss., Cl.) 1) Vorbereitung, Zu-, Ausrüstung, 2) gastliche Aufnahme; ahd. antreita (Graff II, 480) Ordnung, Anordnung. Cf. got. garaids, ahd. reiti.

Altn. aust-skota (Egilss., Cl.) = austrs-ker haustrum nauticum sentinae egerendae.

Got. hnuþo Stachel.

Got. driuso Abhang. Vergl. mhd. neige S. 261, altn. laut S. 264.

2) Nomina Actionis auf Suffix â mit etymologisch dunkler Bedeutung. Viele derselben erscheinen nur als Concreta und es kann daher bei einigen, wie schon angedeutet, auch an movirte Feminina gedacht werden. Sie sind wie die vorangehenden klaren Beispiele nach innerem Wurzelvocal geordnet, soweit sich derselbe bestimmen oder nur muthmassen liess: einzelne Wörter könnte man auch zu Abtheilung 1 ziehen.

Germ. sorgâ- (fehlt fries.) 1) Sorgfalt, sorgfältige Erwägung, 2) ängstliche Sorgfalt, Bekümmerniss, 3) Trauer, Beschwerde. An mhd. sêren Denomin. von sêr ist nicht zu denken, wie Grimm und Ettmüller thun; wenn der Auslaut keine Schwierigkeiten machte, könnte man skrt sajj (aus sasg) herbeiziehen: hängen, haften an etwas; sorgâ- bezeichnete das geistige Haften an einer Sache, die Beschäftigung damit, Erwägung.

Got. hrugga; ags. hrung (Ettm. 501, Grein); ahd. runga (Haupt Z. VI, 326. 361); mhd. runge (Mhd. W. II_1, 795); engl. rung Stab (got.), Balken (ags.), Stange, die die Leitern am Wagen hält (mhd.), Knüttel, Leitersprosse, Querbalken im Schiffskiel (engl.); cf. Brem. W. III, 558.

Ags. scolu (Ettm. 693, Grein); alts. skola Haufe, Schaar; daneben ags. auch scalu. Unter Vergleich von scoru 1) incisura, 2) Schaar, Abtheilung kann man das Wort zu Wurzel skal scheiden, trennen stellen.

Ags. lund (Ettm. 165) lien, adeps?

Ags. þrûh (Ettm. 610); ahd. drûha, trûha (Graff V, 511); mhd. trûhe (Mhd. W. III, 121) 1) loculus, locellus, capsella, 2) sarcophagus, vas in quo mortui efferuntur.

Germ. stondâ- (fehlt got.) Zeitpunct, Zeit, Weile; altn. Uebertritt in i-Declination.

Alts. dura; ahd. tora (Graff V, 445) die Thür.

Ahd. folga (Graff III, 512); mhd. volge (Mhd. W. III, 366) 1) das Folgen, 2) das Verfolgen, 3) geistig die Zustimmung, 4) das Gefolge, die folgende Schaar.

Altn. dorg (Egilss., Cl.) arundo piscatoria.

Altn. dul (Egilss., Cl.) 1) Verheimlichung, Geheimnissthuerei, 2) Selbstzufriedenheit, Anmassung.

Altn. luṅd (Egilss., Cl.) 1) animus, animi indoles, 2) modus, ratio.

Altn. mun (Egilss.) amnis.

Altn. urđ (Egilss., Cl.) Steinhaufe, felsiger Ort.

Germ. herdâ- (fehlt alts. und altfr.) 1) Schaar, Haufe von Thieren, Heerde, 2) Dienerschaft, Hausgenossenschaft Fick I^3, 48.

Ags. rind (Ettm. 257); ahd. rinta (Graff II, 532); mhd. rinde (Mhd. W. II_1, 710) Rinde am Baum und am Brode; ist das Wort zu rand zu halten?

Ags. pricu (Ettm. 275) punctum.

Ags. dënu (Ettm. 557, Grein) vallis, convallis. Lautlich scheint sich das Wort zu skrt dhánu hohes, sandiges Ufer dhánvan trocknes Land zu stellen; da aber dessen Grundbedeutung wahrscheinlich hervorragendes Land (cf. gall. -dunum, ags. dûn) ist, so lässt es sich begrifflich damit nicht vereinigen. Siehe Grassmann Wörterb. zu Rigveda S. 655.

Ags. hveođu (Grein); altn. hviđa (Egilss., Cl.) aura (ags.), turbo (altn.). Grein stellt hierzu got. hvaþo Schaum; dies erinnert an skrt kvath kochen, sieden, dessen th aus t entstanden sein kann. Siehe Schleicher Comp.[3] §. 123.

Ags. mëld (Ettm. 204, Grein); ahd. mëlta (Graff II, 724); mhd. mëlde (Mhd. W. II_1, 135) Hinterbringung, Angabe, Angeberei, Verrath.

Ags. scrindu (Grein) cursus rapidus.

Ahd. hërta (Graff IV, 1027) vicissitudo.

Altn. fjöl (Egilss., Cl.) Diele, dünnes Brett.

Germ. ahvâ- Wasser, Fluss. Fick I³, 473 stellt es höchst unwahrscheinlich zu Wurzel ak biegen, krümmen.

Germ. vambâ- (fehlt alts.) der Bauch.

Germ. halbâ-, 1) Hälfte, Theil, 2) Seite, 3) Richtung nach einer Seite, Richtung überhaupt. Eine Vermuthung über die Etymol. S. 105.

Got. hansa; ags. hôs (Ettm. 448, Grein); ahd. hansa (Graff IV, 978); mhd. hanse (Lexer I, 1169) 1) Haufe, Schaar, Cohorte, 2) kaufmännische Vereinigung mit bestimmten richterlichen Befugnissen (mhd.).

Got. hlamma Schlinge, Fallstrick. Fick² 734; wahrscheinlicher stellt es Leo Meyer zu *κρεμ-άννυμι*.

Germ. talâ- (fehlt got.) 1) Zahl, Summe, 2) Aufzählung, 3) Erzählung, 4) gerichtliche Klage und Vertheidigung (altfr.).

Germ. asgâ- (fehlt altfr.) die Asche; got., altn., ags. immer ân-Thema, sonst schwankend.

Alts. galla; ahd., mhd. galla (Graff IV, 180, Mhd. W. I, 459) 1) Galle, 2) Bitteres überhaupt, 3) Falschheit (mhd.), 4) Bezeichnung eines bösen Menschen; ags. ist das Wort sw. M.; altn. Neutr.; cf. *χόλος* neben *χολή*. Curt. Grundz.² No. 20, Fick I³, 81.

Altn. vara (Cl.); ags. varu (Ettm. 81); mhd. war (Mhd. W. III, 515) die Waare. Cf. Fick² 868.

Ags. vraðu (Ettm. 151, Grein) munimen, fulcrum, sustentaculum, auxilium; alts. Denominat. wreðjan stützen.

Ags. lanu (Ettm. 163) alveus; lautlich dasselbe Wort ist

Altn. lön (Egilss., Cl.) länglicher Haufe, besonders Heuhaufe.

Ags. mand (Ettm. 196) corbis, cophinus; nd. mande, manne (Brem. W. III, 125); nnl. mand dasselbe.

Ags. ragu (Ettm. 249) 1) rubigo, 2) helleborus niger, rubus mosylicus.

Altn. nöf (Egilss., Cl.); ags. nafu (Ettm. 231); ahd. naba (Graff II, 995); mhd. nabe (Mhd. W. II_1, 282) die Nabe am Rade. Zu skrt nâbhi, nâbha; Curt. Grundz.² No. 403.

Germ. nasâ- (fehlt got. und alts.) die Nase; arisches Wort Fick I^3, 128.

Altn. hespa (Cl.); ags. häsp (Ettm. 469); ahd. haspa (Graff IV, 1061); mhd. haspe (Mhd. W. I, 640) 1) Haspe, Thürhaken, Angel, 2) Garnwinde.

Ags. scealu (Ettm. 678); alts. skala; ahd. skala (Graff VI, 474); mhd. schale (Mhd. W. II_2, 120) die Schaale. Zu got. skalja Ziegel, Wurzel skal spalten, graben? die Aushöhlung?

Altn. skál (Egilss., Cl.); ahd. scâla; mhd. schâle (Lex. II, 638) 1) Schale, Hülse einer Frucht, des Eies, der Schnecke, 2) Trinkschale, 3) Wagschale, 4) Brettereinfassung.

Ags. svađu (Ettm. 748, Grein) vestigium.

Ags. sveard (Ettm. 750); mhd. swarte (Mhd. W. II_2, 763) behaarte Haut, besonders die des menschlichen Kopfes.

Ahd. zarga (Graff V, 705); mhd. zarge (Mhd. W. III, 850) Seiteneinfassung eines Raumes, Rand, Ring; altn. targa (Egilss., Cl.) ein kleiner Schild: wohl ursprünglich Schildeinfassung, dann als pars pro toto wie ags. rand.

Ahd. laba (Graff II, 36); mhd. labe (Mhd. W. I, 938) Labung, Erholung. Vergl. Lexer I, 1805 über Etymologie.

Altn. mön (Egilss., Cl.); ahd. mana (Graff II, 794) Mähne des Rosses. Fick I^3, 171.

Mhd. lanne (Mhd. W. I, 935) Kette; zu got. linnan?

Altn. böll (Egilss.) amnis. Das Wort kommt nur Snorr. Edd. 130 vor bei Aufzählung der Flüsse, die aus Hvergelmir entsprungen sind; es ist wahrscheinlich nur Feminin. des Adj. ballr vehemens = got. balþs, ahd. pald.

Altn. glöp (Egilss.) Störung, Hinderniss, Hemmniss. Siehe Fick Spracheinheit 234, W. I^3, 568; dagegen Bezzenberger in Zachers Z. f. d. Ph. V, 358.

Altn. hröđ (Egilss.) 1) lorica, 2) navis.

Altn. kör (Egilss., Cl.) 1) lectus, 2) decubitio longa hominis aegrotantis; ‚a bed in which one lies bedridden‘. Cl.

Altn. ös (Egilss.) tumultus, strepitus.

Altn. röf (Egilss.) electrum, glesum.

Altn. löm (Cl.) Angel, Haken an einer Kiste.

Altn. kröm (Cl.) a pining, wasting sickness. Cf. got. qrammiþa Feuchtigkeit, altn. kramr halbflüssig.

Altn. vök (Cl.) Oeffnung im Eise.

Got. teva Ordnung: gehört mit tevi (Stamm tevja-) zu derselben Wurzel; siehe Z. Gesch. d. d. Spr. S. 457.

Got. fera Gegend, Seite. Das Wort stimmt lautlich und ist dem Sinne nach vereinbar mit skrt pâra (n.) jenseitiges Ufer, Ende, Ziel; irre gemacht wird man an dieser Zusammenstellung durch ahd. fêra, feara, fiara Seite, entfernte Gegend (Graff III, 669. 679); denn nirgends entspricht ahd. ê einem got. e, insofern beide einem arischen â gleichkämen (Z. Gesch. d. d. Spr. S. 430, Anm., Quell. und Forsch. III, 79).

Alts. râta (Kl. altn. Denkm. 154); mhd. râze (Lexer II, 354) Honigwabe.

Westgerm. strâla (fehlt altfr.) 1) der Strahl, 2) das Schilf, das Rohr, 3) Pfeil, Geschoss; ags. öfters Masc., wobei die concrete Bedeutung sagitta mitgewirkt haben mag. Wie verhält sich das Wort zu ahd. strâljan pectere?

Ahd. âla (Graff I, 224); mhd. âle (Mhd. W. I, 22) subula, Werkzeug der Lederarbeiter.

Ags. côđ und côđe (Ettm. 391, Grein) morbus; incôđ cholera. Vergl. das Adj. S. 109.

Altn. tál (Egilss., Cl.); ags. tâl (Ettm. 521, Grein); ahd. zâla (Graff V, 654); mhd. zâle (Mhd. W. III, 848) 1) Trug, List, 2) Verleumdung, falsches Zeugniss, falsche Anklage, 3) Gefährdung, Schädlichkeit, 4) Schaden. Fick I³, 617 stellt das Wort mit dolus zu einer Wurzel dal abzielen auf etwas.

Ahd. mâsa (Graff II, 861); mhd. mâse (Mhd. W. II_1, 85) 1) Narbe, Wundenmal, 2) Fleck, gewöhnlich in übertragener Bedeutung.

Mhd. dâse (Mhd. W. I, 368) Unholdin, Hexe. Vergl. Deutsch. W. II, 506.

Mhd. strâfe (Mhd. W. II_2, 671) 1) Verweis, Tadel, 2) körperliche Züchtigung; weder im Ahd. noch in den übrigen germanischen Sprachen existirt Verwandtes. Schmeller III, 863 wird es zu stroufe gestellt.

Altn. tág (Egilss., Cl.) ein Weidenzweig.

Altn. ván (Egilss.) amnis.

Altn. rá (Egilss., Cl.) aus älterem vrá (siehe Cl.) Ecke, Winkel.

Altn. rá (Egilss., Cl.); mhd. rahe (Mhd. W. II_1, 548) 1) Stange, 2) Schiffsrae.

Altn. drák (Cl.) Streifen, Strich.

Alts. hôva (Kl. altn. Denkm. 126); ahd. huoba (Graff IV, 753); mhd. huobe (Mhd. W. I, 729) ein Stück Land von einem gewissen Masse. Vergl. Fick I^3, 519; am wahrscheinlichsten ist jedoch, dass es einem skrt kshâpa Besitz entspricht, welches für kshâpayâmi vorausgesetzt wird (Kuhn Z. VII, 290).

Got. lofa; ags. lôf (Ettm. 156) die Hand; gehört das Wort zu labh ergreifen = λαβή Griff, Handhabe? ist ags. glôf (Beóv. 2081) Composition hieraus?

Westgerm. rôda 1) Ruthe, Gerte, 2) Ruderstange, 3) Galgen, Kreuz.

Altn. són (Egilss., Cl.); ahd. suona (Graff VI, 242); mhd. suone (Mhd. W. II_2, 749) 1) Urtheil, Gericht, 2) Sühne, Versöhnung, Ausgleichung.

Ags. sôm (Ettm. 627, Grein) Eintracht. Vergl. sêman reconciliare, sêma (sômja-) arbiter; das Wort scheint im Ablaut zu sama- derselbe zu stehen.

Mhd. druo (Mhd. W. I, 401) Frucht. Gr. I^3, 197 wird es zu ahd. drôa onus gestellt, da beladen und tragen dasselbe ist; onus ist jedoch, wie das öfters daneben erscheinende passio zeigt, ganz anders zu fassen. Vergl. Kuhn Z. X, 137 ff.

Ahd. stuopha (Graff VI, 658) in steora vel ostarstuopha decima tributi de portibus orientalium Francorum ad fiscum dominicum annuatim persolvendi.

Altn. hábrók (Egilss.) accipiter. Gehört brók zu braka (sw. V.) prasseln, krachen, ags. brecan fremere, ahd. praht Lärm? hábrók wäre lautes Gekrächz, was concret gefasst den nach Aas schreienden Habicht bezeichnete.

Altn. lóđ (Egilss., Cl.) ‚the crop or produce of the land; in moderne usage lóđ means the ground‘ Cl., Egilss. gibt solum, terra. Nach Cleasby soll das Wort zu lođinn shaggy, þick gehören; dies ist zweifelsohne mit Suffix ana oder na von Wurzel rudh (got. liudan) gebildet. Hierzu passt die Bedeutung von lóđ Ertrag sehr schön; nur muss man kurzes o schreiben.

Ags. scinu (Ettm. 693); ahd. scina (Graff VI, 499); mhd. schin und schine (Mhd. W. II_2, 139) 1) dünne Platte von Eisen, Holz, 2) Schienbein.

Ags. spitu (Ettm. 718) veru; siehe S. 58.

Ags. gripu (Grein I, 529)...?

Altn. glit (Egilss.) amnis. Das Wort kommt nur einmal vor in Snorr. Edda und stellt sich lautlich zur germ. Wurzel glit glänzen.

Germ. mizdâ- (fehlt altn.) Lohn, Belohnung. Siehe Scherer Z. Gesch. d. d. Spr. 430, Fick I^3, 178, Anzeiger f. d. Alterthum 99, Anm. 2.

Altn. nis (Egilss.) 1) amnis, 2) nox.

Altn. rim (Egilss., Cl.) Riegel an einem Pfahlzaun.

Germ. sîdâ- (fehlt got.) 1) Lende, 2) Seite eines Körpers, 3) die Richtung von der einen oder andern Seite eines Körpers. Ist an altn. síđr herabhängend zu denken?

Ahd. zîla (Graff V, 658); mhd. zîle (Mhd. W. III, 896) Zeile, Linie, Reihe, Vers.

Altn. gríđ (Egilss., Cl.) Heftigkeit, Ungestüm.

Altn. hít (Egilss., Cl.) ein aus Thierhaut verfertigter Sack, Beutel.

Altn. hríđ (Egilss., Cl.); ags. hrîđ (Grein) 1) Sturm, Schneegestöber, 2) heftiger Andrang im Kampf, 3) im Plural Fieberanfall. Siehe S. 203 Anm.

Altn. hlít (Egilss., Cl.) Genüge, Schutz, Sicherheit.

Altn. kví (Cl.) Hürde, Pferch, speciell der, in dem die Schafe gemolken werden.

Germ. paidâ- (fehlt altn. und fries.) hemdähnliches Kleidungsstück. Die Litteratur, die dies Wort hervorgerufen hat, ist bei Lexer II, 234 verzeichnet.

Altn. sneis (Cl.); ags. snâs (Ettm. 712) veru (ags.), ‚a skewer by which a long sausage is skewered into a coil'. Cl.

Ahd. leida (Graff II, 172) accusatio, im Plural seductiones, persecutiones; mhd. leide (Mhd. W. I, 982) das Gegentheil von diu liebe, das schmerzliche Gefühl, das im Gemüth durch etwas Widerwärtiges hervorgerufen wird.

Altn. eir (Egilss., Cl.) Friede.

Altn. kneif (Egilss., Cl.) 1) eine Art Haken, 2) der Griff, die Hand.

Altn. reik (Egilss., Cl.) die Scheitelung des Haares, der Scheitel.

Altn. rein (Egilss., Cl.) ein Streifen Land, das eine Grenze bildet, der Rain; ahd., ags. masc. a-Stamm. Die beliebte Deutung aus ags. hrînan tangere ist unmöglich.

Altn. steik (Egilss., Cl.) ein gebratenes oder geröstetes Fleischstück.

Ags. þrotu (Ettm. 614); ahd. drozza (Graff V, 250); mhd. drozze (Mhd. W. I, 398) Kehle, Schlund. Lautlich zu Wurzel trud stossen gehörig.

Got. liuga Heirath, Ehe Man könnte unter Vergleich von lat. nubere an liugan verheimlichen, verhehlen denken; so Gr. II, 23. Aber das dort noch angeführte ags. hæman coire, fornicari, hæmed coitus gehört nicht zu ham Kleid, Hülle, sondern zu derselben Wurzel wie got. heiva-, alts. sinhîwun die Ehegatten etc. Zu dem got. Denom. liugan heirathen vergl. altfr. logia sich verheirathen (R. 909).

Ags. reóvu tapeta; reóve (ân-Stamm) stragulum (Ettm. 264).

Ags. heón (Ettm. 482) die Haut.

Ahd. hûba (Graff IV, 753); mhd. hûbe (Mhd. W. I, 723); altn. húfa (Egilss., Cl.) Haube, Kopfbedeckung. Verwandte Wörter des Skrt und Gr. bei Fick I³, 57.

Ahd. diuba (Graff V, 98); mhd. diube (Mhd. W. I, 325) 1) Diebstahl, 2) gestohlene Sache.

Ahd. mûla (Graff II, 720) Maul, Mund; altn. múli ist masc. a-Stamm; mhd. mûl ist neutr. a-Stamm; mhd. mûle, miule, wenn es existirt, ist neutr. ya-Stamm.

Altn. brú (Egilss., Cl.) die Brücke; daneben altn., ags., ahd., mhd. ein yâ-Thema.

Altn. njól (Egilss., Cl.) die Nacht; nur an wenigen poetischen Stellen vorkommend.

Got. **staua** Gericht, Urtheil, Rechtsstreit. Lautlich stellt sich das Wort zu der ostarischen Wurzel stu preisen; so Bopp Gloss. compar.[3] S. 428.

Die hierher gehörigen ân-Stämme des Ostgermanischen (siehe S. 252. 264) sind:

Got. þaho Thon, Lehm. Altn. bránga (Egilss., Cl.) lorica? ‚a dub. ἅπ. λεγ.‘ Cleasby. Altn. rimma (Egilss., Cl.) Lärm, Tumult, Kampf. Altn. kápa (Egilss.) pallium, amiculum. Altn. róma (Egilss., Cl.) Waffenlärm, Kampfgetöse. Altn. iđa (Egilss., Cl.) Wirbel, Meeresstrudel. Altn. eisa (Egilss., Cl.) glimmende Asche. Got. geigo in faíhugeigo Habsucht. Got. þeihvo Donner; siehe Grimm Kl. Schr. II, 408 ff. Altn. lúfa (Egilss., Cl.) coma incompta. Altn. stúra (Egilss., Cl.) Trostlosigkeit, Muthlosigkeit, Trübsinn.

3. BEDEUTUNGSVERÄNDERUNGEN.

Ueber das Allgemeine vergleiche das S. 155 ff. über die Begriffsübergänge der Abstracta mit Suffix a Bemerkte. Es wird hier auch wieder geschieden zwischen Uebergängen der Begriffe im Gebiete des Abstracten und den mannigfachen concreten Bedeutungen, die solche Abstracta annehmen.

1) Abstracta mit Beschränkung der Handlung auf ein einmaliges Vorkommen: Got. vulva der Raub. Ags. scoru der Einschnitt. Ahd. slaga ictus oculi. Ags. stapu der Schritt. Altn. snöp das einmalige Zuschnappen, der Biss. Vergl. S. 158.

2) Abstracta, die Wirkung oder Folge einer Thätigkeit bezeichnend: mhd. wërre Verdruss, Aergerniss in Folge von Verwicklungen. Ags. vracu Elend, Qual als die Folge der Verbannung, Verfolgung. Ags. nôđ die aus Wagniss, Kühnheit hervorgehende kühne That. Ags. daru der Schaden. Mhd. urbor Ertrag, Gewinn. Ahd., mhd. saga, sage Erzählung, Gerücht. Alts. geheita, ahd. antheizza das Verheissene, das Gelübde. Mhd. schouwe der Anblick, den etwas gewährt, das Ansehen. Vergl. S. 159.

3) Abstracta, die einen Uebergang aus sinnlicher in die geistige Welt zeigen: got. usvaurpa Verwerfung, Verstossung. Mhd. wërre Verdruss, Aergerniss, Zwietracht. Altn. brigđ Unbeständigkeit, Flatterhaftigkeit. Germ. skamâ- Scham, Beschämung, Scheu. Mhd. gedon Belästigung, Beschwerde (eigentlich Anspannung). Alts. þraka Bedrängniss des Gemüthes durch Schmerz und Kummer. Mhd. var die Art, wie man fährt, Betragen. Mhd. slage Schaden, Unglück. Mhd. klambe Beklemmung. Mhd. bâr die Art und Weise, wie sich etwas trägt, zeigt. Mhd. state Umstände, Lage, günstige Verhältnisse. Mhd. wal die Art und Weise wie etwas gewählt ist, sich zeigt. Altn. hvöt Antreibung, Anfeuerung. Ags. þrâg der Verlauf und Stand der Dinge, die Lage. Mhd. lâge Lebensverhältnisse, Zustand. Mhd. mâze das Masshalten, anstandsvolle Bescheidenheit. Mhd. sâze Lage, Stellung, in der sich etwas befindet, Lebensweise, Einrichtung. Mhd. vuore Lebensweise, sowohl wie man äusserlich sich zeigt oder benimmt als auch mit Beziehung auf das Innere. Mhd. vuoge Schicklichkeit, anständiges Benehmen; Geschicklichkeit, Kunstfertigkeit. Mhd. swîche Falschheit, Berückung. Ags. þreát Drangsal, Noth. Mhd. stroufe Verletzung, Schaden, Verlust. Siehe S. 160 ff.

Unter den mannigfachen concreten Bedeutungen, die ursprüngliche Abstracta annehmen, heben sich folgende Kategorien ab:

1) Durch das Nomen der Handlung wird die verkörperte Handlung bezeichnet: ahd. bulga lederner Schlauch, Ranzen als die concrete Aufschwellung. Got. vida die Fessel. Got. gabinda das Band. Got. gaírda der Gürtel. Ahd. decha (?) die Decke. Mhd. nar Speise und Trank. Ahd. fëlga, ags. fealh die Radschiene. Altn. hlíf im Plural die Schutzwaffen. Ahd. hamma, altn. hömm die Krümmung des Knies, Schenkel beim Pferde. Altn. kló, ags. clavu, ahd. chlôa Klaue, Kralle. Vergl. S. 162.

2) Ein ursprüngliches Abstractum bezeichnet den concreten Gegenstand, an dem die Handlung sich vollzieht oder der aus

der vollbrachten Handlung hervorgeht: got. gabruka das Abgebrochene, der Brocken. Got. usvaúrpa Auswurf, Frühgeburt. Ags. hûđ, ahd. herihunta Beute. Altn. skor Fels, Spalt, Kluft. Ags. trodu die Spur. Germ. gebâ- die Gabe, das Geschenk. Mhd. schër, schëre 1) abgetheiltes Stück Land, Wiese, 2) zerschnittener, zerklüfteter Fels, Klippe. Mhd. wasche das Linnen etc., alles was gewaschen wird. Ags. spanu mamma, ubera (an ihr wird gezogen, gesogen). Altn. tröđ Spur. Altn. möl Kiesel, Kieselbett eines Flusses. Ahd. brâhha, mhd. brâche das umgebrochen, aber unbesät daliegende Land. Germ. grôfâ- die Grube. Ahd., mhd. snîta, snîde das Abgeschnittene, bucella. Ahd. smîda das Metall als das geglättete. Mhd. spîe der Speichel. Altn. beita, ags. bât Speise, Köder. Mhd. sleife die durch Schleifen eines Dinges entstandene Spur. Altn. sneiđ abgeschnittenes Stück, Bissen. Altn. braut der durch Wälder, Felsen gebrochene Weg. Siehe S. 162 ff.

3) Das Nomen der Handlung wird benutzt, um den Ort zu bezeichnen, wo die im Verbum liegende Handlung vor sich geht oder wohin sich die Thätigkeit richtet. Mhd. pflëge Amt, Herrschaftsbezirk, in dem jemand die pflëge, Aufsicht ausübt. Got. graba, altn. gröf die Grube als Ort, wo gegraben wurde. Altn. vör geschützter Ort, Hafen zum Landen. Ahd. wasca das Bad als Ort des Waschens. Ags. varu Ort, wo man wohnt, sich ansiedelt. Altn. för, ags. faru Ort, wo man fährt, Weg. Alts. slaga, mhd. slâ Wegspur von Menschen und Thieren, Fährte, Weg überhaupt. Altn. tröđ, mhd. trate Weg als betretener; mhd. speciell der Theil der Feldmark, welcher unbebaut und für den Viehbetrieb offen bleibt. Mhd. lâge Ort, wo Waaren niedergelegt sind. Ahd. luoga Lager, Höhle des Löwen. Altn. hlađa, mhd. lade Ort, wohin etwas abgeladen wird 1) Scheune (altn.), 2) Kiste, Kasten (mhd.). Mhd. sâze Ort, an dem man sich niederlässt 1) bleibend: Sitz, Wohnort, 2) vorübergehend: a) Rastort, b) Hinterhalt. Mhd. vuoge die Stelle, an der zwei Theile an einander gefügt sind. Ahd. stëga Ort des Aufsteigens, Stiege. Ags. stîg, ahd. stîga Weg, Pfad, Stufe, Treppe, Leiter. Mhd. rîse Wasser-,

Stein-, Holzrinne an einem Berge. Ahd. sîha, mhd. sîhe die Seite, cola. Got. staiga, ahd. steiga, mhd. steige Steg, Pfad, Weg, steile Fahrstrasse. Ags. lâđ der Weg; altn. leiđ 1) Weg, 2) Meer, da líđa auch von Seezügen gebraucht wird. Mhd. sloufe die Kleidung, in die ein kleines Kind gewickelt wird. Siehe S. 164 ff.

4) Das Nomen der Handlung wird metaphorisch für eine handelnde Person oder einen sonst irgendwie thätig gedachten Gegenstand gesetzt: Ahd. scora, mhd. schor der Spaten, die Schaufel; got. vinþiskaúro Wurfschaufel. Ags. hlimm torrens. Mhd. spëhe der Kundschafter. Mhd. sëhe Pupille. Mhd. phlëge der Aufseher. Altn. hrund bellona, ministra Ođinis; vergl. Hildr. Altn. gjöll der Fluss. Mhd. grabe Werkzeug zum Graben, Spaten, Hacke. Ags. scaru, ahd. scara Abtheilung, zusammengehörige Menschenmenge, Kriegerhaufe. Ags. varu im Plural die angesiedelten Menschen, die concrete Ansiedlung; ebenso kshitayas, viças, kṛshṭayas im Veda. Ags. faru, langob. fara der fahrende Zug, Haufe, die zusammen fahrende Familie, der Stamm. Mhd. valte Winkel, Ecke. Ags. feall, ahd. falla, mhd. valle die Mausfalle. Altn. spönn, ahd., mhd. spanna die ausgespannte, ausgebreitete Hand. Ags. stacu, altfr. stake Pfahl, Pfeiler. Altn. stöng, ahd. stanga die Stange. Mhd. klambe Fessel, Klammer. Altn. spöng, ags. spange, ahd. spanga sera, seracula. Ahd. scalta Ruderstange. Ahd. scërra, mhd. schërre Scharreisen, Striegel. Germ. bârâ- (fehlt got.) die Bahre. Westgermanisch wâga (fehlt altfr.) sowohl die Wage als das wägende Gewicht. Altn., ags. âr Ruder. Ags. hlôđ, altfr. hlôth, mhd. luot Menge, Schaar, Bande im verächtlichen Sinne, ags. eine Schaar von 7—35 Dieben. Mhd. schuofe Gefäss zum Schöpfen, Schöpfeimer. Ags. hnitu, ahd., mhd. niz das Lausei. Ags. clîf, ahd. klîba Klette. Mhd. snîde der schneidende Theil der Waffen; ags. snîđ die Säge. Ahd. rîsa, mhd. rîse eine Art herabfallender Schleier. Altn. drif Sturm. Ags. lâđ ein Canal, der das Wasser abführt; mhd. leite Tonne, Fass zum Fortschaffen einer Flüssigkeit. Altn. reiđ, ahd. reita Vehikel zur Fortbewegung 1) Wagen, 2) Schiff (altn.).

Ahd. beiza, mhd. beize beissende Flüssigkeit. Altn. greip, ags. grâp, ahd. greifa die zum Greifen ausgebreitete Hand. Mhd. sleife der Schlitten. Altn. dros der fallende Regen. Altn. taug, ags. teág Zügel, Schnur, Band, Sehne. Mhd. vlieze, mnl. vliet der Fluss.

4. DIE NOMINA AGENTIS MIT STAMMAUSGANG Â.

Ueber das Verhältniss dieser Feminina zu den Abstractis mit Suffix â siehe S. 236 ff. Es kommen hier nur diejenigen Wörter besagter Kategorie zur Behandlung, die aus Nom. Agent. mit Suffix a movirt sind und auch diese nur absolut vollständig, insofern sie nicht weitergebildet sind. Es unterliegt keinem Zweifel, dass in einer Stammbildungslehre der germanischen Sprachen alle Nom. Agent. feminin. Gener., deren Stamm auf â ausgeht, mögen sie aus Suffix a, oder ka, ra, la etc. movirt sein, zusammen zu behandeln sind, da sie alle dasselbe Verhältniss zu den primitiven Wörtern zeigen. Im Beginn der Arbeit jedoch, als meine Sammlungen angelegt wurden, waren mir die leitenden Gesichtspuncte keineswegs so überall klar.

Häufig, aber etymologisch meist dunkel, sind unter den nachfolgenden Wörtern die Baum- und Pflanzennamen; vergl. über sie Gr. III, 368 ff.; Benfey Vollst. Skrtgr. §. 707; Pott in Ersch und Gruber I, 62, 452 ff.

1) Etymologisch klare Wörter.

Ags. ceole (Ettm., Grein); ahd. chëla (Graff IV, 384); mhd. kële (Mhd. W. I, 794) Kehle, Speiseröhre, Schlund. Siehe S. 240.

Ahd. quërechëla = lat. gurgula (Graff l. c.); siehe S. 241.

Ahd. tutta (Graff V, 382) Mutterbrust, Amme als die säugende. Neben tutto; siehe S. 241.

Germ. quinân- (fehlt altfr.) das Weib.

Ahd. winta (Graff I, 760) suppara; wazzarwinda antlia, rota aquaria; fahswinda discriminalia.

Ahd. winna (Graff I, 882) bacchans, furens; helliwinna eumenis.

Ahd. brëhha (Graff III, 267) in mûrbrëhha aries; nuzbrëcha nucifraga; steinbrëcha saxifraga (eine Pflanze).

Ahd. gëba (Graff IV, 124) datrix; gastgëba hospita; korngëba Ceres; sâmogëba saticena; flôzgëba fluvonia.

Ahd. zanga (Graff V, 679); mhd. zange (Mhd. W. III, 849); ags. tange (Ettm. 527) die Zange. Altn. töngr im Plural tengr ist entweder u-Stamm oder ganz in u-Declination übergetreten. Zu Wurzel dak beissen, fassen mit den Zähnen.

Got. gamarko Grenznachbarin.

Got. gajuko Zusammenstellung, Gleichniss.

Got. kalbo; ahd. chalba (Graff IV, 392); mhd. kalbe (Mhd. W. I, 782) 1) das weibliche Rind, das noch nicht gekalbt hat, weibliches Kalb, 2) die junge Kuh. Bedeutung 1 ist aus der passiven Bedeutung von garbha- empfangen, Bedeutung 2 aus der activen empfangend movirt. Vergl. S. 39 und Anm. 8.

Altn. Nanna (Egilss., Cl.) 1) Gattin Balders, 2) Weib überhaupt. Das movirte Femininum zu ahd. Nand in Bërnand, Diotnand etc. (Graff II, 1093): die Kühne.

Ahd. howespranga (Graff VI, 399) locusta.

Ahd. traga (Graff V, 500) gerula, nutrix; obaztraga malifera; scalatraga ostrifera; turritraga turrigera etc.

Got. malo die Motte: die Zermahlende.

Altn. dögg (Egilss., Cl.) der Thau; ags., ahd., mhd. ist das Wort Masc.

Ahd. scarba (Graff VI, 541); mhd. scharbe (Mhd. W. II_2, 87) merga, ibis; siehe S. 30.

Altn. kráka (Egilss., Cl.) cornix, gracula. Zu krákr graculus.

Ags. crâve (Ettm. 400); ahd. chraia, chrauua (Graff IV, 587) cornix. Siehe S. 30 unter krákr.

Altn. áma (Egilss., Cl.) 1) Name einer Krankheit (zu ergänzen sótt), 2) Riesin. Zu Adj. ámr; vergl. ámr Riese.

Ahd. scozza, ërdscozza (Graff VI, 562) palmes.

Altn. Angrboða (Egilss.) Gemahlin Lokis: dolorem, ma lum portendens; Örboða (Egilss.) Gattin Gýmis.

Ahd. magazoga (Graff V, 619) nutrix.

Ahd. lieza (Graff IV, 1123) sortiaria; daneben hliozo.

Ahd. bûwa (Graff III, 18) alumna, nutrix; allero lando bûwa Ceres.

Ahd. louga (Graff II, 151) Flamme. Vergl. S. 32.

Altn. fluga (Egilss.); ags. fleóge (Ettm. 362, Grein); ahd. fliuga (Graff III, 762); mhd. vliege (Mhd. W. III, 343) Fliege.

Altn. riđa in kveld-, merk-, munn-. myrk-, túnriđa Bezeichnungen für Riesinnen.

Ahd. steinbîza (Graff III, 231) amio (piscio).

Ahd. blintslîhha (Graff VI, 785) caecula neben blintslîhho caeculus, caecula.

Ahd. sleihha (Graff VI, 786) Schlitten; daneben sleihho.

Ahd. leita (Graff II, 188) dux; wëgaleita interduca.

Altn. leika (Egilss.) socia sodalis; statt gleika.

2) Etymologisch dunkle Wörter; hauptsächlich Namen für Pflanzen.

Altn. björk (Egilss., Cl.); ags. beorc (Ettm. 287, Grein); ahd. bircha (Graff III, 208); mhd. birke (Mhd. W. I, 167) Birke. Schon Graff vergleicht richtig skrt bhûrja eine Birkenart. Vergl. Delbrück in Zachers Z. f. d. Phil. I, 13.

Altn. bera (Egilss., Cl.) ursa. Vergl. ahd. bëro ursus; altn. biörn.

Altn. lind (Egilss., Cl.); ags. lind (Ettm. 163, Grein); ahd. linta (Graff II, 240) 1) Linde, 2) Schild von Lindenholz; altn. in i-Declination übergetreten.

Ags. mërc (Ettm. 209) mentha, eine Pflanze.

Ags. minte (Ettm. 220), sêomint (Ettm. 657); ahd. minza (Graff II, 818) = gr. μίνθη, lat. menta; Herkunft dunkel.

Altn. hind (Egilss., Cl.); ags. hind (Ettm. 467, Grein); ahd. hinda (Graff IV, 975); mhd. hinde (Mhd. W. I, 686) die Hirschkuh, die Hindinn. Zu got. hinþan? die Jagdbeute? Pott IV², 118 wendet ein ‚man zog als Jagdbeute jedenfalls den Hirsch vor'; aber hindâ- kann aus einem hinda- movirt sein.

Altn. dumba (Egilss., Cl.) 1) Bezeichnung der Saat (Egilss.), 2) der Nebel (Cl.).

Altn. fura (Egilss., Cl.); ahd. forha (Graff III, 678); mhd. vorhe (Mhd. W. III, 384) Föhre, Kiefer. Fick[2] 798.

Altn. þula (Egilss., Cl.) oratio, sententia (Egilss.), a rot, old name from a kind of harp, now used of strings of rhymes running on without strophic divisions (Cl.).

Got. faúho; altn. fóa (Egilss., Cl.); ahd. foha (Graff III, 431); mhd. vohe (Mhd. W. III, 360) Fuchs.

Ahd. stara (Graff VI, 702) sturnus; altn., ags., mhd. ist das Wort masc. a-Stamm. Siehe Curtius Grundz.[5] No. 521.

Mhd. ramme (Mhd. W. II_1, 532) Fallklotz, Ramme zum Einstossen von Pfeilern und Steinen. Siehe S. 51.

Got. avo Grossmutter. Cf. lat. avus; Fick I[3], 502.

Altn. frakka (Egilss., Cl.) lancea, hasta; ags. gilt ein masc. an-Stamm franca (Grein), nicht Fem. wie Grimm Gesch. d. d. Spr. S. 576 will.

Altn. harpa (Egilss., Cl.); ags. hearpe (Ettm. 457, Grein); ahd. harpha (Graff IV, 1031); mhd. harphe (Mhd. W. I, 636) Harfe. Fick[2] 721.

Altn. lánga (Egilss., Cl.) gadus molva (ein Fisch).

Altn. tađa (Egilss., Cl.); ahd. zata, zota (Graff V, 633); mhd. zote (Mhd. W. III, 947) 1) wohlgedüngte Wiese (altn.), 2) das Heu aus einer solchen Wiese (altn.), 3) zusammen herabhängende Haare, Fäden, Wolle. Altn. ein neutr. a-Stamm in etwas abweichender Bedeutung daneben; ahd., mhd. unorgan. masc. an-Stamm. Siehe S. 81.

Ahd. rëba, rëpa (Graff II, 353) vitis, psythia, bumastus.

Ags. agu (Ettm. 3) Elster. Cf. ahd. agalastra.

Ags. mađu (Ettm. 199) vermis; daneben masc. an-Stamm wie got., alts., ahd.

Ahd. raba (Graff II, 352); mhd. rappe (Mhd. W. II_1, 555) Rübe. Mit gr. ῥαφή (Fick I[3], 740) zu rap kriechen? oder ist das deutsche Wort wie ruobe aus lat. râpa entlehnt?

Altn. ösp (Egilss., Cl.); ahd. aspa (Graff I, 491); mhd. aspe (Mhd. W. I, 65) Aspe, Pappel.

Altn. rönd (Egilss., Cl.) 1) Schildrand, 2) Schild. Siehe S. 61.

Altn. strönd (Egilss., Cl.) 1) littus, ripa, 2) ora, margo, 3) terra. Siehe S. 61.

Altn. stör (Egilss., Cl.) carex arenarius.

Altn. drós (Egilss., Cl.) das Mädchen, die Frau.

Germ. bôkâ- 1) die Buche, 2) der mit Runen, Zeichen beritzte Buchenzweig. Siehe S. 208 ff.

Altn. fála (Egilss., Cl.) 1) Riesin, 2) wildes, ausgelassenes Frauenzimmer.

Altn. móđa (Egilss., Cl.) breiter Strom; es bedeutet wohl der Trübe, Lehmige. Cf. md. mot schwarze, torfige Erde, Moor (Mhd. II_1, 225), Morast, Moder, Sumpfland (Lex. I, 2193); engl. mud Schlamm, muddy trübe, schlammig.

Ahd. îwa (Graff I, 521); mhd. îwe (Mhd. W. I, 759) Eibe. Cf. Deutsch. W. III, 77.

Altn. íma (Egilss., Cl.) 1) die Wölfin, 2) Riesin, 3) dunkler Rauch, Qualm.

Altn. keila (Egilss., Cl.) 1) gadus longus (ein Fisch), 2) femina gigas, 3) gallina.

Altn. skeifa (Egilss., Cl.) Hufeisen; zu Adj. skeifr?

Altn. rá (Cl. 485); ags. râh (Ettm. 259) caprea. Siehe S. 213.

Germ. dûbân-, dûfân- (fehlt altfr.) die Taube.

Altn. nauma (Egilss., Cl.) die Frau: ‚from her tight dress?‘ fragt Cleasby; dann zu naumr close, narrow gehörig.

ANMERKUNGEN.

1) (S. 13.) Hier mag noch an einem Beispiel gezeigt werden, auf wie schwachen Füssen jene grosse Kette von Schlüssen auf Seite 96—98 l. c. steht. Benfey zeigt S. 91, dass die Adjectiva sich als Participia fassen lassen, in denen der Begriff aus einem temporell modificirten zu einem inhärenten geworden, und auf S. 92 weist er diesen Gang nach an einem wirklichen Particip serpens und fährt fort geschickt an den zuletzt gebrauchten Ausdruck Particip anknüpfend: ‚von dem Particip aber‘ etc. Er zieht also hier stillschweigend die Folgerung: alle primären Adjective müssen einst auch Participia Präs. gewesen sein. Nur auf Voraussetzung der Richtigkeit dieses Schlusses und der drei erwähnten kann er den weitgreifenden vierten auf S. 95 aufbauen. Ist nun diese stillschweigende Voraussetzung so harmlos, der Schluss als zwingend erwiesen? im Gegentheil. Müssen denn die Adjectiva, wenn sie sich functionell als Participia Präsentis fassen lassen, es auch morphologisch einst gewesen sein? a priori konnte, das muss wohl Benfey zugeben, dieselbe Bedeutung, die aus Verbindung des Lautcomplexes tud (mag man ihn nennen, wie man will) mit dem dunklen ant hervorging, auch aus Verbindung jenes tud mit einem andern, morphologisch von ant verschiedenen sich ergeben. Oder möchte jemand etwa behaupten, der arische Sprachgeist habe, um die Bedeutung, die in tudánti liegt, zu erlangen, keinen andern Ausweg wählen können, als jene Verbindung tudánti? Sollte also der Schluss zwingend sein, so hätte Benfey zeigen müssen, dass, obwohl a priori mehrere Möglichkeiten vorliegen, der arische Sprachgeist thatsächlich nur jene eine gewählt habe.

Aber das hat er nicht gezeigt; und so lange es nicht geschehen, ist an der Richtigkeit seines Schlusses zu zweifeln nicht nur erlaubt, sondern geboten.

2) (S. 13.) Es muss Wunder nehmen, warum L. Meyer nicht als Stütze für das vermuthete anta das Partic. Präs. des Ahd. heranzieht, das doch, abgesehen vom Nominativ und wenn es prädicativ steht, den Stamm anta- zeigt, also z. B. nëmanta- wie blinda- declinirt. Wenn er nun (S. 174. 175) aus got. haírtan- neben skrt hṛdaya, gr. *καρδία*, *κραδία* für lat. cord-, skrt hṛd ein cordan-, hṛdan- und weiter im Hintergrunde ein cordant, hṛdant construirt, so liesse sich nach derselben Methode*) aus got. nimandan-, ahd. nëmantja- (Stamm im Nom. Sing. und prädic. Gebrauch) neben got. nimand- (Stamm im Nom. Sing. und den substant. gebrauchten Partic. wie frijonds) ebenso sicher ein urgermanisches nemand-and reconstruiren, und ‚da nach dem allgemeinen Gange der Sprachgeschichte ursprünglich vollere Formen immer mehr zerstört zu werden pflegen, nicht umgekehrt kürzere ganz müssig erweitert zu werden‘ (L. Meyer Vergl. Gr. II, S. 81), so ergäbe sich für das Particip jener dunklen Periode nach derselben untrüglichen Verstümmelungstheorie die morphologische Formel: $V + (x - 1)\, d$. V bezeichnet ‚das Verbum, von dem die Participialform gebildet wird‘ (ibid. S. 82); x den Coefficient der Verstümmelungsstufe und d ‚das Suffix ant‘. Für eine Form hṛd würde $x = 0$, folglich das letzte Glied $= 0$; für cordant- wäre $x = 1$, für nemandand $x = 2$. Natürlich brauchte man bei Acceptirung dieser Theorie keineswegs zu behaupten, dass jedes Wort den ganzen Weg der Verstümmelung zurücklegt, es käme ja nur auf das Princip an, auf den Erweis eines tieferen Zusammenhanges. Ja diese Theorie hat noch viel grössere Vortheile; mit ihrer Hülfe ist es möglich, die paar ‚Schachteln‘ (cf. S. 135 ibid.), die Leo Meyer

---

*) S. 302 möchte er das Suffix ta auf altes tant zurückführen; er unterlässt es nur, ‚weil nichts mit einiger Sicherheit darauf zu führen scheint, dass dieses ta aus ältern vollern Formen, etwa tant, durch Verstümmelung entstanden sei.‘

trotz aller Mühe für einige Suffixe noch annehmen muss, ganz fallen zu lassen. Nehmen wir etwa das Verbum sta, so können wir die sehr wahrscheinliche Form stantant bilden, aus der mit Schwinden des Nasals*) (cf. θανατο- aus θαναντο; βιοτο aus βιοντο; sacerdot aus sacerdant etc., S. 93. 99) statant; t kann wegfallen: statan; n kann in r übergehen (S. 336): *statar lat. statôr, στατήρ; a tritt an: statura (S. 343); n kann aber anderseits abfallen, a zu i werden (S. 336): *stati στάσις; an wird auch häufig zu u: status; wie aber portus zu πορθμός, mûtuus zu got. maiþma- (S. 369) so statu zu σταθμο-; aus statar wird leicht statra, hieraus durch progressive Assimilation *starra skr. sthira (cf. skrt âjnapti im Mahârâshṭrî zu âṇatti, franz. père, mère aus pater, mater**); kehren wir zu statu zurück; es schliesst sich an lat. statua und skrt sthitvâ; mit Uebergang des v in m: *statma (S. 370), woraus durch progressive Assimilation wieder stâmen, στήμων; in *statma aber konnte der Resonant auch in den entsprechenden tonlosen Explosivlaut sich verwandeln und dann Assimilation eintreten (skrt âtman wird im Mahârâshṭrî häufig zu âpanô, appanô): *stapa, stapayâmi, stabulum; p konnte mit v wechseln (jedes skrt p wird in Dialect. des Prâkṛt zu v, cf. z. B. âjñapayatu = âṇavêdi): skrt sthavi der Weber, sthâvara; aus v sich g entwickeln: stagnum; v zu k werden (S. 130. 131, K. Z. VII, 92): überhaupt was war unmöglich in jener dunkeln — jedenfalls dicht an die Eisperiode sich anschliessenden — Entwickelung, wo der Sprachgeist — Benfey spricht es mit einem Grausen aus — sich sogar soweit verirren konnte, dass er durch Abschwächung einige Pronomina direct bildete, ohne sie die vorgeschriebenen, gesetzmässigen Incarnationen durchmachen zu lassen; dass er, höchst ungerecht, jenes unentbehrliche ta, ma, an, a direct auf die letzte Stufe zum Nirvâṇa erhob, während

*) Die angeführten Beispiele werden von Meyer benutzt, um seine Uebergänge zu beweisen. Die eingeklammerten Zahlen bezeichnen die Seiten des II. Bandes der lat. und griech. Grammatik, wo die Lautübergänge angenommen werden.

**) Auch Leo Meyer beruft sich auf Lautwandel im Span. und Französ. öfters, so z. B. S. 126.

sa, ὁ (Kuhn Z. VII, 123) zum wenigsten auf der des Çûdrá beginnen musste?

3) (S. 29.) Fick Spracheinh. 374 stellt das Wort zu gr. τὸ σέλαχος, σελάχιον Meersäugethier, wie Robben etc. und vermuthet Wurzel sal fliessen, schwimmen. Nach Stephan. Thesaurus VII, 141 gab Aristoteles H. A. III, 1 erst den Namen aus σέλας und ἔχω, weil die meisten Thiere dieses Geschlechts, wie viele Mollusken, ein phosphorartiges Licht ausstrahlen. Das Wahrscheinliche an der Sache wird wohl sein, dass Aristoteles den vorhandenen Namen sich so erklärte, wie er ja öfter der Sprache auszupressen suchte, was er vorher ausgeklügelt hatte; vergl. δίκαιον zu δίκα etc. (Lersch Sprachphilosophie der Alten Band III, 36 ff.). Sollte keine ursprüngliche Verwandtschaft anzunehmen sein, so ist wahrscheinlicher, dass das gr. Wort german. Zunge entlehnt wäre, als das umgekehrte; cf. ἄλκη. Zu der von mir gegebenen Etymologie passt sehr schön, was Homer Odyssee IV, 435 ff. von solchen Thieren erzählt.

4) (S. 31.) Lexer I, 537 sagt: ‚Mit nochmaliger Verschiebung zu eit, eiter DWB. III, 382. 391; Weig. I, 283. Hier ist Richtiges von Falschem zu sondern; richtig ist bloss, dass das Wort zu eiter gehört; von nochmaliger Verschiebung kann aber keine Rede sein. Die Wurzel ist (cf. auch Fick I³, 687) id, die schwellen bedeutet haben muss; dazu skrt indu ursprünglich der beim Auspressen des Soma in Tropfen herabträufelnde Saft (P. w. I, 800), griech. οἰδάω schwellen, οἶδ-μα Geschwulst. Mit Suffix a aus der intransit. Bedeutung anschwellen entstand *aida-, was regelmässig verschoben ahd. eiz Geschwür, Beule, Bläschen als anschwellend oder angeschwollen ist. Aus der trans. Bedeutung anschwellen kam mit Suffix ra, das Nomina Agentis bildet (Bopp Skrtgr. §. 575, 66; Vergl. Gr. III, §. 937) germ. aitra-: altn. eitr, ags. âtor (âtres), ahd. eitar- (a in ahd. eitar ist wie in zahar, svëval, ahar nur ein Versuch, den Dauerlaut näher zu bezeichnen; cf. Z. Gesch. d. d. Spr. S. 29): das Schwellenmachende, das Gift. ‚He þät sôna onfand, þät him on breóstum bealo-nîđ veóll, âtor on innan‘ Beóvulf 2174, wo noch die

ursprüngliche Bedeutung herauszulesen ist. Das germ. t in ahd. eitar hatte dasselbe Schicksal bei zweiter Lautverschiebung wie inlautend in bittar, got. hlûtrs: lûter, snutrs: snotar, wie anlautend in got. triggvs: triu etc., es blieb unverschoben durch die Nachbarschaft des r. Zugleich beweist dies t, dass das sogenannte euphonische a jünger als die zweite Lautverschiebung ist, sonst hätte man wie watar: waȥȥar ein eitar: eiȥȥar zu erwarten. — eit Feuer ist ganz aus dem Spiel zu lassen; es gehört, wie wohl sattsam bekannt, zu idh brennen.

5) (S. 37.) Wackernagel hat, wenn ich nicht irre, zuerst darauf hingewiesen, dass das o kurz sein muss. Gewöhnlich stellt man das Wort zu got. skapjan, ahd. scaffan — gleichsam conditor, formator carminum — und denkt an griech. *ποιητής*. Aber einerseits hat der innere Wurzelvocal etwas Ungewöhnliches, obwohl er nicht unerhört steht (cf. got. gafaúrds, ags. ford vadum zu faran, fôr; ahd. muljan, muli, mëlo zu malan, môl; gruft zu graban; hof: huobe); der Vocal bewiese nur, dass das Wort in einer Zeit entstand, als der sogenannte Ablaut noch nicht mit der Pedanterie die Sprache beherrschte wie später. Aber in jener Zeit — und das Wort ist alt, wie sein Vorkommen im Ags. und Ahd. zeigt, ja noch mehr, wie der Umstand beweist, dass es in letzterm schon nicht mehr in lebendigem Gebrauch ist — den Dichter, der noch viel später mit seinem Ich zurücktrat, als Schöpfer *κατ' ἐξοχήν* zu bezeichnen, scheint mir nicht altgerm. Anschauung. Was aber viel wichtiger, folgende Wörter lassen sich nicht von scof trennen: ahd. scoph, schof nubila vel poesis, commentum, scopf ab ludibrio (Graff VI, 454), altn. skop ironia, irrisio, ludicrum, nugae, skopa ridere, skaup id. wie skop, skeypa to mock, skopligr (Egilss. 719. 735 Cl. 540. 545. 554); an altn. skopligr schliesst sich wiederum ahd. scopflîch, was die Heidelb. und Vorauerhandschrift der Kaiserchronik statt schimpflîch scherzhaft bieten. Ich ziehe daher scof der Dichter mit allen diesen Worten zu einer Wurzel skap scherzen, Kurzweil treiben, spotten, die auch in griech. *σκώπ-τω* scherzen, spotten erhalten (*σκωπ-τής*) ist; im German. wurde sie mit Nasalirung zu skamp, woher ahd., mhd. scimphan, schimpf, schampf (Mhd.

W. II_2, 139), mnl. scamp. Auf Vocalisirung des Nasalklangs beruht altn. skaup, skeypa; scof ist Nom. Agentis: der Unterhalter, was sehr gut passt zu der Rolle, die der Sänger im Beóvulf noch spielt. Ueber den Vorgang skap, skamp, skup, skaup vergl. man Joh. Schmidt Vocalism. I, 147—173. Den Einwurf, es fehle die Lautverschiebung auf germ. Stufe, könnte ich erwidern, dass sie auch in skapjan fehlt (doch siehe Grassmann in Kuhns Z. XII, 107); aber die Thatsache lässt sich an sich rechtfertigen. Eine umfassendere Beobachtung hat mir folgendes Resultat geliefert: ein ursprünglicher, tonloser Explosivlaut, der von einem Nasal gefolgt war, oder dem ein solcher vorherging, oder der in einer Silbe stand, die in Folge des auf die Tenuis folgenden Nasals nasalirt worden war, erscheint im German. in dreifacher Art: 1) die Tenuis wird als zwischen tönenden Elementen stehend zur Media verschoben; gewöhnlich haftet hier der Nasal ohne Ausnahme im Innern; 2) der Nasal im Innern schwindet, indem er den vorhergehenden Vocal entweder dehnt oder sich vocalisirt: die Tenuis wird regelmässig zur entsprechenden tonlosen Spirans (bekannte Beispiele zu 1 und 2 sind hangan: hâhan; fangan: fâhan); 3) die Tenuis bleibt unverschoben scheinbar. Cf. z. B. Wurzel stup (tópati, tupáti), erhellt aus dem pra-stumpati (P. W. III, 359), griech. *τύπ-τω τύπος τύμμα*, (aus *τυπ-μα*) *τύμπανον*: nach 1) ahd. stumbal truncus, stumbalôn truncare; nach 2) altn. stúfr truncus; nach 3) altn. stumpr, ahd. stumpf truncus. Oder Wurzel sic, skrt siñcáti, altb. hiñcaiti: nach 1) ags., altn., ahd. sîgan, seig (aus singan in germ. Zeit); nach 2) ags. sîhan, ahd. sîhan; nach 3) ags. sincan, got. sigqan, altn. sökkva, ahd. sinchan (Uebertritt in a Reihe), altn. sík See, Meer (auf germ. Stufe aus sink). Ferner vergl. man Wurzel diç, *δείκνυμι*: got. faura-, gateihan, aber taikns; Wurzel prak (prec-arc, procax etc.): got. fraíhnan, ags. fringan, alts., ags. frĕgnan, frignan etc., got. friks; cf. Lottner in Kuhns Z. XI, 184.

Den unter 3 erwähnten Vorgang werden wir wohl am besten so erklären, dass schon vor dem Eintritt der ersten Lautverschiebung der Nasal facultativ auf den begleitenden tonlosen Explosivlaut gewirkt hatte, d. h. ihn in einen tönenden assimilirte. In diesem Falle wäre keine Ausnahme von dem Lautverschiebungsgesetze vorhanden. Zu dieser Annahme stimmen eine Reihe von Erscheinungen in den verwandten westarischen Sprachen: Wurzel kamp krümmen in κάμπτω, καμπή etc. lit. kampas Winkel erscheint in lat. camba, cambio, lit. kumbrys mit b; und dies b ist Voraussetzung zu engl. hump Höcker, got. hups (cf. J. Schmidt Voc. 161). Vergl. δείκνυμι: δεῖγμα; δέρκομαι, δράκων: δέργμα; skrt daças, lat. decus, decet: dignus; Wurzel kañc in kâñcî, kâcá, kâcana entspricht lat. cingere; ϝίκατι, viñçati: viginti; Wurzel paç im Altb. binden, paçu, pax (pac-is) paciscor: πήγνυμι, πῆγμα, pango, pignus. Nach oben 1) gehört hierher fangan; nach 2) fâhan; nach 3) ahd. fah, ags. fäc also auf pag beruhend. Vergl. noch S. 49 unter lokka-.

6) (S. 38.) Hiervon lässt sich nicht trennen das Tatpurusha ags hagu-, häg-steald (Grein II, 6), ahd. haga-stalt (Graff IV, 762, Mhd. W. I, 606). Jacobi Unters. S. 23 deutet es als Besitzer eines Hages, Lehnsmann im Kleinen; hieraus lassen sich in der That die conträren Bedeutungen des Wortes erklären, wenn wir nur zwei Kategorien der hagustealdas annehmen: hagusteald konnte nach der Völkerwanderung und besonders im Merowing. Frankenreiche sein 1) der freie Germane, der es vorzog, auf seinem Hag unabhängig zu leben, statt Diener, Beamter der Fürsten zu sein; 2) der in den Dienst des Fürsten, eines Klosters, Bischofs etc. tretende Freigelassene oder auch Freie, der für diese Dienste einen Hag als Lohn bekam. Demnach zu 1): haistaldi agricolae libri Pertz I, 481 und sonst (Graff VI, 667), haistaldi qui non tenent a curia hereditatem (Graff IV, 762); zu 2) unter Vergleichung des langobard. gastaldio minister, actor regis: mercenarius, conductilis, famulus. Gewöhnlich waren es junge Leute, die in Dienste traten, um dann ein solches Lehn zu erlangen; daher ‚Jüngling‘ überhaupt. Diese Bedeutung hat z. B. das Wort ags. Psalm 148, 12. Aus ‚Jüngling‘ entwickelte sich dann erst die Bedeutung ‚caelebs‘ ehelos, unverheirathet. Nur auf diese Weise lassen sich die scheinbar unvereinbaren

Begriffe: agricola liber, mercenarius, caelebs vereinigen. Cf. noch Müllenhoff in Haupts Z. XII, 297. 386.

7) (S. 39.) Wurzel ist ghnad, auf die ich etwas näher eingehen will. Im Griech. liegt eine Wurzel ghnu vor in χναύω kratzen, abnagen, χνόϝος das Abgeschabte, die Spähne, bildlich der Schaum des Meeres, Flaum der Barthaare, χνόη 1) die Büchse des Rades (die Achse benagend?), 2) das Knarren, welches durch die Reibung entsteht. Dieser Wurzel entspricht altn. gnúa fricare, confricare, defricare — hierzu mit Geiger, Ursprung der Sprache S. 328 got. bnauan zu stellen, geht nicht. Wie nun Wurz. skad und sku (ersteres in engl. hat Hut, altn. hattr, in Chatti, skrt chad; letzteres in alts. skio, altn. ský, ahd. skû-an beschatten) neben einander liegen und andere ähnliche, so konnte neben ghnu ein ghnad bestehen: stechen, kratzen, nagen. Zu ihr gehört ags. gnät culex; weiterhin altn. gnat (n.) 1) collisio, 2) mare als collisio fluctuum, gnata collidi inter se; ferner mhd. gnaz (Mhd. W. I, 552, Lexer I, 1041) Schorf, Ausschlag, bildlich Knauserei. — Neben ghnu ghnad lag noch eine gleichbedeutende Wurzel ghnidh in ags. gnîdan fricare, comminuere, âgnîdan defricare, forgnîdan allidere (Ettm. 439); ahd. gnîtan, knîtan delere (Graff IV, 296), mhd. gnîten reiben (Lexer I, 1042): ghn-u, ghn-ad, ghn-idh, werden wir wohl als Weiterbildungen aus arischem ghan stossen, schlagen betrachten dürfen; analoge Weiterbildung hat im Germ. die arische Wurzel ghar glänzen erfahren, welche in den Benennungen des Goldes und der grünen Farbe steckt: ghl-u in altn. glý, ags. gleóv Freude, Heiterkeit; ghla-dh in gläd fröhlich, mhd. glast (aus glat-ta), gleste f. (aus glat-tjâ) Glanz; ghl-id in got. glitmunjan glänzen, und mhd. glîʒen splendere. Wir haben also ghan: ghnu, ghnad, ghnidh = ghar: ghlu, ghladh, ghlid.

8) (S. 39.) Wie griech. τὸ βρέφος 1) die ungeborene Frucht im Mutterleibe, 2) das Neugeborene von Menschen, Thieren, sowie skrt garbha, in denselben Bedeutungen, zeigen, bestand altar. ein as-Stamm neben einem a-Stamm. Beide sind im Germ. enthalten: der a-Stamm in altn. kálfr, ags. cealf, Plur. cealfas (Grein I, 158), in dem movirten Fem. got.

kalbo, ahd. chalba, mhd. kalbe (siehe S. 279), ags. gecelfe gravidus, cealfjan vitulum edere; der as-Stamm liegt vor in ags. cilfor-lamb, im Plur. cealferu, in dem ahd., mhd. movirten Fem. chilburra, kilbere (Graff VI, 392, Mhd. W. I, 782); vergl. bair. kilbern lammen. Im Ahd. wurde der a-Stamm auf den Sing., der as-Stamm auf den Plur. eingeschränkt, nur einmal erscheint er noch im Sing.: in chalbire drijarigemo in vitulo trimo. Als eine Einwirkung des as-Stammes ist es anzusehen, wenn gegen skrt garbha Masc., altn. kálfr, ags. se cealf im Ahd. der a-Stamm im Sing. neutr. geworden ist wie ags. auch einmal. In Folge eines solchen Metaplasmus wurde das ursprünglich stammbildende Suffix as im Ahd. zum Wortbildungssuffix für den Pluralis des Neutrums.

9) (S. 39.) Das Wort gehört zu einer arischen Wurzel skar, wovon nach Abfall des s, wie häufig, der nachfolgende tonlose Explosivlaut regelmässig verschoben wurde (cf. skaman bedecken: hama- Kleid etc.): skrt kshar ausfliessen, ausströmen, einen Strom entlassen (P. W. II, 536), altbaktr. khshar ebenso (Justi 94). Das Wort hatte demnach die ursprüngliche Bedeutung ‚Besamer‘ und stellt sich in eine Reihe analoger Wörter:

1) Skrt vṛshá Stier, vṛshṇi Widder, vṛshala Hengst, vṛshaṇa Hode; lat. verres Eber: zu Wurzel varsh beträufeln, netzen.
2) Skrt. ṛshabha Stier, ṛshabhî Mannweib, ṛshi Mann, dann einer der 7 Weisen; griech. ἄρσεν- männlich: zu skrt arsh, ṛsh im Ved. tropfen, fliessen, ausströmen.
3) Skrt ukshan Befeuchter, Stier; got. auhsan-: zu skrt uksh träufeln, netzen, sprengen, besamen.
4) Skrt meghá Wolke = griech. μοιχός Ehebrecher: zu mih harnen, beträufeln; altn. mîga, lat. mingere.

Die ursprüngliche Bedeutung von hôra- entschwand der Sprache und so war ein ahd. huorra möglich. Zu derselben Wurzel stellt sich auch ahd. harn urina (cf. schon Gr. II, 42); ferner altn. hrönn 1) eine Tochter Oegirs, 2) Meer, 3) Fluss als fliessend (Egilss. 402, Cl. 290); ags. hare aestuarium (Ettm. 449), härn aestus maris (Ettm. 451, Grein); griech. κρήνη =

altn. hrönn. Ueber κρήνη urtheilt anders, aber mir unwahrscheinlich, Curtius Grundz.[2] No. 38.

10) (S. 46.) Ich wäre geneigt, dies Wort zur Wurzel ar pflügen, das Land bebauen zu ziehen. Suffix ra hat sich schon im classischen Skrt in ra und la gespalten (ved. çuk-rá = skrt çuk-lá etc.), westarisch ist es fast nur mehr als la im lebendigen Gebrauch, das heisst neue Wörter bildend. Es formirt Nom. Agentis (Bopp Skrtgr. §. 575, 66; Vergl. Gr. III, §. 936—939): ar-lá- hätte eine Steigerung, Potenzirung des Begriffs erfahren, wie wir analoge in got. þiudans, ags. leóđ, ahd. kuning, got. kindins haben. Man vergleiche auch die Bedeutungsentwickelung von eard, art, das derselben Wurzel angehört (aus ar-ta-).

11) (S. 47.) Fick[2] 756 zieht hierher ahd., mhd. zinne (f.) Spitze eines Thurmes, einer Mauer (Graff V, 677, Mhd. W. III, 897). Der im Altn. bekannte Uebergang von nd in nn lässt sich auch fürs Ahd. nicht ganz leugnen: sinnan ist aus sindan entstanden (cf. got. sinþs, lat. sent-îre, sententia aus Partic. Präs. eines Verbs sentĕre, also ahd. sindan [st. v.] entsprechend, weitergebildet). Gehört das bei Graff IV, 328 ganz unerklärt gelassene grun (m.), grunnî (f.) zu ags. grindan, altn. grenna molere, conterere und bedeutet Schmerz, Kummer, vor Sorgen, Kummer aufgerieben sein? cf. Kuhn Z. XVIII, 313; gesinne aus gesinde bei Lexer I, 714. — Auch ahd. zinko (Graff V, 681), mhd. zinke (Mhd. W. III, 897) weist her, obwohl ich für den Lautübergang nt in nk nur die vermuthliche Entstehung von ugka-ra aus an-dva, un-tva, unkva, ugka anzugeben weiss, und dies ist nicht schlagend, da der Einfluss der tönenden Spirans in Betracht kommt; doch vergleiche mhd. zwinzern und zwinkern, welche wohl beide aus zwintern entstanden sind. — Sicher zu tindr stelle ich got. tundjâ- (f.) Dorn, ursprünglich Spitze wie spîna; aihva-tundi heisst er also nicht wie Grimm will, weil er diente bei Rossopfern, gleichsam Pferdezünder, sondern es bezeichnete nur eine bestimmte Art von Dornen. Cf. Fick I[3], 100, wo das Wort zu arisch danta- gestellt wird, also zu tunþus, ahd. zand; dann gehörte es freilich nicht hierher, sondern unter Suffix anta.

12) (S. 49.) Das Wort könnte mit got. hvair-nei, ahd. hir-nî Schädel (die Begriffe Schale, Schädel, Kopf, Topf sind sprachlich nahe verwandt), griech. κυρ-τός, lat. cor-tina, cur-vus zu einer Wurzel kvar gehören, die etwa krümmen bedeutete, wozu auch skrt carú Kessel, Topf. Wenn aber Fick I³, 523 carú und hverr geradezu gleichsetzt, also im German. unorganischen a-Stamm annimmt, so kann ich nicht beitreten, denn wie putraká, pâlaká = putra, pâla etc., so setzt skrt karaka Wasserkrug (P. W. II, 106) ein kara derselben Bedeutung voraus; dies ist mit hverr identisch. Cf. noch Fick Spracheinh. 24. — Metaphorisch wird auf Island bis heute das Wort für die heissen Quellen verwendet, und so kommt es auch einmal Völuspá 32 vor. Worauf sich die Etymologie Weinholds: ‚hverr der Sieder, daher auch heisse Quelle' Altn. Leben pag. 158 stützt, ist mir unbekannt; hervorgerufen wurde sie jedenfalls durch jene eine Stelle, die aber schon Bergmann vor beinahe 40 Jahren benutzte, um den isländ. Ursprung der Völuspá wahrscheinlich zu machen (Poèmes isl. pag. 138).

13) (S. 50.) Hiermit hat áss deus nichts zu schaffen, wie auch Cleasby bemerkt. Einmal ist die Bedeutungsvermittelung, die Grimm und andere nach ihm versucht haben, zu künstlich und sichtbar nur durch Verzweifelung eingegeben; dann weist das altn. Wort deutlich auf ein Thema ansu-: ich halte dies Wort mit Fick für identisch mit skrt asú (m.) 1) Lebenshauch, Leben, 2) Geisterleben (P. W. I, 553), altb. aṅhu 1) Herr, 2) Welt. Die Nasalirung des germ. Wortes kann nichts Auffallendes haben; cf. lat. ensi- zu skrt asi, ahd. wanst zu skrt vasti etc.; man vergl. noch asura, öfters für Varuna, und altb. ahurô mazdâo.

14) (S. 51.) Mit einem lixan springen, glänzen, das Gramm. II, 63 aufgestellt und von Ettmüller und Graff nachgesprochen wird, hat das Wort nichts zu thun. Das vermeinte ags. Verb, dem man die Bedeutungen prosilire, fulgere beilegt, ist lîxan, liexan; es conjugirt schwach, bedeutet nur leuchten, gehört zur westarischen Wurzel luk leuchten, entspricht dem aus liohsjan entstandenen altn. lýsa. Hierzu kann lax nicht gehören, wohl aber luhs λύγξ leuchtend, mit leuchtenden

Augen. Curt. Grundz.[2] No. 548. Wenn leax absolut den Springer bezeichnen muss, dann liesse sich eher an die arische Wurzel ragh, skrt rangh springen, eilen, rennen, denken, woneben auch langh überspringen. Sie liegt auch vor mit Nasalirung in mhd. lingan, lang, lungen gehe vorwärts. Schwierigkeiten in der Verschiebung bleiben.

15) (S. 52.) Der Bedeutungsübergang arfr 1) Erbe, 2) bos hat sein Analogon in ags. lâf 1) Erbe, 2) Schwert; der Unterschied besteht darin, dass die Wörter verschiedenen Culturstufen angehören. Zu lâf ist auch noch zu vergleichen altn. nautr 1) Gabe, 2) a) gladius, hasta (Tac. Germ. XIV), b) Ring. Cleasby nimmt für arfr die umgekehrte Entwickelung an: cattle, inheritance, patrimony. Aber schon die Betrachtung, dass pecus, bos die seltenere und poet. Bezeichnung, Erbe, Besitz aber dem ganzen germ. Sprachstamm eigen ist, sowie dass arfr das Ererbte und arfi der Erbe dasselbe Wort sind, zeigen die Unmöglichkeit seiner Auffassung, die auch bei Grimm Rechtsalterth. 467 sich findet. Hierzu kommt noch eine Vergleichung über die Art und Weise, wie die Ausdrücke Vieh, Thier etc. in verwandten arischen Sprachen entstehen. Das im Skrt für den allgemeinen Begriff Vieh verwendete Wort paçu, das auch etymol. gleich Vieh, bedeutet zweifelsohne Fang, Beute, Besitz. Gr. *κτῆνος* zu *κτάομαι* 1) Besitz, 2) dann der in Heerden bestehende Besitz, 3) Zuchtvieh, Hausvieh; im Sing. ein Stück der Heerde. Got. skatts Münze hat im fries. sket die Bedeutung Vieh entwickelt; es ist entlehnt dem altslav. skotŭ 1) Besitz, 2) Vieh. Dies Wort ist aber mit Suffix ta von der Wurzel ska, skrt ksha, griech. *κτάομαι* erwerben abgeleitet, und sko-tŭ entspricht genau *κτῆ-νος*, nur ist ersteres mit Suffix ta, letzteres mit na gebildet. Altn. auðr bedeutet nach Snorra Edda I, 588 bos; es ist auðr Besitz, Vermögen. Ja das engl. cattle Vieh ist vielleicht aus capitale entstanden?

16) (S. 55.) Ettmüller praeparirt für unser Wort ein st. V. bûkan prominere. Es wäre höchst interessant zu erfahren, woher er weiss, dass die Germanen besonders hervorragende Bäuche hatten. Wenn ich den alten Germ. dieselben

Anschauungen unterschieben dürfte, wie Menenius Agrippa in dem bekannten Gleichniss (Liv. II, 32) den Gliedern des Leibes, so würde ich das Wort zu skrt bhuj geniessen, essen, verzehren stellen. Man vergl., auch *βόσκειν γάστερ' ἄναλτον* Odyssee XVII, 228 und die classische Stelle Odyssee VII, 215 ff.

17) (S. 57.) Die Bedeutungsentwickelung dieses Wortes ist seltsam: ags. seár (Ettm. 661) bedeutet trocken, Seármônâð ist der Juni, seárjan heisst siccare, arescere, nd. sôr aridus, ahd. sôrên marescere (Graff VI, 272), mhd. sôr. Diese Wörter stellt Fick I[3], 230 zu skrt çush, dessen ç aus dem dental. s hervorgegangen, wie altb. hush, lit. sùs-ti sausas zeigen: trocknen. Altn. saurr bedeutete nun ursprünglich, wie Cleasby aus Localnamen schliesst, morastiges Land — cf. auch unter seyra ibid. 525 —; wenn ein Zusammenhang zwischen diesen Wörtern besteht, so hiess saurr ursprünglich das trockene d. h. getrocknete Land in dem Sinne, wie man z. B. Egypten trocken nennen kann bei all seinem Schlamm, wenn die Ueberschwemmung des Nil vorbei ist, oder wie Ovid die mit Schlamm bedeckte Erde nach der Deukalionischen Flut sicca nennt: saurr also im Gegensatz zu dem früheren unter Wasser stehen. Hieraus entwickelte sich dann die Bedeutung Moorland, morastiges Land und mit völligem Vergessen des ursprünglichen Sinns Schmutz überhaupt.

18) (S. 57.) Ursprünglich bezeichnete lauka- wohl jede Grasart, wie ich das Wort Völuspá fasse: ‚þá var grund gróinn grœnum lauki‘ und sich vielleicht aus laukagarðr quivis hortus, leácveard hortulanus, leáctûn herbarum hortus schliessen lässt. An die Bedeutung Gras möchte ich eine Etymologie anknüpfen. Im Homer liegt uns *λυγός* vor, das einmal biegsam bedeutet: *δίδη μόσχοισι λυγοῖσι* Il. XI, 105, dann öfters substantivirt der junge biegsame Zweig überhaupt, speciell vitex agnus castus (Keuschlamm). Dieselbe Entwickelung nehme ich in laukr an: 1) biegsam, 2) jede Grasart, sowie kleinere zarte biegsame Pflanzen, 3) porrum. Beide Wörter, *λυγός* und laukr, gehören zu Wurzel lug biegen (Fick I[3] 757, wo unser Wort nachzutragen ist). Zu derselben Wurzel stelle ich auch noch

got. lûkan schliessen, ahd., mhd. liochen 1) schliessen, 2) rupfen; vermittelnde Bedeutung ist biegen, schliessen ist ein Zubiegen. So treffe ich in der Etymol. von laukr obwohl in anderm Sinn mit Gr. II, 22 zusammen: leác cepe, herba, ab aperiendo folia.

19) (S. 58.) Die eigentliche Bedeutung der zu Grunde liegenden Wurzel ist unbekannt. Fick² 916 weist auf σμά-ω; dann müssten wir eine Wurzel smi daneben annehmen (cf. ϑλά-ω, ϑλί-βω), von der mit Determinativ k im German. ahd. smei-hhan, smei-h, nhd. schmei-cheln gebildet, mit Determinativ t smit, zu der ahd. smîda f. metallner Schmuck, nhd. ge-schmeide etc. noch gehörte. Zwar ist t ein seltenes Determinativ, sicher jedoch in dyut blinken zu div (Pott² II, 733, Curt. Grundz.⁴ 65), skyut Fick² 209, in pec-tere, plec-tere. Cf. noch Ficks weitgehende Versuche Indogerm. W.² 989 ff. Zu smid speciell vergl. Whitney Vorlesungen über die Sprachw., deutsch von Jolly S. 167.

20) (S. 67.) Skinn ist wohl wenn auch nicht der germanische so doch der altn. Ausdruck für das, was Tac. Germ. XVII beschreibt: ‚eligunt feras et detracta velamina spargunt maculis pellibusque quas exterior Oceanus atque ignotum mare gignit.' Fick² 902 stellt altn. und engl. skin als zwei Zeugen für germ. Einheit hin; dies ist nicht richtig: engl. skin muss dem Altn. entlehnt sein: Grundform skinđa- musste ags. zu skîđ und dies ohne weiteres zu engl. shith werden. Das Wort kann aber wohl unter germ. Einheit bestehen, denn ein ahd. scint folgt sicher aus dem Denominativ ih scintôm excorio (Graff V, 522).

21) (S. 68.) Die Deutung Potts (I², 811), Scherers (Z. Gesch. d. d. Spr. 368), Kieselings (Kuhn Z. XVIII, 202), wonach sa-lb-ôn = ἀ-λείφ-ω, sa-lb-â- etwa gleich sa-lib-â- wäre, muss ich als irrig ansehen. Auch von der principiellen Frage abgesehen, die hier mitspielt, erheben sich genug Schwierigkeiten, um diese Etymologie unmöglich zu machen; ist das Präfix sa im Germanischen etwa sicherer nachgewiesen als su? mir ist kein Beleg bekannt, man müsste es denn mit dem Pronominalstamm sa (sô), sa-ma identificiren, wogegen Pott I², 767 ff. mächtigen Einspruch erhebt. Was vermag man

weiter beizubringen, um den Ausfall des Wurzelvocals zu rechtfertigen? Pott die nackte Behauptung, dass das germ. Wort leicht den Wurzelvocal ausstiess. Bis dies erwiesen, denn weder gâbum noch Gramm. I⁴, 980 (Nachtr. zu 31) kann ins Feld geführt werden, nehme ich keinen Anstand, in meinem Unglauben zu beharren. Scherer benutzt unser Wort, um silban- aus sva-liban- wahrscheinlich zu machen; allein vor menschlicher Gerechtigkeit ist es unerlaubt, dass zwei gleichen Vergehens Beschuldigte durch gegenseitiges Zeugniss ihre Unschuld darthun könnten. Auch Potts ganz (salus) (I², 792) aus gamëz (Graff II, 895) alles zusammen gemessen: gamz: ganz als Entlastungszeuge aufgeführt wird wenig gläubige Ohren finden.

22) (S. 71.) Das Wort gehört zu einer Wurzel spru: intrans. auseinandergehen, sich öffnen, hervorspriessen, trans. hervorreichen, hervorspriessen lassen. Sie liegt uns vor in ags. sprîan, âsprîan (Ettm. 723): âsprîađ mildheortnysse þîne; sprîan für sprîvan entstand aus spru wie got. speivan, spaiv- aus spu (aus Präsensstamm spava-, spiva-): spriu (sprivá-) ist demnach der Spalt, das sich Oeffnende, Auseinandergehende, worin die Frucht enthalten ist. Cf. hülse und ags., mhd. eaf Spreu = Spalt, ags. klufe (sw. f.) idem. Die Wurzel spru, spriv ist mit sprettan, sprinzan, sprîtan, sprîzan, spreótan, spriozan Weiterbildung einer Wurzel spar (cf. star stṛnomi, στόρνυμι, stru-ere, straujan etc.), die im Griech. und Slavolett. in Weiterbildung vorliegt in σπαργή schwellender strotzender Trieb, lit. sproga (f.) Schössling etc. Fick I³, 832 unter sparg 1 und 2. Die ursprüngliche Wurzel spar nun, deren Bedeutung platzen, auseinandergehen sich sicher aus der zahlreichen Nachkommenschaft ergibt, erkenne ich in skrt phal bersten, entzweispringen (P. W. IV, 1199), phála Frucht, die geborstene, d. h. reife Frucht, phulla gespalten, aufgebrochen.

23) (S. 71.) Es ist mir kaum zweifelhaft, dass das Wort sinc nichts anderes bedeutet, als das Versenkte, Vergrabene, Verborgene; man vergleiche den versenkten Nibelungenhort, Fáfnirs Schatz, den Schatz des Drachen im Beó-

vulf und die vielen Märchen über versenkte und vergrabene Schätze (siehe Freytag Bilder I, 190 ff.): hyrr geima das Feuer des Meeres ist das Gold, hyrr hranna Feuer der Wellen ebenfalls, hyrrbrjótr geima ist gleich ags. sincgifa (Egilss. 432), diuprödull · die Sonne des Meeres ist das Gold (Egilss. 101). Sollte in sincgestreón etwa kein Dvandva vorliegen, sondern noch der im Sprachgeist freilich verdunkelte ursprüngliche Sinn? man vergleiche Beóvulf 2765

sinc eáde mäg
gold on grunde gumena cynnes
gehvone oferhŷgjan

(so mit Bugge Tidscr. VIII, 59), worin, wenn wir den Geist der allitter. Poesie, dasselbe recht oft hervorzuheben, beachten, in ‚gold on grunde' die schönste Etymologie zu sinc liegt.

24) (S. 72.) Wir werden auf eine Wurzel pad fesseln, umschliessen, fassen, hindern, hemmen geführt, zu der fetil etc., griech. *πέδη* gehört. Ob diese Wurzel pad mit der Wurzel pad fallen, stürzen, gehen identisch ist, will ich nicht entscheiden. Jedenfalls müsste die Bedeutung ganz anders vermittelt werden, als Curtius Grundz.² No 291: ‚aus der Grundbedeutung treten entwickelt sich die des betretenen Bodens, des Schuhes oder der Fesseln, in die man tritt'. Ist diese Erklärung in ihrem letzten Theil schon künstlich, so wird gewiss zugegeben werden, dass man in Fässer und Kleider nur in sehr seltenen Ausnahmefällen tritt, oder soll ich mit ursprünglicher Bedeutung der Wurzel sagen: fällt. Es berechtigt uns aber nichts, anzunehmen, dass Germanien einst ein Schlauraffenland gewesen, wo die Sitte jetzt noch herrschen soll, dass die Menschen, wenn sie reif sind, in die Stiefel und Kleider herabfallen. Ob die Germanen ehemals Schuhe, die allenfalls vom Treten benannt sein können, *κατ' ἐξοχήν* als Gefässe und Trinkgeschirre benutzten, dass sich so die fast allen germanischen Stämmen gemeinsame Bedeutung Fass entwickelt, will ich nicht entscheiden.

25) (S. 72.) Dies Wort, das von huot etc. fern zu halten ist, gehört zur Wurzel skad in skrt chad zudecken, bedecken (P. W. II, 1073), chadá (m.) Decke, Bedeckung, cha-

dis (n.) Decke eines Wagens, Dach. Von der arischen Lautgruppe sk ist, wie bekannt, s im Germanischen öfters abgefallen und das k dann verschoben worden, so in der engverwandten Wurzel sku bedecken ags. sceó Decke, altn. scau-n, ags. scûa Schatten: ags. hŷd, ahd. hût cutis, pellis (cf. σκύτος und κύ-τος); ferner in der gleichfalls verwandten Wurzel skam bedecken got. hamon, ags. ham: got. skaman sich bedecken, sich schämen, ahd. scema larva, persona (Graff VI, 495). Demnach entspricht hata- dem skrt chadá. Es sind mehrere Artikel bei Fick I[3], 240. 806 zu berichtigen und vermehren: ags. hätt (m.), altn. hattr pileus, Chatti erklären sich aus skad-ta-, hat-ta-; Hassi kann nicht aus Chatti entstanden sein, sondern muss neben ihm aus der Grundform hat-ta- hervorgegangen sein wie ëssa etc. aus id-tâ-. Ueber die zeitlich begrenzte Wirksamkeit von Lautgesetzen s. J. Schmidt Voc. I, 44.

26) (S. 73.) Man könnte geneigt sein, skap und skip als ursprünglich identisch anzusehen und den lautlichen Unterschied zur begrifflichen Differenzirung benutzt zu halten. Allein es ist wohl besser, chronologisch die Wörter zu sondern: skip, was in einzelnen germanischen Sprachen noch die Bedeutung Gefäss hat, ist westarisches Wort und so gemeingermanisch (σκάφη, σκάφος, σκύφος) das Schiff, ursprünglich ausgehöhlter Baumstamm. Auf westgermanischem Boden entwickelte die Wurzel skap die Bedeutung schöpfen (Graff VI, 448), woher scaf das Gefäss als Werkzeug zum Schöpfen, scafo (sw. m.) hauritorium. Gemeingermanisch hatte die Wurzel skap schon die Bedeutungen zu Stande bringen, formen, bilden, schaffen bekommen, hieraus das germanische Nomen Actionis skapa-. Germanisch p gegenüber griech. π, φ erklärt sich nach Grassmann in Kuhns Z. XII, 107 aus ursprünglicher Tenuis affricata.

27) (S. 75.) Dasselbe Nomen Agentis als Masculinum verwendet hat sich unorganisch zum an-Stamm erweitert: ahd. -zogo, ags. -toga; wir haben also tog (n.): toga (m.) = flot (n.): flota (m.) u. s. w. In diesen sowie in den anderen Beispielen gleicher Art bezeichnet das Masculinum immer ein als thätig gedachtes lebendes Wesen, das Neutrum ein als

thätig angesehenes unbelebtes. Von diesem zog ist zu sondern 1) ahd. zug ductus, was ein Nom. Actionis mit Suffix i ist, wie das Fehlen der Brechung und âtemes ziuge commercia gutturis zeigen; mhd. zuc (zuges) (Graff V, 611, Mhd W. III, 932); 2) mhd. zuc (zuckes) (Mhd. W. III, 931), was ein ya-Stamm ist; ags. tyge (n.) ductus, tractio (Ettm. 533). Mhd. traten Verwirrungen ein; man confundirte zoga- und zugi-, die schon auf der ältesten Stufe des Germanischen im Singular gleich declinirt wurden, und verwendete zog und zug gleichmässig als Nom. Actionis; die weitere Folge war, dass auch das ursprüngliche Genus von zog afficirt wurde, so dass es im Mhd. haltlos zwischen Neutr. und Masc. schwankt.

28) (S. 75.) Vergleicht man altn. grautr (i-Stamm) Griesssuppe, mhd. grûz (i-Stamm) Getreidekorn, ags. grot (Ettm. 444) Sandkorn (nân grot nihil), so darf man eine Wurzel ghrud aufstellen (cf. Gr. II, 49); sie ist mit ags. grindan, ahd. grint, altn. grenna Weiterbildung von ghar zerreiben; analoge Weiterbildungen von ghan schlagen, stossen, ghar glänzen sind Anm. 7 besprochen. Vergl. noch Fick I[3], 586, Kuhn Z. XVIII, 313.

29) (S. 76.) ‚Zu niutan geniessen' sagt Fick[2] 779. Aber wie der Zusammenhang? mit einem Behelf wie Nutzvieh kommt man nicht aus; nauta- könnte das bezeichnen, woraus Genuss gezogen wird: Hab, Gut, speciell die Viehherde. Es lässt sich dem Worte noch von einer andern Seite her beikommen. Fick I[3], 125, Curt. Grundz.[3] S. 677 stellen das Wort zu skrt nand vergnügt, befriedigt sein, sich freuen an, geniessen (den lautlichen Vorgang behandelt Joh. Schmidt Voc. S. 158). Die Bedeutungsentwicklung ist aber zweifelsohne die umgekehrte: 1) fangen, jagen, fischen, 2) nehmen, in seinen Besitz bekommen, 3) geniessen, theilhaben, 4) befriedigt sein, 5) sich freuen, vergnügt sein; denn got. nuta ist Jäger, Fischer, während niutan mit dem Genetiv construirt wird und nur mehr geniessen bedeutet, hat sich in ganiutan die ältere Bedeutung erhalten; es wird mit Acc. construirt und heist fangen: Lucas 5_9 fiskans ganiutan und Marcus 12_{13} ei ina ganuteina (scil. Jesum) ἵνα αὐτὸν ἀγρεύσωσιν. Das mittell. niota latro (Du

Cauge Gloss. med. et infim. lat. IV, 626) ist sicher einem altgermanischen Worte entlehnt: nauta- ist nun das eingefangene, das zahme Vieh im Gegensatz zu dem wilden, wie auch paçu faíhu dasselbe bedeutet. Dies passt sehr gut, da das Wort nur Hausthiere bezeichnet. Vergl. noch Anm. 15.

30) (S. 80.) Bergmann, De l'Influence exercée par les Slaves sur Scand. dans l'antiquité pag. 9 schliesst aus poln.-čech. Reflexen auf ein skladi- Composition, concret angewendet Compositeur. Vígfusson sucht einen germanischen Ursprung wahrscheinlich zu machen: skald hiesse dann Schmähung, Schmähgedicht. Darf man unter Vergleichung von skr. skandha zu ahd. scultra, sculdra und unter Berücksichtigung der zahlreichen von Grimm Gesch. d. d. Spr. S. 341, Bugge in Kuhns Z. XIX, 445, Joh. Schmidt Voc. 84 beigebrachten Beispielen für den Uebergang des n in l an skr. chandas (aus skandas) Lied, heiliges Lied denken? wäre altn. skald etwa gleich skr. chanda anlockend, einladend (zu Wurzel chad, chand), und der Dichter gefasst, wie ich oben Anm. 5 scof erklärte?

31) (S. 82.) ‚Scarcely akin to the Germ. frohn = demesne' sagt Cleasby; dies ist nicht möglich. Beachtung verdient Egilsson, der an gr. πρών erinnert: πρών ist nun aus πρηών (πρηόνος) zusammengezogen: Homer hat πρώονες im Plural; dies zeigt auf πραϝαν und entspricht demnach skrt pravaṇa Abhang, Halde. In altn. frón hätten wir dann dieselbe Erscheinung wie in got. fon (pâvana), flodus u. a., die bei L. Meyer Got. Spr. §. 456 aufgezählt sind. Besteht diese Etymologie, so gehört das Wort nicht hierher.

32) (S. 82.) Bei diesem Worte sind Irrthümer zu beseitigen: Grein I, 528 bietet grin, gryn laqueus und I, 537 gyrn luctus, moeror, calamitas mit einem Verweis auf grin; Heyne im Glossar zum Beóvulf wirft beide ganz zusammen, indem er ‚rete, Netz, Fallstrick, Nachstellung, Leid durch Nachstellung' als Bedeutungsentwicklung angibt. Hiergegen liesse sich nichts einwenden, wenn lautlich beide Wörter zu vereinigen wären. Es wird, wie bekannt, ein r nur umgestellt im Ags., wenn hinter dem folgenden Vocal nn steht oder gestanden hat; wir haben demnach grynn anzusetzen,

aus dem gyrn wurde; grynn selbst scheint aufs Engste verwandt mit dem ahd. grun, grunnî (Graff IV, 328) luctus, moeror und ist also aus Grundform grunnya- entstanden. Fassen wir nun die Stellen ins Auge, in denen die Bedeutung Strick, Netz sicher ist, so finden wir nie Umstellung des r, sondern gewöhnlich grin, gryn; grine, grinu etc. geschrieben, aber auch nie doppeltes nn, was bei der andern Bedeutung, falls nicht die Umstellung eintrat, immer erscheint. Das Wort ist an einigen Stellen neben Neutrum deutlich Femininum, wie täl, talu; vräc, vracu etc. Wir haben also zu sondern: 1) grin (schlechtere Schreibung gryn, wie bei vielen Wörtern Aehnliches) retinaculum, rete (Fem. und Neutr.). 2) grynn, gyrn luctus, moeror, injuria (Masc., Neutr.) verwandt ahd. grunnî. Wenn Sievers in den Beiträgen von Paul und Braune I, 490 grîn schreibt für ersteres Wort, so ist er im Irrthum. Es ist mit seiner Untersuchung richtig, dass die femin. â-Stämme im Ags., wenn sie kurzsilbig sind, im Nom. Singul. u, im Accus. Sing. e bieten; sind sie langsilbig, so entbehrt der Nom. Singul. des aus â, a geschwächten u ganz. Nebenbei ist zu bemerken, dass diese Regel sich schon bei Ettmüller findet, praefatio zu seinem Gloss. §. 16, Anm. 2. Psalm 123_7 steht nun grin bið etc.; nach der Regel schliesst Sievers auf Stamm grînâ-; aber das Wort hat neben sicher belegtem Femininum auch 5 beweisende Stellen fürs Neutrum und es hindert uns nichts, grin zu schreiben und es in Psalm 123_7 als Neutrum aufzufassen. Es kommt noch hinzu, dass unter den 5 fürs Neutrum beweisenden Stellen 2 Mal grynu als Neutr. Plur. belegt ist, und aus Gr. I, 644, Ettmüller §. 13, Anm. 1 ist bekannt, dass dieser Plural nur möglich, wenn i kurz ist; also Stamm grina- (n.): grinâ- (f.) wie tala-: talâ-; vraca-: vracâ-; svaða: svaðâ-; svara- (altn.): svarâ- (ags.); tada- (tað altn.): zatâ- (ahd.) und andere, die oben S. 212 aufgezählt sind.

33) (S. 83.) Lautlich stellt sich das Wort zur Wurzel dî glänzen: *di-ná glänzend (cf. skrt diná [m.] der Tag); tin wäre das glänzende Metall. Dass die Germanen dies Wort aus ihrer asiatischen Heimath mitgebracht hätten, ist unwahrschein-

lich; sicher bezeichnete es das Zinn nicht, denn dies lernten sie viel später erst durch Import kennen. Nahe liegt an Zusammenhang mit tains Ruthe, Stab, Metallstab (letztere Bedeutung altn., ahd., mhd.) zu denken. Kam etwa das Zinn den Germanen durch die Kelten zu solchen Stäben verarbeitet zu? ist tains ursprünglich selbst nur jeder ausgedehnte, in die Länge getriebener Stab, und die Bedeutung surculus, Zweig, Rebe secundär? eine Analogie für diesen Bedeutungsübergang liefert uns mhd. gerte Ruthe, Zweig, das zu got. gazds, lat. hasta Stachel, Lanze gehört; die Wurzel ist gha schlagen (skrt ha-tá): gerte (Grundform gastyâ) ist lautlich das lat. hostia Opferthier: 1) schlagend und 2) geschlagen, niedergestossen.

34) (S. 83.) Fick[2] 759 fragt: ‚etwa zu tru = indogerm. dru Holz?' dies hat viel Wahrscheinlichkeit. Wie im Skrt Taddhitassuffix ka aus úma Flachs áumaka flächsern bildet, got. stainaha- aus staina- etc. (siehe Gr. II, 290 ff.), so käme von dru ein druka-, verschoben truga- hölzern. Wie nun altslov. drěvĭnŭ hölzern = altpreuss. drawine Bütte ist, so kann truga- als substantivirtes Adjectiv ein hölzernes Gefäss bezeichnen. Natürlich gehört das Wort dann nicht hierher.

35) (S. 84.) Fick I[3], 51 stellt es zu skrt kosha Behälter, Gehäuse, Truhe, altn. hauss Schädel; hûsa- mit seinem langen û gehört dann zu Joh. Schmidt Voc. 140 ff. Die Bedeutung der zu Grunde liegenden Wurzel ist dunkel. Sollte es etwa sku bedecken sein? der Abfall des s in dem vielgebrauchten Worte neben dem sonst erhaltenen Anlaut der Wurzel hat seine Analogie in nâman- neben jnâ, γνω, gno; pṛçni, porc-us, fearh neben spṛç etc.

36) (S. 101.) Die gegebene Etymologie bedarf näherer Begründung. Auszugehen ist von dem st. V. verdërben, verdarp (Mhd. W. I, 365) vergehe, gehe zu Grunde, komme um. Das Simplex war ebenfalls ein Intransitivum (cf. got. fraqiman, ahd. farswerjan, farwërdan, mhd. vervarn etc.); hierzu ist nun das Adj. dërp zu halten. Seine Grundbedeutung ist hart, fest, wie z. B. in blîp dînes muotes dërp. Diese Bedeutung hat nhd. derb noch. Ebenso ist auch die Bedeutung

von biderbi nicht nützlich, sondern fest, übertragen fortis, was Williram mit biderbi gibt; ‚sagêt waz iu sî und wesit piderbe‘ ermahnt Joseph. Das Gegentheil davon unbiderbi müsste ‚nicht fest‘, weich heissen, und Graff V, 217 findet sich auch unpiderbi mollis, ja was noch schlagender: unpidarpaz futilis (glacies), also flüssiges, schmelzendes Eis; derbez erz das fest mit anderm Mineral verwachsene Erz (Deutsch. W. II, 1012); dërbez prot ist nun hartes, festes, gleichsam erstarrtes Brot (derb prot panis densus Deutsch. W. II, 1012) und zwar speciell dasjenige, was nicht durch urhab (Sauerteig Graff IV, 824), häf (fermentum Ettm. 452), hefo (Graff IV, 828) gehoben ist. Daher bekam dërb, þeorf, þiarfr die Bedeutung a-zymus, ungesäuert. Ebenso sehr entfernte sich piderbi nützlich von hart, fest: tapfer, tüchtig, trefflich. Hiess nun þerba ich werde hart, erstarre (vergl. lit. tìrp-ti erstarren, steif werden), so þarf ich bin erstarrt, bin regungslos, physisch und geistig gleichsam gelähmt, daher auch egeo, bin hülfsbedürftig, bedarf der Hülfe, bedarf überhaupt. Von der so gewonnenen Bedeutung trieben mit Vergessen der ursprünglichen — und wie sehr man sie vergass, zeigt altn. þiarfr 1) ungesäuert vom Brode, 2) vom süssen Wasser — reiche Aeste in allen germanischen Sprachen. Zu Grunde liegt Wurzel tarp, wozu lit. und slav. bei Fick I³, 600; lat. torpêre, das schon von Schweizer-Sidler in Höfers Zeitschr. III, 108. 407 verglichen wird, entspräche einem von dërb abgeleiteten dërbên, þairban, wie silêre: silan; tacêre: þahan. — Was Diefenbach zusammengewürfelt unter þarf und dars, ebenso was das mhd. Wörterbuch vorbringt, kann füglich übergangen werden; nur Grimms Darstellung Gesch. d. d. Spr. 902 verlangt ein Wort der Entgegnung. Er legt dem Verb die Bedeutung agere, facere, operari bei. Dies geht gegen alle meine Erfahrung: alle Verba nämlich wie kar; *τεύχειν, πράσσειν*; facere, agere, operari; thun, machen, wirken, schaffen mit ihrem farblosen Begriffe, sowie die abstracten as, bhû; *πέλεσθαι*; wësan, wërdan gehen auf eine ältere sinnliche Bedeutung zurück, wie ich wohl kaum darzuthun brauche. Um also einem solch alten Worte näher zu kommen, dürfen wir nicht mit diesen farblosen Begriffen operiren, aus denen sich alles machen lässt. Höchst gezwungen bei Grimm ist auch, aus ‚ich habe dargebracht‘ auf ‚ich bin ohne Opfergegenstände und warte auf neue‘ zu schliessen. Abgesehen ferner davon, dass verdërben, piderbi u. s. w. bei Grimm unerklärt bleiben, so legt er den alten Germanen — und in welche graue Vorzeit muss er das Wort rücken, da alles Bewusstsein seiner Bedeutung geschwunden — einen ganz unerwiesenen und für jene Zeit unerweisbaren, fest geschlossenen Priesterstand mit bestimmter Sprache bei. — Ueber das Schwanken der auslautenden Labialis siehe Gr. II, 38; es hat nichts Auffallendes, da zu Grunde liegendes p sowohl b als f zwischen tönenden Lauten germanisch werden kann. — Nun noch ein Räthsel: Ettm. 589 unter þeorf (n.) heisst es: ‚azymum quid: ëtađ þeorf seofon dagas. Ex. 12, 15. Etiam þärf, fermentum significans, Matth. 16, 6. 11 invenitur‘. Wenn in den letzten Worten Ettmüllers kein Irrthum steckt — die citirten Stellen sind mir nicht im Ags. zugänglich, der griech. Text hat *προσέσχετε ἀπὸ τῆς ζύμης τῶν Φαρισαίων* —, dann muss der Uebersetzer bei Varro in die Schule gegangen sein. Wie dieser bellum Krieg von bellus schön ableitet, weil ‚nichts Schönes‘ daran ist, coelum Himmel von coelatum verdeckt, weil er ‚offen‘, Parcae von parcus schonend, ‚quia nulli parcunt‘, so auch er *κατ' ἀντίφρασιν* þärf Sauerteig von þeorf (Nebenformen þerf, þorof, þärf) ungesäuert, weil er eben säuert.

37) (S. 112.) Ist etwa glänzend, strahlend vor Freude (cf. gläd etc.) die Grundbedeutung, so liesse sich an die Skrtwurzel dî strahlen, leuchten denken, dîti Glanz in su-dîtí. Da nun aber arisches Suffix da mir unbekannt, so wäre determinirt Wurzel anzunehmen; sind wir jedoch mit Kuhn in seiner Z. XI, 392 ff., Grassmann ibid. XII, 82 ff. berechtigt, Tenuis aspirata als arisch anzunehmen, so könnte in taita- jenes Suffix tha stecken, wie in gamátha-, nîtha etc. (Bopp Skrtgr. §. 575, 54). Grundform wäre also dî-tha-. Ist das von Grein II, 558 angeführte tŷtan corruscare, lucere für tîtan zu fassen mit der nicht unseltenen ags. Verwechselung von ŷ und î?

38) (S. 116.) Wolfram hat ‚dar nâch ër swære trünke trank‘ Parc. 132,3; der Umlaut ist unorganisch. Neben drunc, trunc kommt ahd., ags. noch ein trinch, drinc und ahd. ein tranch vor: drinc und drunc sind nur Differenzirungen der Grundform dranc. Die Einzelsprachen benutzten diese Lautsymbolik, um Bedeutungsnüancen daran zu knüpfen, so ahd. tranch, trunch, trinch (convivium), wie Gr. II, 82 schön beobachtet wird. Geht man aber bei diesem wie bei vielen ähnlichen Fällen über eine Einzelsprache hinaus, so schwinden sie, was uns beweist, dass diese Färbungen nicht wortbildende Kraft an sich hatten, sondern dass sie, ursprünglich etwas Secundäres, häufig rein Zufälliges, mit etwas Bedeutendem verknüpft wurden.

39) (S. 117.) In gabaúr haben wir vielleicht ein altgerm. Wort für jene convivia des Tacitus (Germ. XXII). Da es keine Bierlocale gab, wo dergleichen abgehalten werden konnten, so war es natürlich, dass jeder seinen Beitrag (gabaúr) bringen musste, der anfangs vielleicht in Naturalien bestand, dann eine blosse Beisteuer wurde: gabaúr (Neutr.). Dieses gabaúr (Neutr.) Beisteuer, Abgabe ist jedenfalls nur durch das verschiedene Genus von dem ursprünglich identischen gabaúr Gelage differenzirt; vielleicht rührt die Genusänderung von Ulfilas her, der damit jenem Worte einen anhaftenden heidnischen Begriff nehmen wollte, da gabaúr unter Vergleich von ags. bring holocaustum und des spätern gilde recht gut auch einen Beitrag zu einem blôstar bezeichnen konnte.

40) (S. 117.) Zu Grunde liegt die Wurzel sant gehen, eine Richtung nehmen, im Lat. in sentire, sent-ent-ia, sensus (sent-tus); sann entstand auf germanischem Boden aus sanþ oder sand. Wollte man umgekehrt sann zu Grunde legen und in got. sinþs der Weg etwa Suffix ta suchen, so wäre die Frage, woher das nn nur hinausgeschoben, keineswegs gelöst. Die lautliche Differenzirung fand schon in germ. Einheit statt, war aber noch nicht untrennbar mit begrifflicher verbunden; denn ags. bedeutet sinnan sentire, cogitare, secum reputare, ahd. sinnan ire, proficisci, tendere; altn. fallen den Lautgesetzen gemäss die ursprünglich differenzirten Wurzeln

und Ableitungen zusammen: sinna (sw. v.) 1) ire, proficisci, 2) animum applicare; sinni (n.) 1) iter, profectio, comitatus, 2) animus; sinna (sw. f.) 1) comes socia, 2) animus.

41) (S. 118.) Ags. gring, das ich mhd. krinc gleichgesetzt habe, kommt nur El. 115 vor. Ich fasse dasselbe ebenso wie gringan (ibid. 126) als für das in ags. Poesie so oft vorkommende cring in cringan, crincan auf.

42) (S. 118.) Es sind zwei Wurzeln auseinander zu halten svang und svank. Zu ersterer gehört ahd., mhd. swingan, swangar, swanc (-ges) (Mhd. W. III, 805), altn. svángr, ags. svingan etc. Wurzel svank liegt vor in mhd. swinke, swanc (swanke: kranke), ahd. hinaswanch, suuenkhit (Graff VI, 887), ags. svincan, svinc etc.; sie entwickelte aus der Bedeutung vibrare, flagellare, verberare die allgemeine laborare, operari, fatigari; auf dieser Bedeutung beruht ags. svinc. Beide Wurzeln waren auf vorgerm. Stufe wohl gleich; die Differenz wurde durch den Nasal bewirkt, der so oft facultativ hemmend in die Lautverschiebung eingriff. Siehe Anm. 5.

43) (S. 118.) Die Wurzel ist vik in gr. εἴκω, ahd. wîhhan sich seitwärts bewegen, von einer Seite zur andern wanken, nicken; durch Nasalirung entstand vink (J. Schmidt Voc. S. 65 nachzutragen). Vielleicht war im Germanischen der Nasal einst in die ganze Wurzel gedrungen und schwand facultativ (vîkan); hieraus liesse sich schön das k des ags., alts., altfr. vîcan, wîkan gegenüber gr. εἴκω erklären.

44) (S. 119.) Vergleicht man Stellen wie alts. (Hêland 5370):

,thuo gihôrda thie heritogo thia heri Iudeôno
thregian fan is thiodne, thuo hie fan thero thingstedi gêng
selbo gisittian, thâr gisamnôd was
sô mikil hwarf werodes'

mit mittelhochd., so wird wahrscheinlich, dass hvarfa- das altgermanische Wort war für Versammlungen, wie sie Tacitus Germ. XII beschreibt. In ,ut turbae placuit' könnte man wohl turba mit hvarfa- wiedergeben. — Altn. ist das Wort Neutr.

45) (S. 119.) Zu Wurzel glinzan. Aus dem geschwundenen Nasal erklärt sich Tenuis affricata in glaz. Ursprüng-

lich bedeutete es das Glänzen, der Glanz, wie noch mhd. glitze beide Bedeutungen Glanz und Kahlkopf vereinigt (cf. Joh. Schmidt Voc. S. 57). Aehnliche Anschauungen sind vereinigt in mhd. blas kahl: ‚ich liez mich roufen daz ich blas (: was) wart an mînem houbet‘, dessen Grundbedeutung leuchtend ist, wie erhellt aus blas brennende Kerze, Fackel, ags. blase Fackel, engl. blaze, Flamme, to blaze leuchten, schimmern, auflodern. Cf. auch Odysee XVIII, 354:

‚ἔμπης μοι δοκέει δαΐδων σέλας ἔμμεναι αὐτοῦ
καὶ κεφαλῆς, ἐπεὶ οὔ οἱ ἔνι τρίχες οὐδ' ἠβαιαί.‘

46) (S. 121.) Bedeutung 1 ist eine blosse Annahme, die sich auf Folgendes stützt. Altn. svarkr bedeutet mulier turbulenta (Egilss.), a proud, haughty woman (Cl.); es besteht daneben ein Verb svarka (aða) altercari, welches zweifelsohne ein Denomin. von einem Thema svarka- Lärm, Zanken, Streiten ist. Dies Nom. Action. suche ich in obigem svarkr mulier turbulenta; es ist eine poetische Metapher, wie deren S. 165 eine ganze Anzahl zusammengestellt sind; svarkr ist also das personificirte Keifen. Wurzelhaft gehört das Wort zu svar tönen, rauschen. Da ein Nominalsuffix ga oder gha in den arischen Sprachen noch nicht nachgewiesen, so ist determinirte Wurzel svarg anzunehmen. Verwandt wohl ist gr. *σῦριγξ*, *συρίζω*, *συριγμός* (*υ* wie in *γυνή*); *ι* ist vocalischer Einschub, der nach Walters Untersuchungen in Kuhns Z. XI, 428, XII, 375 ff. 401 ff. Statt hat bei den auslautenden Consonantverbindungen *λκ*, *λξ* etc., *ρβ*, *ργ* etc.

47) (S. 123.) Got. hleis nehme ich mit Gr. I², 659 neuer Abdruck an. Marc. 9, 5 heisst es: gavaúrkjam hlijans þrins, wonach Heyne einen an-Stamm hlijan- ansetzt; aber hlijans: hleis = frijans: freis. Wurzel ist çrî sich lehnen an, auf, Schutz suchen bei; mit Suffix a bildete sich *çrayá- (cf. ji, jayá, kshi kshayá; Accent Bopp Vergl. Gr. III, §. 912), woraus ostgerm. hlijs hlîs, westgerm. hlij hlî wurde. Wie nun gotischem freis ein ags. freó, ahd. bî ein beó etc. entspricht, so auch ags. hleó; es bedeutete 1) das sich Lehnen an, Zuflucht suchen bei, 2) Ort, wo man Zuflucht sucht, Schirm, Obdach, Zelt, Hütte. Cf. skrt çrayaṇa, çrâyá (Bopp Vergl. Gr. III, 817, b).

48) (S. 124.) Eine ursprüngliche Wurzel svip wurde germ. zu svib und svif verschoben. Die lautliche Differenz wurde benutzt, um Bedeutungsunterschiede daran zu knüpfen, jedoch befestigten sich dieselben erst in den einzelnen Sprachen, so dass genaues Sondern nach Laut und Bedeutung öfters schwierig ist.

49) (S. 125.) Es sind im Germanischen zwei Wurzeln drug zu scheiden: 1) drug (entsprechend skrt druh, altbaktr. druj, druzhaiti) zu schädigen suchen, triegen, 2) drug wirken, vollbringen in ags. dreógan leisten, ausüben, vollführen, got. driugan Kriegsdienste thun. Man kann schwanken, zu welcher Wurzel dreóg zu ziehen ist. Ich stelle es zu drug 2. Altn. drjúgr (adj.) bedeutet wirkend, vollbringend, fest, stark; berücksichtigt man Uebergänge wie in svinþs, sviðr 1) stark, tüchtig, 2) klug, so mag die Annahme einer Entwickelung wie 1) das Ausüben, Vollführen, 2) die Fähigkeit dazu, prudentia gerechtfertigt erscheinen. Cf. mhd. vuoge.

50) (S. 126.) Das Altn. schwankt: Nom. Plur. alt hlotar, gewöhnlich hlutir, Acc. hluti und in Grágás zwei Mal hlutu (bemerkenswerth ist, dass gerade in Grágás von dem sichern a-Stamme reitr zwei Mal Acc. Plur. reitu geboten wird). Ags. ist das Wort Neutr. Die vollständige Gleichheit der Bedeutung von hlauta- und hluta- zeigen am besten Stellen wie Matth. 27, 35, Marc. 15, 24: βάλλοντες κλῆρα ἐπ' αὐτά. Ulfilas übersetzt: vairpandans hlauta (instrum. Dat.) ana þos; Otfried: sie wurfin iro lôza (IV, 28, 9); Tatian: ubar mîn giuuâti santtun lôz (203, 4); die ags. Uebersetzer: vurpon hlot; zu Marc. vurpon hlotu.

51) (S. 127.) Joh. Schmidt Voc. S. 161 möchte ahd. strûhhôm (Graff VI, 742) einen strûch thun, gleiten, stürzen von Wurzel struk trennen und von strûch Strauch ableiten: im Gesträuch sich verwickeln. Hierbei ist das mhd. strûch der Fall ausser Augen gelassen worden, dass man unmöglich als unorganische Bildung aus strûhhôm ansehen kann; letzteres ist vielmehr deutliches Denominat. von strûch Fall, Fehltritt.

52) (S. 129.) Mit Rücksicht auf Fick I^3, 813 ist etwas auf dieses Wort einzugehen. Ags. scrincan, scranc bedeutet

contrahi, arescere; Marc. 4, 6 wird von der aufgegangenen Saat, auf die die Sonne schien, gesagt ‚þâ sôna forscranc' (Ulfil. gaþaúrsnoda) sie verdorrte, d. h. sie krümmte sich, zog sich zusammen, verwelkte. Es bedarf keines Hinweises, wie wunderbar anschaulich der Angelsachse übersetzte. Das Nom. Action. hierzu ist ahd. scranch, mhd. schranc 1) Krümmung, Windung, Biegung, 2) Umschliessung, Verschränkung, 3) Gitter, Zaun, Einfriedigung, 4) das Resultat: a) der freie Raum innerhalb einer Absperrung, die Schranken, b) spintrum, Schrank, 5) Windung, Krümmung auf moralischem Gebiet, fraus. Denominativ hiervon ist ahd. screnchjan offendiculum ponere, ein Hinderniss, Schranken in den Weg setzen. Wie nun lat. impedire, gr. ἐμποδίζειν ihre Begriffssphäre erweiterten, so verengte screnchjan dieselbe: ags. â-, for-, gescrencan heisst gewöhnlich mit dem Fuss ein Hinderniss bereiten, supplantare; im Ahd. und Mhd. fehlt es jedoch nicht an zahlreichen Beispielen für die Bedeutung versperren, einschränken, absperren. Hierzu halte man nun Fick I^3, 813 ‚skark verschränken, schräg gehen etc.'; eine schöne lanx saturata. Statt von der durch ein starkes Verbum belegten Wurzel fürs Germanische auszugehen, werden aus drei Sprachen Wörter genommen, die Aehnlichkeit oder auch keine haben; sodann legt man sie aufs Prokrustesbett und es gelingt zwei Grundbedeutungen zu finden: 1) verschränken, 2) schräg gehen. Zum allerwenigsten müsste Bedeutung 2 an der Spitze stehen. Es kommt nun noch hinzu, um die Unwahrscheinlichkeit dieser Zusammenstellung zu erhöhen, dass skark aus skar springen determinirt sein soll, also etwa ‚jemandem durch schräges Gehen oder mit verschränkten Beinen in den Weg springen'? Eine wirkliche Weiterbildung von skar haben wir in ags. scriccan, ahd. screchjan, mhd. erschrëcken.

53) (S. 134.) Bei einer Etymologie denkt man am ehesten an faran, obwohl jeder an dem â Anstoss nimmt. Da nun noch ein Stamm fôra- in anderer Bedeutung daneben liegt, so benutzte man vielleicht die Möglichkeit der doppelten Färbung des â zur Differenzirung wie bei grêta-, grôta- S. 122. â (ê) könnte aber auch auf Ersatzdehnung beruhen und ein altes Intensiv

fafara- zu Grunde liegen. Ich bin mir wohl bewusst was Grimm Gr. II, 72 sagt: ‚Reduplication auf das Praet. beschränkt, nicht einmal ins Präs. übertretend, erstreckt sich nie in die übrige Wortbildung.‘ Dies kann jedoch nur insofern Geltung haben als es sich um Bildungen im germ. Sonderleben handelt, denn Fälle wie hveohl = κύκλος, skrt cakra lassen sich nicht leugnen, und ein vorgerm. papra- wurde germ. zu fêr, fâr, wie jenes cakra zu altn. hvél (dies ist die älteste Form, siehe Cleasby 299). Vollständig von faran wird das Wort getrennt Gr. II, 56.

54) (S. 144.) Das Wort stellt sich zu der im Westgerm. weit verbreiteten Wurzel starf, starb sterben. Ihre ursprüngliche Bedeutung hat das Altn. bewahrt: sich abmühen, durch Arbeit aufreiben, arbeiten, wirken (man vergl. skrt câmyáti sich abmühen, κάμ-νω sich mühen, wirken: οἱ καμόντες die ausgewirkt haben, die Todten; noch näher liegt mar sterben, das sicher identisch ist mit mar, mṛnâti, also sich aufreiben bedeutet). Wie aus der speciellen Bedeutung durch Abarbeiten sterben, weștgerm. die allgemeine Bedeutung sterben hervorging, so ähnlich aus Wurzel svalt vor Hunger umkommen, verhungern im Got. sterben überhaupt. Das zweimal von Cleasby 594 belegte stjarfi ist wohl Entlehnung: ags. steorfa, alts. stërƀo, ahd. stërbo.

55) (S. 144.) Ahd. bietet die St. Gall. Handschrift der Keron. Gl. swarpun; Reich. und Par. swarpim, swepim; sonst ist ahd. nichts erhalten; Ettm. setzt fürs Ags. Masc. an, ohne zu belegen; das Genus erhellt also allein aus dem Altn. Vergleicht man ags. sveorf neben svearf, so lässt sich altn. sorp (Cl. 578) Kehricht als das Zusammengefegte kaum von diesen Wörtern trennen, obwohl die auslautende Tenuis Schwierigkeiten macht. Cf. S. 144 skrap neben skraf.

56) (S. 145.) Das Wort gehört zur Wurzel lagh liegen und ist westarisch, mit gr. λόχος 1) das Liegen, 2) Lager überhaupt, 3) Lauer, Hinterhalt lautlich und begrifflich sich deckend. Daneben besteht ahd. ein â-Thema lâga mit denselben Bedeutungen: als man den etymolog. Werth von luoc vergessen hatte theils wegen seiner eigenthümlichen Speciali-

sirung, theils weil es ausser dem Ablaut der Wurzel lag stand, griff man im Ahd. noch einmal zu derselben Wurzel und bildete lâga. Denselben interessanten Vorgang können wir mehrfach beobachten: ags., altn. môt: got. usmet; Stamm fôra-: fâra- u. s. w. lôg, luoc, môt etc. stammen aus einer Zeit, wo der germ. Vocalismus — Grimm würde sagen, in jener schönen Regelmässigkeit des Ablauts sich noch nicht bewegte — jener starren Pedanterie noch nicht verfallen war; sie zeigen uns ferner, dass das auf Ersatzdehnung beruhende ê, â des Plur. im Verb als reguläre Länge von a gefühlt wurde. Fick I³, 749 construirt aus *λόχος* und lâga ein westarisches lagha-; dies ist falsch. In denselben Fehler verfällt er öfter, dass er zwei Wörter, die lautlich stimmen, aber nach ihrer Bedeutung und bei genauer Berücksichtigung der Eigenthümlichkeiten der einzelnen Sprachstämme nur im Sonderleben zweier Sprachen entstehen konnten, zu Reconstructionen benutzt.

57) (S. 246.) Vergl. noch litjan heucheln, ahd. unter demo lize sub obtentu largitatis, lizzôn simulare, effingere; lizitônti simulata, lizzitunc simulatio, ficta (Graff II, 317); mhd. litze Begehren, Streben, Laune, Gelüste (Mhd. W. I, 1040); hält man hierzu got. liuts heuchlerisch, liuta Heuchler etc., so ergeben sich zwei gleichbedeutende germ. Wurzeln lit und lut. Ihre ursprüngliche Bedeutung ist sich neigen, niederbeugen: ags. lûtan, altn. lûta. So erhält auch ostgerm. leitila- sich neigend, gebeugt, klein, gering, wenig gegenüber westgerm. lutila- mit denselben Bedeutungen Aufschluss; lit und lut sind wohl nur Differenzirungen einer Wurzel mit a-Vocal.

58) (S. 246.) Die Etymologie ergiebt sich leicht, wenn wir ags. teohhian statuere, constituere, mhd. zëchen fügen, veranstalten, zu Wege bringen noch herbeiziehen. Skrt daksh bedeutet rechtmachen: hierher dakshá tüchtig, tauglich, geschickt, gr. *δεξιός*, lat. dexter, altsl. destŭ, got. taíhsvs; daksh verhält sich zu einer Wurzel dak oder dag = taksh: tak = vaksh: vak = tans: tan = bhîs: bhî etc. (Weber in den Beitr. VII, 486 ff.). Grundbedeutung ist anordnen. Die Gutturalen stimmen in teoh: zëche nicht; ersteres weist auf dak, letzteres setzt dag voraus. Am wahrscheinlichsten ist dak, woraus dag

durch facultative Lautsenkung hervorging, wie aus Wurzel tak (gr. τάσσω aus ταxjω) der Aor. ἐτάγην, ταγός Führer stammt.

59) (S. 249.) Das Wort sowie sein Denomin. barja hat mit ahd. bar, parôn kundthun nichts gemein. Es gehört zu lit. barti, bar-iù schelten = altsl. brati, borją kämpfen, lit. barti-s sich zanken, lit. bar-nis Streit, Hader = altsl. bra-nĭ das Ringen, Kämpfen, Streiten; altn. berja, ags. berjan schlagen, kämpfen. Nicht allein im Germ., sondern auch im Griech. ward der Process als ein ἀγών aufgefasst, die Zeugen sind Kämpfer im Rechtsstreit. Vergl. Fick I^3, 695.

60) (S. 250.) Das Wort gehört zu Wurzel vas sich aufhalten, niederlassen, wohnen (Vergl. altn. vera [ân-Thema Cl. 695] 1) a dwelling, 2) a mansion). So heisst kshiti im Veda 1) Niederlassung, 2) Plur. die Stämme, die Menschen als die concreten Ansiedelungen; ebenso sind die Bedeutungen von viç Fem.; kṛshṭi bezeichnet ursprünglich 1) den Ackerbau, die ackerbauende Ansiedelung, 2) im Plur. Menschen, Menschenstämme, Volk, Leute. Als Entartung und Missverständniss ist es anzusehen, wenn ags. allmälich das Masc. varas, varan in den Plur. eindringt.

61) (S. 257.) Ich vermuthe zwei etymologisch verschiedene Wörter: 1) got. dragan, drôg, ahd. tragen, truoc bedeuten ‚tragen' und sind Weiterbildung von dhar halten, tragen (Grassmann Wörterb. zum Rigveda S. 629); sie entsprechen skrt darh befestigen, festmachen durch halten, tragen; 2) altn. draga, dró, drógum, ags. dragan, drôg, engl. to draw bedeuten ziehen, anspannen; die arische Form war dhragh, sie ist uns im Skrt in zwei Formen differenzirt erhalten: a) mit Bewahrung der Aspiration im Anlaut in dhraj hingleiten, streichen, ziehen besonders von Vögeln, dem Winde, b) mit Bewahrung der Aspiration im Auslaut in dîrghá lang, weitreichend (ursprünglich gezogen, ausgestreckt), Compar. drâghîyaṅs, drâghmán Länge (Grassmann in Kuhns Z. XII, 127, Wörterb. zum Rgv. S. 627. — Gehört zu 1) dróg onus, zu 2) dróg zona?

62) (S. 259.) Ahd. lêra und leisa sind etymol. identisch; die germ. Grundform ist laisâ-; Wurzel lis bedeutet gehen,

folgen: ahd. foraleiso anteambulo, praevius, got. laists Spur, laistjan folgen. Sinnliche und geistige Bedeutung (vergl. ahd. sinnan ire, proficisci, ags. sinnan cogitare, secum reputare, sentire) liegen vereinigt in got. afarlaistjan 1) hinterher gehen, 2) eine Sache im Geiste verfolgen, unfairlaistiþs unerforscht. Mit der lautlichen Differenzirung verknüpfte das Ahd. die begriffliche. S. Anmerk. 40.

63) (S. 263.) Graff setzt unnöthiger Weise zwei verschiedene Wörter an; Lexer I, 469 stellt das Wort zu skrt targ drohen; dies ist nicht möglich: es gehört zu einer Wurzel tru, die in gr. *τρύω* aufreiben, verzehren, belästigen, quälen vorliegt; sie ist aus tar durch die belegte Wurzel taru, tarv: altbaktr. taurv, skrt turv (u wie in guru aus garu) hervorgegangen; tru: tar = dhru: dhar = bhru: bhar = sru fliessen: sar rinnen, fliessen = kshnu schärfen, wetzen: kshan (kshan-omi) = stru ausbreiten: star = skrt brû sprechen: bar (in *βάρ-βαρος* balbus). Cf. Bezzenberger in Zachers Z. f. d. Phil. V, 360. Eine Weiterbildung von tru liegt vor in trud, lat. trûdere, got. þriutan.

BERICHTIGUNGEN UND NACHTRÄGE.

Es findet sich auf den ersten Bogen öfter e statt ë, ebenso steht einige Male ch statt h im Auslaut ahd. Wörter.

S. 30, 10 füge hinzu: fehlt got. — S. 30, 17 lies Graff IV. — S. 32, 12 l. Graff II. — S. 32, 7 v. u. l. daulîh. — S. 33, 5 v. u. l. jarpr. — S. 34, 7. 8 l. gjallr. — S. 34, 26 l. lýðr. — S. 37, 13 l. volfa-. — S. 39, 4 v. u. l. dýrkálfr. — S. 45, 20 l. hinnus. — S. 46, 11 v. u. l. jarl. — S. 46, 7 v. u. l. ags. hvëlp. — S. 48, 24 l. bríngr. — S. 48, 2 v. u. füge hinzu: ahd. schopf vestibulum vel introitus (Graff VI, 457). — S. 50, 17 l. halse. — S. 53, 11 v. u. l. álfr. — S. 55, 2 l. bûc. — S. 57, 4 l. Graff III. — S. 58, 14 v. u. l. ags. dîc. — S. 58, 6 v. u. l. Altn. íss. — S. 59, 7 füge hinzu: fehlt alts. und altfr. — S. 60, 13 v. u. l. tjaldr. — S. 61, 5 l. rshti. — S. 61, 9 v. u. l. skálpr. — S. 64, 11 l. skiuban. — S. 71, 13 l. Ahd. für Altn., rint (Mhd. W. II_1. — S. 79, 8 v. u. l. þáng. — S. 80, 15 l. skald. — S. 80, 16 füge hinzu: got. und alts. nur in Ableitungen. — S. 82, 15 l. þrôc. — S. 84, 14 v. u. füge hinzu: fehlt alts. — S. 86, 9 füge bei: fehlt alts. — S. 86, 15. 21 füge hinzu: fehlt alts. und altfr. — S. 87, 17. 21 l. Graff VI, 889. — S. 87, 9 füge hinzu: alts. skarp; altfr. skerp schneidend. — S. 89, 4 v. u. l. fjálgr. — S. 90, 7 v. u. l. hvilftri. — S. 91, 12 l. strángr. — S. 91, 9 v. u. l. rángr. — S. 92, 12—18 gehört auf S. 99 oben. — S. 92, 4 v. u. l. âswih. — S. 95, 11 v. u. l. djarfr. — S. 96, 12 l. gjallr. — S. 97, 3 v. u. l. svángr. — S. 98, 9 l. hángr. — S. 101, 13 l. þúngr. — S. 101, 11 v. u. l. þjarfr. — S. 104, 3 l. jarpr. — S. 104, 15 füge hinzu: altfr. dim (R. 687). — S. 105, 10 l. kríngr. — S. 106, 22 l. kránkr. — S. 116, 7 v. u. l. Anm. 38. — S. 117, 17 l. vâñcch, 18 l. vâñcchâ. — S. 119, 10 l. R. 834, und füge hinzu: Doch ist das von Richthofen getrennte warf, werf (R. 1126) Erhöhung, Aufwurf, Hausstätte; Gerichtsstätte, Gerichtsversammlung wohl dasselbe Wort. — S. 121, 18 l. svángr. — S. 125, 9—15 streiche als ursprüngliche i-Stämme. — S. 125, 21 l. alts. farthrot und streiche ahd., mhd. urdruz als i-Stamm. — S. 125, 11 v. u. l. Graff VI. — S. 125, 7 v. u. streiche ahd., mhd. luc als i-Stamm. — S. 133, 16 v. u Verwandte Wörter des Altindischen weist Grassmann Wörterbuch zum Rig-Veda 1001 s. v. yahú nach. —

S. 135, 18 füge hinzu: ahd. krêg pertinacia (Graff IV, 589). — S. 143, 24 füge hinzu: Vergl. Müllenhoff in Haupts Z. XVI, 146 ff. — S. 157, 19 tilge: swal das Anschwellen. — S. 157, 23 l. mhd. gewin das Erlangen, Erwerben von etwas. — S. 158, 12 tilge: mhd. sëz das sich Niederlassen. — S. 165, 1 l. mhd. gemach. — S. 192, 25 tilge: guz (Lexer I, 1128), ebenso 192, 9 v. u. vluc (Mhd. W. III, 374). — S. 248, 17. Ahd. graba sowie mhd. grabe möchte ich von dem ostgerm. Nom. Act. jetzt trennen und wie winta, brëhha, traga etc. (S. 278 f.) zu den Nom. Agent. mit Stammausgang â stellen. — S. 250, 6 v. u. l. feall. — S. 256, 4 v. u. l. Mhd. W. III, 439. — S. 31, 9; 40, 20; 49, 6; 68, 13 v. u. 80, 16; 83, l. 7; 97, 3; 99, 10. 8 v. u.; 104, 1; 105, 13 füge hinzu: fehlt altfr.

Druck von Pöschel & Trepte in Leipzig.

Kolibri 360 GmbH
Ferdinand-Jühlke-Straße 7
99095 Erfurt, Deutschland
produktsicherheit@kolibri360.de